高等学校经济管理类核心课程教材

运筹学

第2版

杨瑞娜　张惠丽　徐　渝　李鹏翔　编著

中国人民大学出版社
·北京·

前 言

运筹学是应用系统的、科学的数学分析方法，通过建模、检验和求解来获得最优决策的科学。它将工程思想和管理思想相结合，以定量分析为主来研究管理问题，是经济管理类学科的专业基础。

运筹学要求学生掌握运筹学整体优化的思想和若干定量分析的优化技术，以便能正确运用各类模型分析和解决实际问题。运筹学教学是培养和提高学生科学思维、实践技能和创新能力等综合素质的有效途径。“运筹学”和“运筹学实践”课程可以为学生未来深造或从事科学研究工作打下坚实的定量分析基础。

本教材强调对基本概念、基本原理、基本方法与基本技能的介绍，力求做到概念准确、原理清楚、求解方法全面，并注重创新应用；强调将知识的传授、能力的培养和素质的提高结合起来，并倡导更新思维、激活知识、挖掘潜能的创造性教育方法；强调科学思维、科学方法、实践技能和创新能力的综合培养。

本教材适合设计为理论教学 80 学时，实践教学 32 学时。理论教学分为确定性模型和随机模型两部分，其中确定性模型包括线性规划、整数规划、动态规划、网络分析与非线性规划，随机模型包括排队论、马尔科夫决策过程以及随机规划。实践教学包括 24 学时的课堂研讨与 8 学时的上机实验，可采取小组课程设计形式，要求学生选择自己身边的运筹学问题、理论教学中的研讨专题或 *Interfaces* 期刊上的运筹学获奖应用文章，进行适度研究并交流讨论和答辩考核。上机实验主要学习相关的运筹学工具软件，前期基础课为高等数学、线性代数和概率论。

本教材是在徐渝教授等编著的三本运筹学教材（《运筹学》（上册），清华大学出版社 2005 年出版；《运筹学》，陕西人民出版社 2007 年出版；《运筹学》，中国人民大学出版社 2013 年出版）的基础上，经过修订和改编而成的。本教材继承了上述三本教材的特色和优点，并采纳了在 2006—2023 年的教学实践中教师和学生提供的诸多宝贵意见和建议。在内容上，本教材兼顾了三者的核心知识，并增加了非线性规划、整数规划以及随机规划等内容，以更好地满足本科和工程硕士（专业学位）教学的需要。在写作风格上，本教材强化了对常见疑难问题的讲解，特别是补充了帮助理解的示意插图，更新了部分陈旧内容，增强了文字表达的可读性，改编和增加了部分习题，强调了习题的层次递进特点。在实践教学上，修订了原有的选题指导和建议，更新了部分案例和学生习作。本教材编写的宗旨是方便教师使用，易于学生理解。

感谢西安交通大学“运筹学”精品课小组成员对教材编写的帮助和支持，感谢历届本科生和工程硕士学员在理论教学和实践教学中提出的宝贵意见和建议，他们在作业、小组讨论和实践答辩中提出的问题是我们改进教学与教材的动力源泉。

目　录

绪　论

关于运筹学（operations research 或 operational research，OR），国内外许多著名的科学家和运筹学界的先驱都曾给出过颇具影响的定义。尽管视角有所不同，但从哲学层面而言，这些定义的核心都强调运筹学是用科学方法来处理自然环境和社会环境中有关人与物的运行体系的科学。近代运筹学工作者则在操作层面上给出更为明确具体的定义，即运筹学是应用系统的、科学的数学分析的方法，通过建模、检验和求解数学模型来获得最优决策的科学。具体包括：

(1) 研究方法：应用数学语言来描述实际系统，通过建立和求解相应的数学模型，并对模型进行检验和分析，获得解决实际问题的最优方案。

(2) 研究目的：制订合理运用人、财、物的最优方案，为管理决策者提供决策支持。

(3) 研究对象：包括各种社会经济系统，可以是新系统的优化设计，也可以是已有系统的最佳运营问题。

(4) 学科特点：研究队伍通常是跨专业的综合性团队，寻求使系统的总目标或全局目标达到最优的决策方案。

1. 运筹学的三个来源

运筹学源自军事、管理和经济三大领域的实践活动，并在这些实践活动中不断发展。

军事领域的推动主要来源于对两次世界大战的作战研究需要。从兰彻斯特关于战争胜负与兵力多寡、火力强弱关系的若干军事论文，到爱迪生研究反潜战使用的战术对策演示盘，从鲍德西雷达站的研究到大西洋反潜战的工作，再到英国战斗机中队援法决策问题，大量的成功案例彰显出运筹学的巨大作用。第二次世界大战时期军事运筹学的特点是：采集实际数据，多学科密切配合，定量化、系统化方法发展迅速，解决方法中渗透着物理学思想。

(1) 布莱克特杂技班的杰出工作。

第二次世界大战期间，为抗击德国对英伦三岛的狂轰滥炸，提高英国本土的防空能力，急需解决雷达探测、信息传递、作战指挥、战斗机与防空火力的协调问题。一支名为“布莱克特杂技班”的跨专业综合性队伍（包括心理学家3人，数学家2人，数学物理学家2人，天文物理学家1人，普通物理学家1人，陆军军官1人，测量员1人）探讨将雷达信息传递给指挥系统和武器系统的最佳方式，尝试解决雷达与防空武器最佳配置问题。他们的杰出工作展现了运筹学的特色，成为运筹学的发祥与典范，具体表现为：项目巨大的实际价值、明确的目标、整体优化的思想、数量化的分析、多学科协同、最优化的结果和简明朴素的表述。

（2）大西洋反潜战。

1942年，为协助英国打破德国对英吉利海峡的封锁，美国麻省理工学院的莫斯教授应美国大西洋舰队反潜指挥官贝克舰长的请求，承担反潜运筹组的计划与监督工作。研究给出的两条重要建议是：1）将反潜攻击由反潜舰艇投掷水雷改为飞机投掷深水炸弹，起爆深度由100米改为25米左右，即当德国潜艇刚刚下潜时攻击效果最佳；2）运送物资的船队和护航舰艇编队由小规模、多批次改为大规模、少批次，以减少损失。丘吉尔采纳了莫斯的建议，最终打破了德国的封锁，重创了德国潜艇部队。

（3）英国战斗机中队援法决策问题。

第二次世界大战开始后不久，英国在德军突破马奇诺防线法军节节败退的不利形势下，曾派遣十几个战斗机中队援法抗德。因战斗损失，法国总理要求再增援10个中队在法国上空与德国空军作战，英国首相丘吉尔准备同意该请求。英国运筹学者经过快速研究，给出了建议：鉴于当时的环境和条件，两周后，援法战斗机将损失殆尽。运筹学家用简单的图表和透彻的分析说服丘吉尔做出决定：不再增派新的战斗机中队，并将在法国的英国战斗机撤回本土，以本土为基地继续抗德。这一明智决策最终扭转了不利战局。

管理领域中许多实际问题的解决也推动了运筹学的发展。在科学管理时代，为提高劳动生产率，管理科学学派的先驱们研究过许多有价值的实际问题，其成果逐步发展成为运筹学的重要分支。机床切削效率与车速、进刀量等的数学关系属于优选问题；用于生产活动分析和计划安排的甘特图逐步发展成为统筹方法；基于工人劳动动作的优化研究，泰勒制定了操作规范，提出了泰勒工作制；法约尔提出的管理原则体现了对组织机构设置、管理权限、生产计划等问题的优化思考，这些成果逐步发展成为管理科学的古典学派观点。

1939年，苏联数学家康特洛维奇（Контрович）出版了著名的《生产组织与计划中的数学方法》，这是理论和方法较为完整的最早的运筹学著作。这本书研究的问题包括生产配置问题、原材料的合理利用问题、运输计划问题和播种面积的最优分配问题等。研究结果不仅给出了数学模型，而且可以确定最优方案。康特洛维奇的杰出贡献使运筹学的理论和方法逐渐形成了体系，其方法超出了经典数学分析方法的范畴。

经济理论方面的研究，尤其是数理经济学方面的研究，对运筹学的发展也产生过巨大的影响。其典型代表是：魁奈（Quesnay）1758年发表的《经济表》、瓦尔拉斯（Walras）的一般均衡理论和冯·诺依曼（Von Neumann）1932年提出的广义经济平衡模型。这些数理经济学的研究成果对运筹学的发展起到了极大的促进作用。

另外，特别需要提到的是冯·诺依曼的开创性工作，包括：1939年提出宏观经济优化的控制论模型，该模型已经成为数量经济学的经典模型；1944 年与摩根斯坦（Morgenstern）合著的《对策论与经济行为》一书，使其成为运筹学的重要分支——对策论的创始人之一；他领导研究和发明的电子计算机已成为运筹学的技术实现支柱之一；他最早肯定并扶持的年轻学者丹齐格（Dantzig）提出了求解线性规划问题的单纯形法。

2. 运筹学发展简史

运筹学的发展大致经历了四个时期：萌芽时期、早期研究时期、形成与发展时期和现代运筹学时期。运筹学整体优化的思想精髓古人早就运用自如，只是限于当时的科技水平没有在理论和方法上形成完整的体系，并用文字记载传承下来。古人应用运筹学思想来解决实际问题的典型案例有：

- 阿基米德设计的西那库斯城的设防方案；
- 战国时期田忌赛马的故事；
- 战国时期蜀郡太守李冰主持修建的都江堰水利工程；
- 北宋年间大臣丁谓负责的修复皇宫工程；
- 《梦溪笔谈》中记载的军粮供应与用兵进退的关系问题。

这些事例无不闪耀着运筹帷幄、整体优化的朴素思想。

魁奈的《经济表》、第一次世界大战时期兰彻斯特的军事论文以及有关生产组织与计划问题的研究可谓运筹学早期研究的典型代表。

第二次世界大战及战后是运筹学的形成与发展时期。此时运筹学不仅在军事领域得到了实际应用，而且开始进入工业部门和管理领域。20 世纪 50—60 年代，运筹学会纷纷成立，运筹学研究队伍开始壮大，运筹学刊物开始创办，高校开始开设运筹学课程。大量的理论成果和研究专著不断问世，运筹学的发展进入黄金时代。

- 1947 年，丹齐格提出单纯形法；
- 1950—1956 年，线性规划的对偶理论诞生；
- 1951 年，库恩-塔克条件奠定了非线性规划的理论基础；
- 1954 年，网络流理论建立；
- 1955 年，随机规划理论创立；
- 1958 年，提出整数规划及割平面解法；
- 1958 年，求解动态规划问题的贝尔曼（Bellman）原理发表；
- 1960 年，丹齐格和沃尔夫（Wolfe）提出大型线性规划问题的分解算法。

这一时期，运筹学的各个分支不断完善，并逐步形成了学科的理论体系，如下表所示。

运筹学的理论体系

确定性模型	随机模型
数学规划	对策论
线性规划	排队论
整数规划	可靠性理论

续表

确定性模型	随机模型
非线性规划	搜索论
动态规划	计算机随机模拟
几何规划	决策论
参数规划	库存论
多目标规划	马尔科夫决策过程
组合优化	随机规划
图与网络分析	
优选与统筹方法	

现代运筹学时代的到来得益于计算机科学的飞速发展。线性规划和非线性规划各种算法的研究推动了运筹学各理论分支的快速发展。20 世纪 60—70 年代，运筹学各分支所取得的突破性进展充实和强化了学科框架，丰富和完善了运筹学特有的方法论和理论体系。

- 关于线性规划求解算法，著名的 Klee-Minty 反例推动了哈奇杨（Khachiyan）的椭球算法和卡马卡（Karmarkar）算法的问世，斯麦尔（S. Smale）则得出了关于单纯形法计算量的结果；
- 变尺度法的出现使非线性规划获得了突破性进展；
- 运筹学的新领域和新方法层出不穷，如萨蒂（T. L. Saaty）创立了层次分析法（AHP）。

20 世纪 70 年代末至 80 年代初，运筹学的发展由于过于偏重理论和算法而引发了关于“运筹学危机”的回顾和反思，这场反思强调运筹学的发展不应偏离理论与实践相结合的主流方向。20 世纪 90 年代，运筹学的理念和方法在很多技术领域得到认同和广泛应用。例如，航天、航空、汽车、机械等行业都广泛采用“优化设计”和计算机辅助设计（CAD）；1998 年齐默尔曼（Zimmermann）领导的“全德邮件快递线路的优化设计”项目，由公路、铁路和航空部门合作，借助计算机和信息技术获得了成功。

当然，这一时期的运筹学发展仍然面临各种挑战。齐默尔曼（1982）明确指出了运筹学发展的四大差距。第一，在培养专业运筹学工作者和教授学生掌握运筹学理论和方法上的差距；第二，缺乏面向用户使用的 OR 软件；第三，运筹学的交流仅限于学术圈内，缺乏与管理决策者的沟通；第四，“好”的理论不多且缺乏非数学理论，如 OR 行为理论和工程师所用的理论等。在随后的 20 年中，广大运筹学工作者一直在努力缩小这些差距，并不断探索运筹学的未来之路。

与传统的运筹学相比，当代运筹学的研究前提已经发生了显著变化。现实世界是复杂的（局部性态的简单加总并不能代表整体性态），环境往往快速多变，既不确定又不可预知，因而运筹学模型开始逐步强调柔性或适应性。在对问题的解决上，允许逐步接近问题的实质；在方法论上，强调交互式过程；在求解结果上，不再苛求最优解。

回顾运筹学的发展简史，理念更新、实践为本和多学科交叉是其永恒的学科特点。

柔性理念兼顾了问题求解中的结构化因素和非结构化因素，因为管理决策并非仅仅由定量因素所决定。用满意解代替最优解，用人际交互代替程序化求解，正是这种由纯粹的定量因素分析转变为兼顾管理者主观判断的理念变革的体现。以实践为本，坚持问题推动，是运筹学不断发展和前进的原动力，理论与实践的相互印证和交叉滚动将是运筹学的主流方向。多学科的交叉渗透既能使运筹学从不同学科的发展中汲取营养，也能使运筹学在其他学科中得到更加广泛的应用。

如今，运筹学作为一门科学已经发展成枝繁叶茂的参天大树。据统计，运筹学各个领域最近出版的理论与应用方面的著作多达上百本，涵盖四个方面：

- 数学规划：线性规划、整数规划、非线性规划、内点方法（interior point method)、博弈论（又译为对策论)、网络优化模型、组合数学、均衡规划、互补理论(complementarity theory)、多目标优化、动态规划、随机规划、复杂性理论等。
- 应用概率：排队论、仿真、更新理论（renewal theory)、布朗运动与扩散过程、决策分析、马尔科夫决策过程、可靠性理论、预测以及其他应用方面的随机过程。
- 生产与运作管理：库存论、生产调度、容量规划（capacity planning)、设施选址(facility location)、供应链管理、分布式系统、原料需求规划（materials requirements planning)、敏捷系统（just-in-time system)、柔性制造系统、生产线设计、物流规划、策略问题等。
- 运筹学应用与管理科学：电信、卫生保健、资本预算与金融、市场营销、公共政策、军事运筹学、服务运作、运输系统等。

展望未来，运筹学的发展充满希望。

3. 运筹学方法论

应用运筹学解决实际管理问题时，研究者要站在系统的、全局的和整体优化的角度来思考问题。尤其是当所面临的问题错综复杂，具有多个相互冲突的目标和选项时，更需要一支综合性的队伍，发挥各自的专业特长，从不同的角度出发，针对问题的性质共同商讨解决问题的方法。必须明确：需要决策的问题是什么，管理层要达到的目标是什么，为达成这些目标所拥有的资源和条件有哪些，实现这些目标受到的限制条件有哪些等。要明确上述问题，与管理层进行良好的沟通至关重要，因为管理决策的制定需要综合考虑定性和定量两个方面的因素。应用运筹学处理问题的一般步骤如下：

（1）定义问题。

观察实际，辨析问题，提出问题，并明确地界定问题。要领会管理层的要求和意图，并与管理层保持沟通。

（2）收集数据。

收集与问题有关的数据，包括技术参数、财务数据和统计数据等。实际中，往往是关键数据找不到，或者很模糊，而且收集数据需要花费大量的时间，但这是解决问题的前提和基础。

（3）构建模型。

首先根据问题的性质和特点，选择适当的模型来描述问题。在抓住问题本质的前提下，作适当简化，忽略一些次要因素。然后设定一组决策变量，使之构成一个完整的决策问题方案。最后根据目标测度和各种约束间的逻辑关系，建立目标函数，分类写出各种约束条件，构建该问题的数学模型。值得注意的是从不同的视角观察问题往往会得到不同的处理方案。

（4）求解模型。

选择适当的方法，求解优化模型，尽可能利用已有的工具软件或自编程序，使用计算机求解。

（5）测试并修正模型。

虽然求得了模型的最优解，但模型是否满足了实际问题的要求尚需进行检验和测试。可能对于模型求解的结果不能给出合理的解释，也可能在建模时遗漏了重要的约束条件。另外，应该注意当模型中的参数改变时，模型的预测结果是否以一种合理的方式随之改变。这些检验和测试关乎模型的正确与否，只有反复测试并修正模型，模型的求解结果才能令人信服。

（6）用模型分析问题并提出管理建议。

根据模型的求解结果提出相应的管理建议，据此管理层必须对如何处理问题做出决策。

（7）协助管理者实施管理建议。

协助、监督管理建议的实施，并随时解决实施中可能遇到的问题，确保新方案的实施与设计初衷和管理层的意图相一致。

4. 中国运筹学的发展回顾

1956 年在著名科学家钱学森、许国志的推动下，中国科学院力学研究所成立了中国第一个运筹学小组。1959 年第二个运筹学部门在中国科学院数学所成立。1963 年在中国科技大学应用数学系开设运筹学专业课。1965 年我国数学家华罗庚开始到全国各地推广优选法，传播运筹学思想和理念。1980 年中国数学会运筹学分会成立，华罗庚担任第一届理事长。1982 年中国运筹学会成为国际运筹学联合会（IFORS）的成员。1992 年中国运筹学会从中国数学会独立出来，成为全国一级学会。

中国运筹学会积极参与和发起成立了亚太地区运筹学联合会（APORS）。作为 APORS 1991—1994 年的主席，徐光辉组织了 1991 年在北京召开的 APORS 第二届学术大会。同时作为 APORS 的代表，他还在 1992—1994 年担任了 IFORS 的副主席，并成功承办了 1999 年的第十四届 IFORS 学术大会。

在国际运筹学界，设有两项运筹学应用大奖。其一是 IFORS 面向发展中国家设立的运筹学进展奖，该奖三年评选一次，在 IFORS 大会上颁发。其二是运筹学与管理科学学会（INFORMS，1994 年美国运筹学会与管理科学学会合并成立）设立的被誉为运筹学奥斯卡奖的 Franz Edelman 奖，授予全球年度运筹学的最佳应用，并在 *INTERFACES* 下一年的首期刊登所有获奖应用论文。我国运筹学工作者至今已多次获得 IFORS 设立的运筹学进展奖。

中国运筹学在应用方面取得了长足进步，近年来运筹学在我国的物流、电商、生产制造等方面获得了广泛应用，阿里巴巴、京东、华为、联想以及美团等企业都利用运筹学技术获得了成本下降、效率提高以及收入增长等益处。

5. 如何学好运筹学

运筹学是一门以训练逻辑思维为主的课程，注重模型和定量分析方法；具有很强的实践性，注重原理、方法和应用，教学中对理论推导可不做过高要求。学生创造性思维的培养离不开逻辑思维，但学习过程中也不应忽视非逻辑思维能力的培养。

运筹学的灵魂是“整体优化”，教与学的过程都应重视三个结合。其一是注重先进思想与坚实基础的结合；其二是注重理论与实践的结合；其三是注重方法、工具与创造性思维的结合。我们倡导“快乐运筹”的理念和“勤于思考、勇于实践”的精神，也建议读者保持良好的学习心态。

运筹学具有自己特定的研究方法论，每个分支的理论和方法都具有缜密的逻辑性。问题导向的思维逻辑贯穿始终，无论是理论还是算法，步步均有依据，其实质却又简单完美。掌握运筹学理论和方法的过程中会有不少困难，但成功后的喜悦则使人倍感欣慰。

建议教学按照课程内外 1∶2 的比例安排，学生对于学习中的问题和灵感可随时记录并不断积累，坚持扎扎实实地独立完成作业，认真参与小组讨论、课堂研讨和运筹学实践活动。只要耕耘，就会有收获，期待广大读者学习与研究的累累硕果！

第1章

线性规划与单纯形法

| 本章要点 |

1. 线性规划问题各种解的概念及性质定理
2. 表格单纯形法与最优表的构成
3. 大 M 法和两阶段法
4. 线性规划建模的条件、步骤及技巧训练

突发公共卫生事件下的人员排班问题

年初，某市出现了一场意想不到的呼吸道传染性疾病大流行，城市的每个角落都笼罩着紧张和焦虑。卫生健康部门迅速行动，紧急抽调医护人员，组织辖区内所有居民进行呼吸道样本采集以用于检测，希望借此控制该疾病的蔓延。

为了充分利用有限的医护人员资源与高效组织采集工作，卫生健康部门经过精确计算，确定了周一到周日每天进行检测所需的医护人员数量分别为：300，300，450，450，500，700 和 650。对于如此繁重的工作任务，卫生健康部门深知医护人员需要得到充分的休息才能保持身心健康和工作高效，因此，采取了排班制度，规定每周连续工作 5 天后必须休息 2 天，并且进行轮流休息的安排。

然而，正当卫生健康部门认为一切就绪时，却面临一个新的问题：如何安排每天值班的医护人员数，既能满足医疗工作需求，又能尽量减少医护人员的流动，从而降低感染风险呢？

§1.1　线性规划的概念

1.1.1　线性规划问题的导出

线性规划是运筹学中研究较早、发展较快、方法较成熟的一个重要分支，是辅助人们进行科学管理的一种数学方法和决策支持工具，广泛应用于经济管理、军事管理、交通运输及工农业生产等重要领域。线性规划常见的问题主要有两类：一类是如何统筹安排，用最少的资源消耗去完成一项确定的任务；另一类是在既定的资源限制条件下，如何恰当地利用这些资源以获得最高的经济效益。下面举两个简单的例子。

1. 产品组合问题

某玻璃制品公司总裁对研发小组开发的两种新产品很有信心，一种是 8 英尺的铝框玻璃门，另一种是 4 英尺×6 英尺的双把木框窗。在公司高层会议上各部门充分讨论后认为，当前需要考虑两个问题：公司是否应该生产这两种新产品？如果生产，两种新产品每周分别生产多少？会上成立了管理科学小组负责新产品的市场评估与生产方案制订工作，该小组成立之后围绕以上问题即刻开展了进一步的工作。已知该公司有 A、B、C 3 个工厂生产产品所需的零部件，小组成员通过联合生产部门对新产品生产相关数据进行测试、收集、分析获取了各个工厂关于单位产品的生产时间、每周可用生产时间，通过联合市场部门及销售部门对市场同类产品信息与历史销售数据进行调研、分析与预测，估算出了两种新产品的利润，表 1.1 总结了收集到的数据。

表 1.1　产品组合问题有关数据表

工厂	单位产品的生产时间（小时）		每周可用生产时间（小时）
	门	窗	
A	1	0	6
B	0	2	14
C	3	2	20
单位利润（美元）	400	600	

在建立数学模型之前，首先要明确以下几点：

（1）公司要做出的决策是什么？

（2）制定该决策面临哪些约束条件？

（3）对这些决策的总体绩效测度指标是什么？

假设每周门和窗的生产量分别为 x_1 和 x_2，根据表 1.1 中的数据可以得到 A、B、C 工厂生产门和窗需要耗费的时间分别为：x_1、$2x_2$ 和 $3x_1+2x_2$，此外每周新产品的生产数量不能为负值，所以决策还需满足以下非负约束：$x_1 \geqslant 0$，$x_2 \geqslant 0$。由于每个工厂每周的可用生产时间是有限的，所以耗费的生产时间需要满足以下约束：

$$\begin{cases} x_1 \leqslant 6 \\ 2x_2 \leqslant 14 \\ 3x_1 + 2x_2 \leqslant 20 \\ x_1, x_2 \geqslant 0 \end{cases}$$

接下来表示该问题的总体绩效测度指标，即两种新产品的总利润，用符号 Z 表示，根据表 1.1 中产品的利润数据可以得到生产该数量的新产品所获得的总利润 $Z = 400x_1 + 600x_2$ 。公司的最终目标为新产品的总利润最大化，结合约束条件建立该问题的数学模型如下：

$$\max Z = 400x_1 + 600x_2$$

$$\text{s. t.} \begin{cases} x_1 \leqslant 6 \\ 2x_2 \leqslant 14 \\ 3x_1 + 2x_2 \leqslant 20 \\ x_1, x_2 \geqslant 0 \end{cases}$$

这就是一个线性规划问题的数学模型，该模型由目标要求即新产品的总利润最大化、约束条件即三个工厂的可用工时约束和生产数量的非负约束三部分组成。其特点是目标函数和约束条件的表达式都是线性表达式。

2. 生产计划问题

某企业生产 A、B、C 三种产品，所需消耗的资源包括工时和原材料。每生产 1 单位产品所消耗的资源量、每天可获得的资源总量以及单位产品利润，如表 1.2 所示。问应如何制定日生产计划，能使上述三种产品获得的总利润达到最大？

表 1.2　生产计划问题数据表

生产单位产品所需资源 / 产品 / 资源	A	B	C	每天可获得的资源总量
工时（小时）	1	1	1	3
原材料（吨）	1	4	7	9
产品利润（元/吨）	2 000	3 000	3 000	

设 x_1、x_2、x_3 分别为三种产品的产量。将产品利润的单位转换为“千元/吨”，以简化相应参数（避免数值差异过大），最终得到数学模型：

$$\max Z = 2x_1 + 3x_2 + 3x_3$$

$$\text{s. t.} \begin{cases} x_1 + x_2 + x_3 \leqslant 3 \\ x_1 + 4x_2 + 7x_3 \leqslant 9 \\ x_j \geqslant 0, \quad j = 1,2,3 \end{cases}$$

这也是一个线性规划问题的数学模型。其中目标要求为三种产品的总利润最大，约束条件为两种资源的限制量。非负条件是根据问题的实际意义添加的，因为产量不可能是负数。

1.1.2　线性规划的定义和数学描述

从生产计划问题和合理配料问题的讨论中，我们可以得出它们的一些共同点：

（1）用一组未知变量表示要求解的方案，这组未知变量称为决策变量；

（2）存在一定的限制条件，而且可以用线性表达式表示；

（3）有一个目标要求（极大化或极小化），目标可表示为关于未知变量的线性表达式，这个表达式称为目标函数；

（4）决策变量要求非负。

于是可以得到线性规划的一般定义：

定义 1.1　求取一组变量 x_j（$j=1，2，\cdots，n$），使之既满足线性约束条件，又使具有线性表达式的目标函数取得极大值或极小值的一类最优化问题称为线性规划问题，简称线性规划。一般情况下，线性规划问题模型通常隐含以下几个重要假设：

比例性：决策变量对目标函数或者约束条件的影响是成比例的，每种经营活动对目标函数的贡献和对资源的消耗是一个常数（不存在边际效用递减）。

可加性：决策变量是相互独立的，彼此之间不发生关联与交叉。

连续性：决策变量应取某个区间内的连续值。

确定性：所有参数是确定的，不包含不确定因素。

线性规划可用多种形式来描述。最常见的有一般形式、紧缩形式、矩阵形式和向量-矩阵形式。

一般形式：

$$\max(\text{或}\min)Z = c_1x_1 + c_2x_2 + \cdots + c_nx_n$$

$$\text{s. t.}\begin{cases} a_{11}x_1 + a_{12}x_2 + \cdots + a_{1n}x_n \leqslant (=,\geqslant) b_1 \\ a_{21}x_1 + a_{22}x_2 + \cdots + a_{2n}x_n \leqslant (=,\geqslant) b_2 \\ \vdots \\ a_{m1}x_1 + a_{m2}x_2 + \cdots + a_{mn}x_n \leqslant (=,\geqslant) b_m \\ x_1, x_2, \cdots, x_n \geqslant 0 \end{cases} \tag{1-1}$$

紧缩形式：

$$\max(\text{或}\min)Z = \sum_{j=1}^{n} c_jx_j$$

$$\text{s. t.}\begin{cases} \sum_{j=1}^{n} a_{ij}x_j \leqslant (=,\geqslant) b_i,\ i = 1,2,\cdots,m \\ x_j \geqslant 0,\ j = 1,2,\cdots,n \end{cases} \tag{1-2}$$

矩阵形式：

$$\max(\text{或}\min)Z = CX$$

$$\text{s. t.}\begin{cases} AX \leqslant (=,\geqslant) b \\ X \geqslant 0 \end{cases} \tag{1-3}$$

其中，$\begin{cases} C=(c_1,c_2,\cdots,c_n) \\ X=(x_1,x_2,\cdots,x_n)^\top \\ b=(b_1,b_2,\cdots,b_m)^\top \end{cases}$，$A=\begin{pmatrix} a_{11} & a_{12} & \cdots & a_{1n} \\ a_{21} & a_{22} & \cdots & a_{2n} \\ \vdots & \vdots & & \vdots \\ a_{m1} & a_{m2} & \cdots & a_{mn} \end{pmatrix}$。

向量-矩阵形式：

$$\max(\text{或 } \min) Z = CX$$

$$\text{s. t.} \begin{cases} \sum_{j=1}^{n} P_j x_j \leqslant (=, \geqslant) b \\ X \geqslant 0 \end{cases} \tag{1-4}$$

其中，$P_j=(a_{1j},\ a_{2j},\ \cdots,\ a_{mj})^\top$，即 $A=(P_1,\ P_2,\ \cdots,\ P_m)$。

我们通常称向量 C 为价值系数或目标函数系数，向量 b 为约束条件右端系数，矩阵 A 为约束条件的消耗系数矩阵或工艺矩阵，向量 P_j 对应系数矩阵中决策变量 x_j 的列向量。

1.1.3 线性规划的标准型

线性规划的标准型是为研究方便而约定的一种统一的标准格式，其特点是：

- 目标要求约定极大化 max（也可约定极小化 min）；
- 约束条件用等式表示；
- 决策变量非负；
- 右端常数非负。

任何线性规划模型均可按照上述约定，通过改写转化成标准形式的线性规划模型。改写前后的两个线性规划模型本质上属于同一问题，差别仅在于表达的格式要求不同。线性规划的标准型也有一般形式、紧缩形式、矩阵形式和向量-矩阵形式。线性规划问题的标准化过程就是将一般的线性规划模型转化为线性规划标准型的过程。

1. 目标要求的标准化

当目标要求是目标函数极小化时，可通过引入变换 $Z'=-Z$ 来实现目标要求的标准化。

令 $Z'=-Z$，则 $\min Z = CX \rightarrow \max Z' = -CX$。

图 1.1 是描述目标要求标准化过程的示意图。

2. 约束条件的标准化

(1) 若约束条件是"$\leqslant$"类型，只需在约束不等式左边加上一个非负的松弛变量，然后把不等号改为等号。

(2) 若约束条件是"$\geqslant$"类型，只需在约束不等式左边减去一个非负的剩余变量，然后把不等号改为等号。

(3) 若决策变量符号不限（既可以取正值，也可以取负值），只需引入非负的新变量 x_k^1 和 x_k^2，并令 $x_k = x_k^1 - x_k^2$，代入该约束条件，用 $x_k^1 - x_k^2$ 取代 x_k。这样在模型中出现

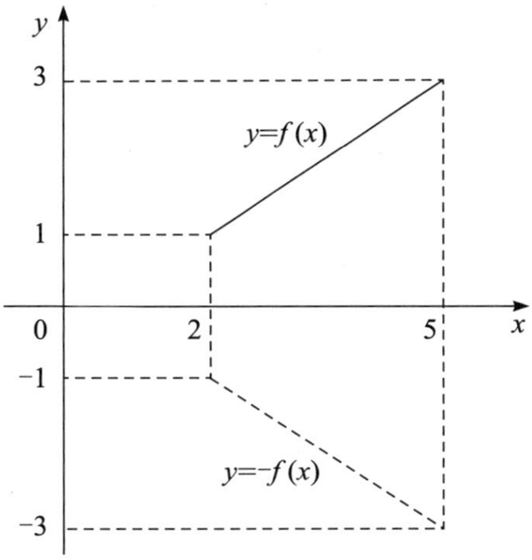

图 1.1　目标要求的标准化过程

的变量均为非负，而所得最终结果中 x_k 的取值没有符号限制。

（4）若右端常数为负值，在约束等式两边同乘－1 即可。

例 1.1　将下面的线性规划问题转化为标准型。

$$\min Z = -2x_1 + 3x_2 - x_3$$

$$\text{s. t.}\begin{cases} x_1 - x_2 + x_3 \leqslant 10 & (\text{约束 } 1) \\ 3x_1 + 2x_2 - x_3 \geqslant 8 & (\text{约束 } 2) \\ x_1 - 3x_2 + x_3 = -1 & (\text{约束 } 3) \\ x_1, x_2 \geqslant 0,\ x_3 \text{ 符号不限} \end{cases}$$

解：标准化过程应当按照下面的顺序进行：

（1）令 $x_3 = x'_3 - x_4$ 以解决 x_3 符号不限的问题。

（2）约束 1 引入非负松弛变量 x_5；约束 2 引入非负剩余变量 x_6；约束 3 变号（两边同乘 －1）。

（3）引入变换 $Z' = -Z$，将目标要求标准化。

（4）进一步整理得出最终结果。

$$\max Z' = 2x_1 - 3x_2 + (x'_3 - x_4) + 0 \cdot x_5 + 0 \cdot x_6$$

$$\text{s. t.}\begin{cases} x_1 - x_2 + (x'_3 - x_4) + x_5 = 10 \\ 3x_1 + 2x_2 - (x'_3 - x_4) - x_6 = 8 \\ -x_1 + 3x_2 - (x'_3 - x_4) = 1 \\ x_1, x_2, x'_3, x_4, x_5, x_6 \geqslant 0 \end{cases}$$

$$\max Z' = 2x_1 - 3x_2 + x_3 - x_4$$

$$\text{s. t.}\begin{cases} x_1 - x_2 + x_3 - x_4 + x_5 = 10 \\ 3x_1 + 2x_2 - x_3 + x_4 - x_6 = 8 \\ -x_1 + 3x_2 - x_3 + x_4 = 1 \\ x_1, x_2, x_3, x_4, x_5, x_6 \geqslant 0 \end{cases}$$

标准化过程的技巧是首先解决变量符号不限的问题，因为若令 $x_k = x_k^1 - x_k^2$ 就必然会

影响包含 x_k 的目标函数和所有约束条件的表达式。标准化过程的其他步骤只影响目标函数或某一约束条件。在不至于引起混淆的前提下，最终结果中可用 x_3 替代 x_3'，因为决策变量名称的改变对线性规划问题本身没有影响。

需要注意的是，线性规划问题的标准形式与原始形式是等价的，即一个线性规划问题的最优解与其标准形式的最优解应该是一样的，一个问题的标准形式并不改变问题的本质，它只改变问题约束条件的写法。

§1.2　线性规划的各种解及其性质

§1.1介绍了线性规划的定义及其描述形式，本节讨论线性规划的各种解、图解法、基本可行解的几何意义和线性规划解的性质，这些内容是理解单纯形法的前提和基础。

1.2.1　线性规划的各种解

对于线性规划标准型的矩阵形式式（1-3），设 $AX=b$ 是线性规划的约束方程组，含有 n 个决策变量和 m 个约束条件。在系数矩阵 A 中寻找一个 m 阶的方阵 B，若 B 的行列式非奇异（$|B|\neq 0$），则称 B 为线性规划问题的一个基，它由 m 个独立的列向量构成。与 B 中的列相对应的 m 个决策变量称为基变量，其余不与 B 的列相对应的（$n-m$）个决策变量称为非基变量。与基变量对应的列构成的列向量称为基向量，与非基变量对应的列构成的列向量称为非基向量（见图1.2）。

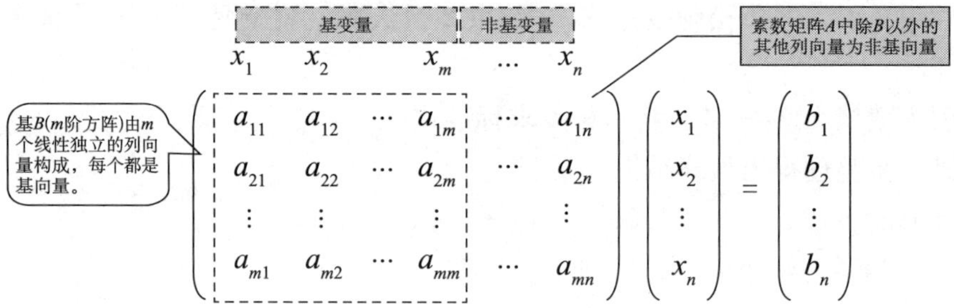

图1.2　线性规划问题中的基

线性规划问题各种解的定义：

（1）可行解：满足约束条件 $AX=b$ 和非负条件 $X\geqslant 0$ 的一组决策变量的取值。

（2）可行域：所有可行解的集合称为可行域，即 $D=\{X \mid AX=b,\ X\geqslant 0\}$。

（3）最优解：使目标函数达到最优值的可行解。

$$\max Z = CX$$

$$\text{s.t.}\begin{cases} AX = b \\ X \geqslant 0 \end{cases} \tag{1-5}$$

其中，$\begin{cases} C=(c_1,c_2,\cdots,c_n) \\ X=(x_1,x_2,\cdots,x_n)^\top \\ b=(b_1,b_2,\cdots,b_m)^\top \end{cases}$，$A=\begin{pmatrix} a_{11} & a_{12} & \cdots & a_{1n} \\ a_{21} & a_{22} & \cdots & a_{2n} \\ \vdots & \vdots & & \vdots \\ a_{m1} & a_{m2} & \cdots & a_{mn} \end{pmatrix}$。

（4）基本解：若 B 是线性规划问题的一个基，令所有非基变量等于 0，由约束方程组计算出基变量的取值，两者搭配构成的一组决策变量的取值称为关于基 B 的基本解，即 $X=\begin{pmatrix} B^{-1}b \\ 0 \end{pmatrix}$。值得注意的是，基本解中的 $B^{-1}b$ 项不一定所有分量都为非负取值，只有当 $B^{-1}b \geqslant 0$ 时，解 $X=\begin{pmatrix} B^{-1}b \\ 0 \end{pmatrix}$ 才是原线性规划问题的一个可行解。另外，线性规划基本解的个数等于基的个数，最多不超过 C_n^m 个。

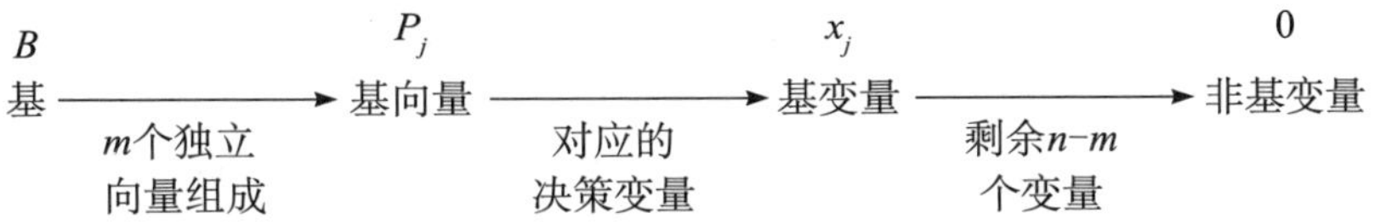

（5）基本可行解：满足非负条件（即 $B^{-1}b \geqslant 0$）的基本解称为基本可行解，其对应的基称为可行基。

（6）基本最优解：使目标函数达到最优值的基本可行解，其对应的基称为最优基。

线性规划各种解之间的关系可以用图 1.3 加以描述。

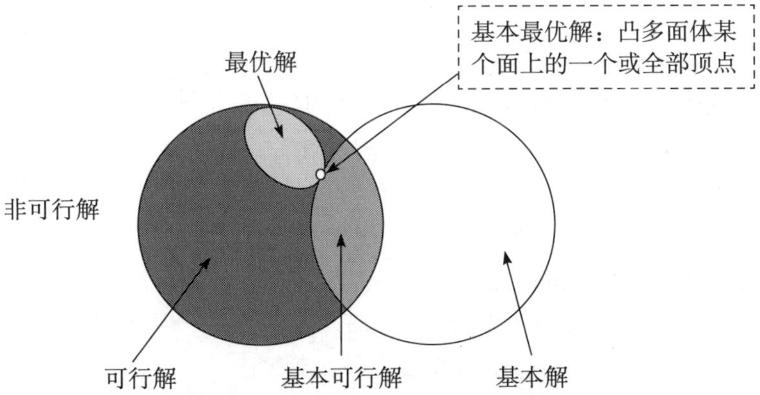

图 1.3　线性规划各种解之间的关系

1.2.2　图解法

线性规划的图解法就是用几何作图的方法分析并求出最优解的过程。其思路是：先将约束条件加以图解，求得满足约束条件的解的集合（即可行域），然后结合目标函数的要求从可行域中找出最优解。

下面通过一些例子来讨论图解法的实施过程。

例 1.2

$$\max Z = 2x_1 + 3x_2$$

$$\text{s. t.}\begin{cases}1/3x_1 + 1/3x_2 \leqslant 1 \\ 1/3x_1 + 4/3x_2 \leqslant 3 \\ x_1, x_2 \geqslant 0\end{cases}$$

解：该线性规划的可行域为图 1.4 中四边形 $OAED$（即阴影区），虚线为目标函数等值线，箭头为目标函数值递增的方向。沿着箭头的方向平移目标函数等值线，得到最优点 E（1，2），相应的目标函数最大值为 $Z_{\max}=8$。

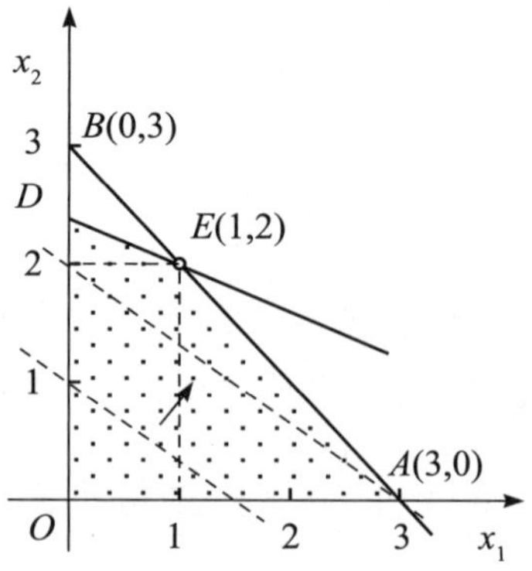

图 1.4　例 1.2 图解结果

例 1.3　将例 1.2 中的目标要求改为 $\max Z=x_1+x_2$，可行域不变。

解：平移目标函数等值线的最终结果是：目标函数等值线与可行域的一条边界（线段 AE）重合。这表明该线性规划有无穷多个最优解，即线段 AE 上的所有点都是最优点，因为它们都使目标函数取得相同的最大值 $Z_{\max}=3$。

例 1.4　将例 1.2 中目标要求改为极小化，目标函数和约束条件均不变。

解：可行域与例 1.2 相同，目标函数等值线也完全相同，只是在求最优解时，应沿着与箭头相反的方向平移目标函数等值线，求得的结果是有唯一最优解 $x_1=0$，$x_2=0$，对应着图 1.4 中的坐标原点。

例 1.5　$\max Z = x_1 + 2x_2$

$$\text{s. t.}\begin{cases}-2x_1 + x_2 \leqslant 1 \\ x_1, x_2 \geqslant 0\end{cases}$$

解：本例中的可行域是一无界区域，如图 1.5 中阴影区所示。虚线为目标函数等值线，沿着箭头所指的方向平移可使目标函数值无限增大，因此找不到最优解。这种情况通常称为“最优解无界”。如果一个实际问题抽象成像例 1.5 这样的线性规划模型，比如生产计划问题，其经济含义为：某些资源是无限制的，产量可以无限增大。这显然与实际不符，此时应重新检查并修正模型，否则没有实际意义。

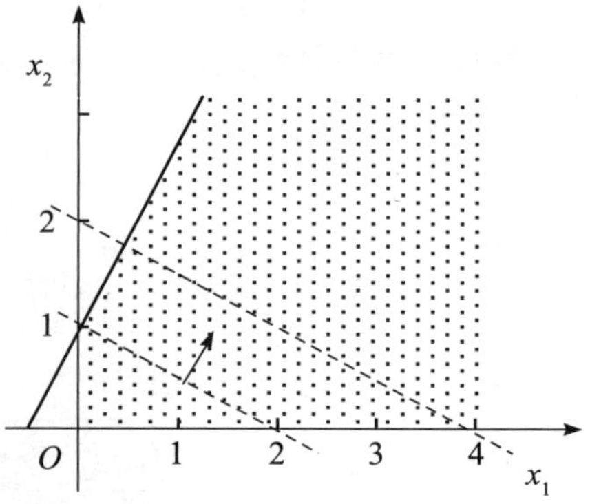

图 1.5　例 1.5 图解结果

注意：对于无界可行域，也可能出现有唯一最优解或无穷多个最优解的情况。比如目标要求改为 $\min Z=x_1+2x_2$ 或 $\max Z=-2x_1+x_2$，而约束条件与例 1.5 相同的两种情况。

例 1.6　$\min Z=-2x_1+3x_2$

$$\text{s. t.}\begin{cases}x_1 + x_2 \leqslant 3 \\ -x_1 - x_2 \leqslant -5 \\ x_1, x_2 \geqslant 0\end{cases}$$

解：从图 1.6 可以看出，两个约束条件相互矛盾，同时满足约束条件和非负条件的点不存在，即不存在可行解（可行域为空集），当然也不会有最优解。若一个实际问题

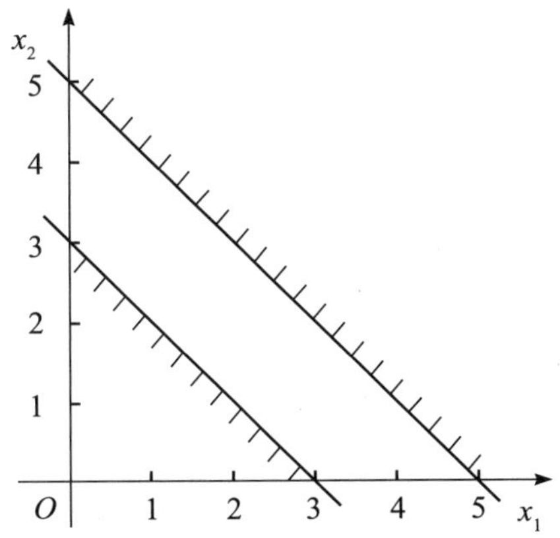

图 1.6　例 1.6 图解结果

的线性规划模型出现可行域为空集的情况，应检查是否有相互矛盾的约束条件。如有，则应先加以剔除，然后再考虑求解的问题。

用图解法求解线性规划时，各种求解结果与各种类型的可行域之间的对应关系可以用图 1.7 加以描述。

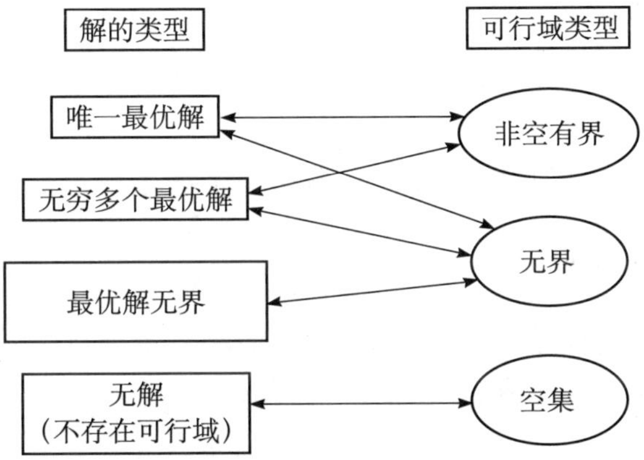

图 1.7　图解结果与各类可行域的对应关系

用图解法求解线性规划时，有几点需特别注意：

（1）线性规划的可行域一定是凸多边形或凸多面体。所以，图 1.8 中（a）、（b）、（c）所示阴影区域都不可能是某个线性规划的可行域，而（d）、（e）所示阴影区域则有可能。

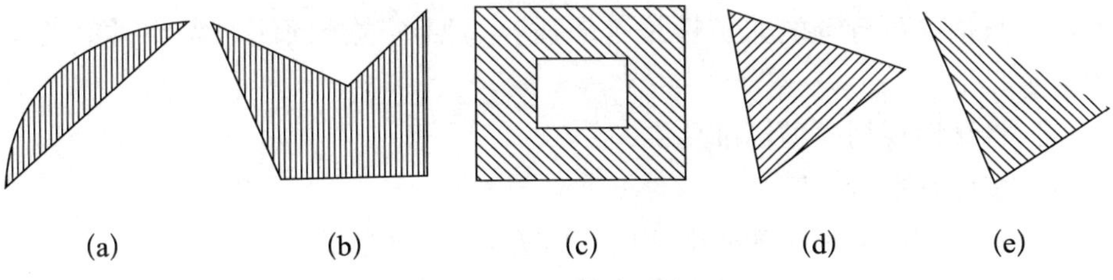

图 1.8　线性规划可行域的判断

（2）目标函数 $Z=ax_1+bx_2$ 取值的递增方向与系数 a、b 有关。当 $a>0$，$b>0$ 时，右上方为递增方向；当 $a<0$，$b<0$ 时，左下方为递增方向。总之，离开原点向外发散

的方向是目标函数取值递增的方向。图 1.9 中箭头所指的方向即为目标函数值递增的方向。

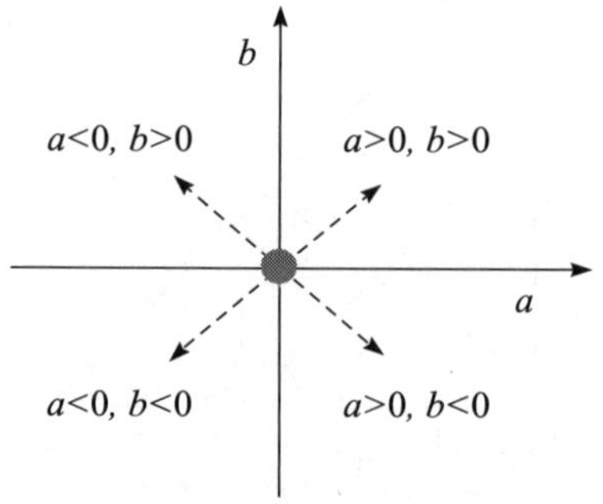

图 1.9　目标函数递增方向与其系数的关系

图解法小结：

（1）使用条件：线性规划决策变量最多不超过 3 个。

（2）基本步骤：

第 1 步：建立平面直角坐标系。

第 2 步：根据约束条件和非负条件画出可行域。

第 3 步：画出目标函数等值线（至少两条），结合目标函数优化要求，平移目标函数等值线求出最优解。

（3）图解法的优缺点：简单直观，但没有通用性。

1.2.3　基本可行解的几何意义

基本可行解对应着可行域（凸多边形或凸多面体）的顶点。下面用例 1.7 的图解过程及求解结果来说明基本解和基本可行解所对应的点及其在几何位置上的特殊含义。

例 1.7　$\max Z = 2x_1 + 5x_2$

$$\text{s. t.}\begin{cases} x_1 + x_2 \leqslant 4 \\ -x_1 + 2x_2 \leqslant 2 \\ x_1 - x_2 \leqslant 2 \\ x_1, x_2 \geqslant 0 \end{cases}$$

解：图解结果如图 1.10 所示，点 I、H、G 均在第一象限，它们是基本解而不是基本可行解，这与基本可行解的非负性是否矛盾？为回答这个问题，需要讨论基本解是如何求出的。

第 1 步：将线性规划模型标准化。

第 2 步：按照基本解的定义：

（1）寻找基（该例中基应为非退化的 3 阶方阵），其总数不超过 C_5^3 。

（2）对于给定的基，确定基变量和非基变量。

（3）令非基变量取值为 0，解出基变量的值。

（4）基变量和相应的非基变量搭配构成基本解。

按照上面的步骤求解，可求得最终结果为：

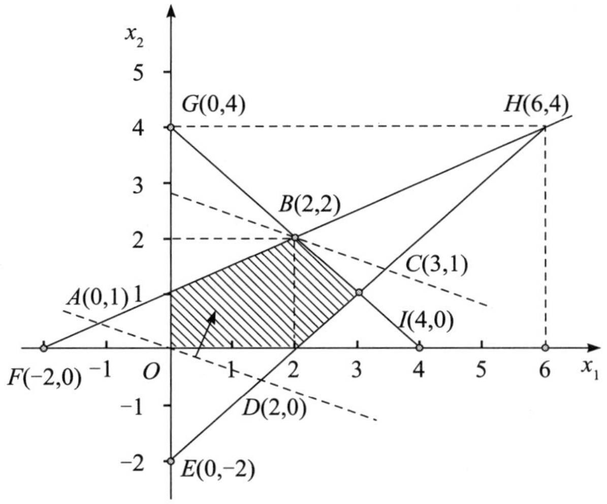

图 1.10　例 1.7 图解结果

$H\ (6,4,-6,0,0)^{\top}$，$C\ (3,1,0,3,0)^{\top}$，$B\ (2,2,0,0,2)^{\top}$，

$D\ (2,0,2,4,0)^{\top}$，$F\ (-2,0,6,0,4)^{\top}$，$I\ (4,0,0,6,-2)^{\top}$，

$E\ (0,-2,6,6,0)^{\top}$，$A\ (0,1,3,0,3)^{\top}$，$G\ (0,4,0,-8,6)^{\top}$，

$O\ (0,0,4,2,2)^{\top}$

显然，点 I、H、G 作为 5 维空间的点，均有负分量。因此都是基本解而不是基本可行解。读者可将求得的基本解和图解法结果进行对照，在图 1.10 中标出相应的点。

可以看出，基本解对应着二维平面上线性规划可行域所有边界的延长线、坐标轴之间的交点；而基本可行解则对应着可行域的顶点。

1.2.4　线性规划解的性质

定义 1.2　凸集——设 K 是 n 维欧氏空间的一个点集，若任意两点 $X^{(1)}\in K$，$X^{(2)}\in K$ 的连线上的一切点 $\alpha X^{(1)}+(1-\alpha)X^{(2)}\in K\ (0<\alpha<1)$，则称 K 为凸集。

定义 1.3　凸组合——设 $X^{(1)}$，$X^{(2)}$，…，$X^{(k)}$ 是 n 维欧氏空间中的 K 个点，若存在 k 个数 μ_1，μ_2，…，μ_k，满足 $0\leqslant\mu_i\leqslant 1$ （$i=1$，2，…，k）且 $\sum\limits_{i=1}^{k}\mu_i=1$，则称 $X=\mu_1X^{(1)}+\mu_2X^{(2)}+\cdots+\mu_kX^{(k)}$ 为 $X^{(1)}$，$X^{(2)}$，…，$X^{(k)}$的凸组合。

定义 1.4　顶点——设 K 是凸集，$X\in K$；若 X 不能用 $X^{(1)}\in K$，$X^{(2)}\in K$ 的线性组合表示，即 $X\neq\alpha X^{(1)}+(1-\alpha)X^{(2)}\,(0<\alpha<1)$，则称 X 为 K 的一个顶点。

思考："顶点"的定义方式有什么特点？这种定义方式在什么场合运用最方便？

下面讨论线性规划解的性质定理。

定理 1.1　线性规划问题的可行域 $D=\{X\,|\,AX=b,X\geqslant 0\}$ 是凸集。

证明思路：根据凸集的定义，采用直接方法证明。

具体步骤：(1) 从 D 中任取两个不同的点，它们应满足可行解定义中的相应条件；

(2) 证明 $X=\alpha X^{(1)}+(1-\alpha)X^{(2)}\in D$（利用 (1)，证明 X 满足凸集定义中的相应条件）。

定理1.2（线性规划几何理论基本定理） 若$D=\{X|AX=b, X\geqslant 0\}$，则$X$是$D$的一个顶点的充分必要条件是$X$为线性规划的基本可行解。

证明思路：先给出一个引理，然后通过引理将定理1.2的证明过程进行转化。具体的做法如下。

定理1.2可描述为：X是D的一个顶点$\Leftrightarrow$ X为线性规划的基本可行解。

通过引理：X为线性规划的基本可行解$\Leftrightarrow$ X的正分量所对应的系数列向量线性无关。

问题转化为：X是D的一个顶点$\Leftrightarrow$ X的正分量所对应的系数列向量线性无关。

证明要点：

(1) 引理。

必要性→：由基可行解的定义直接可证。

充分性←：若向量P_1，P_2，…，P_k线性独立，则必有$k\leqslant m$（因为系数矩阵A的秩为m）；当$k=m$时，它们恰构成一个基，从而$X=(x_1, x_2, \cdots, x_k, 0, \cdots, 0)$为该列向量组相对应的基可行解。当$k<m$时，则一定可以从其余的列向量中取出$(m-k)$个与$P_1$，$P_2$，…，$P_k$构成最大的线性独立向量组（即满秩子矩阵），此时可行解X对应于基B的基可行解。

(2) 定理1.2采用反证法证明。

必要性→：

第1步：将反证法假设和已知条件具体化，即假设X的正分量所对应的系数列向量P_1，P_2，…，P_k线性相关，则存在不全为0的α_1，α_2，…，α_k，使得

$$\alpha_1 P_1+\alpha_2 P_2+\cdots+\alpha_k P_k=0$$

由X是可行解知：$x_1P_1+x_2P_2+\cdots+x_kP_k=b$

由此构造两个特殊的表达式：

$$(x_1+\lambda\alpha_1)P_1+(x_2+\lambda\alpha_2)P_2+\cdots+(x_k+\lambda\alpha_k)P_k=b$$
$$(x_1-\lambda\alpha_1)P_1+(x_2-\lambda\alpha_2)P_2+\cdots+(x_k-\lambda\alpha_k)P_k=b$$

式中，$\lambda>0$。

第2步：寻找X附近的属于D的两个点$X^{(1)}$和$X^{(2)}$，寻找这两个点的技巧是通过将第1步得到的两个式子相加减得到。

第3步：选取适当的λ，如取$\lambda=\min\left\{\frac{x_i}{|\alpha_i|}\middle|\alpha_i\neq 0\right\}$，则可以保证

$$x_i\pm\lambda\alpha_i\geqslant 0, i=1,2,\cdots,k$$

从而保证$X=\frac{1}{2}X^{(1)}+\frac{1}{2}X^{(2)}$，导致与“$X$是顶点”相矛盾。

充分性←：

第1步：将反证法假设具体化，明确正分量。

第2步：由大前提X是可行解，找出不全为0的一组数。

第3步：得到P_1，P_2，…，P_m线性相关的结论，与已知条件相矛盾。

定理1.3 若可行域非空有界，则线性规划问题的目标函数一定可以在可行域的顶点上达到最优值。

证明思路：首先可行域非空有界就肯定有最优解，本定理要证明的是在非顶点 $X^{(0)}$ 处取得最优值，则存在顶点 $X^{(n)}$ 也取得相同的最优值。

设 $X^{(1)}$，$X^{(2)}$，…，$X^{(k)}$ 是可行域的顶点，若存在 $X^{(0)}$ 不是顶点，且目标函数在 $X^{(0)}$ 达到最优，即 $Z^* = CX^{(0)}$。由于 $X^{(0)}$ 不是顶点，所以 $X^{(0)}$ 可以由顶点 $X^{(1)}$，$X^{(2)}$，…，$X^{(k)}$ 线性表示为：

$$X^{(0)} = \alpha_1 X^{(1)} + \alpha_2 X^{(2)} + \cdots + \alpha_k X^{(k)}$$

式中 $\alpha_i > 0, \sum_{i=1}^{k} \alpha_i = 1$。因此 $Z^* = CX^{(0)} = C\sum_{i=1}^{k} \alpha_i X^{(i)} = \sum_{i=1}^{k} \alpha_i CX^{(i)}$。

另外，根据线性代数的知识可知在两个顶点中必定能找到某一个顶点 $X^{(n)}$，使得 $CX^{(n)}$ 是所有 $CX^{(i)}$ 中的最大者，所以得到以下关系：

$$CX^{(0)} = \sum_{i=1}^{k} \alpha_i CX^{(i)} \leqslant \sum_{i=1}^{k} \alpha_i CX^{(n)} = CX^{(n)}$$

又因为根据假设 $CX^{(0)}$ 是最大值，所以只能有 $CX^{(0)} = CX^{(n)}$，即目标函数在顶点 $X^{(n)}$ 处也达到最大值。另外，若可行域为无界，则可能无最优解，也可能有最优解，若有也必定在某顶点上得到。

定理 1.4　若目标函数在 k 个点处达到最优值（$k \geqslant 2$），则在这些顶点的凸组合上也达到最优值。

证明思路：根据凸组合的定义可证得结论。

具体步骤：假设 $\overline{X}^{(1)}$，$\overline{X}^{(2)}$，…，$\overline{X}^{(k)}$ 是目标函数达到最大值的顶点，若 $\overline{X}$ 是这些顶点的凸组合，即

$$\overline{X} = \sum_{i=1}^{k} \alpha_i CX^{(i)}$$

其中 $\alpha_i > 0, \sum_{i=1}^{k} \alpha_i = 1$。所以，

$$C\overline{X} = C\sum_{i=1}^{k} \alpha_i X^{(i)} = \sum_{i=1}^{k} \alpha_i CX^{(i)}$$

设 $CX^{(i)} = m$，$i = 1$，2，…，k，于是有 $C\overline{X} = \sum_{i=1}^{k} \alpha_i m = m$。

上述四个定理带给我们一些有意义的启示。

（1）线性规划的可行域一定是凸集，但是凸集不一定成为线性规划的可行域，而非凸集一定不会是线性规划的可行域。（为什么？能举例说明吗？）

（2）线性规划的基本可行解和可行域的顶点是一一对应的，类似于坐标与点的对应关系。

（3）在可行域中寻找线性规划的最优解可以转化为只在可行域的顶点中寻找，从而把一个无限的问题转化为一个有限的问题。

（4）若一个线性规划有两个或两个以上的最优解，那么一定有无穷多个最优解。虽然最优解有无穷多个，但基本最优解的个数是有限的。在凸多面体的某个面上，所有的点对应的解都是最优解，但只有顶点对应的解才是基本最优解。

§1.3 单纯形法

单纯形法是线性规划求解的通用算法。其基本思想就是顶点的逐步转移，即从可行域的一个顶点（基本可行解）开始，转移到另一个顶点（另一个基本可行解）的迭代过程。转移的条件是使目标函数值得到改善（逐步变优）。当目标函数达到最优值时，问题也就得到了最优解。

从线性规划解的性质定理可知，线性规划问题的可行域是凸多边形或凸多面体。如果一个线性规划问题有最优解，就一定可以在可行域的顶点上找到。换言之，若某线性规划只有唯一的一个最优解，那么这个最优解所对应的点一定是可行域的一个顶点。若该线性规划有多个最优解，那么在可行域的顶点中肯定至少可以找到一个最优解。因此，所需解决的问题是：

（1）如何寻找一个初始的基本可行解使迭代开始？

（2）为使目标函数逐步变优，怎样进行顶点的转移？

（3）目标函数何时达到最优，判断的标准是什么？

1.3.1 单纯形法原理

为便于大家理解单纯形法求解线性规划（LP）问题的迭代过程和算法原理，我们以§1.1中提到的生产计划问题为例，通过由简单到一般的归纳过程，阐明单纯形法原理。

例1.8 求解线性规划：

$$\max Z = 2x_1 + 3x_2 + 3x_3 \quad \text{（要求三种产品的总利润最大）}$$

$$\text{s.t.}\begin{cases} x_1 + x_2 + x_3 \leqslant 3 & \text{（工时约束，每天不超过 3 小时）} \\ x_1 + 4x_2 + 7x_3 \leqslant 9 & \text{（原材料约束，每天不超过 9 吨）} \\ x_1, x_2, x_3 \geqslant 0 & \text{（三种产品的产量非负）} \end{cases}$$

解： 第1步：引入非负的松弛变量 x_4、x_5，将该线性规划化为标准型。

$$\max Z = 2x_1 + 3x_2 + 3x_3 + 0x_4 + 0x_5$$

$$\text{s.t.}\begin{cases} x_1 + x_2 + x_3 + x_4 = 3 \\ x_1 + 4x_2 + 7x_3 + x_5 = 9 \\ x_1, x_2, x_3, x_4, x_5 \geqslant 0 \end{cases}$$

第2步：寻求初始可行基，确定基变量。

$$A = \begin{pmatrix} 1 & 1 & 1 & 1 & 0 \\ 1 & 4 & 7 & 0 & 1 \end{pmatrix}, B = (P_4, P_5) = \begin{pmatrix} 1 & 0 \\ 0 & 1 \end{pmatrix}$$

对应的基变量是 x_4、x_5。

第3步：写出初始基本可行解和相应的目标函数值，注意两个关键的基本表达式：

（1）用非基变量表示基变量的表达式：

$$\begin{cases} x_4 = 3 - x_1 - x_2 - x_3 \\ x_5 = 9 - x_1 - 4x_2 - 7x_3 \end{cases} \Rightarrow \text{初始基本可行解} \Rightarrow X^{(0)} = (0,0,0,3,9)^{\top}$$

（2）用非基变量表示目标函数的表达式：

$$Z = 2x_1 + 3x_2 + 3x_3 \Rightarrow \text{当前的目标函数值} \Rightarrow Z^{(0)} = 0$$

该结果的经济含义是不生产任何产品，资源全部节余（$x_4=3$，$x_5=9$），三种产品的总利润为 0。这肯定不是最优结果，因为只要任意生产一定数量的某种产品，就可以使产品的总利润大于 0。

第 4 步：分析两个基本表达式，观察目标函数是否可以改善。

（1）分析用非基变量表示目标函数的表达式。非基变量前面的系数均为正数，所以任何一个非基变量进基（即变成基变量），都能使 Z 值增加，因此通常把非基变量前面的系数叫作检验数。

（2）考虑究竟选哪一个非基变量进基。比如可以选 x_1 为进基变量（也称为换入变量），因为它是正检验数所对应的非基变量。而且正检验数越大，目标函数值（Z 值）增加得越快。因此，一般会选择最大正检验数对应的非基变量进基。

（3）怎样确定出基变量？可以按下面的顺序进行讨论。

1）x_1 进基意味着其取值从 0 变成一个正数，其经济意义就是生产 A 产品，考虑 x_1 的取值能否无限增大？

2）当 x_1 增大时，x_4、x_5 如何变化？

3）现在的非基变量是哪些？

4）具体如何确定换出变量？

结合例 1.8 具体分析，写出用非基变量表示基变量的表达式：

$$\begin{cases} x_4 = 3 - x_1 - x_2 - x_3 \\ x_5 = 9 - x_1 - 4x_2 - 7x_3 \end{cases}$$

其中，x_2 和 x_3 是非基变量，取值为 0，可暂时不予考虑。当 x_1 增大时，x_4 和 x_5 会减小，但是这种减小是有限度的——必须保证在大于等于 0 的前提下减小，以保持解的可行性。于是有：

$$\begin{cases} x_4 = 3 - x_1 \geqslant 0 \\ x_5 = 9 - x_1 \geqslant 0 \end{cases} \Rightarrow \begin{cases} x_1 \leqslant \dfrac{3}{1} \\ x_1 \leqslant \dfrac{9}{1} \end{cases} \Rightarrow x_1 \leqslant \min\left\{\frac{3}{1}, \frac{9}{1}\right\} = 3 \triangleq \theta$$

即当 x_1 的值从 0 增大到 3 时，x_4 首先变为 0，此时 $x_5=6>0$，因此可以选 x_4 为出基变量（换出变量）。这种用来确定出基变量的规则称为最小比值原则（或 θ 原则）。

注意：如果 x_1 的系数列向量 $P_1 \leqslant 0$，最小比值原则将失效，即此时 x_1 的值无论怎样增大，解的可行性总能得到满足，这样将会导致“无界解”的产生。

（4）进行基变换，产生新的基变量和新的非基变量。

新的基变量将是 x_1、x_5，新的非基变量则是 x_2、x_3、x_4。

再写出用非基变量表示基变量的表达式：

$$\text{由} \quad \begin{cases} x_4 = 3 - x_1 - x_2 - x_3 \\ x_5 = 9 - x_1 - 4x_2 - 7x_3 \end{cases} \Rightarrow \begin{cases} x_1 = 3 - x_2 - x_3 - x_4 \\ x_5 = 6 - 3x_2 - 6x_3 + x_4 \end{cases}$$

可得新的基本可行解 $X^{(1)} = (3,\ 0,\ 0,\ 0,\ 6)^{\top}$。

（5）写出用非基变量表示目标函数的表达式：

$$\begin{aligned} Z &= 2x_1 + 3x_2 + 3x_3 \\ &= 2(3 - x_2 - x_3 - x_4) + 3x_2 + 3x_3 \\ &= 6 + x_2 + x_3 - x_4 \end{aligned}$$

可得相应的目标函数值 $Z^{(1)} = 6$，已得到改善。

由于检验数仍有正的，可以返回（1）继续讨论。

第 5 步：上述过程何时停止？

当用非基变量表示目标函数的表达式中，非基变量前面的系数（检验数）全部非正时，当前的基本可行解就是最优解。只要分析用非基变量表示目标函数的表达式，如果让负检验数所对应的变量进基，目标函数值就会减小。

1.3.2 表格单纯形法

在实际求解中，为了便于计算和检查，常常用单纯形表来实施计算过程。这种利用单纯形表求解线性规划的方法就称为表格单纯形法。

1. 初始单纯形表的建立

初始单纯形表的结构如表 1.3 所示，可分为表头部分和主体部分。主体部分又可以分为基变量及其取值（分别为 X_B 和 b 对应的列）、当前目标函数值（$-Z$ 对应的 b 列元素）、约束条件系数矩阵及比值列、检验数行四个部分。

表 1.3 初始单纯形表的结构

	C_B	X_B	b \ c_j / x_j	2	3	3	0	0	θ_j	
表头部分				x_1	x_2	x_3	x_4	x_5		
主体部分	0	x_4	3	1	1	1	1	0		
	0	x_5	9	1	4	7	0	1		
	$-Z$		0	2	3	3	0	0	$c_j - z_j$	检验数行

其中，C_B 对应的列是基于当前基变量填写的该基变量在目标函数中的系数，通常称为基变量的价值系数。

表格的设计依据是：将 $-Z$ 看作不参与基变换的基变量，把目标函数表达式改写成方程的形式，和原有的 m 个约束方程组成一个具有 $n+m+1$ 个变量、$m+1$ 个方程的方程组：

$$\begin{cases} a_{11}x_1 + a_{12}x_2 + \cdots + a_{1n}x_n + x_{n+1} = b_1 \\ a_{21}x_1 + a_{22}x_2 + \cdots + a_{2n}x_n + x_{n+2} = b_2 \\ \vdots \\ a_{m1}x_1 + a_{m2}x_2 + \cdots + a_{mn}x_n + x_{n+m} = b_m \\ -Z + c_1x_1 + c_2x_2 + \cdots + c_nx_n + c_{n+1}x_{n+1} + \cdots + c_{n+m}x_{n+m} = 0 \end{cases}$$

$$-Z \quad x_1 \quad x_2 \quad \cdots \quad x_n \quad x_{n+1} \quad \cdots \quad x_{n+m} \quad b$$

取出系数写成增广矩阵的形式：

$$\begin{array}{ccccccccc} -Z & x_1 & x_2 & \cdots & x_n & x_{n+1} & x_{n+2} & \cdots & x_{n+m} & b \end{array}$$

$$\begin{pmatrix} 0 & a_{11} & a_{12} & \cdots & a_{1n} & 1 & 0 & \cdots & 0 & b_1 \\ 0 & a_{21} & a_{22} & \cdots & a_{2n} & 0 & 1 & \cdots & 0 & b_2 \\ \vdots & \vdots & \vdots & & \vdots & \vdots & \vdots & & \vdots & \vdots \\ 0 & a_{m1} & a_{m2} & \cdots & a_{mn} & 0 & 0 & \cdots & 1 & b_m \\ 1 & c_1 & c_2 & \cdots & c_n & c_{n+1} & c_{n+2} & \cdots & c_{n+m} & 0 \end{pmatrix}$$

$-Z$，x_{n+1}，…，x_{n+m} 所对应的系数列向量构成一个基，用矩阵的初等行变换将该基变成单位阵，这时 c_{n+1}，c_{n+2}，…，c_{n+m}变成 0，相应的增广矩阵变成如下形式：

$$\begin{pmatrix} 0 & a_{11} & a_{12} & \cdots & a_{1n} & 1 & 0 & \cdots & 0 & b_1 \\ 0 & a_{21} & a_{22} & \cdots & a_{2n} & 0 & 1 & \cdots & 0 & b_2 \\ \vdots & \vdots & \vdots & & \vdots & \vdots & \vdots & & \vdots & \vdots \\ 0 & a_{m1} & a_{m2} & \cdots & a_{mn} & 0 & 0 & \cdots & 1 & b_m \\ 1 & \sigma_1 & \sigma_2 & \cdots & \sigma_n & 0 & 0 & \cdots & 0 & -z^0 \end{pmatrix}$$

其中，$\sigma_j = c_j - \sum_{i=1}^{m} c_{n+i}a_{ij}$，$j=1，2，\cdots，n$；$-z^0 = 0 - \sum_{i=1}^{m} c_{n+i}b_i$，则目标函数值应为 $z^0 = \sum_{i=1}^{m} c_{n+i}b_i$。增广矩阵的最后一行恰好就是用非基变量表示目标函数的表达式，因此 $\sigma_j(j=1，2，\cdots，n)$ 就是非基变量的检验数。

2. 关于检验数的计算通常有两种方法

（1）利用矩阵的行变换，把目标函数表达式中基变量前面的系数变为 0；

（2）使用计算公式 $\sigma_j = c_j - \sum_{i=1}^{m} c_{n+i}a_{ij} = c_j - C_B P_j \triangleq c_j - z_j$，$j=1，2，\cdots，n$。

3. 表格单纯形法的计算过程

我们结合例 1.8 进行解释，例 1.8 的表格单纯形法计算过程如表 1.4 所示。

表 1.4　例 1.8 的表格单纯形法计算过程

C_B	X_B	c_j / x_j / b	2	3	3	0	0	θ_j
			x_1	x_2	x_3	x_4	x_5	
0	x_4	3	(1)	1	1	1	0	3/1
0	x_5	9	1	4	7	0	1	9/1
$-Z$		0	2	3	3	0	0	
2	x_1	3	1	1	1	1	0	3/1
0	x_5	6	0	(3)	6	−1	1	6/3
$-Z$		−6	0	1	1	−2	0	
2	x_1	1	1	0	−1	4/3	−1/3	
3	x_2	2	0	1	2	−1/3	1/3	
$-Z$		−8	0	0	−1	−5/3	−1/3	

首先，将线性规划模型标准化，然后建立初始单纯形表并计算非基变量的检验数。

对于极大化线性规划问题，选择任意一个正检验数所对应的变量 x_k 作为进基变量，如表 1.4 中检验数 2 所对应的变量 x_1 ，相应的系数列称为主元列（表 1.4 中加粗竖线所标出的列）。

然后按照最小比值原则确定出基变量 x_l ，计算最小比值的公式是：

$$\theta=\min_i\left\{\frac{(b_i)}{(a_{ik})}\mid a_{ik}>0\right\}=\frac{b_l}{a_{lk}}$$

在单纯形表中，比值实际上就是各约束等式右端常数与对应的主元列正系数之比，写在右端的 θ_j 列。选择最小比值所在的行（称为主元行，如表 1.4 中加粗横线指示的行）对应的基变量作为出基变量，如表 1.4 中的 x_4 。

主元列和主元行的交叉元素称为主元素，一般在单纯形迭代表格中用“圆圈”圈起。实施矩阵的初等行变换，把主元素变成 1，主元列变成单位向量，这就是所谓的换基迭代，也称枢运算或旋转运算。从得到的新表中，可找到新的基本可行解和相应的目标函数值。如此反复迭代，直至求得最优表格。对于极大化线性规划，当所有的检验数全部非正时，即得到最优表格。

表 1.4 显示了例 1.8 经过两次迭代、共三张表格（初始单纯形表、第一次迭代表格和第二次迭代表格）求得了最优解，其中第二次迭代表格就是最优表格。从最优表格得知，例 1.8 的最优解为：$X^*=(1,2,0,0,0)^\top$，相应的目标函数最优值为 $Z_{\max}$ 。实际计算中，往往将所有的表格连在一起，显得紧凑也便于检查。建议读者尽量使用单纯形表简洁明了地求解。

注意：作业中常常出现将最优解和最优值混淆的情况。正确的理解和表达是：最优解用 $X^\top$ 表示，是列向量，书写时注意转置符号。最优值是一个数值，用 $Z_{\max}$ 或 $Z_{\min}$ 表示，不要写成表示对 Z 的表达式求最大或最小的 $\max Z$ 或 $\min Z$ 。

1.3.3 单纯形法的一般描述

单纯形法是一种迭代算法。在用单纯形法求解一般线性规划时，必须首先确定初始基本可行解，并根据判别准则进行最优性检验。如果已经得到最优解或者判定该线性规划没有有限最优解，则可停止迭代；否则就进行换基迭代，求得新的基本可行解。如此反复迭代，直至求出最优解。

1. 确定初始基本可行解

要确定初始基本可行解，必须首先确定初始可行基。针对不同的具体情况，可选择使用以下方法来确定初始可行基。

（1）观察法：若系数矩阵中含有现成的单位阵，可将该单位阵作为初始可行基。

当约束条件中全部是“⩽”类型的约束时，可将新增的松弛变量作为初始基变量，对应的系数列向量恰好构成单位阵，可将该单位阵作为初始可行基。

（2）当约束条件都是“⩾”或“＝”类型的约束时，先将约束条件标准化，再引入非负的人工变量，以人工变量作为初始基变量，其对应的系数列向量构成单位阵（人造基），将该人造基作为初始可行基。然后用大 M 法或两阶段法求解。

（3）在等式约束左边加入一个非负的人工变量，其目的是使约束方程的系数矩阵中出现一个单位阵。用单位阵的每一个列向量对应的决策变量作为基变量，出现在单纯形表中的 b_i 列（即约束方程右边的常数）值正好就是基变量的取值。

试讨论：如果约束条件中既有“≤”类型的约束，又有“≥”或“＝”类型的约束，该怎么办？为什么要选单位阵作为初始可行基呢？

初始可行基确定后只要根据“用非基变量表示基变量的表达式”，令非基变量等于 0，算出基变量取值，搭配在一起即构成初始基本可行解。

2. 判别准则

判别准则是判断是否已得到最优解或者确定线性规划有没有“有限最优解”的基本依据。

首先写出两个基本表达式的一般形式。为简单明了而又不失一般性，就线性规划的约束条件全部是“≤”类型，新增松弛变量作为初始基变量的情况进行讨论。此时线性规划的标准型为：

$$\max Z=\sum_{j=1}^{n}c_jx_j+\sum_{j=n+1}^{n+m}0x_j$$

$$\text{s. t.}\begin{cases}a_{11}x_1+a_{12}x_2+\cdots+a_{1n}x_n+x_{n+1}=b_1\\a_{21}x_1+a_{22}x_2+\cdots+a_{2n}x_n+x_{n+2}=b_2\\\vdots\\a_{m1}x_1+a_{m2}x_2+\cdots+a_{mn}x_n+x_{n+m}=b_m\\x_1,x_2,\cdots,x_{n+m}\geqslant 0\end{cases}$$

取 $B^{(0)}=(P_{n+1},P_{n+2},\cdots,P_{n+m})=\begin{pmatrix}1&0&\cdots&0\\0&1&\cdots&0\\\vdots&\vdots&&\vdots\\0&0&\cdots&1\end{pmatrix}$ 作为初始可行基，则可得到初始基本可行解为 $X^{(0)}=(0,0,\cdots,0,b_1,b_2,\cdots,b_m)^{\top}$。

一般地，经过若干次迭代，对于基 B，其用非基变量表示基变量的表达式为：

$$x_{n+i}=b'_i-\sum_{j=1}^{n}a'_{ij}x_j,\quad i=1,2,\cdots,m \tag{1-5}$$

用非基变量表示目标函数的表达式为：

$$\begin{aligned}Z&=\sum_{j=1}^{n+m}c_jx_j=\sum_{j=1}^{n}c_jx_j+\sum_{i=1}^{m}c_{n+i}x_{n+i}=\sum_{j=1}^{n}c_jx_j+\sum_{i=1}^{m}c_{n+i}(b'_i-\sum_{j=1}^{n}a'_{ij}x_j)\\&=\sum_{i=1}^{m}c_{n+i}b'_i+\sum_{j=1}^{n}c_jx_j-\sum_{i=1}^{m}\sum_{j=1}^{n}c_{n+i}a'_{ij}x_j\\&=\sum_{i=1}^{m}c_{n+i}b'_i+\sum_{j=1}^{n}(c_j-\sum_{i=1}^{m}c_{n+i}a'_{ij})x_j\end{aligned}$$

令 $Z_0=\sum_{i=1}^{m}c_{n+i}b'_i$，$z_j=\sum_{i=1}^{m}c_{n+i}a'_{ij}$，则：

$$Z=Z_0+\sum_{j=1}^{n}(c_j-z_j)x_j$$

令 $\sigma_j = c_j - z_j$ ，则：

$$Z = Z_0 + \sum_{j=1}^{n} \sigma_j x_j \tag{1-6}$$

下面证明最优性判别定理和无“有限最优解”判别定理。

定理 1.5（最优性判别定理） 若 $X^{(0)} = (0, 0, \cdots, 0, b'_1, b'_2, \cdots, b'_m)^{\top}$ 是对应于基 B 的基本可行解，σ_j 是非基变量 $x_j^{(0)}$ 的检验数，若对于一切非基变量的角标 j ，均有 $\sigma_j \leqslant 0$，则 $X^{(0)}$ 为最优解。

证明：对于一切非基变量的角标 j ，均有 $\sigma_j \leqslant 0$，且 $x_j^{(0)} \geqslant 0$。由式（1－6）知，对任一可行解 X ，均有 $Z \leqslant Z_0$ 。而基本可行解 $X^{(0)}$ 能使等式成立，故 $X^{(0)}$ 为最优解。

定理 1.6（无“有限最优解”判别定理） 若 $X^{(0)} = (0, 0, \cdots, 0, b'_1, b'_2, \cdots, b'_m)^{\top}$ 为一基本可行解，有一非基变量 x_k ，其检验数 $\sigma_k > 0$ ，而对于 $i=1, 2, \cdots, m$，均有 $a'_{ik} \leqslant 0$ ，则该线性规划问题没有“有限最优解”。

证明：构造一个新解 $X^{(1)}$ ，其分量为：

$$x_{n+i}^{(1)} = b'_i - \lambda a'_{ik}, \quad \lambda > 0, \quad i \text{ 为基变量角标}$$

$$x_k^{(1)} = \lambda$$

$$x_j^{(1)} = 0, \quad 1 \leqslant j \leqslant n \text{ 且 } j \neq k$$

由于 $a'_{ik} \leqslant 0$ ，所以 $X^{(1)}$ 对任意 $\lambda > 0$ 都是可行解；另外，把 $X^{(1)}$ 代入目标函数中可得：

$$Z = Z_0 + \lambda \sigma_k$$

由于 $\sigma_k > 0$ ，所以 $\lim\limits_{\lambda \to +\infty} Z = +\infty$ 。

上述证明方法属于构造性证明，其依据是用非基变量表示基变量的表达式构造一组可行解，使之对应的目标函数值趋于无穷大。其几何意义是：沿着可行域无界边界朝目标函数值递增方向前进的一组可行解。

在用单纯形法迭代求解过程中，无“有限最优解”表现为最小比值原则失效的情况。比如，用非基变量表示基变量的表达式是 $\begin{cases} x_1 = 3 - x_2 - x_3 - x_4 \\ x_5 = 6 - 3x_2 - 6x_3 + x_4 \end{cases}$ ，即代表两个约束条件 $\begin{cases} x_1 + x_2 + x_3 + x_4 = 3 \\ 3x_2 + 6x_3 - x_4 + x_5 = 6 \end{cases}$ ，决策变量 x_2 对应的系数列向量 $P_2 = (1, 3)^{\top}$。

当前的换入变量是 x_2 ，按最小比值原则确定换出变量，即要求

$$\begin{cases} x_1 = 3 - x_2 - x_3 - x_4 \geqslant 0 \\ x_5 - 6 - 3x_2 - 6x_3 + x_4 \geqslant 0 \end{cases}$$

于是就有

$$\begin{cases} x_2 \leqslant 3/1 \\ x_2 \leqslant 6/3 \end{cases} \Rightarrow x_2 \leqslant \min\{3/1, 6/3\} = \theta$$

其中，x_2 对应系数列 $P_2 = (1, 3)^{\top}$，如果系数列向量变成（-1，0）$^{\top}$，则用非基变量表示基变量的表达式就变成

$$\begin{cases} x_1 = 3 + x_2 - x_3 - x_4 \geqslant 0 \\ x_5 = 6 + 0x_2 - 6x_3 + x_4 \geqslant 0 \end{cases}$$

可行性自然满足，所以最小比值原则失效，即 x_2 的值可以任意增大，这就意味着原线性规划无“有限最优解”。

3. 进行基变换

进行基变换的关键是如何选择进基变量和如何确定出基变量。

选择进基变量的原则是：对于极大化线性规划，应选择正检验数（或最大正检验数）所对应的变量进基，目的是使目标函数得到较快增加。进基变量对应的系数列称为主元列。

出基变量应按最小比值原则确定，以便保持解的可行性。出基变量所在的行称为主元行。主元行和主元列的交叉元素称为主元素。这样进行基变换后得到的新解的非零分量对应的系数列向量是否仍然保持线性独立？用反证法可以得到肯定的结论。

4. 换基迭代（也称主元变换、旋转运算或枢运算）

按照主元素进行矩阵的初等行变换——把主元素变成 1，主元列的其他元素变成 0（即主元列变为单位向量）。写出新的基本可行解，返回最优性检验。

1.3.4　几种特殊解的情形

1. 退化解

在线性规划中，当单纯形表中的基本可行解中出现一个或多个基变量等于 0，或者在确定换出基变量时存在两个以上相同最小比值的情况，便称为退化，退化问题的最优解被称为退化解。这种情况通常是由于模型中存在多余的约束，导致多个基本可行解对应同一顶点。退化解的出现可能会导致单纯形法陷入循环，使得算法进展缓慢甚至无法继续进行。接下来用例 1.9 来进一步说明。

例 1.9　求解线性规划：

$$\max Z = 3x_1 + 2x_2$$

$$\text{s. t.} \begin{cases} 4x_1 - x_2 \leqslant 8 \\ 4x_1 + 3x_2 \leqslant 12 \\ 4x_1 + x_2 \leqslant 8 \\ x_1, x_2 \geqslant 0 \end{cases}$$

解： 利用单纯形法求解以上线性规划问题得到的单纯形表如表 1.5 所示。

表 1.5　例 1.9 表格单纯形法计算过程

C_B	X_B	b \ c_j / x_j	3	2	0	0	0	θ_i
			x_1	x_2	x_3	x_4	x_5	
0	x_3	8	4	−1	1	0	0	2
0	x_4	12	4	3	0	1	0	3
0	x_5	8	4	1	0	0	1	2

续表

C_B	X_B	b \ c_j / x_j	3	2	0	0	0	θ_i
			x_1	x_2	x_3	x_4	x_5	
$-Z$		0	3	2	0	0	0	
3	x_1	2	1	−1/4	1/4	0	0	—
0	x_4	4	0	4	−1	1	0	1
0	x_5	0	0	2	−1	0	1	0
$-Z$		−6	0	2	7/2	0	−2	
0	x_3	8	4	−1	1	0	0	2
0	x_4	12	4	3	0	1	0	3
0	x_5	8	4	1	0	0	1	2
$-Z$		0	3	2	0	0	0	

我们可以注意到，在迭代过程中出现了基变量为0的情况，进行了多次迭代，而基从B_1、B_2又返回到B_1，即出现计算过程的循环，此时便出现了退化现象。

2. 无穷多个最优解

线性规划问题的最优解有可能并非唯一，如果存在多个基本可行解（即不同的顶点）具有相同的最优目标函数值，则可以推断该线性规划问题存在无穷多个最优解。接下来参照表1.6进一步说明。

表1.6　最终单纯形表

C_B	X_B	b \ c_j / x_j	50	50	0	0	0
			x_1	x_2	x_3	x_4	x_5
50	x_1	50	1	0	1	0	−1
0	x_4	50	0	0	−2	1	1
50	x_2	250	0	1	0	0	1
$-Z$		−15 000	0	0	−50	0	0

从表1.6中可以看出所有的检验系数均非正，此时可得该问题的最优解为$X^{(1)}=(50, 250, 0, 50, 0)^{\top}$，对应的目标函数值为15 000。值得注意的是，在表1.6中非基变量x_5的检验数为0，如果继续换基迭代，将x_4作为入基变量，根据最小比值原则确定x_4为出基变量，得到的结果如表1.7所示。

表1.7　换基迭代后的最终单纯形表

C_B	X_B	b \ c_j / x_j	50	50	0	0	0
			x_1	x_2	x_3	x_4	x_5
50	x_1	100	1	0	−1	1	0
0	x_5	50	0	0	−2	1	1
50	x_2	200	0	1	2	−1	0
$-Z$		−15 000	0	0	−50	0	0

此时可得该问题的最优解为 $X^{(1)}=(100, 200, 0, 0, 50)^{\mathrm{T}}$，对应的目标函数值仍为 15 000，所得到的目标函数值相等，于是我们得到了该线性规划问题的两个不同的最优顶点，即基本最优解，两个顶点连线上的任一点都是该线性规划问题的最优解。由此可以推得，存在无穷多个最优解的判定条件是最终单纯形表中的某个非基变量的检验数为 0。

但是需要注意，这只是一个必要条件而非充要条件，由最终单纯形表中的某个非基变量的检验数为 0 并不能推得线性规划问题存在无穷多个最优解，因为也可能存在两个不同的最优基可行解对应同一个顶点的情况，此时线性规划的最优解仍然是唯一的。

1.3.5　各种类型线性规划的处理

实践中会碰到各种各样的线性规划，因此进行恰当的分类并总结相应的处理方法是很必要的。

1. 分类及处理方法

类型 1：目标要求是极大化目标函数，约束条件是“$\leqslant$”类型的线性规划，通常可以在约束条件左边加上非负松弛变量变成等式约束，即将约束条件标准化。将引入的松弛变量作为初始基变量，则初始可行基就是一个单位阵，可直接用单纯形法求解。

类型 2：目标要求是极大化目标函数，约束条件是“$=$”类型的线性规划，先在约束条件左边加上非负的人工变量，并将引入的人工变量作为初始基变量，则初始可行基是一个单位阵，然后用大 M 法或两阶段法求解。

类型 3：目标要求是极大化目标函数，约束条件是“$\geqslant$”类型的线性规划，这时首先要将约束条件标准化，左边减去非负的剩余变量，变成等式约束，然后按照类型 2 进行处理。

类型 4：目标要求是极小化目标函数，可以按以下两种方法处理：

1）方法 1：按照目标要求的标准化方法将原问题转化为极大化问题，然后依极大化问题的相关类型处理求解，要注意的是原问题和转化后的极大化问题最优解相同，但目标函数最优值互为相反数。

2）方法 2：按照极小化问题直接在单纯形表上计算处理，但相应的原则要作改动。考虑一下，哪些原则要改动，怎样改动？

2. 处理人工变量的方法

前面提到，当线性规划中引入人工变量后，可以用大 M 法或两阶段法求解。这两种方法都是用来处理人工变量的单纯形法。

（1）大 M 法。

在约束条件中加入非负人工变量的目的是使之对应的系数列向量构成单位阵。问题是加入的人工变量是否合理？应当如何处理？

对于极大化线性规划，只要在目标函数中给人工变量前面添上一个绝对值很大的负系数－M（M≫0），仍然用单纯形法求解。迭代过程中，只要基变量中还存在人工变量，由于绝对值很大的负系数－M 的作用，目标函数就不可能实现极大化，这就是所谓的惩罚。

求解结果只可能有两种：

1）最优表中的基变量均非人工变量，则最优解就是原线性规划的最优解，不影响目标函数的取值；

2）最优表中的基变量仍含有人工变量，表明原线性规划的约束条件被破坏，线性规划没有可行解，因而也没有最优解。求得的最优解是增加人工变量后所构成的另一线性规划问题的最优解。

（2）两阶段法。

两阶段法就是分两个阶段求解以处理人工变量的方法。

第一阶段：建立辅助线性规划并求解，目的是判断原线性规划是否存在基本可行解。

辅助线性规划的目标函数 W 为所有人工变量之和，目标要求是使目标函数极小化，约束条件与原线性规划相同。

求解结果中目标函数 W 的取值有以下三种情况：

1）W 最优值＝0，即所有人工变量取值为 0（均为非基变量），因此最优解可以作为原线性规划的初始基本可行解，转入第二阶段。

2）W 最优值＝0，但人工变量中有等于 0 的基变量，构成退化的基本可行解。此时选一个不是人工变量的非基变量进基，把在基中的人工变量替换出来，即可转化为情况 1）。

3）W 最优值＞0，表明至少有一个人工变量取值＞0，即基变量中至少包含 1 个人工变量，则原问题没有可行解，讨论结束。

第二阶段：将第一阶段的最优解作为初始可行解，目标函数换成原问题的目标函数，进行单纯形迭代，求出最优解。

在用单纯形法求解线性规划的过程中，还可能出现其他问题，这里就一些最常见的问题进行讨论。

根据最小比值原则确定出基变量时，首先要计算比值。该比值为解答列元素除以主元列正元素。对于主元列的 0 元素或负元素，无须计算比值。因为根据用非基变量表示基变量的表达式，并结合基变量取值的非负要求，可知此时解的可行性已得到满足。如果主元列元素全部为 0 元素或负元素，则最小比值失效，线性规划无“有限最优解”。

如果出现若干相同的最小比值，说明出现了退化的基本可行解，即非零分量的个数小于约束方程的个数。一般来说，可以在相同的最小比值中任选一个，并将所对应的基变量作为换出变量。但“摄动原理”的规则告诉我们，从相同比值对应的基变量中选下标最大的基变量作为换出变量可以避免出现“死循环”的现象。

选择进基变量时，如果同时有若干正检验数，该怎么选择？原则上，可以选任意一个正检验数所对应的变量进基。但实践中，手工求解往往选最大正检验数所对应的变量进基，以期使目标函数值得到较大改善，而计算机求解时则常选从左至右第一个出现的正检验数所对应的非基变量进基，以省略为了选择最大正检验数而增加的比较程序。

前面曾提到极小化线性规划问题可以化为极大化线性规划（标准型）处理，但也可以直接按极小化问题用表格单纯形法求解，只要改动几条原则即可，包括最优性判断准则、选择进基变量的原则以及处理人工变量的大 M 法。

例 1.10　直接按极小化问题求解下面的线性规划：

$$\min Z = x_1 + 2x_2$$

$$\text{s.t.}\begin{cases} -x_1 + 2x_2 \geqslant 2 \\ x_1 \leqslant 3 \\ x_1 \geqslant 0, x_2 \geqslant 0 \end{cases}$$

解：对第一个约束条件引入剩余变量 x_3 和人工变量 x_5 。对第二个约束条件引入松弛变量 x_4，把约束条件标准化。由于人工变量的引入，采用大 M 法求解。于是得到下面的线性规划：

$$\min Z = x_1 + 2x_2 + \text{M}x_5$$

$$\text{s.t.}\begin{cases} -x_1 + 2x_2 - x_3 + x_5 = 2 \\ x_1 + x_4 = 3 \\ x_1, x_2, x_3, x_4, x_5 \geqslant 0 \end{cases}$$

表格单纯形法的求解过程如表 1.8 所示。

表 1.8　例 1.10 表格单纯形法求解过程

C_B	X_B	b \ c_j / x_j	1	2	0	0	M	θ_j
			x_1	x_2	x_3	x_4	x_5	
M	x_5	2	−1	(2)	−1	0	1	2/2
0	x_4	3	1	0	0	1	0	—
$-Z$		−2M	1+M	2−2M	M	0	0	
2	x_2	1	−1/2	1	−1/2	0	1/2	
0	x_4	3	1	0	0	1	0	
−Z		−2	2	0	1	0	M−1	

从表 1.8 的求解过程可知，直接按极小化线性规划求解时的变化：

（1）用大 M 法求解时，人工变量在目标函数中的系数是一个很大的正数 M；

（2）选择最小的负检验数所对应的变量进基；

（3）当所有非基变量的检验数全部非负时，当前的基本可行解就是最优解。

由表 1.8 得到例 1.10 的最优解为 $X^* = (0, 1, 0, 3, 0)^{\top}$，相应的目标函数最优值为 $Z_{\min}=2$。

至此，我们介绍完一般线性规划问题的求解方法，结合线性规划问题可能出现的所有情形，我们将单纯形法的计算步骤进行了总结，如图 1.11 所示。

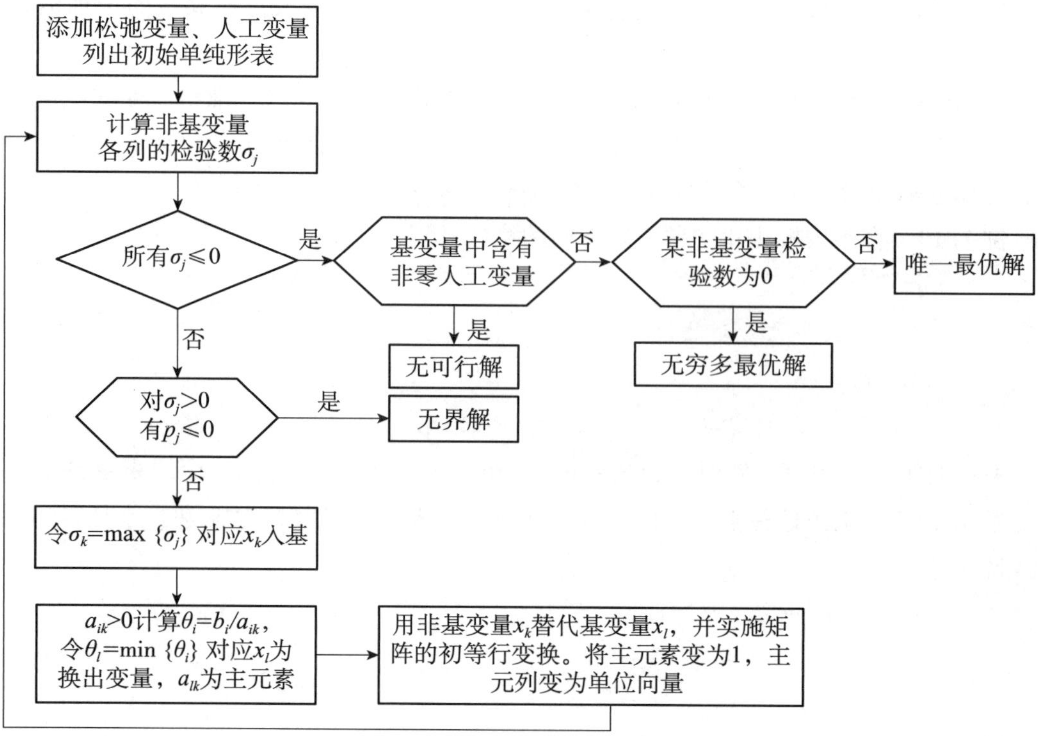

图 1.11　单纯形法的计算步骤总结

§1.4　线性规划的应用

线性规划建模的方法、技巧及能力培养是本章的核心内容之一。本节首先介绍线性规划建模的条件和步骤，然后针对经济管理领域中几类典型的线性规划问题进行讨论，最后介绍用 Python 求解线性规划问题。建立数学模型和研究求解方法，都是为了解决实际问题，即给出最优或满意的方案，为决策提供定量分析依据，因此应用研究非常重要。

1.4.1　线性规划建模的条件和步骤

任何一种模型及其求解方法的使用都是有条件的，线性规划也不例外。对于一个实际问题，只有具备以下三个条件，才可以考虑用线性规划来处理。

（1）优化条件——问题的目标有极大化或极小化的要求，而且目标函数能用关于决策变量的线性函数来表示。

（2）选择条件——有多种可供选择的可行方案，以便能从中选取最优方案。

（3）限制条件——达到目标的条件是有一定限制的（比如，资源的供应量是有限制的），而且这些限制条件可以用关于决策变量的线性等式或线性不等式来表示。

此外，描述问题的决策变量之间应有一定的联系，有可能建立数学关系，即这些变量之间是内部相关的，这一点自然是不言而喻的。

在建立模型时，必须仔细分析问题背景，整理已知数据和相关信息，然后按照以下步骤建立适当的线性规划模型。

第 1 步：设置要求解的决策变量。这一步很关键，也比较困难。决策变量选取得当，不仅能顺利地建立模型，而且能方便地求解，否则很可能事倍功半。

第 2 步：找出所有的限制条件或约束条件，并用关于决策变量的线性方程或线性不等式来表示。当限制条件多、背景比较复杂时，可采用图示或表格形式列出所有的已知数据和信息，以避免遗漏或重复所造成的错误。

第 3 步：明确目标要求，并用决策变量的线性函数来表示，标出对目标函数是取极大值还是取极小值的要求。

决策变量的非负要求可根据问题的实际意义加以确定。当然，建模的第 2 步和第 3 步次序可以颠倒，但第 1 步必须首先进行。

下面将结合经济管理领域中的一些典型问题，讨论线性规划的建模问题和相关技巧。

1.4.2　经济管理领域中几类典型的线性规划问题

经济管理领域中，有大量的实际问题可以归结为线性规划问题。这些问题背景不同，表现各异，其数学模型却有完全相同的形式。尽可能多地掌握一些典型模型，不仅有助于深刻理解线性规划本身的理论和方法，而且有利于灵活地处理千变万化的实际问题，提高解决实际问题的能力。

1. 生产组织与计划问题

（1）产品计划问题。

该类问题的一般提法是：用若干种原材料（资源）生产某几种产品，原材料（或资源）的供应有一定限制，要求制订一个生产计划，使生产者在一定数量的资源限制条件下能得到最大的收益。如果用 B_1，B_2，…，B_m 种资源生产 A_1，A_2，…，A_n 种产品，单位产品所需资源（如原材料、人力、时间等）、所得利润及可获得的资源总量已知，如表 1.9 所示，问应如何组织生产才能使利润最大？

表 1.9　产品计划问题有关信息表

资源 \ 生产单位产品所需资源 \ 产品	A_1	A_2	…	A_n	可获得的资源总量
B_1	a_{11}	a_{12}	…	a_{1n}	b_1
B_2	a_{21}	a_{21}	…	a_{2n}	b_2
⋮	⋮	⋮		⋮	⋮
B_m	a_{m1}	a_{m2}	…	a_{mn}	b_m
单位产品所得利润	c_1	c_2	…	c_n	

设 x_j 为生产 A_j 种产品的计划产量，则可列出这类问题的数学模型：

$$\max Z = \sum_{j=1}^{n} c_j x_j$$

$$\text{s. t.}\begin{cases}\sum_{j=1}^{n} a_{ij} x_j \leqslant b_i, \quad i=1,2,\cdots,m \\ x_j \geqslant 0, \quad j=1,2,\cdots,n\end{cases}$$

其中，约束条件表示生产各种产品所耗费的资源总量不能超过可获得的资源总量。决策变量的非负约束表示产品的产量不会是负数。

例1.11 某工厂生产A、B两种产品，均需经过两道工序，每生产一吨产品A需要经第一道工序加工2小时，第二道工序加工3小时；每生产一吨产品B需要经第一道工序加工3小时，第二道工序加工4小时。可供利用的第一道工序的工时为12小时，第二道工序的工时为24小时。生产产品B的同时得到副产品C，每生产一吨产品B，可同时得到2吨副产品C而无需外加任何费用；副产品C一部分可以盈利，剩下的只能报废。出售产品A每吨能盈利400元，出售产品B每吨能盈利1 000元。每销售一吨副产品C能盈利300元，但若剩余，要报废的副产品则每吨损失200元。经市场预测，在计划期内副产品C最大销量为5吨。试列出线性规划模型，确定A、B两种产品的产量，使工厂的总利润最大。

解： 设 x_1 为产品A的产量，x_2 为副产品B的产量；x_3 为副产品C的销售量，x_4 为副产品C的报废量。依题意，可得如下线性规划模型：

$$\max Z = 4x_1 + 10x_2 + 3x_3 - 2x_4$$

$$\text{s. t.}\begin{cases}2x_1 + 3x_2 \leqslant 12 \\ 3x_1 + 4x_2 \leqslant 24 \\ 2x_2 = x_3 + x_4 \\ x_3 \leqslant 5 \\ x_1, x_2, x_3, x_4 \geqslant 0\end{cases}$$

副产品C的出现使问题变得复杂了。为建立线性规划模型，我们增加了决策变量的数量，将副产品C的销售量和报废量分别设置为决策变量 x_3 和 x_4，产量则可表示为两者之和，这样就化解了问题中的非线性因素。另外，由于线性规划模型中有一个等式约束，利用这一点可以消去一个决策变量，从而使该模型进一步化简。

（2）产品配套问题。

例1.12 某产品由两个零件Ⅰ和三个零件Ⅱ组成，每个零件均可由三个车间各自生产，但各车间的生产效率和总工时限制各不相同，表1.10给出了相关信息。试确定各车间生产每种零件的工作时间，使生产产品的件数最多。

表1.10 例1.12零件生产相关信息表

车间	总工时（小时）	生产效率（件/小时）		生产工时数（小时）	
		零件Ⅰ	零件Ⅱ	零件Ⅰ	零件Ⅱ
1	100	8	6	x_{11}	x_{12}
2	50	10	15	x_{21}	x_{22}
3	75	16	21	x_{31}	x_{32}

解： 设 x_{ij} 为第 i 个车间（$i=1$，2，3）生产第 j 种零件（$j=1$，2）的时间（小时），则生产出两种零件的数量分别是：$8x_{11}+10x_{21}+16x_{31}$ 和 $6x_{12}+15x_{22}+21x_{32}$ 。

组装成的产品数为 $\min\left\{\frac{8x_{11}+10x_{21}+16x_{31}}{2}, \frac{6x_{12}+15x_{22}+21x_{32}}{3}\right\}$。

注意，这是非线性表达式。为了消除该非线性因素，引入一个新变量 Y。

令 $Y=\min\left\{\frac{8x_{11}+10x_{21}+16x_{31}}{2}, \frac{6x_{12}+15x_{22}+21x_{32}}{3}\right\}$，则目标要求可以写成：$\max Z=Y$。

然后，把 Y 的表达式改写成下面两个不等式，增添到约束条件中。

$$Y\leqslant\frac{8x_{11}+10x_{21}+16x_{31}}{2}，Y\leqslant\frac{6x_{12}+15x_{22}+21x_{32}}{3}$$

于是得到该问题的线性规划模型为：

$$\max Z=Y$$

$$\text{s. t.}\begin{cases}x_{11}+x_{12}\leqslant 100\\x_{21}+x_{22}\leqslant 50\\x_{31}+x_{32}\leqslant 75\\8x_{11}+10x_{21}+16x_{31}\geqslant 2Y\\6x_{12}+15x_{22}+21x_{32}\geqslant 3Y\\x_{11},x_{12},x_{21},x_{22},x_{31},x_{32},Y\geqslant 0\end{cases}$$

2. 合理下料问题

合理下料问题的一般提法是：已知某种尺寸的棒料或板材，需要将其切割成一定数量既定规格的几种零件毛坯，问应如何选取合理的下料方法，既能满足对截出毛坯的数量要求，又能使所用的原材料最少（或废料最少）？

解决这类问题一般有两个步骤：

步骤一：按照一定的思路，设法列出所有的排料方案（也称下料方案或排料图）。一般来说，列出排（下）料方案是十分困难的。当方案很多，甚至无法一一列出时，通常应先确定一些筛选原则，把明显不合理的方案删除，仅仅考虑剩余的为数不太多的方案。

步骤二：设 x_i（$i=1$，2，…，n）表示按第 i 种方案下料的棒料根数（或板材块数），按照问题的要求建立线性规划模型。

例 1.13　某厂接受了一批加工订单，客户要求加工 100 套钢架，每套由长 2.9 米、2.1 米和 1.5 米的圆钢各一根组成。现仅有一批长 7.4 米的棒料，问应如何下料，使所用的棒料根数最少？

解： 最简单的处理方法是从一根棒料上截取 2.9 米、2.1 米和 1.5 米的圆钢各一根，正好配成一套钢架，100 套钢架总共需要 100 根棒料。每根棒料剩下 0.9 米的料头，100 根棒料总共剩下 90 米料头。根据经验，这肯定不是最好的办法，因为合理套裁一定会有更好的效果。

先设法列出所有的下料方案。思路如下：先考虑从一根棒料上截取 2.9 米的圆钢一根，剩余棒料尽量截取 2.1 米和 1.5 米的配件，找出所有可能的组合，记录所剩的废料长度；然后假设从一根棒料上截取 2.9 米的圆钢两根，剩余棒料尽量截取 2.1 米和 1.5

米的配件，同样找出所有可能的组合，记录所剩的废料长度。直至考虑所有可能组合，下料方案见表1.11。

表1.11　例1.13棒料毛坯的切割方案

所得根数 配件 \ 方案	1	2	3	4	5	6	7	8
2.9米配件	2	1	1	1	0	0	0	0
2.1米配件	0	2	1	0	3	2	1	0
1.5米配件	1	0	1	3	0	2	3	4
废料长度	0.1	0.3	0.9	0	1.1	0.2	0.8	1.4

设 x_i（$i=1, 2, \cdots, n$）表示按第 i 种方案下料的棒料根数，可建立线性规划模型如下：

$$\min Z=\sum_{i=1}^{8} x_i$$

$$\text{s.t.}\begin{cases}2x_1+1x_2+1x_3+1x_4+0x_5+0x_6+0x_7+0x_8=100\\0x_1+2x_2+1x_3+0x_4+3x_5+2x_6+1x_7+0x_8=100\\1x_1+0x_2+1x_3+3x_4+0x_5+2x_6+3x_7+4x_8=100\\x_1,x_2,\cdots,x_8\geqslant 0\end{cases}$$

3. 合理配料问题

这类问题的一般提法是：将多种原料配置成含有 m 种成分的产品，已知产品中各成分的需要量及每种原料的价格，同时知道各种原料中所含 m 种成分的数量，要求出使产品成本最低的配料方案。伙食问题（也称营养问题）、饲料配比问题、化工产品中的混合问题等都属于这类问题。

例1.14（营养问题）　现准备采购甲、乙两种食品，价格及相关的营养成分如表1.12所示。表中最右栏给出了按营养学标准每人每天的最低需要量。问应如何采购食品才能在保证营养要求的前提下花费最少。

表1.12　例1.14营养问题有关数据表

1kg食物所含营养成分数量 营养成分 \ 食品	甲	乙	每人每天的最低需要量（单位）
维生素	1	3	90
淀　粉	5	1	100
蛋白质	3	2	120
单价（元）	1.2	1.9	

解： 设 x_1、x_2分别为甲、乙两种食品的采购量，则购买两种食品的总费用为：

$Z=1.2x_1+1.9x_2$

依题意可列出下面的线性规划模型：

$$\min Z=1.2x_1+1.9x_2$$

$$
\text{s. t.} \begin{cases} x_1 + 3x_2 \geqslant 90 \\ 5x_1 + x_2 \geqslant 100 \\ 3x_1 + 2x_2 \geqslant 120 \\ x_1, x_2 \geqslant 0 \end{cases}
$$

营养问题不仅适用于运动员集训队、幼儿园、医院等的营养配餐，也可广泛用于机关、学校、企业等单位和家庭食谱的设计。不同对象的营养要求可以从营养学资料或通过医生咨询得到。各种食品的价格应通过不同季节的市场调查获取。其他的特殊要求，比如饮食习惯、偏好等可通过适当处理后转化为约束条件加到模型中。

例 1.15（饲料配比问题） 配合饲料厂生产以鸡饲料为主的配合饲料，现准备研制一种新的肉用仔鸡专用饲料，所用原料的营养成分、购进价格和营养成分需求分别如表 1.13 和表 1.14 所示。希望这种新饲料能满足肉用仔鸡的喂养需要，同时又使总成本尽可能低，问应如何设计配比方案？

表 1.13 例 1.15 原料营养成分表

原料	营养成分（%）							购进价格（元/斤）
	粗蛋白	钙	总磷	赖氨酸	蛋氨酸	色氨酸	光氨酸	
玉米	8.6	0.04	0.21	0.27	0.13	0.08	0.18	0.314
豆饼	43	0.32	0.5	2.45	0.48	0.6	0.6	0.54
麦麸	15.4	0.14	1.06	0.54	0.18	0.27	0.4	0.22
鱼粉	62	3.91	2.9	4.35	1.65	0.8	0.56	1.2
骨粉		36.4	16.4					0.4
鸡促进素		31.5	4.5					0.5

表 1.14 营养成分需求表

饮料品种	所需营养成分（%）						
	粗蛋白	钙	总磷	赖氨酸	蛋氨酸	色氨酸	光氨酸
肉用仔鸡专用饲料	19	1	0.7	0.94	0.36	0.19	0.32

解： 设每 100 斤饲料中配给的玉米、豆饼、麦麸、鱼粉、骨粉、鸡促进素分别为 x_1、x_2、x_3、x_4、x_5、x_6 斤，则饲料配比为 $x_1 : x_2 : x_3 : x_4 : x_5 : x_6$，可得到下面的线性规划模型：

$$
\min Z = 0.314x_1 + 0.54x_2 + 0.22x_3 + 1.2x_4 + 0.4x_5 + 0.5x_6
$$

$$
\text{s. t.} \begin{cases} 8.6x_1 + 43x_2 + 15.4x_3 + 62x_4 \geqslant 19 \\ 0.04x_1 + 0.32x_2 + 0.14x_3 + 3.91x_4 + 36.4x_5 + 31.5x_6 \geqslant 1 \\ 0.21x_1 + 0.5x_2 + 1.06x_3 + 2.9x_4 + 16.4x_5 + 4.5x_6 \geqslant 0.7 \\ 0.27x_1 + 2.45x_2 + 0.54x_3 + 4.35x_4 \geqslant 0.94 \\ 0.13x_1 + 0.48x_2 + 0.18x_3 + 1.65x_4 \geqslant 0.36 \\ 0.08x_1 + 0.6x_2 + 0.27x_3 + 0.8x_4 \geqslant 0.19 \\ 0.18x_1 + 0.6x_2 + 0.4x_3 + 0.56x_4 \geqslant 0.32 \\ x_1 + x_2 + x_3 + x_4 + x_5 + x_6 = 100 \\ x_1, x_2, x_3, x_4, x_5, x_6 \geqslant 0 \end{cases}
$$

为便于计算和表达，可将约束条件两边分别扩大一个倍数并加以整理，再进行计算。

4. 运输问题

运输问题大体上可分为四种类型。

类型1：产销平衡的运输问题（也称物资调运问题）。

一般提法：某种物资有若干产地和销地，现在需要把这种物资从产地 A_i 运到销地 B_i，产量总数等于销量总数。已知各产地的产量 a_i 、各销地的销量 b_j 以及各产地到各销地的单位运价（或运距）c_{ij} ，问应如何组织调运，才能使总运费（或总运输量）最小？有关信息可归纳为表1.15。

表1.15　运输问题相关信息表

单位运价或运距		销地				产量
		B_1	B_2	…	B_n	
产地	A_1	c_{11}	c_{12}	…	c_{1n}	a_1
	A_2	c_{21}	c_{22}	…	c_{2n}	a_2
	⋮	⋮	⋮		⋮	⋮
	A_m	c_{m1}	c_{m2}	…	c_{mn}	a_m
销量		b_1	b_2	…	b_n	$\sum_{i=1}^{m} a_i = \sum_{j=1}^{n} b_j$

设 x_{ij} 为从产地 A_i 运往销地 B_j 的物资数量（$i=1$，…，m；$j=1$，…，n）。由于从 A_i 运出的物资总量应等于 A_i 的产量 a_i，因此 x_{ij} 应满足：

$$\sum_{j=1}^{n} x_{ij} = a_i,\quad i = 1,2,\cdots,m$$

同理，运到 B_j 的物资总量应该等于 B_j 的销量 b_j，所以 x_{ij} 还应满足：

$$\sum_{i=1}^{m} x_{ij} = b_j,\quad j = 1,2,\cdots,n$$

总运费为：

$$Z = \sum_{i=1}^{m} \sum_{j=1}^{n} c_{ij} x_{ij}$$

可得运输问题的数学模型如下：

$$\min Z = \sum_{i=1}^{m} \sum_{j=1}^{n} c_{ij} x_{ij}$$

$$\text{s.t.}\begin{cases} \sum_{j=1}^{n} x_{ij} = a_i, & i = 1,2,\cdots,m \\ \sum_{i=1}^{m} x_{ij} = b_j, & j = 1,2,\cdots,n \\ x_{ij} \geqslant 0 \end{cases}$$

注意到产销平衡条件为 $\sum_{i=1}^{m} a_i = \sum_{j=1}^{n} b_j$ ，因此上式描述的是产销平衡的运输问题。

类型 2：产销不平衡的运输问题。

对于产销不平衡的运输问题，可以通过将其转化为产销平衡的运输问题来求解。当供大于求时，可以增加一个虚拟销地，供不应求时则增加一个虚拟产地，对应的运距（或运价）均设为 0，然后应用表上作业法求出最优调运方案。

类型 3：作物布局问题。

一般提法是：在若干块土地上种植若干作物，已知各块土地的面积、作物计划播种面积及单位面积产量，问如何安排种植计划，使总产量最高？

类型 4：工厂布局问题。

一般提法：设有 n 个原料产地 A_1，A_2，…，A_n 生产某种原料分别为 a_i 个单位，同时又分别需要成品 b_i 个单位（$i=1$，2，…，n），而一个单位成品需 c 个单位原料制成。若在 A_i 设加工厂，则产品加工费用为 d_i 元/单位，在 A_i 设厂对生产规划有一定的限制——生产成品的数量最多为 l_i 个单位，最少为 f_i 个单位。原料的单位运价及成品的单位运价均为已知，问应在何地设厂、生产多少成品才能既满足需要又使生产费用（包括原料和成品运费、成品加工费）最低？

作物布局问题和工厂布局问题表面上看和运输问题没有联系，但从建立的线性规划模型来看则完全类似，所以上述几类问题均可归结为运输问题。

例 1.16　甲、乙两个煤矿供应 A、B、C 三个城市用煤，各煤矿日产量及各城市需求量、各煤矿到各城市的运输距离见表 1.16，求使总运输量最少的调运方案。

表 1.16　例 1.16 已知信息表

		城市			日产量（供应量）
		A	B	C	
煤矿	甲	90	70	100	200
	乙	80	65	75	250
日销量（需求量）		100	150	200	

解：根据已知信息，设 x_{ij} 为从煤矿 i（$i=$甲，乙）运往城市 j（$j=$A，B，C）的煤量，决策变量的设置如表 1.17 所示。

表 1.17　作业运输表

煤矿	城市			日产量（供应量）
	A	B	C	
甲	x_{11}	x_{12}	x_{13}	200
乙	x_{21}	x_{22}	x_{23}	250
日销量（需求量）	100	150	200	

根据本例中的煤矿日产量约束、城市需求量约束，以及总运输量最少的目标可得该问题的数学模型如下：

$$\min Z = 90x_{11} + 70x_{12} + 100x_{13} + 80x_{21} + 65x_{22} + 75x_{23} \quad \text{总运输量}$$

$$\text{s. t.}\begin{cases}x_{11}+x_{12}+x_{13}=200 & \text{日产量约束}\\ x_{21}+x_{22}+x_{23}=250 & \text{日产量约束}\\ x_{11}+x_{21}=100 & \text{需求量约束}\\ x_{12}+x_{22}=150 & \text{需求量约束}\\ x_{13}+x_{23}=200 & \text{需求量约束}\\ x_{ij}\geqslant 0,\ i=1,2;\ j=1,2,3\end{cases}$$

5. 最大流量问题

例 1.17 某油田通过输油管道向港口输送原油，油田和港口之间有 4 个泵站，每段管道上的输送能力如图 1.12 所示，已知泵站没有储存能力，求这个系统的最大输送能力。

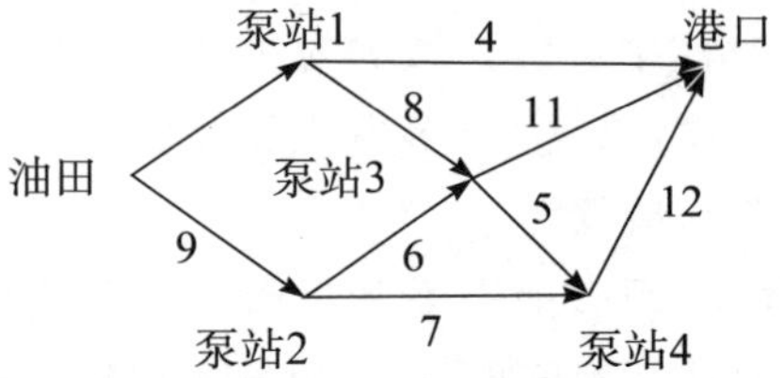

图 1.12 例 1.17 输油管道各段输送能力

解： 设从各点往其他点的输送量如表 1.18 所示。依题意，目标函数为输送原油的总量；约束条件有两类，一类是管道上的流量约束，另一类是每个中间泵站上的平衡约束，即中间泵站上的原油流入量和流出量相等。

表 1.18 例 1.17 原油输送量表

出发点	到达点	输送量
油田	泵站 1	x_1
油田	泵站 2	x_2
泵站 1	泵站 3	x_3
泵站 1	港口	x_4
泵站 2	泵站 3	x_5
泵站 2	泵站 4	x_6
泵站 3	泵站 4	x_7
泵站 3	港口	x_8
泵站 4	港口	x_9

根据上述分析，建立线性规划模型如下：

$$\max Z = x_1 + x_2$$

$$\text{s. t.}\begin{cases}x_1 = x_3 + x_4 & \text{1 号泵站平衡约束}\\ x_2 = x_5 + x_6 & \text{2 号泵站平衡约束}\\ x_3 + x_5 = x_7 + x_8 & \text{3 号泵站平衡约束}\\ x_7 + x_6 = x_9 & \text{4 号泵站平衡约束}\end{cases}$$

相应弧上的约束和非负约束：

$$\begin{cases} x_1 \leqslant 10,\ x_2 \leqslant 9,\ x_3 \leqslant 8,\ x_4 \leqslant 4,\ x_5 \leqslant 6 \\ x_6 \leqslant 7,\ x_7 \leqslant 5,\ x_8 \leqslant 11,\ x_9 \leqslant 12 \\ x_1,\cdots,x_9 \geqslant 0 \end{cases}$$

6. 其他类型问题

（1）排班问题。

例 1.18　某快递公司新设了一个快递分拣部，处理每天送达和外寄的快递，现需要招聘一批职工来操作机器进行分拣工作。该公司根据以往的统计数据分析与经验预测得到各时段到达的快递数如表 1.19 所示。

表 1.19　各时段到达快递数量表

时段	到达快递数量	时段	到达快递数量
10 时前	5 000	14—16 时	8 000
10—12 时	7 000	16—18 时	7 500
12—14 时	8 000	18—20 时	6 000

已知该分拣部共有 11 台机器，每台机器的分拣速度为 500 件/小时，每台机器需要配一名职工。分拣部一部分为正式职工，上班时间分别为 10—18 时、12—20 时、14—22 时，每人每天工资 200 元；另一部分是临时工（非正式职工），每天上班 6 小时，分别为 12—18 时、14—20 时、16—22 时，每天工资 120 元，职工上班的班次时间段如表 1.20 所示。快递处理的规则是从每个整点起可处理该整点前到达的快递，因时间性要求，凡是 12 时前到达的快递必须在 16 时以前处理完；16 时以前到达的快递，必须在 18 时以前处理完；全部快递在当天 22 时前处理完。问该分拣部要完成快递处理任务，应设多少名正式职工与临时工，并使总的工资支出最少。

表 1.20　各时段工作人员值班表

	10—18 时	12—20 时	14—22 时	12—18 时	14—20 时	16—22 时
10 时前						
10—12 时	1					
12—14 时	1	1		1		
14—16 时	1	1	1	1	1	
16—18 时	1	1	1	1	1	1
18—20 时		1	1		1	1
20—22 时			1			1

解： 设 x_1 、x_2 、x_3 分别为在 10—18 时、12—20 时、14—22 时上班的正式职工，y_1 、y_2 、y_3 分别为在 12—18 时、14—20 时、16—22 时上班的临时工。根据题意，可列出目标函数和约束条件如下：

$$\min Z = 200(x_1 + x_2 + x_3) + 120(y_1 + y_2 + y_3)$$

$$\text{s. t.}\begin{cases}1\,000x_1 \leqslant 5\,000 & (1)\\ 2\,000x_1 + 1\,000x_2 + 1\,000y_1 \leqslant 12\,000 & (2)\\ 3\,000x_1 + 2\,000x_2 + 1\,000x_3 + 2\,000y_1 + 1\,000y_2 \leqslant 20\,000 & (3)\\ 4\,000x_1 + 3\,000x_2 + 2\,000x_3 + 3\,000y_1 + 2\,000y_2 + 1\,000y_3 \leqslant 28\,000 & (4)\\ 4\,000x_1 + 4\,000x_2 + 3\,000x_3 + 3\,000y_1 + 3\,000y_2 + 2\,000y_3 \leqslant 35\,500 & (5)\\ 4\,000x_1 + 3\,000x_2 + 2\,000x_3 + 3\,000y_1 + 2\,000y_2 + 1\,000y_3 \geqslant 28\,000 & (6)\\ 4\,000x_1 + 4\,000x_2 + 4\,000x_3 + 3\,000y_1 + 3\,000y_2 + 3\,000y_3 \geqslant 41\,500 & (7)\\ 3\,000x_1 + 2\,000x_2 + 1\,000x_3 + 2\,000y_1 + 1\,000y_2 \geqslant 12\,000 & (8)\\ x_1 + x_2 + x_3 + y_1 + y_2 + y_3 \leqslant 11 & (9)\\ x_i \geqslant 0(i = 1,2,3)\text{，}y_j \geqslant 0(j = 1,2,3) & (10)\end{cases}$$

其中，约束（1）～（5）表示各个时段内，投入两类职工的数量和可处理的该时间段前到达的快递数，约束（6）～（8）为题目中对于快递处理时限的要求，约束（9）表示由于分拣机器的限制而导致的投入职工数量的限制。

（2）现金流管理问题。

例 1.19 某公司的回款主要集中在每年的年中和年末，在一年中的其他时间段可能会面临现金流短缺的经营问题，为了保证公司的正常运转与应对资金流的短缺问题，该公司可能需要向银行借款，已知借款有以下两种方式：

（1）长期借款：于上一年年末借一年期贷款，一次得到全部贷款额，从下一年度 1 月起每月末偿还 1.2%的利息，并于 12 月底偿还本金和最后一期的利息。

（2）短期借款：可以每月初获得短期贷款，于当月底偿还本金和利息，月利率为 1.8%。当该公司有多余现金时，也可以以短期存款的方式获取部分利息收入，根据规定只能每月初存入，月末取出，月息为 0.6%。

假设所有支出和回款的交易时间都发生在月中，已知该厂下一年度每月的现金流如表 1.21 所示，其中，现金流为负表示公司当月需要支出相应的金额，现金流为正则表示公司要回收相应的账款。已知公司在 1 月初持有资金 8 万元，请制订该公司的贷款计划，使其获得的总收益最大。

表 1.21 每月现金流量表

月份	1	2	3	4	5	6	7	8	9	10	11	12
现金流/万元	−9	−10	−15	−12	−6	20	25	−5	−12	−8	20	50

解： 设 x 表示为期一年的长期借款金额，y_i（i=1，2，…，12）为第 i 月初的短期借款金额，θ_i（i=1，2，…，12）为第 i 月初的短期存款金额。

目标函数为实现 12 月底的现金流最大化，即

$$\max Z = 50 + 1.006\theta_{12} - 1.018y_{12} - 1.012x$$

由分析可得，公司在每月初应该提前准备好资金来应对该月可能出现的现金流流出，如 1 月初应该准备 9 万元的现金，以应对该月 9 万元的支出。需要说明的是，公司每月初持有的现金应该正好等于当月所需的支出，因为超出的部分可以以短期存款

的方式存入银行来获取部分利息收益，少于所需支出则企业不能正常运转。另外对于现金流为正的月份，公司则不必在月初持有现金。由此可得每月初持有现金的约束如下：

1 月初：$8+x+y_1-\theta_1=9$

2 月初：$1.006\theta_1+y_2-0.012x-1.018y_1-\theta_2=10$

3 月初：$1.006\theta_2+y_3-0.012x-1.018y_2-\theta_3=15$

4 月初：$1.006\theta_3+y_4-0.012x-1.018y_3-\theta_4=12$

5 月初：$1.006\theta_4+y_5-0.012x-1.018y_4-\theta_5=6$

6 月初：$1.006\theta_5+y_6-0.012x-1.018y_5-\theta_6=0$

7 月初：$1.006\theta_6+y_7-0.012x-1.018y_6-\theta_7=0$

8 月初：$1.006\theta_7+y_8-0.012x-1.018y_7-\theta_8=5$

9 月初：$1.006\theta_8+y_9-0.012x-1.018y_8-\theta_9=12$

10 月初：$1.006\theta_9+y_{10}-0.012x-1.018y_9-\theta_{10}=8$

11 月初：$1.006\theta_{10}+y_{11}-0.012x-1.018y_{10}-\theta_{11}=0$

12 月初：$1.006\theta_{11}+y_{12}-0.012x-1.018y_{11}-\theta_{12}=0$

有非负约束：$x\geqslant 0$，$y_i\geqslant 0\ (i=1,2,\cdots,12)$，$\theta_i\geqslant 0\ (i=1,2,\cdots,12)$。

所以可得该问题的线性规划模型如下：

$$\max Z=50+1.006\theta_{12}-1.018y_{12}-1.012x$$

$$\text{s. t.}\begin{cases}x+y_1-\theta_1=1\\1.006\theta_1+y_2-0.012x-1.018y_1-\theta_2=10\\1.006\theta_2+y_3-0.012x-1.018y_2-\theta_3=15\\1.006\theta_3+y_4-0.012x-1.018y_3-\theta_4=12\\1.006\theta_4+y_5-0.012x-1.018y_4-\theta_5=6\\1.006\theta_5+y_6-0.012x-1.018y_5-\theta_6=0\\1.006\theta_6+y_7-0.012x-1.018y_6-\theta_7=0\\1.006\theta_7+y_8-0.012x-1.018y_7-\theta_8=5\\1.006\theta_8+y_9-0.012x-1.018y_8-\theta_9=12\\1.006\theta_9+y_{10}-0.012x-1.018y_9-\theta_{10}=8\\1.006\theta_{10}+y_{11}-0.012x-1.018y_{10}-\theta_{11}=0\\1.006\theta_{11}+y_{12}-0.012x-1.018y_{11}-\theta_{12}=0\\x\geqslant 0,\ y_i\geqslant 0(i=1,2,\cdots,12),\ \theta_i\geqslant 0(i=1,2,\cdots,12)\end{cases}$$

1.4.3　用 Python 求解线性规划问题

利用单纯形法可以求解一些较为简单的线性规划问题，甚至靠手工计算也可以获得最优解，但是在实际应用中对于变量更多、数值更大的复杂问题，便需要借助计算机技术进行求解，有很多常用的软件工具如 Matlab、Lingo、Microsoft Excel、Python 等都可以直接调用其线性规划求解器或数据工具包等工具进行求解。Python 作为一种高级编程语言，简洁又易读，具有强大的功能和广泛的应用领域，为使用者提供了许多优秀的科学计算库和工具包，一些常见的求解器如 PuLp、CVXPY、CPLEX、Gurobi 等都可以较为便捷地有效求解线性规划问题，不同求解器在性能、功能和许可证限制等方面可能存在差异，因此选择合适的求解器时应考虑问题的具体要求，以及使用的限制和条件。Gurobi 就是一种强大的数学规划求解器，常用于求解线性规划、整数规划、混合整数规划、二次规划和约束规划等优化问题，它提供了高效、可靠的求解算法和丰富的功能，被广泛应用于学术界和工业界。本小节介绍如何利用 Python 软件求解线性规划问题，以开篇案例为例，首先先建立该问题的数学模型：

设 x_j（$j=1$，2，…，7）为休息 2 天后星期一到星期日开始呼吸道样本采集工作的医护人员数，则该问题的线性规划模型为：

$$\min Z = x_1 + x_2 + x_3 + x_4 + x_5 + x_6 + x_7$$

$$\text{s. t.}\begin{cases} x_4 + x_5 + x_6 + x_7 + x_1 \geqslant 300 \\ x_5 + x_6 + x_7 + x_1 + x_2 \geqslant 300 \\ x_6 + x_7 + x_1 + x_2 + x_3 \geqslant 450 \\ x_7 + x_1 + x_2 + x_3 + x_4 \geqslant 450 \\ x_1 + x_2 + x_3 + x_4 + x_5 \geqslant 500 \\ x_2 + x_3 + x_4 + x_5 + x_6 \geqslant 700 \\ x_3 + x_4 + x_5 + x_6 + x_7 \geqslant 650 \\ x_i \geqslant 0,\ i = 1,2,\cdots,7 \end{cases}$$

接下来介绍如何调用 Gurobi 求解器进行求解。

（1）导入 Gurobi 求解器。因为 Python 本身不包含 Gurobi 求解器，所以读者在调用求解器之前需要先安装 Gurobi 软件和相应的 Python 包，代码如下：

```
#导入gurobi求解器并以gp简称
import gurobipy as gp
```

（2）定义模型。

```
#定义该问题的模型
model = gp.Model()
```

（3）定义决策变量。

```
# 定义决策变量
x = {}
for j in range(1,8):
    x[j] = model.addVar(lb=0,vtype=gp.GRB.CONTINUOUS, name=f"x_{j}")
```

该段代码定义了决策变量 x。通过循环语句，从 1 到 7 依次创建了 7 个决策变量，并将它们存储在字典 x 中。每个变量的下界（lb）被设置为 0，表示变量的取值不能小于 0。变量类型（vtype）被设置为 gp. GRB. INTEGER，表示这些变量是整数变量，可以取任意实数值。其中 vtype 还可以是 GRB. BINARY、GRB. CONTINUOUS 等，分别对应着 0-1 变量和连续变量。

（4）添加约束条件。

```
# 添加约束
constraints = [
    model.addConstr((x[1]+x[4]+x[5]+x[6]+x[7]) >= 300),
    model.addConstr((x[5]+x[6]+x[7]+x[1]+x[2]) >= 300),
    model.addConstr((x[6]+x[7]+x[1]+x[2]+x[3]) >= 450),
    model.addConstr((x[7]+x[1]+x[2]+x[3]+x[4]) >= 450),
    model.addConstr((x[1]+x[2]+x[3]+x[4]+x[5]) >= 500),
    model.addConstr((x[2]+x[3]+x[4]+x[5]+x[6]) >= 700),
    model.addConstr((x[3]+x[4]+x[5]+x[6]+x[7]) >= 650)
]
```

该段代码添加了一系列约束条件，并使用 model. addConstr（）方法将约束条件添加到模型中。

（5）定义目标函数。

```
# 定义目标函数
objective = sum(x.values())
model.setObjective(objective, sense=gp.GRB.MINIMIZE)
```

该段代码定义了目标函数，其值等于决策变量 x 的总和，通过 model. setObjective（）方法将目标函数添加到模型中，并设置优化方向为最小化（sense＝gp. GRB. MINIMIZE）。当优化方向为最大化时，可将“MINIMIZE”替换为“MAXIMIZE”。

（6）求解并输出结果。

```
#求解
model.optimize()
# 输出结果
print("目标函数：", model.objVal)
for var in x.values():
    print("该日需要安排的人数为", var.varName, "=", var.x)
```

该段代码调用 model. optimize（）方法求解模型，并通过 model. objVal 获取了目标函数值，通过 x. values（）获取决策变量取值，输出结果如下：

```
一周所需要安排的总人数为：  700.0
该日需要安排的人数为 x_1 = 0.0
该日需要安排的人数为 x_2 = 50.0
该日需要安排的人数为 x_3 = 350.0
该日需要安排的人数为 x_4 = 50.0
该日需要安排的人数为 x_5 = 200.0
该日需要安排的人数为 x_6 = 50.0
该日需要安排的人数为 x_7 = 0.0
```

根据以上求解结果，我们可以得出当周一到周日每天安排开始上班的人数分别为0、50、350、50、200、50、0时，既能满足每日的医疗需求，又能使得安排的总人数最少，为700人，最大限度地减少了人员流动。

总结来说，以上代码的目的是使用Gurobi求解器来定义一个线性规划问题，通过定义变量、添加约束条件和设置目标函数，建立该问题的数学模型并调用求解器进行求解，得到最优解与最优值。在日常的实践与应用中，Gurobi求解器的性能通常较好，尤其是在处理大规模问题时，Gurobi求解器的速度和稳定性都更优秀。所以，本书后续的案例分析及求解都选用Gurobi求解器，以增强读者的实践操作能力与软件使用技能。

本章小结

本章从实际例子引出线性规划的定义及其数学描述，介绍了线性规划的标准型及其转化方法。然后重点介绍了线性规划各种解的概念和有关的性质定理，其中可行解、基本解、基本可行解、基本最优解和最优解之间的联系与区别是本章的重点，线性规划的性质定理（定理1.1～1.4）是单纯形法的理论基础。图解法虽然简单直观，但仅适用于平面或空间直角坐标系。单纯形法是求解线性规划问题的通用算法，是必须掌握的重点。

单纯形法的核心思想是在凸多边形或凸多面体的顶点中搜寻最优解，每一次迭代就是一次顶点的转移。理解单纯形法的基本原理，其关键在于理解两个重要的基本表达式：(1) 用非基变量表示基变量的表达式；(2) 用非基变量表示目标函数的表达式。初始基本可行解的确定可以观察系数矩阵中是否具有单位阵，在不易找到单位阵的情况下可以采用添加人工变量的方法，通过大M法或两阶段法进行求解。进基变量的确定原则是使目标函数值得到改善，出基变量的确定原则是保证得到的下一个解仍然是基本可行解。通常使用的最小比值原则在基向量中有负元素或0元素时失效，因为解的可行性可以得到自然满足。通过检验数行和系数矩阵的具体情况可以判断是否得到最优解，是否没有“有限最优解”。

在经济管理领域中，线性规划的应用十分广泛。重要的是坚持问题导向，深入实际进行数据调研，建立适当简化的模型，反复验证模型，最终为管理决策提供依据。线性规划建模的方法和技巧，需要通过大量实践来不断地积累和掌握。

与本章内容相联系的是对偶理论、修正（对偶）单纯形法和灵敏度分析，这些内容在第2章中进行讨论。基于线性规划，逐步引申而来的其他特殊线性规划有运输问题中的线性规划、整数规划、多目标规划和模糊线性规划等。本书仅在第3章讨论运输问题，对其他线性规划问题有兴趣的读者可以通过参考书和网上资料了解与学习。

线性规划部分内容框架如下：

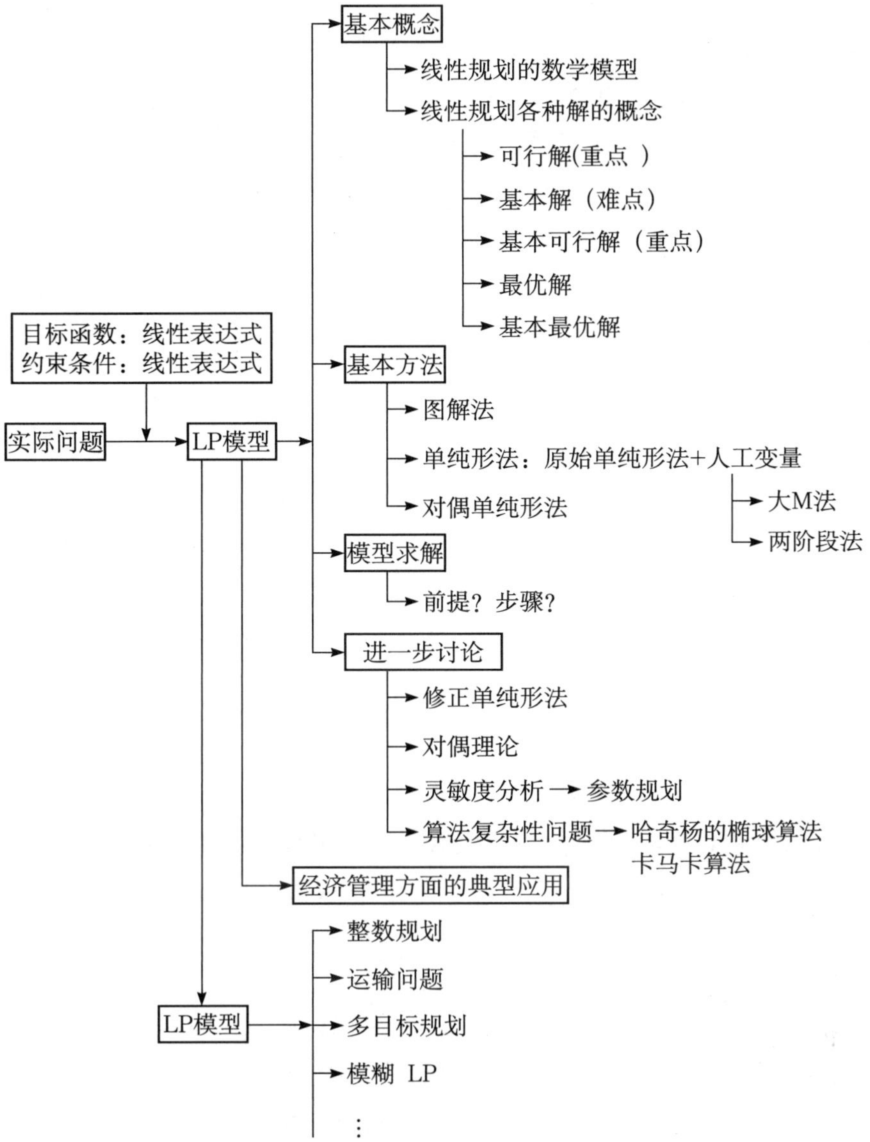

拓展阅读

冯·诺依曼理论奖首位华人获奖者——叶荫宇

1947 年，“线性规划之父”、斯坦福大学教授丹齐格提出了第一个用于优化线性系统的算法——单纯形法，第一次使大规模优化问题得以求解。该方法一直雄踞 20 世纪最伟大的算法前五之列，直至 20 世纪 80 年代，美国又有多位学者提出了内点法，内点法在解决某些线性规划问题时比单纯形法的求解速度更快，也可以处理许多非线性规划问题，从而成为新的潮流，也被用于商用求解器的开发。丹齐格的得意门生叶荫宇教授是公认的内点法的奠基者之一，也因此获得了运筹学领域的最高奖——冯·诺依曼理论奖，成了首位获此殊荣的华人科学家。

叶荫宇是美国斯坦福大学管理科学与工程系及计算数学工程研究院的杰出终身教授，

当今世界运筹学界的杰出学者，他的研究方向包括线性优化理论、复杂性理论、数学规划应用、运筹学和系统工程等多个领域。叶荫宇曾担任许多知名企业的顾问，他始终心系中国发展，关心运筹学在中国的前景，曾在获奖致词中深情感谢祖国给予他赴美留学的机会，并以他自己的人生经历为例，鼓励年轻人不要惧怕困难，不管条件多么艰苦，只要有远大执着的理想和锲而不舍的精神，就一定能够获得成功。

习题1

一、选择题

1. 下面的模型中，（　　）是线性规划模型。

A. $Z=5x_1+3x_2+4x_3$

$$\text{s.t.}\begin{cases}x_1+x_2-x_3\geqslant 3\\6x_1+2x_2+9x_3\leqslant 21\\x_1+4x_3=9\\x_1\geqslant 0,\ x_3\leqslant 0\end{cases}$$

B. $\min Z=x_1+x_2+3x_3$

$$\text{s.t.}\begin{cases}x_1x_2+5x_3\leqslant 10\\x_1+x_2+x_3^2\geqslant 20\\x_1,x_2\geqslant 0,\ x_3\text{ 符号不限}\end{cases}$$

C. $\max Z=\prod_{j=1}^{n}c_jx_j$

$$\text{s.t.}\begin{cases}\sum_{j=1}^{n}a_{ij}x_j=b_i,\quad i=1,\cdots,m\\x_j\geqslant 0,\ j=1,\cdots,n\end{cases}$$

D. $\min Z=\sum_{i=1}^{m}c_i^2x_i+\sum_{j=1}^{n}b_j^2y_i$

$$\text{s.t.}\begin{cases}x_i+y_i=a_{ij}^2\\i=1,\cdots,m\\j=1,\cdots,n\end{cases}$$

2. 在以下线性规划模型的约束条件中，（　　）所对应的线性规划问题无可行解。

A. $\begin{cases}-x_1+2x_2-x_3\geqslant 1\\-x_1-2x_2+x_3\geqslant 6\\x_1,x_2,x_3\geqslant 0\end{cases}$

B. $\begin{cases}x_1-x_2\geqslant 2\\2x_1+x_2\leqslant -2\\x_1,x_2\geqslant 0\end{cases}$

C. $\begin{cases}-2x_1+x_2\leqslant 4\\x_1-x_2\leqslant 2\\x_1,x_2\geqslant 0\end{cases}$

D. $\begin{cases}-4x_1+2x_2+x_3\leqslant 14\\-x_1+x_2-x_3\leqslant 4\\x_1,x_2,x_3\geqslant 0\end{cases}$

3. 设某线性规划问题的约束条件是

$$\begin{cases}x_1+3x_3-x_4=3\\2x_2+2x_3-x_5=5\\x_j\geqslant 0,\ j=1,\cdots,5\end{cases}$$

则该问题的基本可行解是（　　）。

A. $(3,\ 0,\ 0,\ 0,\ -5)^{\top}$　　B. $(0,\ 0,\ 1,\ 0,\ -3)^{\top}$

C. $\left(0,\ \frac{3}{2},\ 1,\ 0,\ 0\right)^{\top}$　　D. $\left(3,\ \frac{5}{2},\ 0,\ 0,\ 0\right)^{\top}$

4. 设某一极大化线性规划问题的单纯形表中，检验数$\sigma_j>0$，而主元列$P_j\leqslant 0$，则下列说法正确的是（　　）。

A. 该线性规划问题无解　　B. 该线性规划问题的解无界

C. 该线性规划问题有唯一解　　D. 该线性规划问题有无穷多个解

5. 下列说法中，（　　）是正确的。

A. 基本解一定是可行解

B. 基本可行解的每一个分量一定是非负的

C. 若B是基，则B一定是可逆的

D. 非基变量的系数列向量一定是线性相关的

6. 标准形式的线性规划问题，其可行解（　　）是基本可行解，最优解（　　）是可行解，最优解（　　）可以在可行域的顶点上得到，最优解（　　）是基本可行解，基本最优解（　　）是唯一的。

A. 一定　　B. 不一定　　C. 一定不

7. 目标函数取极小值的线性规划问题可以转化为目标函数取极大值的线性规划问题求解，原问题的目标函数值等于（　　）。

A. $\max Z$　　B. $\max(-Z)$

C. $-\max(-Z)$　　D. $-\max Z$

8. 大M法和两阶段法是用来（　　）的，当用两阶段法时，第一阶段建立的辅助线性规划中，其目标函数为（　　）。

A. 人工变量之和　　B. 松弛变量、剩余变量及人工变量之和

C. 简化计算　　D. 处理人工变量

9. 在单纯形法求解过程中，常用最小比值原则确定（　　）变量。当（　　）时，最小比值原则失效，因为解的可行性可以得到自然满足。

A. 进基　　B. 出基

C. $a_{ik} \leqslant 0$　　D. $a_{ik} > 0$

10. 当采用两阶段法处理人工变量时，第一阶段的目的是求出（　　），并得到（　　）。在第二阶段，将第一阶段的最优解作为（　　），并将目标函数换成原问题的目标函数，进行单纯形迭代，其目的是求出（　　）。

A. 初始基本可行解　　B. 最优解

C. 约束条件的等价变形　　D. 基本最优解

E. 初始可行解　　F. 约束条件的标准型

二、判断题

1. 若线性规划问题的可行域无界，则该线性规划问题一定没有最优解。（　　）

2. 基本可行解的个数不会超过基的个数。（　　）

3. 基本可行解的个数不会超过基本解的个数。（　　）

4. 用单纯形法求解线性规划问题时，必须要有单位阵作为初始可行基。（　　）

5. 线性规划数学模型中的决策变量必须是非负的。（　　）

6. 若线性规划问题有解，则约束方程的个数小于等于决策变量的个数。（　　）

7. 若最优单纯形表中非基变量的检验数为零，则相应问题的最优解有无穷多个。（　　）

8. 单纯形法的迭代计算是从一个可行解转换到使目标函数值更大的另一个可行解的过程。（　　）

9. 一旦人工变量在迭代中变为非基变量，该变量及相应的系数列就可以从单纯形表中删除，而不影响计算结果。（　　）

10. 基本最优解的个数最多不超过凸多面体某个面上（与目标函数等值面重合的面）顶点的个数。（　　）

三、将下列问题化为标准型

1. $\max Z = 2x_1 + x_2 + 3x_3 + x_4$

$$\text{s. t.}\begin{cases} x_1 + x_2 + x_3 + x_4 \leqslant 7 \\ 2x_1 - 3x_2 + 5x_3 = -8 \\ x_1 - 2x_3 + 2x_4 \geqslant 1 \\ x_1,\ x_3 \geqslant 0,\ x_2 \leqslant 0,\ x_4 \text{ 符号不限} \end{cases}$$

2. $\min Z = -x_1 + 5x_2 - 2x_3$

$$\text{s. t.}\begin{cases} x_1 + x_2 - x_3 \leqslant 6 \\ 2x_1 - x_2 + 3x_3 \geqslant 5 \\ x_1 + x_2 = 10 \\ x_1 \geqslant 0,\ x_2 \leqslant 0,\ x_3 \text{ 符号不限} \end{cases}$$

四、用图解法求解下列线性规划

1. $\min Z = -x_1 + 2x_2$

$$\text{s. t.}\begin{cases} x_1 - x_2 \geqslant -2 \\ x_1 + 2x_2 \leqslant 6 \\ x_1, x_2 \geqslant 0 \end{cases}$$

2. $\max Z = -x_1 + 2x_2$

$$\text{s. t.}\begin{cases} x_1 - x_2 \geqslant -2 \\ x_1 + 2x_2 \leqslant 6 \\ x_1, x_2 \geqslant 0 \end{cases}$$

3. $\min Z = -x_1 + 2x_2$

$$\text{s. t.}\begin{cases} x_1 - x_2 \geqslant -2 \\ x_1, x_2 \geqslant 0 \end{cases}$$

4. $\max Z = 3x_1 + 6x_2$

$$\text{s. t.}\begin{cases} x_1 - x_2 \geqslant -2 \\ x_1 + 2x_2 \leqslant 6 \\ x_1, x_2 \geqslant 0 \end{cases}$$

5. $\max Z = 3x_1 + 6x_2$

$$\text{s. t.}\begin{cases} x_1 - x_2 \leqslant -2 \\ x_1 + 2x_2 \leqslant -5 \\ x_1, x_2 \geqslant 0 \end{cases}$$

五、用单纯形法求解下列线性规划

1. $\max Z = 3x_1 + 5x_2$

$$\text{s. t.}\begin{cases} x_1 \leqslant 4 \\ 2x_2 \leqslant 12 \\ 3x_1 + 2x_2 \leqslant 18 \\ x_1, x_2 \geqslant 0 \end{cases}$$

2. $\max Z = 2x_1 - x_2 + x_3$

$$\text{s. t.}\begin{cases} 3x_1 + x_2 + x_3 \leqslant 60 \\ x_1 - x_2 + 2x_3 \leqslant 10 \\ x_1 + x_2 - x_3 \leqslant 20 \\ x_1, x_2, x_3 \geqslant 0 \end{cases}$$

3. $\min Z = -2x_1 + x_2 - 3x_3$

$$\text{s. t.}\begin{cases} 2x_1 - 2x_2 + 4x_3 \leqslant 50 \\ 2x_1 + x_3 \leqslant 30 \\ x_1 + x_2 - x_3 \leqslant 20 \\ x_1, x_2, x_3 \geqslant 0 \end{cases}$$

4. $\max Z = 3x_1 + 4x_2$

$$\text{s. t.}\begin{cases} x_1 \leqslant 3 \\ 2x_2 \leqslant 9 \\ 2x_1 + 3x_2 \leqslant 15 \\ x_1, x_2 \geqslant 0 \end{cases}$$

六、计算题

1. 现有求目标函数极大化的某线性规划问题的初始单纯形表如表1.22所示。

表 1.22　某线性规划问题的初始单纯形表

C_B	X_B	c_j / x_j / b	5	20	25	0	0	0
			x_1	x_2	x_3	x_4	x_5	x_6
		40	2	1	0	1	0	0
		30	0	2	1	0	1	0
		15	3	0	$-1/2$	0	0	1
$-Z$								

（1）将初始表填写完整；

（2）根据初始表写出原问题的数学模型；

（3）用单纯形法求出最优解及相应的最优值。

2. 已知线性规划：

$$\max Z = 5x_1 + 2x_2 + 3x_3$$

$$\text{s.t.}\begin{cases} x_1 + 5x_2 + 2x_3 + x_4 = k_1 \\ x_1 - 5x_2 - 6x_3 + x_5 = k_2 \\ x_1, x_2, x_3, x_4, x_5 \geqslant 0 \end{cases}$$

其中，k_1、k_2 为常数，其最优单纯形表如表 1.23 所示。

表 1.23　最优单纯形表

C_B	X_B	c_j / x_j / b	5	2	3	0	0	θ_j
			x_1	x_2	x_3	x_4	x_5	
5	x_1	30	1	b	2	1	0	
0	x_5	10	0	c	-8	-1	f	
$-Z$		-150	0	a	-7	d	e	$c_j - z_j$

求出未知数 a、b、c、d、e、f 的值，并确定 k_1、k_2 的值。

3. 下面是某厂的产品计划问题的线性规划模型，其中 x_1、x_2 分别为 A、B 两种产品的产量（件），Z 为两种产品的总利润（百元）。

$$\max Z = 23x_1 + 4x_2$$

$$\text{s.t.}\begin{cases} 6x_1 + 4x_2 \leqslant 12 & \text{（甲机床可利用的总工时限制）} \\ x_1 + 2x_2 \leqslant 8 & \text{（乙机床可利用的总工时限制）} \\ x_1, x_2 \geqslant 0 \end{cases}$$

试用单纯形法求出最优解和目标函数最优值，并给出相应的经济解释。

4. 在极大化问题的单纯形表（见表 1.24）中，有六个未知常数 a_1、a_2、a_3、β、σ_1、σ_2（假定无人工变量），分别写出对六个未知数的约束条件，使以下各小题关于该表的说法为真。

表 1.24　极大化问题的单纯形表

C_B	X_B	b　　c_j / x_j	c_1	c_2	c_3	c_4	c_5	c_6
			x_1	x_2	x_3	x_4	x_5	x_6
	x_3	β	4	a_1	1	0	a_2	0
	x_4	2	−1	−5	0	1	−1	0
	x_5	3	a_3	−3	0	0	−4	1
			σ_1	σ_2	0	0	−3	0

（1）现行解最优，但不唯一；

（2）现行解不可行（指出是由哪个变量造成的）；

（3）一个约束条件有矛盾；

（4）现行解是退化的基本可行解；

（5）现行解可行，但问题无有限最优解；

（6）现行解是唯一最优解；

（7）现行解可行，但将 x_1 取代 x_6 后，目标函数能改进。

七、用大 M 法和两阶段法求解下列线性规划

1. $\min Z = x_1 + 2x_2$

$$\text{s. t.}\begin{cases} -x_1 + 2x_2 \geqslant 2 \\ x_1 \leqslant 3 \\ x_1, x_2 \geqslant 0 \end{cases}$$

2. $\max Z = x_1 + 2x_2 + 3x_3 - x_4$

$$\text{s. t.}\begin{cases} x_1 + 2x_2 + 3x_3 = 15 \\ 2x_1 + x_2 + 5x_3 = 20 \\ x_1 + 2x_2 + x_3 + x_4 = 10 \\ x_1, x_2, x_3, x_4 \geqslant 0 \end{cases}$$

3. $\max Z = 3x_1 - x_2 - x_3$

$$\text{s. t.}\begin{cases} x_1 - 2x_2 + x_3 \leqslant 11 \\ -4x_1 + x_2 + 2x_3 \geqslant 3 \\ -2x_1 + x_3 = 1 \\ x_1, x_2, x_3 \geqslant 0 \end{cases}$$

4. $\min Z = 4x_1 + 3x_3$

$$\text{s. t.}\begin{cases} \frac{1}{2}x_1 + x_2 + \frac{1}{2}x_3 - \frac{2}{3}x_4 = 2 \\ \frac{3}{2}x_1 - \frac{1}{2}x_3 = 3 \\ 3x_1 - 6x_2 + 4x_4 = 0 \\ x_j \geqslant 0,\ j = 1, 2, 3, 4 \end{cases}$$

八、线性规划建模

1. 秋林商店需制订一种商品下半年的进货及销售计划。由于商店仓库容量有限，存货不能超过 500 件。6 月底已有存货 100 件，此后每月 1 日进货一次。假设各月份该商品买进及销售单价如表 1.25 所示。问各月的进货量和销售量各多少才能使总收益最大？试建立线性规划模型。（不考虑其他会计核算成本。）

表 1.25　秋林商店进货/销售单价表

月份	7	8	9	10	11	12
买进单价	28	24	25	27	23	23
销售单价	29	24	26	28	22	25

2. 牛村养鸡厂共饲养 1 万只鸡，用大豆和谷物两种饲料喂养。已知每只鸡每天平均

消耗混合饲料 1 千克，而每只鸡每天至少需要 0.22 千克蛋白质和 0.06 千克钙。每千克大豆含 50%的蛋白质和 0.2%的钙，购价为 0.4 元；每千克谷物含 10%的蛋白质和 0.1%的钙，购价为 0.20 元。问怎样混合饲料才能使购买饲料的花费最少？

3. 红星机械厂生产 A、B、C 三种产品，每种产品的生产都要经过甲、乙两道工序。设该厂有两种设备甲$_1$ 和甲$_2$ 能完成甲工序；有三种设备乙$_1$、乙$_2$ 和乙$_3$ 能完成乙工序。每种设备完成每个产品的加工工时、每工时的费用以及每件产品的原料费和单价如表 1.26 所示，其中空缺位置表示该设备不能加工该种产品。现要求安排最优的生产计划，使该厂利润最大。

表 1.26　红星机械厂生产计划问题数据表

工序	设备	产品加工工时			设备有效台时	设备加工费（元/工时）
		A	B	C		
甲	甲$_1$	4	8		5 000	0.10
	甲$_2$	3	7	9	11 000	0.05
乙	乙$_1$		6	2	3 000	0.08
	乙$_2$	5		5	6 000	0.12
	乙$_3$	6	3		4 000	0.07
原料费（元/件）		0.3	0.5	0.8		
单价（元/件）		1.5	2.5	4		

4. 兴华厂生产 A、B 两种产品。每生产单位产品 A 需要 1 小时技术准备（设计试验等）、10 工时和 3 千克材料；每生产单位产品 B 需要 2 小时技术准备、4 工时和 2 千克材料。可供利用的技术准备时间共 80 小时、工时共 500 小时，材料共 350 千克。兴华厂对大量购买的商家提供较大的折扣，相关数据如表 1.27 和图 1.13 所示。现要制订使利润最大的产品生产计划，试建立该问题的线性规划模型。

表 1.27　兴华厂生产计划问题数据表

产品 A		产品 B	
销售量（件）	单位利润（元）	销售量（件）	单位利润（元）
0～40	10	0～50	6
41～100	9	50 以上	4
100 以上	8		

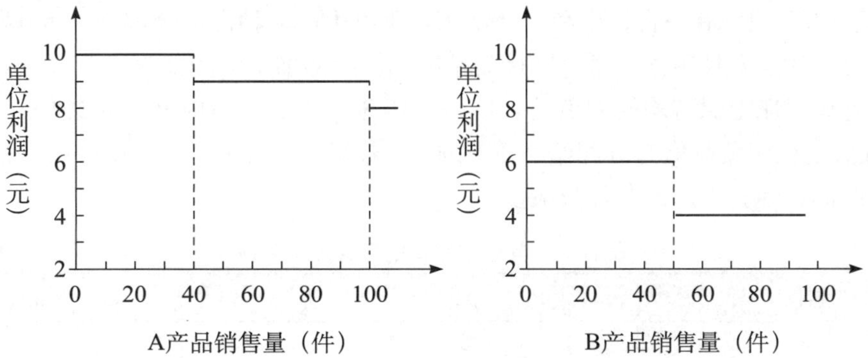

图 1.13　单位利润与销售量的关系

5. 高三（1）班共有男生20人，女生15人，集体参加植树节劳动一天。已知男生平均每人每天能挖树坑20个，或栽树30棵，或浇水25棵；女生平均每人每天可挖树坑10个，或栽树20棵，或浇水15棵。问怎样分工，才能使全天植树（包括挖树坑、栽树、浇水全过程）总数最多？试建立线性规划模型。

6. 某企业的销售公司负责该企业主打产品A的销售工作，按照内部市场化方式运作，按成本价从企业购进产品，再以销售价销售。公司设有容量为80 000吨的仓库。新年伊始，公司尚有2 000吨初始库存产品并拥有流动资金50万元。已知第一季度各月的成本价与销售价的预测结果。根据管理条例，当月进库的产品下月方可销售，购销均执行货到付款原则。为了给第二季度做准备，希望第一季度末库存维持在2 500吨。表1.28列出了该购销计划问题的所有相关信息，请制订购销计划，使第一季度三个月的纯利润达到最大。试建立线性规划模型（要说明约束条件的类别，不求解）。

表1.28　第一季度购销计划问题的相关信息表

月份	月初库存量（吨）	库容量（吨）	成本价（元/吨）	销售价（元/吨）	当月盈利（元）	月初流动资金（元）
1月	2 000	80 000	2 800	3 100		500 000
2月		80 000	3 150	3 500		
3月		80 000	2 900	3 300		
4月	2 500	80 000				

7. 用长8米的角钢切割钢窗用料，每付钢窗含长1.5米的料2根，1.45米的2根，1.3米的6根，0.35米的12根，若需要钢窗用料50套，问最少需要切割8米的角钢多少根？试建立用料问题的线性规划模型。

8. 工厂生产A、B两种产品，每个产品经过两道工序的加工。每吨A产品经过工序1、工序2的加工时间分别为2小时、3小时；每吨B产品经过工序1、工序2的加工时间分别为3小时、5小时。工序1、工序2总共可利用的工时分别为20小时、30小时。另外，每生产1吨B产品可得到2.5吨C副产品。A产品每吨盈利3 000元；B产品每吨盈利3 500元；销售1吨C副产品盈利1 000元，但若报废1吨C副产品则损失600元。市场部门预测C副产品销量至多为8吨。请决定A、B两种产品的产量，使工厂总的盈利最大。试建立此问题的线性规划模型。

9. 某金工车间配有一台钻床和三台铣床，用以生产一种由一个零件A和两个零件B组成的组件。对这两种零件，每种零件需钻床和铣床的加工时间如表1.29所示。现在要求在所有这些机床上保持均衡的负荷，使每台机床每天的运行时间不超过任一其他机床30分钟（假定铣切负荷均匀分配给三部铣床）。若每个工作日为8小时，试为每台机床分配工作时间，使其生产的组件数最多。

表1.29　某金工车间的零件加工参数　　单位：分钟

零件	钻床	铣床
A	3	18
B	5	12

九、思考讨论题

1. 已知某线性规划问题的约束方程为：

$$\begin{cases} 2x_1 + x_2 - x_3 = 25 \\ x_1 + 3x_2 - x_4 = 30 \\ 4x_1 + 7x_2 - x_3 - 2x_4 - x_5 = 85 \\ x_j \geqslant 0,\ j = 1,2,3,4,5 \end{cases}$$

判断下列各点是否为该线性规划问题可行域的顶点并说明理由。

(1) $(5,\ 15,\ 0,\ 20,\ 0)^{\top}$；

(2) $(9,\ 7,\ 0,\ 0,\ 8)^{\top}$。

2. 从单纯形最终表格中能否确定原问题有唯一最优解，或者有无穷多个最优解，或者无解？根据什么进行判断？

3. 如果线性规划标准型的约定改为目标函数极小化，则用单纯形法计算时如何判别问题是否已经得到最优解？

4. 在确定初始可行基时，什么情况下要在约束条件中添加人工变量？在目标函数中，人工变量前的系数为 $-M(M \gg 0)$ 的经济意义是什么？

第2章

对偶原理与灵敏度分析

| 本章要点 |

1. 对偶原理及对偶定理
2. 对偶最优解的经济意义
3. 对偶单纯形法
4. 灵敏度分析

某机械加工厂的生产策略及战略调整问题

某机械加工厂位于一个小城市，是当地的主要经济支柱企业之一。该厂主要从事精密零部件的加工制造，主要生产 A、B 两种产品。已知该机械加工厂如果生产 1 单位的产品 A 需要耗费 2 小时的设备工时与 300 千克的原材料，生产 1 单位的产品 B 需要耗费 3 小时的设备工时与 200 千克原材料，该厂目前每周的可用设备工时与原材料分别为 120 工时与 9 吨原材料，产品 A 和 B 的单位利润分别为 30 000 元与 24 000 元。考虑在现有的资源下，该厂应该如何制订生产计划，使得公司所获利润最大。

随着科学技术的更新迭代与客户需求的不断变化，该厂也面临许多发展问题，需要不断调整运营战略与决策，以下是其可能面临的一些问题：

(1) 该厂对于生产研发投入的增加，使得其生产工艺水平与效率得到了极大的提升，提升后生产 1 件 A 产品和 B 产品需要耗费的设备工时分别为 1.5 小时与 2.5 小时，需要耗费的原材料分别为 250 千克与 200 千克，那么改进后该厂的生产计划会发生怎样的变化?

(2) 如果该厂的产品竞争力不断提高，在市场上越来越受到客户欢迎，大家都愿意出更高的价格来购买产品 A 和 B，它们的单位利润分别提升为 35 000 元和 30 000 元，此时该厂又会如何调整自身的生产计划呢?

(3) 该厂正在考虑引进一款新产品 C，根据生产部门和市场部门初步测算，生产 1

件新产品 C 需要消耗 4 小时的设备工时与 300 千克的原材料，每件新产品 C 的单位利润为 35 000 元，那么该厂是否应该引进新产品 C 呢？

(4) 该厂的销售额持续增加，现决定扩大生产，但是由于公司的经费有限，只能引入一种生产资源，请问在现有资源约束下应该优先引入哪种资源？

(5) 近年来，随着全球供应链的变化和原材料价格的波动，工厂面临着市场风险和不确定性，所以管理层决定停止本厂的产品生产业务，将设备与原材料等资源进行出租或转售，以获取更高的收益。另一个公司有意向购买该厂出租的设备与原材料用于生产该公司的产品 D，便来与该厂洽谈合作。那么该厂应该如何对设备与原材料进行定价，既能保证通过出租和售卖资源所获得的收益不少于自己生产所获收益，又能保证买方花费的成本最低？

请各位读者思考并尝试为该厂解决这些发展问题提供建议！

§ 2.1　单纯形法的矩阵描述

单纯形法的矩阵描述，其关键是两个基本表达式。一是用非基变量表示基变量的表达式，二是用非基变量表示目标函数的表达式。线性规划标准型的矩阵形式为：

$$\max Z=CX$$
$$\text{s.t.}\begin{cases}AX=b\\X\geqslant 0\end{cases} \tag{2-1}$$

将基变量与非基变量进行区分，把式（2-1）中矩阵写成分块矩阵形式，即

$$C=(C_B \vdots C_N),\ X=(X_B \vdots X_N),\ A=(P_1,P_2,\cdots,P_n)\overset{\triangle}{=}(B \vdots N)$$

代入式（2-1）可得出两个基本表达式：

(1) 由约束条件 $AX=(B \vdots N)\begin{pmatrix}X_B\\ \cdots \\ X_N\end{pmatrix}=BX_B+NX_N=b$，可得用非基变量表示基变量的表达式：

$$X_B=B^{-1}(b-NX_N)=B^{-1}b-B^{-1}NX_N \tag{2-2}$$

(2) 将式（2-2）代入目标函数的表达式，可得用非基变量表示目标函数的表达式：

$$\begin{aligned}Z=CX&=(C_B \vdots C_N)\begin{pmatrix}X_B\\ \cdots \\ X_N\end{pmatrix}=C_BX_B+C_NX_N\\&=C_B(B^{-1}b-B^{-1}NX_N)+C_NX_N\\&=C_BB^{-1}b-C_BB^{-1}NX_N+C_NX_N\\&=C_BB^{-1}b+(C_N-C_BB^{-1}N)X_N\end{aligned}$$

令 $\sigma_N=C_N-C_BB^{-1}N$，得

$$Z=C_BB^{-1}b+\sigma_NX_N \tag{2-3}$$

借助一个恒等式还可以推出用非基变量表示目标函数的另一个等价表达式：

$$(C_B-C_BB^{-1}B)\ X_B=0 \Rightarrow C_BX_B-C_BB^{-1}BX_B=0 \tag{2-4}$$

将式（2-4）代入式（2-3），并令 $\pi=C_BB^{-1}$，得

$$\begin{aligned}Z&=C_BB^{-1}b+\ (C_N-C_BB^{-1}N)\ X_N+C_BX_B-C_BB^{-1}BX_B\\&=\pi b+(C-\pi A)X\end{aligned} \tag{2-5}$$

$\pi=C_BB^{-1}$称为单纯形乘子。式（2-3）展示了目标函数与最优值 $C_BB^{-1}b$ 和检验数向量σ_N 的关系。式（2-5）将目标函数与价值系数 C 和系数矩阵 A 联系在一起，在后面对偶定理的有关证明中可以运用。

单纯形表的矩阵形式见表2.1。

表2.1 单纯形表的矩阵形式

			C_B	C_N	θ_j
C_B	X_B	b	$X_B^\top$	$X_N^\top$	
$C_B^\top$	X_B	$B^{-1}b$	$B^{-1}B$	$B^{-1}N$	
$-Z$		$-C_BB^{-1}b$	0	$C_N-C_BB^{-1}N$	

§2.2 对偶原理

2.2.1 对偶问题的提出

对偶思想在实际生活中处处可见。例如，周长一定的矩形中正方形的面积最大；而面积一定的矩形中正方形的周长最小。这两个问题就是一对对偶问题。其特点是：（1）最终结果都是以正方形作为“最优解”；（2）一个是极大化问题，以面积作为目标函数，周长为限制条件；而另一个是极小化问题，以周长作为目标函数，而面积是限制条件。

如果换个角度再观察生产计划问题，则从两个不同观察角度得到的两个线性规划就构成一对对偶线性规划。

例2.1 设某工厂（记为厂Ⅰ）生产两种产品甲和乙，生产中四种设备需按A、B、C、D顺序加工，每件产品加工所需的工时、每件产品的利润及每种设备的可用工时如表2.2所示。

表2.2 生产计划问题数据表 单位：小时

产品	设备				产品利润（元/件）
	A	B	C	D	
甲	2	1	4	0	20
乙	2	2	0	4	30
设备可用工时（小时）	120	100	160	120	

问当充分利用设备工时时，工厂应生产甲和乙两种产品各多少件才能获得最大利润。

解：设甲、乙两种产品各生产 x_1 及 x_2 件，则该问题的数学模型为：

$$\max Z = 20x_1 + 30x_2$$

$$\text{s. t.}\begin{cases}2x_1 + 2x_2 \leqslant 120\\ x_1 + 2x_2 \leqslant 100\\ 4x_1 \leqslant 160\\ 4x_2 \leqslant 120\\ x_1, x_2 \geqslant 0\end{cases}$$

该问题的最优决策为：产品甲的产量为 30 件，产品乙的产量为 30 件，能实现最大利润为 1 500 元。在该生产安排下，设备 B 和 D 的工时恰好消耗完（紧约束），而设备 A 和 C 的工时则存在一定的剩余（非紧约束）。

现在假设有另外一家企业（记为厂Ⅱ）需要完成某个项目，正好需要厂Ⅰ具有的设备，便找到厂Ⅰ商议能否租用其设备。厂Ⅰ的负责人表示，只要厂Ⅱ支付的价格合适便愿意出租，因此，这里最关键的问题是对四种设备的价格（租金）进行谈判。在市场竞争时代，厂Ⅰ制定的最佳决策应符合两条：

（1）不吃亏原则。即出租设备所获利润不能低于自行生产甲、乙产品所获利润。

（2）竞争性原则。即在上述不吃亏原则下，尽量降低机时总收费，以便争取用户。

根据以上两条原则，我们来进一步进行分析。设 y_i = 厂Ⅱ为分别为设备 A、B、C、D 所支付的单位租金（元/工时）。显然，厂Ⅱ希望支付的总成本越低越好，它的目标是追求总成本的最小化，即

$$\min W = 120y_1 + 100y_2 + 160y_3 + 120y_4$$

对厂Ⅱ而言，最好的状态当然是四种设备的租金（采购成本）都为零，这样厂Ⅱ能够免费获得厂Ⅰ的四种资源。然而，当租金过低时，厂Ⅰ更愿意自己生产，此时出租设备显然不是更好的选择，这意味着上述租金应该要满足一定的条件。于是，为了让厂Ⅰ愿意放弃产品甲、乙的生产，其所获租金总收入分别不能低于 20 元和 30 元，另外考虑到单位租金的非负性，即 $y_i \geqslant 0(i=1,2,3,4)$。可得到厂Ⅱ完整的线性规划模型如下：

$$\min W = 120y_1 + 100y_2 + 160y_3 + 120y_4$$

$$\text{s. t.}\begin{cases}2y_1 + y_2 + 4y_3 \geqslant 20\\ 2y_1 + 2y_2 + 4y_4 \geqslant 30\\ y_i \geqslant 0(i = 1,2,3,4)\end{cases}$$

由此便得到了原生产计划问题的对偶问题。该对偶问题本质上就是一个价格系统，使在平衡了各类设备的直接成本后，所确定的价格系统最具竞争力。对偶变量的经济意义可解释为对单位工时的定价（影子价格），可以看出，当原问题和对偶问题都取得最优解时，两个线性规划所对应的目标函数值是相等的，即 $Z_{\max} = W_{\min} = 1\,500$ 。

换个角度审视第 1 章的生产计划问题，该问题要求制定一个生产计划方案，在工时和原材料可能供应的范围内，使得产品的总利润最大。

$$\max Z = 2x_1 + 3x_2 + 3x_3$$

$$\text{s. t.}\begin{cases}x_1 + x_2 + x_3 \leqslant 3\\ x_1 + 4x_2 + 7x_3 \leqslant 9\\ x_1, x_2, x_3 \geqslant 0\end{cases}$$

它的对偶问题是应使在平衡了工时和原材料的直接成本后，所确定的价格系统最具竞争力，由此可得出其对偶问题如下：

$$\min W = 3y_1 + 9y_2$$

$$\text{s.t.}\begin{cases} y_1 + y_2 \geqslant 2 \\ y_1 + 4y_2 \geqslant 3 \\ y_1 + 7y_2 \geqslant 3 \\ y_1, y_2 \geqslant 0 \end{cases}$$

（用于生产第 i 种产品的资源转让要求收益不小于生产该种产品时获得的利润）

此时对偶变量的经济意义可解释为对工时及原材料的单位定价，即当工厂自己不生产产品A、B、C，将现有的工时及原材料转而接受外来加工时，那么上述的价格系统能保证不亏本又最富有竞争力（工时及原材料的总成本最低）。可以看出，当原问题和对偶问题都取得最优解时，两个线性规划所对应的目标函数值也是相等的，即 $Z_{\max} = W_{\min} = 8$ 。

考察原问题和对偶问题的解，可以为管理者进行决策提供另一种自由度。比如除了研究怎样利用已有的资源以取得最大利润的同时，还可以进一步探讨怎样通过增加更多的资源或使用不同类型的资源来增加利润。

下面再来看关于饮食与营养问题的一对对偶线性规划的构成。

例 2.2 采购甲、乙、丙、丁四种食品的量分别为 x_1、x_2、x_3、x_4。在保证人体所需维生素A、B、C的前提下，如何使总的花费最少。

由此构成的目标要求是极小化总费用的线性规划模型：

解：$\min Z = 0.8x_1 + 0.5x_2 + 0.9x_3 + 1.5x_4$

$$\text{s.t.}\begin{cases} 1\,000x_1 + 1\,500x_2 + 1\,750x_3 + 3\,250x_4 \geqslant 4\,000 & \text{（国际单位，维生素 A）} \\ 0.6x_1 + 0.27x_2 + 0.68x_3 + 0.3x_4 \geqslant 1 & \text{（毫克，维生素 B）} \\ 17.5x_1 + 7.5x_2 + 30x_4 \geqslant 30 & \text{（毫克，维生素 C）} \\ x_1, x_2, x_3, x_4 \geqslant 0 \end{cases}$$

换一个角度考虑，如果生产维生素药丸的制药公司想让营养师相信，各种维生素无须通过各种食品的转换就能供营养师调剂，那么制药公司面对的问题是：为维生素药丸确定单价，以获得最大的收益，同时与真正的食品竞争。于是，假设维生素药丸中维生素A、B、C的含量为 y_1、y_2、y_3，维生素药丸的单位成本不能超过相应食品的市场价格。由此得到下面的对偶线性规划：

$$\max W = 4\,000y_1 + y_2 + 30y_3$$

$$\text{s.t.}\begin{cases} 1\,000y_1 + 0.6y_2 + 17.5y_3 \leqslant 0.8 \\ \text{（符合甲的营养成分所耗成本} \leqslant \text{甲的市价）} \\ 1\,500y_1 + 0.27y_2 + 7.5y_3 \leqslant 0.5 \\ \text{（符合乙的营养成分所耗成本} \leqslant \text{乙的市价）} \\ 1\,750y_1 + 0.68y_2 + 0y_3 \leqslant 0.9 \\ \text{（符合丙的营养成分所耗成本} \leqslant \text{丙的市价）} \\ 3\,250y1 + 0.3y_2 + 30y_3 \leqslant 1.5 \\ \text{（符合丁的营养成分所耗成本} \leqslant \text{丁的市价）} \\ y_1, y_2, y_3 \geqslant 0 \end{cases}$$

2.2.2　原问题和对偶问题的关系

先研究对称形式的对偶关系，观察原问题与其对偶问题之间的变换关系。然后讨论如何运用这种变换关系写出非对称形式的对偶问题。

定义 2.1　若原问题是

$$\max Z=c_1x_1+c_2+x_2+\cdots+c_nx_n$$

$$\text{s.t.}\begin{cases}a_{11}x_1+a_{12}x_2+\cdots+a_{1n}x_n\leqslant b_1\\ a_{21}x_1+a_{22}x_2+\cdots+a_{2n}x_n\leqslant b_2\\ \vdots\\ a_{m1}x_1+a_{m2}x_2+\cdots+a_{mn}x_n\leqslant b_m\\ x_1,x_2,\cdots,x_n\geqslant 0\end{cases}\tag{2-6}$$

则其对偶问题定义为：

$$\min W=b_1y_1+b_2y_2+\cdots+b_my_m$$

$$\text{s.t.}\begin{cases}a_{11}y_1+a_{21}y_2+\cdots+a_{m1}y_m\geqslant c_1\\ a_{12}y_1+a_{22}y_2+\cdots+a_{m2}y_m\geqslant c_2\\ \vdots\\ a_{1n}y_1+a_{2n}y_2+\cdots+a_{mn}y_m\geqslant c_n\\ y_1,y_2,\cdots,y_m\geqslant 0\end{cases}\tag{2-7}$$

式（2-6）与式（2-7）之间的变换关系称为“对称形式的对偶关系”。

对称形式的对偶关系也可用矩阵形式描述如下：

$$\text{原问题}\quad \begin{array}{l}\max Z=CX\\ \text{s.t.}\begin{cases}AX\leqslant b\\ X\geqslant 0\end{cases}\end{array}\quad\Rightarrow\quad\text{对偶问题}\quad\begin{array}{l}\min W=Yb\\ \text{s.t.}\begin{cases}YA\geqslant C\\ Y\geqslant 0\end{cases}\end{array}$$

注意：

（1）在原问题中，C 是 $1\times n$ 阶矩阵（行向量），X 是 $n\times 1$ 阶矩阵（列向量），b 是 $m\times 1$ 阶矩阵（列向量），A 是 $m\times n$ 阶矩阵。在对偶问题中，Y 是 $1\times m$ 阶矩阵（行向量）。因此，对偶问题的矩阵形式与原问题有所不同。

（2）根据上述定义，读者可以自行总结记忆法则。例如，“上下交换；左右换位；不等式变号；极大变极小”。其中，“上下交换”指位于上方的价值系数与位于下方的右端常数交换了位置；“左右换位”指用矩阵形式描述对称形式对偶关系的式子中，原问题约束条件的 AX 所在位置，在对偶问题中表现为 YA，变量与约束系数矩阵的位置左右互换。如果用线性规划的一般形式进行描述，对偶问题中的系数矩阵恰为原问题中系数矩阵的转置，即 $A^{\top}$ 。

例 2.3　写出下面线性规划的对偶问题：

$$\max Z=2x_1+x_2$$

$$\text{s.t.}\begin{cases}3x_1+4x_2\leqslant 15\\ 5x_1+2x_2\leqslant 10\\ x_1,x_2\geqslant 0\end{cases}$$

解：按照定义 2.1，该问题的对偶线性规划为：

$$\min W = 15y_1 + 10y_2$$

$$\text{s. t.}\begin{cases}3y_1 + 5y_2 \geqslant 2\\4y_1 + 2y_2 \geqslant 1\\y_1, y_2 > 0\end{cases}$$

当线性规划的约束条件为等式约束时，原问题与其对偶问题之间的变换关系就是非对称形式的对偶关系。此时，原问题为：

$$\max Z = \sum_{j=1}^{n} c_j x_j$$

$$\text{s. t.}\begin{cases}\sum\limits_{j=1}^{n} a_{ij}x_j = b_i,\ i = 1,2,\cdots,m\\x_j \geqslant 0,\ j = 1,2,\cdots,n\end{cases}$$

对偶问题为：

$$\min W = \sum_{i=1}^{m} b_i x_i$$

$$\text{s. t.}\begin{cases}\sum\limits_{i=1}^{m} a_{ij}y_i \geqslant c_j,\quad j = 1,2,\cdots,n\\y_i\ \text{符号不限},\quad i = 1,2,\cdots,m\end{cases}$$

对偶问题的特点是：对偶变量符号不限，系数矩阵为原问题系数矩阵的转置阵。

怎样写出非对称形式的对偶问题呢？可以把一个等式约束写成两个不等式约束，再根据对称形式的对偶关系定义写出对偶问题。然后进行适当整理，使式中出现的所有系数与原问题中的系数相对应。

根据上述思想，考虑可能出现的各种情况，归纳出原始-对偶表，按照原始-对偶表可直接写出任意一个线性规划的对偶线性规划。原始-对偶表见表 2.3。

表 2.3　原始-对偶表

原问题（或对偶问题）	对偶问题（或原问题）
目标函数 max$Z$	目标函数 min$W$
约束条件数：m 个 第 i 个约束条件类型为“$\leqslant$” 第 i 个约束条件类型为“$\geqslant$” 第 i 个约束条件类型为“$=$”	对偶变量数：m 个 第 i 个变量$\geqslant 0$ 第 i 个变量$\leqslant 0$ 第 i 个变量是自由变量
决策变量数：n 个 第 j 个变量$\geqslant 0$ 第 j 个变量$\leqslant 0$ 第 j 个变量是自由变量	约束条件数：n 个 第 j 个约束条件类型为“$\geqslant$” 第 j 个约束条件类型为“$\leqslant$” 第 j 个约束条件类型为“$=$”

例 2.4　对于下面的线性规划模型：

$$\min Z = 4x_1 + 2x_2 + 3x_3$$

$$\text{s. t.}\begin{cases} 4x_1 + 5x_2 - 6x_3 = 7 \\ 8x_1 - 9x_2 + 10x_3 \geqslant 11 \\ 12x_1 + 13x_2 \leqslant 14 \\ x_1 \leqslant 0, x_2 \text{ 符号不限}, x_3 \geqslant 0 \end{cases}$$

现写出其对偶规划（a）和（b），试判断哪一个答案是正确的，为什么？

解：

$$\text{(a)}\quad \max W = 7y_1 + 11y_2 + 14y_3$$

$$\text{s. t.}\begin{cases} 4y_1 + 8y_2 + 12y_3 \geqslant 4 \\ 5y_1 - 9y_2 + 13y_3 = 2 \\ -6y_1 + 10y_2 \leqslant 3 \\ y_1 \text{ 符号不限}, y_2 \geqslant 0, y_3 \leqslant 0 \end{cases}$$

$$\text{(b)}\quad \max W = 7y_1 + 11y_2 + 14y_3$$

$$\text{s. t.}\begin{cases} 4y_1 + 8y_2 + 12y_3 \leqslant 4 \\ 5y_1 - 9y_2 + 13y_3 = 2 \\ -6y_1 + 10y_2 \geqslant 3 \\ y_1 \text{ 符号不限}, y_2 \leqslant 0, y_3 \geqslant 0 \end{cases}$$

由于原问题是极小化问题，因此使用原始-对偶表写对偶线性规划时，应从表的右边往左边查，所以（a）是正确的。

2.2.3　对偶定理

对偶定理是揭示原问题的解与对偶问题的解之间重要关系的一系列定理。

定理 2.1（对称性定理）　对偶问题的对偶是原问题。

就对称形式的对偶关系，根据定义 2.1 直接推证即可。

定理 2.2（弱对偶定理）　若一对对称形式的对偶线性规划

$$\text{(L)}\quad \max Z = CX \qquad \text{s. t.}\begin{cases} AX \leqslant b \\ X \geqslant 0 \end{cases}$$

和

$$\text{(D)}\quad \min W = Yb \qquad \text{s. t.}\begin{cases} YA \geqslant C \\ Y \geqslant 0 \end{cases}$$

均有可行解，分别为 $\widetilde{X}$ 和 $\widetilde{Y}$，则 $C\widetilde{X} \leqslant \widetilde{Y}b$。

证明思路：由（L）$A\widetilde{X} \leqslant b$，左乘 $\widetilde{Y}$，得　$\widetilde{Y}A\widetilde{X} \leqslant \widetilde{Y}b$

由（D）$\widetilde{Y}A \geqslant C$，右乘 $\widetilde{X}$，得　$\widetilde{Y}A\widetilde{X} \geqslant C\widetilde{X}$

$\Longrightarrow C\widetilde{X} \leqslant \widetilde{Y}b$

该结论对非对称形式的对偶问题同样成立。

由定理 2.2 可以得到一些很有意义的推论，包括关于“界”的结果和关于最优解无界情况与对偶问题的关系。

（1）关于“界”的结果。

极小化问题有下界：

推论 1　极大化问题的任意一个可行解所对应的目标函数值是其对偶问题最优目标函数值的一个下界。

极大化问题有上界：

推论 2　极小化问题的任意一个可行解所对应的目标函数值是其对偶问题最优目标函数值的一个上界。

（2）关于最优解无界情况与对偶问题的关系。

原问题可行，则目标函数值上无界的充要条件是对偶问题不可行：

推论 3　若原问题可行，则其目标函数无界的充要条件是对偶问题没有可行解。

对偶问题可行，则目标函数值下无界的充要条件是原问题不可行：

推论4 若对偶问题可行，则其目标函数无界的充要条件是原问题没有可行解。

定理2.3（最优性准则定理） 若 $\widetilde{X}$、$\widetilde{Y}$ 分别为对称形式对偶线性规划的可行解，且两者目标函数的相应值相等，即 $C\widetilde{X}=\widetilde{Y}b$，则 $\widetilde{X}$、$\widetilde{Y}$ 分别为原问题和对偶问题的最优解。

证明思路如图2.1所示，读者可据此自行写出具体的证明过程。

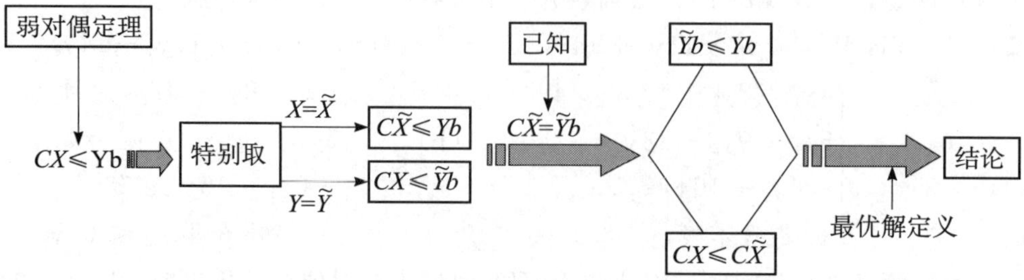

图2.1 定理2.3证明思路

定理2.4（主对偶定理） 若原问题和对偶问题两者均可行，则两者均有最优解，且此时目标函数值相同。

该定理的证明要点分两部分：

第一部分——证明两者均有最优解。

由于原问题和对偶问题均可行，根据弱对偶定理知两者均有界，因此均有最优解。

第二部分——证明在达到最优时，两个问题的目标函数值相等。

其证明思路是利用单纯形法的特征，就非对称形式的对偶关系给出的证明过程分四个步骤。

第1步：给出原问题形式和对偶问题形式。

$$(\mathrm{L})\quad \begin{aligned}&\max Z=CX\\ &\text{s.t.}\begin{cases}AX=b\\ X\geqslant 0\end{cases}\end{aligned}\qquad\qquad (\mathrm{D})\quad \begin{aligned}&\min W=Yb\\ &\text{s.t.}\begin{cases}YA\geqslant C\\ Y\text{ 的符号不限}\end{cases}\end{aligned}$$

设原问题有对应于最优基 B 的最优解 $X=(X_B,\ 0)^{\top}$，则有 $X_B=B^{-1}b$。

第2步：利用单纯形法的矩阵描述，由单纯形法最优性判别定理得出下面的重要结论。

令 $A=(B,N)$，对应于最优基 B 的检验数满足：$\sigma_N=C_N-C_BB^{-1}N\leqslant 0$。因此推得 $C_BB^{-1}N\geqslant C_N$，定义 $\pi=C_BB^{-1}$ 为最优单纯形乘子。

第3步：证明最优单纯形乘子就是对偶问题的可行解。

$\pi A=(\pi B,\ \pi N)=(C_B,\ C_BB^{-1}N)\geqslant(C_B,\ C_N)=C$，满足对偶问题的约束条件，所以 π 是对偶问题的可行解。

第4步：进一步证明 π 是对偶问题的最优解，并验证两个问题的目标函数值相等。

根据 $\pi b=C_BB^{-1}b=C_BX_B=CX$，根据最优性准则定理，这时的 π 正是对偶问题的最优解。

定理2.5（互补松弛性定理） 若 $\widetilde{X}$、$\widetilde{Y}$ 分别是以下标准化形式的原问题和对偶问题的可行解：

原问题：

$$\max Z = CX$$

$$\text{s. t.}\begin{cases} AX + X_s = b \\ X, X_s \geqslant 0 \end{cases}$$

对偶问题：

$$\min W = Yb$$

$$\text{s. t.}\begin{cases} YA - Y_s = C \\ Y, Y_s \geqslant 0 \end{cases}$$

则 $\widetilde{X}$ 、$\widetilde{Y}$ 是两个问题最优解的充分必要条件为：$\widetilde{Y}X_s = 0$ 且 $Y_s\widetilde{X} = 0$（其中 X_s 、Y_s 分别为原问题和对偶问题中的松弛变量）。

证明：将原问题中的 C 用对偶问题中的 $C = YA - Y_s$ 替代，得到 $Z = (YA - Y_s)X = YAX - Y_sX$ ，同时将对偶问题中的 b 用原问题中的 $b = AX + X_s$ 替代，得到 $W = Y(AX + X_s) = YAX + YX_s$ 。

由上式可以发现，当 $Y_s\widetilde{X} = \widetilde{Y}X_s = 0$ 时，此时有 $\widetilde{Y}b = \widetilde{Y}A\widetilde{X} = C\widetilde{X}$ ，由定理 2.3（最优性准则定理）可知，$\widetilde{X}$ 、$\widetilde{Y}$ 分别是原问题和对偶问题的最优解。若 $\widetilde{X}$ 、$\widetilde{Y}$ 分别是原问题和对偶问题的最优解，由定理 2.4 可知 $\widetilde{Y}b = \widetilde{Y}A\widetilde{X} = C\widetilde{X}$ ，此时必有 $Y_s\widetilde{X} = \widetilde{Y}X_s = 0$ 。

由互补松弛性定理可以推得以下关系：

$$\widetilde{x}_{n+i}\widetilde{y}_i = 0,\ \forall i = 1,2,\cdots,m$$

$$\widetilde{x}_j\widetilde{y}_{m+j} = 0,\ \forall j = 1,2,\cdots,n$$

互补松弛性定理表明：在最优解下，原问题的约束条件和对偶问题的约束条件之间存在一种互补的关系。当原问题中资源存在剩余时（即 $\widetilde{x}_{n+i} > 0$ 时），可知此时其对应的对偶解一定为 0；反之，如果某资源对应的对偶解取值为正，那么该资源一定对应原问题的瓶颈资源（即 $\widetilde{x}_{n+i} = 0$ ）。互补松弛性定理是线性规划理论中的一个重要定理，它在理论分析和算法求解中具有广泛的应用。互补松弛性定理揭示的对应关系可以帮助我们从一个问题的最优解直观判断出另一个问题的最优解，以更好地理解和解释线性规划问题的最优解和对偶问题之间的关系。

例 2.5　考虑以下互为对偶的线性规划问题：

原问题：

$$\max Z = 4x_1 + x_2 + 5x_3$$

$$\text{s. t.}\begin{cases} 6x_1 + 4x_2 + 5x_3 \leqslant 45 \\ 3x_1 + x_2 + 5x_3 \leqslant 36 \\ x_1, x_2, x_3 \geqslant 0 \end{cases}$$

对偶问题：

$$\min W = 45y_1 + 36y_2$$

$$\text{s. t.}\begin{cases} 6y_1 + 3y_2 \geqslant 4 \\ 4y_1 + y_2 \geqslant 1 \\ 5y_1 + 5y_2 \geqslant 5 \\ y_1, y_2, y_3 \geqslant 0 \end{cases}$$

已知对偶问题的最优解为 $(y_1,\ y_2)^{\top}=(13,\ 23)^{\top}$，求原问题的最优解。

解：将对偶解代入对偶问题的三个约束条件分别检验，可知条件2为严格的等式约束，因此它们对应的原问题的决策变量取值为0（根据互补松弛性定理），即 $x_2=0$。另外，对偶变量 y_1、y_2 分别对应原问题的第一个和第二个约束，又因 $y_1,y_2>0$，根据互补松弛性定理可得原问题的两个约束一定取等号，因此我们知原问题的最优解一定满足：

$$\begin{cases}6x_1+4x_2+5x_3=45\\3x_1+x_2+5x_3=36\\x_2=0\end{cases}$$

联立以上方程组可求得原问题的最优解 $(x_1,\ x_2,\ x_3)^{\top}=(3,\ 0,\ 5.4)^{\top}$。

2.2.4 对偶最优解的经济意义

一个线性规划对偶问题的最优解简称为“对偶最优解”，也称为“影子价格”。其经济含义是为约束条件付出的代价。本节将以例2.1为例来讨论对偶最优解的经济意义。

为了进一步提升绩效，厂Ⅰ负责人考虑获取更多的设备资源来提升绩效。因为设备A、D对应于瓶颈资源，所以直观上应该优先考虑获取更多设备A、D的可用工时。如果设备D的可用工时增加一个单位，其他资源的可用量保持不变，那么能增加多少利润？为了回答这个问题，我们重新求解以下更新后的线性规划问题：

$$\max Z=20x_1+30x_2$$

$$\text{s.t.}\begin{cases}2x_1+2x_2\leqslant 120\\x_1+2x_2\leqslant 100\\4x_1\leqslant 160\\4x_2\leqslant 121\\x_1,x_2\geqslant 0\end{cases}$$

该问题的最优解为 $(x_1,\ x_2)^{\top}=(29.75,\ 30.25)^{\top}$，相应的最优利润为1 502.5元。相对设备D的可用工时为120的情形而言，工厂更倾向于多生产产品乙、少生产产品甲，最优安排下总利润增加了1 502.5－1 500 ＝ 2.5元。类似地，如果设备D的可用工时减少1单位，通过计算我们可以发现其最优安排将变为 $(x_1,\ x_2)^{\top}=(30.25,\ 29.75)^{\top}$，相应的利润为1 497.5元，相对原问题利润减少2.5元。在上面的分析中，增加或减少的2.5元利润都是设备可用工时的单位变化（增加或减少1单位）所引起的。所以，我们将2.5称为劳动力工时的“影子价格”或“阴影价格”，其单位为“元/小时”，即在保持其他参数不变的前提下，某个约束的右边项在一个微小的范围内变动1单位时，导致的最优目标函数值的变动量（即边际贡献），所以有时也称“影子价格”为“边际价格”或“对偶价格”。

同时，在资源配置问题中，影子价格反映了各类资源在系统内的稀缺程度。如果资源供给有剩余，则进一步增加该资源的供应量不会改变最优决策和最优目标函数值，因此该资源的影子价格为零。如果资源已经耗尽，增加该资源的供应量有可能会改变最优决策，也可能不会，因此该资源的影子价格可能为正，也可能为零，这和互补松弛性定理是完全一致的。接下来我们来探究影子价格和对偶最优解之间的关系。

在资源配置问题中，假设原问题和对偶问题的最优解分别为 X^* 和 Y^* 。由对偶理论可知，两个问题的最优值满足关系：

$$Z^* = \sum_{j=1}^{n} c_j x_j^* = \sum_{i=1}^{m} b_i y_i^* = W^*$$

上式中的左侧是从厂家Ⅰ自行生产产品所获得的最大利润，右侧则是厂家Ⅱ租用资源所需支付的最少成本。对偶变量 y_i 表示资源在最优利用条件下对第 i 种资源的定价。由前文的内容可知：

$$Z = CX = C_B B^{-1} b + (C_N - C_B B^{-1} N) X_N$$

如果将最优目标函数 z^* 看作可用资源的函数，即 $Z^* = z(b) = C_B B^{-1} b + (C_N - C_B B^{-1} N) X_N = Y^* b$，由以上的分析可得资源的影子价格正好对应于 Z^* 对资源量 b 的导数，即 $\frac{\partial z(b)}{\partial b} = C_B B^{-1} = Y^*$ 。由此可知，资源的影子价格恰好等于对偶最优解。从影子价格的视角也可以对应到我们利用单纯形法所得到的检验系数，如表 2.4 所示。

表 2.4　原始-最终单纯形表

			c_1	c_2	…	c_n	0	
C_B	X_B	b	x_1	x_2	…	x_n	X_s	初始单纯形表
0	X_s	b	P_1	P_2	…	P_n	I	
			c_1	c_2	…	c_n	0	
C_B	X_B	$B^{-1}b$	$B^{-1}P_1$	$B^{-1}P_2$	…	$B^{-1}P_n$	B^{-1}	最终单纯形表
$C_B B^{-1} b$			$c_1 - C_B B^{-1} P_1$	$c_2 - C_B B^{-1} P_2$	…	$c_n - C_B B^{-1} P_n$	$-C_B B^{-1}$	

由表 2.4 可知，非基变量 X_s 检验数的相反数 $C_B B^{-1}$ 正好对应资源的影子价格。仍以例 2.1 为例，我们用单纯形法求解以上规划问题，得到的最优表如表 2.5 所示。

表 2.5　例 2.1 单纯形表最优表

			20	**30**	**0**	**0**	**0**	**0**
C_B	X_B	b	x_1	x_2	s_1	s_2	s_3	s_4
20	x_1	30	1	0	1/2	0	0	−1/4
0	s_2	10	0	0	−1/2	1	0	−1/4
0	s_3	40	0	0	−2	0	1	1
30	x_2	30	0	1	0	0	0	1/4
$-Z$		−1 500	0	0	−10	0	0	−5/2

从基变量列和解答列可以看出，原问题的最优解和目标函数的最优值为：

$$X^* = (x_1^*, x_2^*, s_1^*, s_2^*, s_3^*, s_4^*)^\top = (30, 30, 0, 10, 40, 0)^\top, Z_{\max} = 1\,500$$

从检验数行可知对偶最优解和对偶问题的目标函数最优值，只要将所有非基变量的检验数变号，就能得到

$$Y^* = (y_1^*, y_2^*, y_3^*, y_4^*, \bar{s}_1, \bar{s}_2)^\top = (10,0,0,5/2,0,0)^\top, W_{\min} = 1\ 500$$

现在来进一步分析对偶最优解 Y^* 与原问题最优解 X^* 之间的对应关系，原问题有 4 个约束条件对应着对偶问题的 4 个变量。表 2.5 中的 s_1 、s_2 、s_3 、s_4 分别表示 4 个约束条件中剩余的资源量，它们所对应的检验数的相反数正好是对应的 4 个对偶变量的最优解即 $y_1^* = 10$ ，$y_2^* = 0$ ，$y_3^* = 0$ ，$y_4^* = 2.5$ ，而 x_1 、x_2 所对应的检验数的相反数分别对应着对偶问题中 2 个约束条件的剩余变量，即 $\bar{s}_1 = 0$ ，$\bar{s}_2 = 0$ 。

进一步可知，$y_1^* = 10$ 表示如果设备 A 的总可用工时增加 1 个单位，则产品总利润将增加 10 元；$y_4^* = 5/2$ 则表明若设备 D 的总可用工时增加 1 个单位，产品总利润将增加 5/2 元。而设备 B 和 C 的可用工时增加对总利润没有影响。由以上分析可以判断出，目前最敏感的资源在于设备 D 的可用工时，它的变化对产品总利润的影响最大，若能采取引进设备 D 以增加可用工时，则产品总利润将会得到较大的提高。

综上所述，影子价格是通过获取一个单位的追加产品因素，去测量放宽一个约束条件的价值，比较追加资源的价值和资源的实际成本，以便更加有把握地进行管理决策。

§2.3 对偶单纯形法

对偶单纯形法是应用对偶原理求解原始线性规划的一种方法，并非求解对偶问题的单纯形法。其采用的技术是在原问题的单纯形表格上进行对偶处理。

2.3.1 对偶单纯形法的基本思想

可以尝试从更高的角度去理解单纯形法，以更深刻地认识单纯形法的求解过程。对于极大化线性规划的单纯形法求解，其迭代过程是从寻求一个初始可行基开始，一个初始可行基对应一个初始基本可行解，通过迭代得到另一个可行基，也就得到了该可行基对应的另一个基本可行解，直至所有的检验数$\leqslant 0$ 为止。

所有检验数$\leqslant 0$ 意味着 $C_N - C_B B^{-1} N \leqslant 0$ ，进一步可得 $\pi A \geqslant C$ ，说明原问题的最优基也是对偶问题的可行基。换言之，当原问题的基 B 既是原始可行基又是对偶可行基时，B 就成为最优基。于是有：

定理 2.6 B 是线性规划最优基的充要条件是，B 是可行基也是对偶可行基。

单纯形法的求解过程是：在保持基本可行（解答列$\geqslant 0$）的前提下，通过逐步迭代实现对偶可行（检验数行$\leqslant 0$）。换一个角度考虑线性规划的求解过程：能不能在保持对偶可行（检验数行$\leqslant 0$）的前提下，通过逐步迭代实现基本可行（解答列$\geqslant 0$）呢？答案是肯定的，对偶单纯形法与单纯形法求解的基本思想如图 2.2 所示。

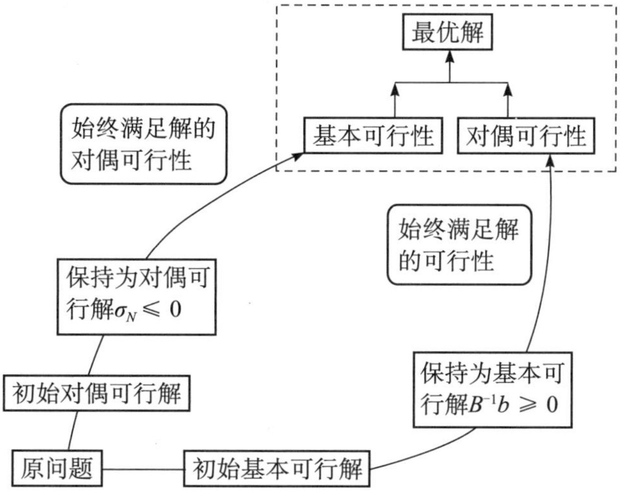

图 2.2 对偶单纯形法与单纯形法求解的基本思想

2.3.2 对偶单纯形法的实施

对偶单纯形法的使用条件是：(1) 检验数全部$\leqslant 0$，满足对偶可行性；(2) 解答列至少有一个元素<0，即不满足基本可行性。实施对偶单纯形法的基本原则是在保持对偶可行的前提下进行基变换——每次迭代取出解答列中一个负分量对应的基变量作为换出变量去替换某个非基变量（作为换入变量），使原问题的解从非基本可行解向基本可行解靠近。

对偶单纯形法的计算步骤如下：

第 1 步：建立初始单纯形表，计算检验数行。

(1) 当检验数全部$\leqslant 0$（非基变量检验数<0）时，如果解答列$\geqslant 0$则已得到最优解。

(2) 如果解答列至少有一个元素<0，转下一步。

(3) 当至少有一个检验数>0时，如果解答列$\geqslant 0$，则可使用原始单纯形法继续求解。

(4) 如果解答列至少有一个元素<0，则可将解答列负元素所在行对应的约束条件两边同乘以-1，将解答列元素全部变为非负，再使用原始单纯形法继续求解。

(5) 如果上述处理过程使原可行基不再是单位阵，则可适当增加人工变量，以构造人造基或不完全的人造基，然后使用大 M 法或两阶段法求解。

第 2 步：进行基变换。

先确定换出变量——选解答列中的负元素（一般选最小的负元素）对应的基变量出基；即若 $\min\limits_{i}\{(B^{-1}b)_i \mid (B^{-1}b)_i < 0\} = (B^{-1}b)_l$，则选 x_l 出基，相应的行为主元行。

然后确定换入变量，原则是在保持对偶可行的前提下，减少原问题的不可行性。

如果 $\min\limits_{j}\left\{\frac{c_j - z_j}{a'_{lj}} \mid a'_{lj} < 0\right\} = \frac{c_k - z_k}{a'_{lk}}$（最小比值原则），则选 x_k 为换入变量，相应的列为主元列，主元行和主元列交叉处的元素为主元素 a'_{lk}。

注意：当 $a'_{lj} \geqslant 0$ 时，最小比值原则失效，对偶可行性自然得到满足，无须计算比值。

第 3 步：按主元素进行换基迭代（旋转运算、枢运算）。

用矩阵的初等行变换将主元素变成 1，主元列变成单位向量，得到新的单纯形表。

继续以上步骤，直至求出最优解。

例 2.6 用对偶单纯形法求解线性规划：

$$\min W = 3y_1 + 9y_2$$

$$\text{s. t.}\begin{cases} y_1 + y_2 \geqslant 2 \\ y_1 + 4y_2 \geqslant 3 \\ y_1 + 7y_2 \geqslant 3 \\ y_1 \geqslant 0, y_2 \geqslant 0 \end{cases}$$

解： 先引入非负的剩余变量 y_3、y_4、y_5，将线性规划化为标准型：

$$\max Z = -3y_1 - 9y_2$$

$$\text{s. t.}\begin{cases} y_1 + y_2 - y_3 = 2 \\ y_1 + 4y_2 - y_4 = 3 \\ y_1 + 7y_2 - y_5 = 3 \\ y_1, y_2, y_3, y_4, y_5 \geqslant 0 \end{cases}$$

将三个等式约束两边分别乘以－1，然后列表进行求解，结果如表 2.6 所示。

表 2.6　例 2.6 对偶单纯形法举例

C_B	X_B	b \ c_j / y_j	−3	−9	0	0	0
			y_1	y_2	y_3	y_4	y_5
0	y_3	−2	−1	−1	1	0	0
0	y_4	−3	−1	−4	0	1	0
0	y_5	−3	−1	−7	0	0	1
−Z		0	−3	−9	0	0	0
比值			−3/−1	−9/−1	–	–	–
−3	y_1	2	1	1	−1	0	0
0	y_4	−1	0	−3	−1	1	0
0	y_5	−1	0	−6	−1	0	1
−Z		6	0	−6	−3	0	0
比值			–	−6/−3	−3/−1	0	0
−3	y_1	5/3	1	0	−4/3	1/3	0
−9	y_2	1/3	0	1	1/3	−1/3	0
0	y_5	1	0	0	1	−2	1
−Z		8	0	0	−1	−2	0

由最优表知：标准型的最优解是 $Y^* = (5/3, 1/3, 0, 0, 1)^{\top}$，目标函数最优值为 $Z_{\max} = -8$，于是原线性规划的最优解是 $Y^* = (5/3, 1/3, 0, 0, 1)^{\top}$，目标函数最优值为 $W_{\min} = -Z_{\max} = 8$

能否不化为标准型，直接按极小化问题用单纯形表迭代求解？当然可以，但要注意求解过程中哪些规则需要改变一下，请读者自行思考总结。

§2.4　灵敏度分析

灵敏度分析也叫优化后分析。当线性规划模型中的某些参数或限制量发生变化时，灵敏度分析可以研究这些变化对最优解的影响及其程度的大小。灵敏度分析的主要内容包括：

（1）目标函数的系数发生变化时对最优解的影响；

（2）约束方程右端系数发生变化时对最优解的影响；

（3）约束方程组系数矩阵发生变化时对最优解的影响。

最终回答两个问题：

（1）这些系数在什么范围内发生变化时，最优基不变（即最优解或最优解结构不变）？

（2）系数变化超出上述范围时，如何用最简便的方法求出新的最优解？

手工进行灵敏度分析时应遵守两个基本原则：一是在最优表格的基础上进行；二是尽量减少附加计算工作量。下面通过对例 2.3 的研究来进行分析和讨论。

$$\max Z = 2x_1 + 3x_2 + 3x_3$$

$$\text{s.t.}\begin{cases} x_1 + x_2 + x_3 \leqslant 3 & \text{（劳动力约束）} \\ x_1 + 4x_2 + 7x_3 \leqslant 9 & \text{（原材料约束）} \\ x_1, x_2, x_3 \geqslant 0 \end{cases}$$

引入非负的松弛变量 x_4、x_5，将该线性规划转化为标准型：

$$\max Z = 2x_1 + 3x_2 + 3x_3 + 0x_4 + 0x_5$$

$$\text{s.t.}\begin{cases} x_1 + x_2 + x_3 + x_4 = 3 & \text{（劳动力约束）} \\ x_1 + 4x_2 + 7x_3 + x_5 = 9 & \text{（原材料约束）} \\ x_1, x_2, x_3, x_4, x_5 \geqslant 0 \end{cases}$$

用表格单纯形法求解见表 2.7。

表 2.7　例 1.8 的表格单纯形法求解过程

C_B	X_B	c_j / x_j / b	2	3	3	0	0	θ_j
			x_1	x_2	x_3	x_4	x_5	
0	x_4	3	(1)	1	1	1	0	3/1
0	x_5	9	1	4	7	0	1	9/1
$-Z$		0	2	3	3	0	0	
2	x_1	3	1	1	1	1	0	3/1
0	x_5	6	0	(3)	6	−1	1	6/3
$-Z$		−6	0	1	1	−2	0	
2	x_1	1	1	0	−1	4/3	−1/3	
3	x_2	2	0	1	2	−1/3	1/3	
$-Z$		−8	0	0	−1	−5/3	−1/3	

首先研究最优表中的数据构成，试问：如果选 $B=(P_1, P_2)$ 为初始可行基，能否从表中直接看出 B^{-1}？从原始表和最优表，不难看出：

$$B^{-1}=\begin{pmatrix} 4/3 & -1/3 \\ -1/3 & 1/3 \end{pmatrix}$$

（想一想，为什么?）

从最优表的检验数行可知，非基变量的检验数 $\sigma_N=(-1, -5/3, -1/3)$。

当价值系数 C 发生变化时可以分两种情况进行讨论。

（1）当 c_j 是非基变量的价值系数时，它的变化只影响 σ_j 一个检验数。比如，c_3 发生变化时，$\sigma_3=c_3-C_BB^{-1}P_3=c_3-[2\times(-1)+3\times2]=c_3-4\leqslant0$，得 $c_3\leqslant4$，即当 $c_3\leqslant4$ 时，最优解不变；否则 $\sigma_3>0$。可使用原始单纯形法继续迭代求出新的最优解。

（2）当 c_j 是基变量的价值系数时，它的变化将影响所有非基变量的检验数。

因为 $\sigma_N=C_N-C_BB^{-1}N$。当 c_j 变化时，如能保持 $\sigma_N\leqslant0$，则当前解仍为最优解；否则可用单纯形法继续迭代求出新的最优解。将 c_j 看作待定参数，令 $\sigma_N=C_N-C_BB^{-1}N\leqslant0$，求解这 $n-m$ 个不等式，即可计算出保持最优解不变时 c_j 的变化范围。

例如当 c_1 发生变化时，仍用 c_1 代表 x_1 的价值系数（看成待定参数），原最优表格即为表 2.8。

表 2.8　c_1 发生变化时的最优单纯形表

C_B	X_B	c_j / x_j / b	c_1	3	3	0	0
			x_1	x_2	x_3	x_4	x_5
c_1	x_1	1	1	0	-1	4/3	$-1/3$
3	x_2	2	0	1	2	$-1/3$	1/3
$-Z$		$-c_1-6$	0	0	c_1-3	$1-4/3c_1$	$1/3c_1-1$

令所有检验数小于 0，得不等式组：

$$\begin{cases} c_1-3\leqslant0 \\ 1-\dfrac{4}{3}c_1\leqslant0 \\ \dfrac{1}{3}c_1-1\leqslant0 \end{cases}$$

解该不等式组得：$\dfrac{3}{4}\leqslant c_1\leqslant3$，即当 $c_1\in[3/4,3]$ 时，最优解不变。

当 $c_1<3/4$ 时，有 $\sigma_4=1-\dfrac{4}{3}c_1>0$，应选 x_4 进基，x_1 出基。

当 $c_1>3$ 时，有 $\sigma_3=c_1-3>0$，$\sigma_5=\dfrac{1}{3}c_1-1>0$，可选 x_3 或 x_5 进基，x_2 出基。

再讨论右端常数 b 发生变化的情况：

当 b_i 发生变化时，将影响所有基变量的取值，因为 $X_B=B^{-1}b$。分两种情况讨论三个问题：

（1）保持 $B^{-1}b \geqslant 0$，当前的基仍为最优基，最优解的结构不变（取值改变）；

（2）$(B^{-1}b)_i < 0$，当前基为非可行基，但仍保持为对偶可行基，因为 b_i 的变化不影响检验数，此时可用对偶单纯形法求出新的最优解；

（3）如何求出保持最优基不变（最优解结构不变）的 b_i 的范围？把 b_i 看作待定参数，令 $B^{-1}b \geqslant 0$，求解该不等式组即可。

我们仍然来看最优表（见表 2.8）。

由于 $B^{-1} = \begin{pmatrix} \frac{4}{3} & -\frac{1}{3} \\ -\frac{1}{3} & \frac{1}{3} \end{pmatrix}$，原 $b_1 = 3$，现用待定参数 b_1 代替 3，则最优表中的解答列应为：

$$b' = B^{-1}\begin{pmatrix} b_1 \\ 9 \end{pmatrix} = \begin{pmatrix} \frac{4}{3} & -\frac{1}{3} \\ -\frac{1}{3} & \frac{1}{3} \end{pmatrix}\begin{pmatrix} b_1 \\ 9 \end{pmatrix} = \begin{pmatrix} \frac{4}{3}b_1 - 3 \\ -\frac{b_1}{3} + 3 \end{pmatrix} \xrightarrow{\text{令该向量} \geqslant 0}$$

$$\begin{cases} \frac{4}{3}b_1 - 3 \geqslant 0 \\ -\frac{b_1}{3} + 3 \geqslant 0 \end{cases} \Rightarrow \frac{9}{4} \leqslant b_1 \leqslant 9$$

若 b_1 的变化超出这个范围，则解答列中至少有一个元素小于 0，可用对偶单纯形法迭代求出新的最优解（见表 2.9）。

表 2.9　新的最优解

C_B	X_B	c_j / x_j / b	2	3	3	0	0	θ_j
			x_1	x_2	x_3	x_4	x_5	
0	x_4	3	1	1	1	1	0	3/1
0	x_5	9	1	4	7	0	1	9/1
$-Z$		0	2	3	3	0	0	
2	x_1	3	1	1	1	1	0	3/1
0	x_5	6	0	3	6	−1	1	6/3
$-Z$		−6	0	1	1	−2	0	
2	x_1	1	1	0	−1	4/3	−1/3	
3	x_2	2	0	1	2	−1/3	1/3	
$-Z$		−8	0	0	−1	−5/3	−1/3	

关于系数矩阵 A 的元素发生变化时，只讨论三种特殊情况。

（1）增加 1 个新变量：相当于系数阵 A 增加 1 列。

如开发出一种新产品，已知其有关工艺参数（或消耗的资源量）和单位产品利润。设该种产品的产量为 x_k，则 c_k 和 P_k 已知，需要进行“是否投产”的决策。

如例 1.8 中，欲增加产品 D，单件利润为 $c_6=5$ 千元，工时消耗与材料消耗为 $P_6=\begin{pmatrix}2\\3\end{pmatrix}$，相当于在原始表中增加 1 列 P_6，则在最优表中 P_6 应变成

$$P'_6=B^{-1}P_6=\begin{pmatrix}\frac{4}{3} & -\frac{1}{3}\\ -\frac{1}{3} & \frac{1}{3}\end{pmatrix}\begin{pmatrix}2\\3\end{pmatrix}=\begin{pmatrix}\frac{5}{3}\\ \frac{1}{3}\end{pmatrix}$$

相应的检验数 $\sigma_6=c_6-C_BB^{-1}P_6=c_6-C_BP'_6=5-(2,3)\begin{pmatrix}\frac{5}{3}\\ \frac{1}{3}\end{pmatrix}=\frac{2}{3}$。在此基础上继续迭代，直至求出最优解（见表 2.10）。

表 2.10 例 1.9 增加新变量后迭代求解过程

C_B	X_B	c_j / y_j / b	2	3	3	0	0	5	θ_j
			x_1	x_2	x_3	x_4	x_5	x_6	
2	x_1	1	1	0	−1	4/3	−1/3	(5/3)	1/（5/3）
3	x_2	2	0	1	2	−1/3	1/3	1/3	2/（1/3）
−Z		−8	0	0	−1	−5/3	−1/3	2/3	
5	x_6	3/5	3/5	0	−3/5	4/5	−1/5	1	
3	x_2	9/5	−1/5	1	11/5	−3/5	2/5	0	
−Z		−42/5	−2/5	0	−3/5	−11/5	−1/5	0	

求解结果说明，新产品 D 应该投产。新的生产计划为 $X^*=(0,9/5,0,0,0,3/5)^\top$，即生产 B 产品 5/9 吨，生产 D 产品 3/5 吨，两种资源全部用完，可得到最大利润为 8.4 千元。

如果算出的 $\sigma_6<0$，说明新产品 D 不宜投产，否则会使总利润下降。

（2）增加 1 个约束条件：相当于系数阵 A 增加 1 行。

首先将原最优解代入新增约束检查是否满足，如果满足，说明新增约束不影响最优解。否则按以下步骤进行：

1）将新增约束标准化，添加到原最优表格中（相当于约束矩阵新增 1 行）；

2）进行规格化处理——用矩阵的初等行变换将当前基变成单位阵；

3）用适当方法（通常是对偶单纯形法）进行迭代求出新的最优解。

如在上例中增加约束：$2x_1+2x_2+x_3\leqslant 5$，检查当前最优解 $x_1=1$，$x_2=2$，$x_3=0$ 不满足该约束，于是引入松弛变量 x_6，将新增约束标准化后加入原最优表格，然后进行规格化处理，再用对偶单纯形法迭代求出新的最优解（见表 2.11）。

表 2.11 例 1.8 增加一个约束条件后的迭代求解过程

C_B	X_B	c_j / x_j / b	2 x_1	3 x_2	3 x_3	0 x_4	0 x_5	0 x_6	
2	x_1	1	1	0	−1	4/3	−1/3	0	
3	x_2	2	0	1	2	−1/3	1/3	0	
0	x_6	5	2	2	1	0	0	1	
2	x_1	1	1	0	−1	4/3	−1/3	0	规格化处理
3	x_2	2	0	1	2	−1/3	1/3	0	
0	x_6	−1	0	0	−1	−2	0	1	
$-Z$		−8	0	0	−1	−5/3	−1/3	0	
比值			—	—	1	5/6	—	—	对偶单纯形法迭代
2	x_1	1/3	1	0	−5/3	0	−1/3	2/3	
3	x_2	13/6	0	1	13/6	0	1/3	−1/6	
0	x_4	1/2	0	0	1/2	1	0	−1/2	
$-Z$		−43/6	0	0	−1/6	0	−1/3	−5/6	

(3) 某个产品的工艺参数改变。

当工艺系数矩阵 A 发生变化时，如何影响线性规划的最优解。假设某个产品的资源消耗系数变为 $P_1=(2,1)^{\top}$ 。请问企业是否应该调整生产方案？如果是，最优方案会如何改变？

令 $\overline{x}_1$ 表示新的生产工艺下的某个产品的产量，为了在最终单纯形表的基础上进行数据替换，需要做以下变换：

$$\overline{P}_1=B^{-1}P_1=\begin{pmatrix}4/3 & -1/3\\ -1/3 & 1/3\end{pmatrix}\begin{pmatrix}2\\ 1\end{pmatrix}=\begin{pmatrix}7/3\\ -1/3\end{pmatrix}$$

在最终单纯形表中，在 x_1 后面新增一列 $\overline{x}_1$ ，并填入 $\overline{x}_1$ 相对应的列向量与目标函数系数。

将 x_1 出基，$\overline{x}_1$ 入基，基变量调整为（$\overline{x}_1$ ，x_2 ）。

从单纯形表中删除原来的 x_1 列，采用单纯形法或对偶单纯形法换基迭代，直到找到最优解，迭代过程如下表 2.12 所示。

表 2.12 例 1.8 某个产品的工艺参数改变后的迭代求解过程

C_B	X_B	c_j / x_j / b	2 $\overline{x}_1$	2 x_1	3 x_2	3 x_3	0 x_4	0 x_5
2	$\overline{x}_1$	1	7/3	1	0	−1	4/3	−1/3
3	x_2	2	−1/3	0	1	2	−1/3	1/3
$-Z$		−8		0	0	−1	−5/3	−1/3
2	$\overline{x}_1$	3/7	1		0	−3/7	4/7	−1/7
3	x_2	15/7	0		1	13/7	−1/7	2/7
$-Z$		−51/7	0		0	−12/7	−5/7	−4/7

以上结果表明，生产工艺的变化将导致最优生产方案变为：生产 3/7 吨的产品 A，生产 15/7 吨的产品 B，此时可获得最大利润 51/7 千元。

§2.5 利用 Excel 求解线性规划并进行灵敏度分析

本节我们将简要介绍如何利用 Excel 软件求解线性规划问题，并展示如何借助软件生成的敏感性报告进行问题与决策分析，下面以本章开篇案例为例进行操作说明。首先，建立该问题的数学模型如下：

设生产产品 A 和 B 的数量分别为 x_1、x_2，该问题的线性规划模型如下：

$$\max Z = 30\ 000x_1 + 24\ 000x_2$$

$$\text{s. t.}\begin{cases}2x_1 + 3x_2 \leqslant 120\\3x_1 + 2x_2 \leqslant 90\\x_1, x_2 \geqslant 0\end{cases}$$

利用 Excel 求解该问题的操作过程与步骤如下：

（1）添加求解器。

通常 Excel 不会默认添加线性规划求解器，在第一次使用之前需要进行一些简单的操作进行添加。具体步骤为：

选择“文件”，单击“选项”，在弹出的 Excel 选项框中单击“加载项”，选择“规划求解加载项”，单击“转到”；在弹出的加载宏对话框中勾选“规划求解加载项”，单击“确定”；此时数据选项卡中已添加了该工具。

（2）建立求解所需的电子表格。

根据题目中给出的相关数据，在 Excel 中建立电子表格，如图 2.3 所示。

	A	B	C	D
1				
2	产品种类	设备工时（小时/件）	原材料（100kg/件）	产品利润（元/件）
3	A	2	3	30000
4	B	3	2	24000
5	资源总量限制	120	90	
6				

图 2.3 原问题电子表格

（3）利用求解器进行求解。

求解步骤如下：

1）选定可变单元格表示最终的最优解。

在求解之前，我们要选定可变单元格（通常是一块连续的区域）代表决策变量 x_1、x_2，在求解结束时，该单元格可以显示目标函数的最优值。在此我们选定 E3、E4 作为可变单元格。

2）选定目标单元格表示目标函数值。

在求解之前，我们要选定目标单元格代表目标函数值 Z，在求解结束时，该单元格可以显示目标函数的最优值。这里我们选定 B8 作为目标单元格，并在单元格中输入目标函数公式 B8＝D3＊E3＋D4＊E4，也可以直接在 Excel 中调用 SUMPRODUCT 函数，该函数能够返回两个不同区域间计算对应各项乘积之和，但要求两个不同区域具有相同的行列数量，所以，目标函数可以用该函数表示为：B8＝SUMPRODUCT（B3:B4，E3:E4）。当函数表达式相对简短的时候，是否使用 SUMPRODUCT 函数均可，但当输入长公式时，这一函数就特别方便，以下均用该函数进行单元格的乘积求和。原始参数设置如图 2.4 所示。

	A	B	C	D	E	F
1						
2	产品种类	设备工时（小时/件）	原材料（100kg/件）	产品利润（元/件）	计划生产数量（件）	
3	A	2	3	30000	6	
4	B	3	2	24000	36	
5	实际所用资源	=SUMPRODUCT(B3:B4,E3:E4)	=SUMPRODUCT(C3:C4,E3:E4)			
6	资源总量限制	120	90			
7						
8	总利润	=SUMPRODUCT(D3:D4,E3:E4)				
9						
10						

图 2.4　原始参数设置

3）输入求解所需条件的函数表达式。

这里，我们需要在单元格 B5（代表设备工时消耗总量）、单元格 C5（代表原材料消耗总量）中，分别输入函数 B5＝SUMPRODUCT（B3:B4，E3:E4）、C5＝SUMPRODUCT（C3:C4，E3:E4）用于接下来的计算，如图 2.4 所示。

4）规划求解函数。

单击数据选项卡中的“规划求解”，在弹出的规划求解参数对话框中填入相对应的信息，设置目标函数的过程如图 2.5 所示。

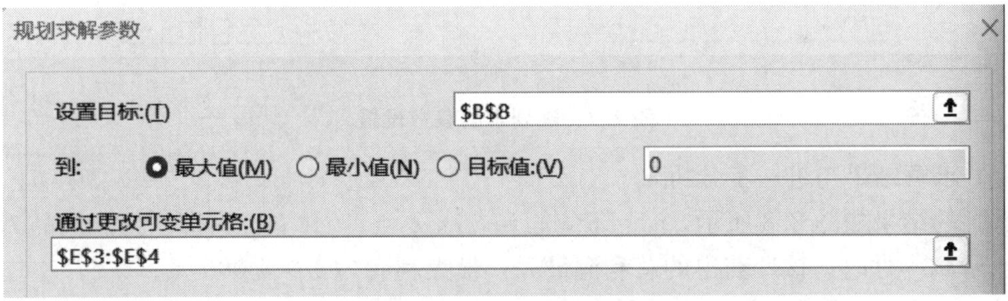

图 2.5　规划求解参数设置（一）

在“设置目标”选择框中填入目标单元格 B8，根据题目要求，勾选“最大值”选项；在“通过更改可变单元格”的选择框中填入产品 A、B 生产件数的单元格 E3、E4。

设置约束条件的过程如图 2.6 所示。

设置好所有的约束条件之后，单击“求解”选项，为了进一步分析线性规划问题的结果，以辅助管理者更好地制定决策，此时需要在弹出的“规划求解结果”窗口，勾选“敏感性报告”，点击“确定”，就可以在选定的可变单元格和目标单元格中得到相应的最优结果，同时生成敏感性报告（如图 2.7 所示）。

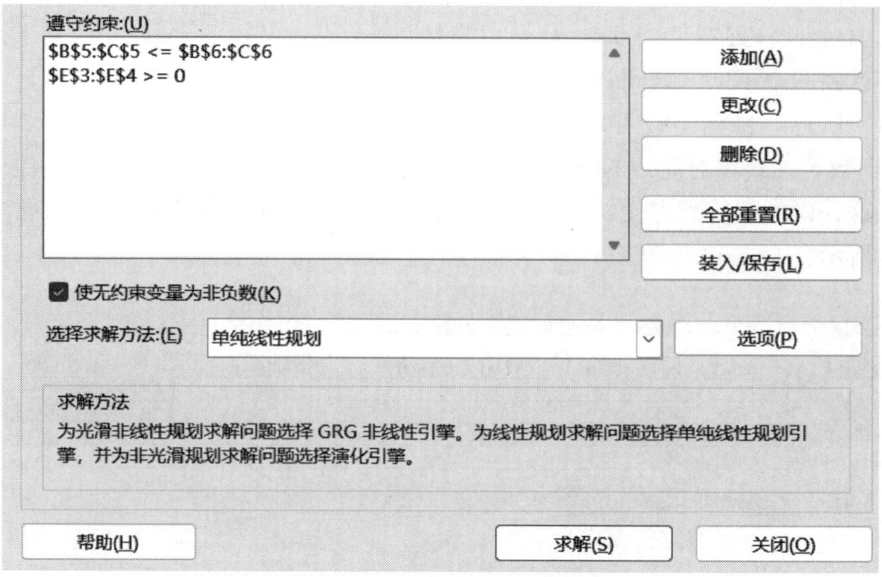

图 2.6　规划求解参数设置（二）

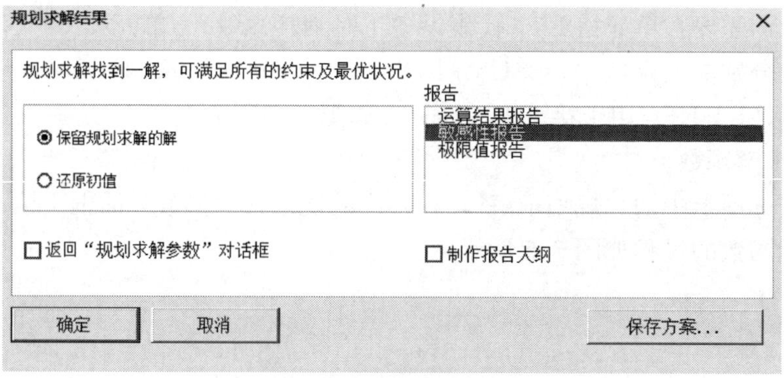

图 2.7　规划求解参数设置

（4）求解结果与进一步分析。

得到的结果如图 2.8 所示，$x_1 = 6$，$x_2 = 36$，$Z = 1\ 044\ 000$，即当生产产品 A6 件，生产产品 B36 件时，该厂获得的总利润最大，最大利润为 1 044 000 元。

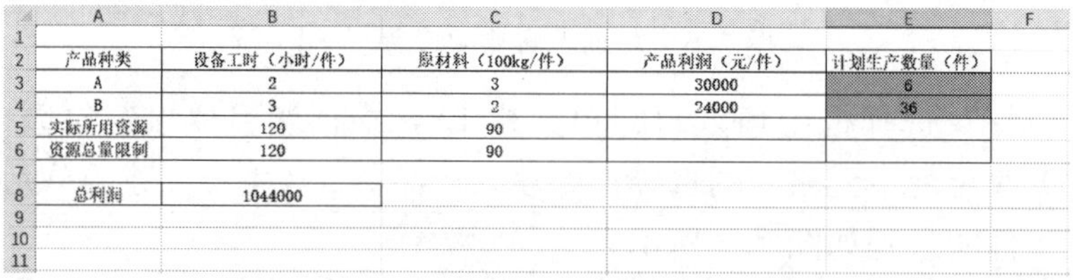

	A	B	C	D	E
2	产品种类	设备工时（小时/件）	原材料（100kg/件）	产品利润（元/件）	计划生产数量（件）
3	A	2	3	30000	6
4	B	3	2	24000	36
5	实际所用资源	120	90		
6	资源总量限制	120	90		
8	总利润	1044000			

图 2.8　规划求解结果

得到的敏感性报告如图 2.9 所示。

第一个表中的终值列的值就是决策变量的最优解。“递减成本”表示的是：函数变量增加一个单位，目标函数值的减少量，通过对比可以发现递减成本等于最优单纯形表中

可变单元格

单元格	名称	终值	递减成本	目标式系数	允许的增量	允许的减量
E3	A 计划生产数量（件）	6	0	30000	6000	14000
E4	B 计划生产数量（件）	36	0	24000	21000	4000

约束

单元格	名称	终值	阴影价格	约束限制值	允许的增量	允许的减量
B5	实际所用资源 设备工时（小时/件）	120	2400	120	15	60
C5	实际所用资源 原材料（100kg/件）	90	8400	90	90	10

图 2.9　敏感性报告

相应变量的检验数的相反数，此时两个递减成本项都是 0，说明它们目前得到的决策变量的值就是最优解。“目标式系数”表示的是单位产品的利润，结合“允许的增量”和“允许的减量”两列，说明当其他条件不变时，单位产品利润在区间［目标式系数－允许的减量，目标式系数＋允许的增量］之间变动，最优解不变；若超过这个范围，最优解会改变，需要重新求解，即这个范围是最优解的灵敏度。

第二个表中的终值列表示约束左端最优的终值，即实际消耗的资源量；“阴影价格”（影子价格）用来表示某种资源的真正价值和紧缺程度，该表中的影子价格越大表示这种资源相对紧缺，反之影子价格越小表示这种资源相对不紧缺，影子价格是 0 就表示这种资源处于过剩状态。结合“允许的增量”和“允许的减量”两列，该表说明当其他条件不变时，约束条件右边在区间［约束限制值－允许的减量，约束限制值＋允许的增量］范围内变动，影子价格不变，即这个范围是影子价格的敏感度。

所以由敏感性报告，我们除了可以得到最优解与最优值的信息，还可以推得当产品 A 的利润在［16 000，36 000］范围内时，该产品的计划生产量不变；同理也可得到产品 B 的利润变化范围。另外可以得到两种资源的影子价格，设备工时和原材料分别为 2 400 和 8 400，且当资源约束右端分别在［60，135］，［80，180］范围内变化时，该种资源的影子价格不变。

针对案例背景中的其他问题，我们的分析过程如下。

（1）当工艺参数发生变化时，此时该问题的电子表格如图 2.10 所示。

	A	B	C	D
1				
2	产品种类	设备工时（小时/件）	原材料（100kg/件）	产品利润（元/件）
3	A	1.5	2.5	30000
4	B	2.5	2	24000
5	资源总量限制	120	90	
6				

图 2.10　工艺参数变化后的电子表格

根据以上步骤对变化后的线性规划问题进行求解得到的结果如图 2.11 所示。

由以上结果可以得到，当工艺参数变化之后，此时该厂的最优生产计划变为：$x_1 = 36$，$x_2 = 0$，$Z = 1\ 080\ 000$，即该工厂会放弃产品 B 的生产，将所有资源投入产品 A 的生产，且获得的总利润更大。

（2）当产品的单位利润发生变化时，此时建立该问题的电子表格进行求解，得最优表格如图 2.12 所示。

	A	B	C	D	E	F
1						
2	产品种类	设备工时（小时/件）	原材料（100kg/件）	产品利润（元/件）	计划生产数量（件）	
3	A	1.5	2.5	30000	36	
4	B	2.5	2	24000	0	
5	实际所用资源	54	90			
6	资源总量限制	120	90			
7						
8	总利润	1080000				
9						

图 2.11　工艺参数变化后的求解结果

	A	B	C	D	E	F
1						
2	产品种类	设备工时（小时/件）	原材料（100kg/件）	产品利润（元/件）	计划生产数量（件）	
3	A	2	3	35000	6	
4	B	3	2	30000	36	
5	实际所用资源	120	90			
6	资源总量限制	120	90			
7						
8	总利润	1290000				
9						

图 2.12　单位产品利润变化后的电子表格

由图 2.12 我们可以发现，当产品的单位利润发生变化时，该厂的生产计划会保持不变，仍是生产产品 A6 件，生产产品 B36 件，总利润提升为 1 290 000 元。

（3）当考虑是否引入新产品时，便需要分析引入新产品之后，利用现有的资源组织三种产品的生产能否给该公司带来更高的利润，此时建立该问题的电子表格并求解得到最优表如图 2.13 所示。

	A	B	C	D	E	F
1						
2	产品种类	设备工时（小时/件）	原材料（100kg/件）	产品利润（元/件）	计划生产数量（件）	
3	A	2	3	30000	0	
4	B	3	2	24000	0	
5	C	4	3	35000	30	
6	实际所用资源	120	90			
7	资源总量限制	120	90			
8						
9	总利润	1050000				
10						

图 2.13　单位产品利润变化后的求解结果

此时我们可以得到，当引入新产品后，该厂为了获得最大利润，会放弃原有产品 A、B 的生产转而只生产 30 件产品 C，此时该厂可以获得更高的总利润，为 1 050 000 元。

（4）为了确定引入哪一种生产资源，此时我们需要分析哪一种资源此时对于总利润的增加更有价值，可以通过敏感性报告中的阴影价格大小来确定两种资源的价值与稀缺性，即引进影子价格更高的资源，由图 2.13 中的数据可以知道原材料的影子价格更高，说明此时原材料的价格和稀缺性更高，引入该种资源会使该厂的总利润增加更多。

（5）由敏感性报告可以得到资源的影子价格，按照影子价格进行定价可以保证机械加工厂获得 1 044 000 元的利润，此时该厂愿意出租生产资源，同时买方所花费的成本最低。

本章小结

本章基于单纯形法的矩阵描述，深入讨论了原问题与对偶问题的关系，介绍了弱对偶定理及其推论、最优性准则定理和主对偶定理，解释了对偶最优解的经济含义，系统介绍了对偶单纯形法的基本思想和实施，为基于最优表的灵敏度分析做理论和方法上的准备。灵敏度分析是本章讨论的最终目标，也是本章的核心内容。

任何一个线性规划问题都有一个伴生的线性规划，称其为原问题的对偶问题。对偶定理和对偶单纯形法使我们可以从另一个角度来寻求线性规划问题的解，即在保持基的对偶可行性的前提下，不断追求基的可行性，直至找到原问题的最优解。影子价格决定了额外增加一个单位的约束因素所需花费的成本上限，或能够给目标函数值带来的增量。对影子价格进行分析可以确定最为敏感的资源和背景问题的关键环节。

灵敏度分析的目的是，观察当线性规划中的各种参数发生变化时，原来的最优解或最优解的结构是否以及如何发生变化。通过灵敏度分析可以获得最优解保持不变的参数取值范围，对管理者随机应变地进行管理决策具有重要的指导意义。

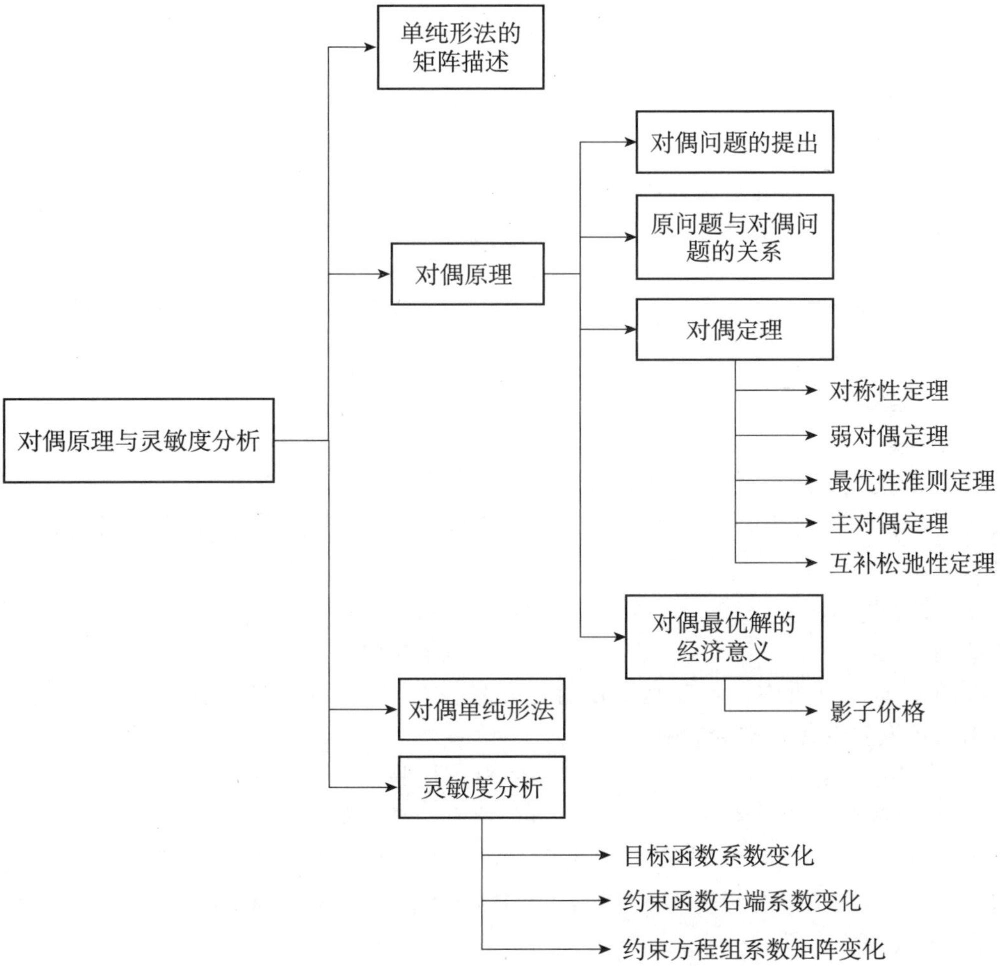

习题2

一、选择题

1. 极大化问题的任意一个（　　）所对应的目标函数值是其对偶问题最优目标函数值的一个（　　）。

A. 基本可行解　　B. 可行解

C. 下界　　D. 上界

2. 极小化问题的任意一个（　　）所对应的目标函数值是其对偶问题最优目标函数值的一个（　　）。

A. 基本可行解　　B. 可行解

C. 下界　　D. 上界

3. 一个线性规划对偶问题的最优解也称为（　）。影子价格在经济上可以解释为（　）。

A. 对偶最优解　　B. 影子价格

C. 资源投入的单位成本　　D. 为约束条件所付出的代价

E. 资源投入的单位收益

4. 单纯形法的求解思路是：首先寻找（　　），然后始终保持基的（　　），不断追求基的（　　），直至成为最优基，即可得到最优解。

A. 初始基本可行解　　B. 初始对偶可行解

C. 可行性　　D. 对偶可行性

5. 对偶单纯形法的求解思路是：首先寻找（　　），然后始终保持基的（　　），不断追求基的（　　），直至成为最优基，即可得到最优解。

A. 初始基本可行解　　B. 初始对偶可行解

C. 可行性　　D. 对偶可行性

6. 在对偶单纯形法中，采用最小比值原则选择（　　），如果系数矩阵中出现（　）则最小比值原则失效。

A. 出基变量　　B. 进基变量

C. $a'_{ij}\leqslant 0$　　D. $a'_{ij}<0$

7. 在最优表上进行的手工灵敏度分析，其实质是关注基的（　　）和（　　）是否发生变化。若解答列非负，则基的（　　）是满足的；若检验数行非正，则基的(　　）是满足的。

A. 可行性　　B. 对偶可行性

C. 最优性　　D. 对偶最优性

8. 在灵敏度分析中，若非基变量价值系数发生变化，则仅影响（　　）；若基变量的价值系数发生变化，则会影响（　　）。

A. 一个检验数　　B. 所有检验数

C. 一个基变量的取值　　D. 所有基变量的取值

9. 在手工进行灵敏度分析时，若发现当前的基对偶可行，但并非基本可行，则宜采用（　　）；若发现当前的基基本可行，但并非对偶可行，则宜采用（　　）。

A. 大M法　　B. 原始单纯形法

C. 两阶段法　　D. 对偶单纯性法

10. 在灵敏度分析中，若右端常数b发生变化，则仅影响（　　），而不会影响（　　）。

最优解可能（　　），但最优解的结构可能（　　）。

A. 一个检验数　　B. 一个基变量的取值

C. 解答列　　D. 检验数行

E. 改变　　F. 不变

二、判断题

1. 如线性规划的原问题存在可行解，则其对偶问题也一定存在可行解。（　　）

2. 如线性规划的对偶问题无可行解，则原问题也一定无可行解。（　　）

3. 如果线性规划的原问题和对偶问题都有可行解，则原问题和对偶问题一定具有有限最优解。（　　）

4. 已知线性规划问题

$$\max Z = CX$$

$$\text{s.t.}\begin{cases} AX \leqslant b \\ X \geqslant 0 \end{cases}$$

若 X 是它的一个基本解，Y 是其对偶问题的基本解，则恒有 $CX \leqslant Y^{\top} b$。（　　）

5. 求解一个线性规划问题，若采用单纯形法不方便，则可将原问题转化为对偶问题来求解，同样可以得到最优解和最优值。（　　）

三、写出下列线性规划问题的对偶问题

1. $\min Z = 2x_1 + 2x_2 + 4x_3$

$$\text{s.t.}\begin{cases} 2x_1 + 3x_2 + 5x_3 \geqslant 2 \\ 3x_1 + x_2 + 7x_3 \leqslant 3 \\ x_1 + 4x_2 + 6x_3 \leqslant 5 \\ x_1, x_2, x_3 \geqslant 0 \end{cases}$$

2. $\min Z = 2x_1 - 4x_2 + 3x_3$

$$\text{s.t.}\begin{cases} x_1 - 3x_2 + 2x_3 \leqslant 12 \\ 2x_2 + x_3 \geqslant 10 \\ x_1 - 2x_3 \leqslant 15 \\ x_1 \geqslant 0, x_2 \leqslant 0, x_3 \text{ 符号不限} \end{cases}$$

3. $\min Z = 2x_1 + x_2 - 3x_3$

$$\text{s.t.}\begin{cases} x_1 + 2x_2 - 3x_3 \leqslant 25 \\ x_1 - x_2 + x_3 \geqslant 3 \\ x_1 + x_2 = 10 \\ x_1 \geqslant 0, x_2 \leqslant 0, x_3 \text{ 符号不限} \end{cases}$$

4. $\min Z = x_1 + 2x_2 - 3x_3$

$$\text{s.t.}\begin{cases} x_1 + 3x_3 \geqslant 3 \\ 2x_2 + 2x_3 \leqslant 10 \\ 2x_1 + x_2 = 8 \\ x_1 \leqslant 0, x_2 \text{ 符号不限}, x_3 \geqslant 0 \end{cases}$$

5. $\min Z = \sum\limits_{i=1}^{m} \sum\limits_{j=1}^{n} c_{ij} x_{ij}$

$$\text{s.t.}\begin{cases} \sum\limits_{i=1}^{m} x_{ij} = b_j, \ j = 1,2,\cdots,n \\ \sum\limits_{j=1}^{n} x_{ij} = a_i, \ i = 1,2,\cdots,m \end{cases}$$

6. $\min Z = CX$

$$\text{s.t.}\begin{cases} AX = b \\ X \geqslant a \end{cases}$$

7. $\min Z = CX$

$$\text{s.t.}\begin{cases} A_1 X = b_1 \\ A_2 X = b_2 \\ X \geqslant 0 \end{cases}$$

8. $\min Z = \sum\limits_{j=1}^{n} c_j x_j$

$$\text{s.t.}\begin{cases} \sum\limits_{j=1}^{n} a_{ij} x_j \leqslant b_i, \ i = 1,2,\cdots,m_1; \ m_1 \leqslant m \\ \sum\limits_{j=1}^{n} a_{ij} x_j = b_i, \ i = m_1+1, m_1+2,\cdots,m \\ x_j \geqslant 0, \ j = 1,2,\cdots,n_1; \ n_1 \leqslant n \\ x_j \text{ 无约束}, \ j = n_1+1, n_1+2,\cdots,n \end{cases}$$

四、应用对偶单纯形法求解下列线性规划问题

1. $\min Z = x_1 + x_2$

$$\text{s. t.}\begin{cases}2x_1 + x_2 \geqslant 4\\ x_1 + 7x_2 \geqslant 5\\ x_1, x_2 \geqslant 0\end{cases}$$

2. $\min Z = 4x_1 + 2x_2 + x_3$

$$\text{s. t.}\begin{cases}2x_1 + 4x_2 + 5x_3 \geqslant 10\\ 3x_1 - x_2 + 6x_3 \geqslant 3\\ 5x_1 + 2x_2 + x_3 \geqslant 12\\ x_1, x_2, x_3 \geqslant 0\end{cases}$$

3. $\min Z = -2x_1 - 2x_2 - 4x_3$

$$\text{s. t.}\begin{cases}2x_1 + 3x_2 + 5x_3 \geqslant 2\\ 3x_1 + x_2 + 7x_3 \geqslant 3\\ x_1 + 4x_2 + 6x_3 \leqslant 5\\ x_j \geqslant 0,\ j = 1,2,3\end{cases}$$

4. $\min Z = 9x_1 - 7x_2 + 4x_3$

$$\text{s. t.}\begin{cases}5x_1 + x_2 + 7x_3 \leqslant 5\\ 3x_1 + 4x_2 + 8x_3 = 3\\ 2x_1 + 6x_2 + 8x_3 \geqslant 6\\ x_j \geqslant 0,\ j = 1,2,3\end{cases}$$

五、应用对偶理论证明如下线性规划问题

$$\max Z = x_1 - x_2 + x_3$$

$$\text{s. t.}\begin{cases}x_1 - x_3 \geqslant 4\\ x_1 - x_2 + 2x_3 \geqslant 3\\ x_1, x_2, x_3 \geqslant 0\end{cases}$$

有可行解，但无最优解。

六、灵敏度分析题

1. 表 2.13 是某一极大化线性规划问题的最优单纯形表，试分析：

（1）目标函数价值系数 $C = (1,2)$ 变为 $C = (3, 5)$ 后，会发生什么变化？

（2）资源约束 $b = (3, 7)^\top$ 变为 $b = (8, 11)^\top$ 后，会发生什么变化？

（3）某新产品的单价为 1，消耗系数为 $P_j = (1, 3)^\top$，是否该生产此产品？

（4）该产品的消耗系数由 $P_1 = (2, 1)^\top$ 变为 $P_1 = (1, 2)^\top$，产品结构将有什么变化？

表 2.13 最优单纯形表

		x_1	x_2	x_3	x_4
x_1	8/9	1	0	5/9	−1/9
x_2	11/9	0	1	−1/9	2/9
$-Z$	−10/3	0	0	−1/3	−1/3

2. 某企业生产甲、乙两种产品，需要 A、B 两种原料，生产消耗等有关参数如表 2.14 所示，试解答下列问题：

表 2.14 生产消耗参数表

	甲	乙	可用量（千克）	原料成本（元/千克）
原料 A	2	4	160	1
原料 B	3	2	180	2
单价（元）	13	16		

（1）构造一个利润最大化模型并求出最优方案。

（2）原料 A、B 的影子价格各是多少？哪一原料更珍贵？

（3）假定市场上有 A 原料出售，企业是否应该购入以扩大生产？在保持原最优方案不变的前提下，最多应购入多少？可增加多少利润？

（4）如果乙产品价格可达到 20 元/件，方案会发生什么变化？

（5）现有新产品丙可投入开发，已知对两种原料的消耗系数分别为 3 和 4，问该产品的价格至少应为多少才值得生产？

3. 某工厂制造三种产品 A、B、C，需要劳动力和原材料两种资源，为确定总利润最大的最优生产计划，可列出如下线性规划模型：

$$\max Z = 4x_1 + x_2 + 5x_3$$

$$\text{s. t.} \begin{cases} 6x_1 + 4x_2 + 5x_3 \leqslant 45 & \text{（劳动力限制）} \\ 3x_1 + x_2 + 5x_3 \leqslant 30 & \text{（原材料限制）} \\ x_1, x_2, x_3 \geqslant 0 \end{cases}$$

其中 x_1、x_2、x_3 是产品 A、B、C 的产量。用单纯形法求解该线性规划并根据最优单纯形表回答下列问题：

（1）当产品 A 的单位利润由 4 元/件变为 2 元/件时，是否需要修改生产计划？若不需修改计划，请陈述理由。若需要修改计划，计算得出修改方案。

（2）当可利用的原材料增加到 65 个单位时，求最优生产计划。

（3）假如能以 10 元的代价，另外再获得 20 单位的原材料，这样做是否有利？

（4）若在原问题中增加一个设备约束 $2x_1 + x_2 + 3x_3 \leqslant 20$ ，这对于最优解和对偶解有什么影响？

（5）若在原问题中，单位 B 产品消耗劳动力的数量降为 0.5，生产计划是否改变？

（6）若 B 产品的利润从 1 元/件变为 2 元/件，是否需要修改生产计划？为什么？

4. 已知某实际问题的线性规划模型为：

$$\max Z = \sum_{j=1}^{n} c_j x_j$$

$$\text{s. t.} \begin{cases} \sum_{j=1}^{n} a_{ij} x_j \leqslant b_i,\ i = 1,2,\cdots,m \\ x_j \geqslant 0,\ j = 1,2,\cdots,n \end{cases}$$

设第 i 项资源的影子价格为 y_i 。

（1）若第一个约束条件两端乘以 2，变为 $\sum_{j=1}^{n} (2a_{1j}x_j) \leqslant 2b_i$ ，$\hat{y}_i$ 是对应这个新约束条件的影子价格，求 $\hat{y}_1$ 与 y_i 的关系。

（2）令 $x'_1 = 3x_i$ ，用 $(x'_i/3)$ 替代模型中所有的 x_i ，问影子价格 y_i 是否变化？若 x_i 不可能在最优基中出现，问 x'_i 是否有可能在最优基中出现？

（3）如目标函数变为 $\max Z = \sum_{j=1}^{n} 2c_j x_j$ ，问影子价格有何改变？

（4）如模型中约束条件变为 $\sum_{j=1}^{n} a_{ij}x_j = b_i(i=1,2,\cdots,m)$，问（1）、（2）、（3）部分的答案有何改变？

5. 某厂准备生产 A、B、C 三种产品，它们都要消耗劳动力和材料，有关数据见表 2.15。

表 2.15　某厂信息表

		产品			拥有量（单位）
		A	B	C	
资源	劳动力	6	3	5	45
	材料	3	4	5	30
单位产品利润（元）		3	1	4	

（1）确定获利最大的产品生产计划。

（2）产品 A 的利润在什么范围内变动时，上述最优计划不变？

（3）如设计一种新产品 D，单件劳动力消耗为 8 单位，材料消耗为 2 单位，每件产品可获利 3 元，该种产品是否值得生产？

（4）如劳动力数量不变，材料不足时可从市场购买，每单位 0.4 元，该厂要不要购进原材料以扩大生产，购进多少为宜？

6. 已知线性规划问题：

$$\max Z = -5x_1 + x_2 + 13x_3$$

$$\text{s.t.}\begin{cases} -x_1 + x_2 + 3x_3 \leqslant 20 & \text{（约束条件 1）} \\ 12x_1 + 4x_3 + 10x_3 \leqslant 90 & \text{（约束条件 2）} \\ x_1, x_2, x_3 \geqslant 0 \end{cases}$$

请用单纯形法求出最优解，再分析下列各种条件单独变化时最优解的变化。

（1）约束条件 2 的右端常数由 90 变为 70；

（2）目标函数中 x_3 的系数由 13 变为 8；

（3）变量 x_1 的系数列向量由 $P_1=(-1,\ 12)^{\top}$ 变为 $P_1=(0,\ 5)^{\top}$；

（4）变量 x_2 的系数列向量由 $P_2=(1,\ 4)^{\top}$ 变为 $P_2=(2,\ 5)^{\top}$；

（5）增加一个约束条件 $2x_1 + 3x_2 + 5x_3 \leqslant 50$；

（6）原约束条件 2 变为 $10x_1 + 5x_2 + 10x_3 \leqslant 100$。

7. 某工厂制造三种产品 A、B、C，需要劳动力和原材料两种资源，为确定总利润最大的最优生产计划，可列出如下线性规划模型：

$$\max Z = 4x_1 + x_2 + 5x_3$$

$$\text{s.t.}\begin{cases} 6x_1 + 4x_2 + 5x_3 \leqslant 45 \\ 3x_1 + x_2 + 5x_3 \leqslant 30 \\ x_1, x_2, x_3 \geqslant 0 \end{cases}$$

其中，x_1、x_2、x_3 分别是产品 A、B、C 的产量，第一个约束条件是劳动力限制，第二个约束条件是原材料限制。用单纯形法求解该线性规划，并根据最优单纯形表回答下列问题：

（1）当产品 A 的单位利润由 4 元/件变为 2 元/件时，是否需要修改生产计划？若不需修改计划，陈述理由；若需要修改生产计划，计算得出修改方案。

（2）当可利用的原材料增加到 65 个单位时，求最优生产计划。

（3）假如能以 10 元的代价，另外再获得 20 单位的材料，这样做是否有利？

（4）若在原问题中增加一个设备约束：$2x_1 + x_2 + 3x_3 \leqslant 20$ ，这对于最优解和对偶解有什么影响？

（5）若在原问题中，单位 B 产品消耗劳动力的数量降为 0.5，问生产计划是否改变？

（6）若 B 产品的利润从 1 元/件变为 2 元/件，是否需要修改生产计划？为什么？

8. 已知线性规划问题：

$$\max Z = 10x_1 + 5x_2$$

$$\text{s. t.} \begin{cases} 3x_1 + 4x_2 \leqslant 9 \\ 5x_1 + 2x_2 \leqslant 8 \\ x_1, x_2 \geqslant 0 \end{cases}$$

用单纯形法求得最终表如表 2.16 所示。试用灵敏度分析的方法判断。

表 2.16　单纯形表

C_B	X_B	b	x_1	x_2	x_3	x_4
5	x_2	3/2	0	1	5/14	−3/14
10	x_1	1	1	0	−1/7	2/7
$-Z$			0	0	−5/14	−25/14

（1）目标函数系数 c_1 或 c_2 分别在什么范围内变动，上述最优解不变？

（2）约束条件右端常数，当一个保持不变时，另一个在什么范围内变化，上述最优基保持不变？

（3）问题的目标函数变为 $\max Z = 12x_1 + 4x_2$ 时，上述最优解怎样变化？

（4）约束条件右端常数由 $(9, 8)^T$ 变为 $(11, 19)^T$ 时上述最优解怎样变化？

9. 已知线性规划问题：

$$\max Z = 2x_1 - x_2 + x_3$$

$$\text{s. t.} \begin{cases} x_1 + x_2 + x_3 \leqslant 6 \\ -x_1 + 2x_2 \leqslant 4 \\ x_1, x_2, x_3 \geqslant 0 \end{cases}$$

用单纯形法求得最终表为表 2.17。试说明分别发生下列变化时，新的最优解是什么。

（1）目标函数变为 $\max Z = 2x_1 + 3x_2 + x_3$ ；

（2）约束条件右端常数由 $(6, 4)^T$ 变为 $(3, 4)^T$；

（3）增添一个新的约束 $-x_1 + 2x_3 \geqslant 2$ 。

表 2.17 单纯形表

C_B	X_B	b	x_1	x_2	x_3	x_4	x_5
2	x_1	6	1	1	1	1	0
−1	x_2	10	0	3	1	1	1
−Z			0	−3	−1	−2	0

10. 某厂生产甲、乙、丙、三种产品，有关数据如表 2.18 所示。试回答下列问题。

表 2.18 题 10 表

消耗定额		产品			原料拥有量
		甲	乙	丙	
原料	A	6	3	5	45
	B	3	4	5	30
单件利润		4	1	5	

(1) 建立线性规划模型，求使该厂获利最大的生产计划。

(2) 若产品乙、丙的单件利润不变，则产品甲的利润在什么范围内变化时，上述最优解不变?

(3) 若有一种新产品丁，其原料消耗定额：A 为 3 单位、B 为 2 单位，单件利润 2.5 单位。该种产品是否值得安排生产？求新的最优计划。

(4) 若原材料 A 市场紧缺，除已有库存外一时无法购进，而原材料 B 如数量不足可去市场购买，单价为 0.5 元每单位，问该厂应否购买，以购进多少为宜?

(5) 由于某种原因该厂决定暂停甲产品的生产，试重新确定该厂的最优生产计划。

七、思考讨论题

1. 对偶单纯形法与原始单纯形法的求解思路有何不同?
2. 技术系数变化的灵敏度分析通常在什么情况下是必要的?
3. 影子价格通常可以为决策者提供哪些有用信息?
4. 应如何理解对偶问题与原问题之间的对应关系?

第3章

整数规划

| 本章要点 |

1. 整数规划问题的基本概念
2. 整数规划问题的基本解法——分支定界法与割平面法
3. 0－1 整数规划问题与隐枚举法
4. 整数规划建模的条件、步骤及技巧训练

某制造公司的生产计划及设备引进问题

某制造公司的主营业务是为重型建筑设备组装柴油发动机，根据销售部门与市场部门的预测，在接下来的 4 个季度中公司分别需要组装并运输 40、20、60 和 15 台发动机。但在现有的生产条件下，每个季度最多能组装 50 台发动机且每次生产线启动时都需要 12 000 元的固定成本。已知每台发动机的装配成本为 1 200 元，发动机可以存放在工厂的仓库中，每台的库存成本为每季度 600 元。请问该公司应该如何制订 4 个季度的生产和组装计划才能使得总成本最低？假设季度开始和结束时都没有库存。

近年来，随着该公司接到的订单量越来越大，管理层决定扩大公司的生产规模以增加收益，准备引进若干新的组装生产线，现有 5 套组装生产线 A、B、C、D、E 可供选择，已知它们的采购价格分别为 20 万元、25 万元、30 万元、32 万元和 40 万元，预计在设备寿命期内能给公司带来的总收益分别为 30 万元、32 万元、38 万元、40 万元和 50 万元。现公司准备投资 65 万元来采购组装生产线，如何制订采购计划，才能使得该公司所得到的总收益最大？

§3.1 整数规划问题的提出

在线性规划问题中，利用单纯形法求得的最优解可能是分数，也可能是小数，而在实际问题中很多时候都要求决策变量必须为整数，如机器的台数、完成工作的人数或投资选址的个数等。为了解决此类问题，我们将要介绍整数线性规划问题（integer linear programming，ILP），即存在决策变量取值为整数要求的线性规划问题。下面举一个简单的例子加以说明。

例 3.1 某模具加工厂主要生产甲、乙两种产品，生产每件产品所需的劳动力工时、原材料质量、可获利润以及资源限制如表 3.1 所示。两种产品各生产多少件，可使获得利润最大？

表 3.1 生产计划问题有关数据表

		劳动力工时（10 小时/件）	原材料质量（100 千克/件）	利润（千元/件）
货物	甲	4	2	20
	乙	2	5	30
资源限制		80	62	

解： 设 x_1 、x_2 分别为甲、乙两种产品的生产数量，由题意可知这两个变量为非负整数，根据利润最大化的目标与资源限制的约束条件，可以建立该问题的数学模型如下：

$$\max Z = 20x_1 + 30x_2 \quad (1)$$

$$\text{s. t.}\begin{cases} 4x_1 + 2x_2 \leqslant 80 & (2) \\ 2x_1 + 5x_2 \leqslant 62 & (3) \\ x_1, x_2 \geqslant 0 & (4) \\ x_1, x_2 \text{ 为整数} & (5) \end{cases}$$

可知这是一个整数规划问题，它和线性规划问题的区别在于它的约束条件中多了一个部分或者全部决策变量取值为整数的附加条件。其中，我们将所有决策变量都限制为整数的线性规划问题称为纯整数线性规划问题，而将部分变量限制为整数的线性规划问题称为混合整数规划问题（注意：本书后续内容的整数规划均指纯整数线性规划）。参照线性规划模型可以写出整数规划的一般形式：

$$\max Z = CX$$

$$\text{s. t.}\begin{cases} AX \leqslant b \\ X \geqslant 0 \text{ 且部分或全部变量为整数} \end{cases}$$

我们将删去变量的整数要求得到的一般线性规划问题称为整数规划的松弛问题，可以表示为如下形式：

$$\max Z = CX$$

$$\text{s.t.}\begin{cases}AX \leqslant b \\ X \geqslant 0\end{cases}$$

由以上定义可知，整数规划问题的可行解集是松弛问题可行解集的子集，所以，整数规划的最优解一定在松弛问题的可行解集中。

那当整数规划满足什么条件时，可以保证松弛问题的最优解就是整数解呢？

下面给出该结论成立的一个充分条件：当整数规划的系数矩阵 A 是全单模矩阵，且向量 b 为整数向量时，松弛问题存在最优解，且其可行集合 $P=\{X \mid AX \leqslant b, X \geqslant 0\}$ 的所有顶点都是整数点，松弛问题的最优解必为整数最优解。其中，若某一 $m \times n$ 整数矩阵的任意子矩阵的行列式都等于 0、1 或 −1，则该矩阵为全单模矩阵。下面用一个例子来说明如何判定全单模矩阵。

例 3.2 请判断以下矩阵是否为全单模矩阵。

$$\begin{pmatrix}1 & 1 & 0 \\ 1 & 0 & 1 \\ 0 & 1 & 1\end{pmatrix}$$

解：首先判断该矩阵的一阶子矩阵的行列式，即该矩阵中的每个元素是否为 0、1 或 −1，通过观察可知所有一阶子矩阵满足以上条件。对于二阶子矩阵，可以分别求得所有结果均为 1 或 −1；对于三阶子矩阵，该矩阵的行列式结果如下：

$$\begin{vmatrix}1 & 1 & 0 \\ 1 & 0 & 1 \\ 0 & 1 & 1\end{vmatrix} = -2 \notin \{0, 1, -1\}$$

因此该矩阵不是全单模矩阵。

通过验证可知原整数规划的系数矩阵不满足以上条件，现暂不考虑例 3.1 中的整数约束，求解原问题的松弛问题，可求得最优解为：

$$x_1=17.25,\ x_2=5.5,\ \max Z=510$$

此时求得的最优解并不是整数，不符合条件（5）的约束。那是否可以将所得的非整数最优解直接“化整”就能得到合乎条件（5）的整数最优解呢？

将（$x_1=17.25$，$x_2=5.5$）凑整为（$x_1=18$，$x_2=6$），这样破坏了条件（2）和（3）（关于劳动力工时与原材料质量的限制），因而它不是可行解；将（$x_1=17.25$，$x_2=5.5$）舍去尾数，变为（$x_1=17$，$x_2=5$），此时各约束条件都满足，因而是原问题的可行解，目标函数值 $Z=490$，但通过计算可发现 $x_1=16$，$x_2=6$ 也为可行解，且目标函数值 $Z=500>490$，可知舍去尾数后虽得到了可行解却非最优解。

由此可见，将松弛问题的非整数最优解直接“化整”，虽操作简单，但往往得不到整数规划的最优解，甚至不是可行解，显然这种方法是不可行的。所以需要利用其他算法来求解原整数规划问题，下面介绍两种常用的求解算法。

§ 3. 2　整数规划的求解方法

3. 2. 1　分支定界法

在求解整数规划时，如果可行域是有界的，首先容易想到的方法就是穷举变量的所有可行的整数组合，然后比较它们的目标函数值以定出最优解。对于小型的问题，变量数很少，可行的整数组合数也很少，此时穷举法是可行且有效的。然而对于大型的问题，可行的整数组合数是很多的，在例 3. 1 中，变量只有 x_1 和 x_2 ，由条件（2）知，x_2 所能取的整数值为 0，1，2，…，40，共 41 个；由条件（3）知，x_1 所能取的整数值为 0，1，2，…，31，共 32 个，它的组合（不都是可行的）数是 41×31=1 271 个，此时利用穷举法进行手工计算便显得尤为困难。所以我们想要找到这样的方法，仅需检查可行的整数组合的一部分，就能确定最优的整数解。分支定界法（branch and bound method）就是其中的一种。

分支定界法是一种改进的穷举法，可用于求解纯整数规划问题和混合整数规划问题，在 20 世纪 60 年代初由兰德·多伊格（Land Doig）和戴金（Dakin）等人提出。由于这种方法十分灵活且便于用计算机求解，所以目前大部分的整数规划软件，如 Gurobi、CPLEX、BARON 等都是基于分支定界法框架进行开发的。

利用分支定界法求解的基本思路为：设有最大化的整数规划问题 A，与它相应的线性规划为问题 B，从解问题 B 开始，若其最优解不符合问题 A 的整数条件，那么问题 B 的最优目标函数值必是问题 A 的最优目标函数值 Z^* 的上界，记作 $\overline{Z}$；而问题 A 的任意可行解的目标函数值将是 Z^* 的一个下界 $\underline{Z}$ 。分支定界法就是将问题 B 的可行域分成子区域（称为分支）的方法，逐步减小 $\overline{Z}$ 和增大 $\underline{Z}$ ，最终求到 Z^* ，该方法的基本流程如图 3. 1 所示。下面仍以例 3. 1 为例来详细说明解题步骤。

例 3. 3　利用分支定界法求解例 3. 1。

解：步骤 1：判断整数规划的松弛问题解的类型。

求解原整数规划问题对应的松弛问题，若松弛问题无可行解，则原问题无可行解；若松弛问题有最优整数解，该解即为原问题的最优解；若松弛问题有最优解且非整数，则进入下一步。在例 3. 2 中我们已经解出了松弛问题的解，即 $x_1=17.25$，$x_2=5.5$，如图 3. 2 所示。显然此时原问题有最优解，但非整数，进入下一步。

步骤 2：确定原问题的上下界。

用观察法找问题 A 的一个整数可行解，一般可取 $x_j=0$ ，$j=1$，2，…，n 试探，求得其目标函数值，并记作 $\underline{Z}$ 。以 Z^* 表示问题 A 的最优目标函数值，这时有 $\underline{Z}\leqslant Z^*\leqslant\overline{Z}$。

本题中松弛问题的解显然不符合整数的条件，但是其最优值必然是原问题 A 最优值 Z^* 的一个上界 $\overline{Z}$ ，即 $\overline{Z}=510$。而通过观察法可以找出 $x_1=0$ ，$x_2=0$ 显然是原问题的一个整数可行解，这时 $Z=0$ 是最优值 Z^* 的一个下界，记作 $\underline{Z}=0$ ，即 $0\leqslant Z^*\leqslant 510$。

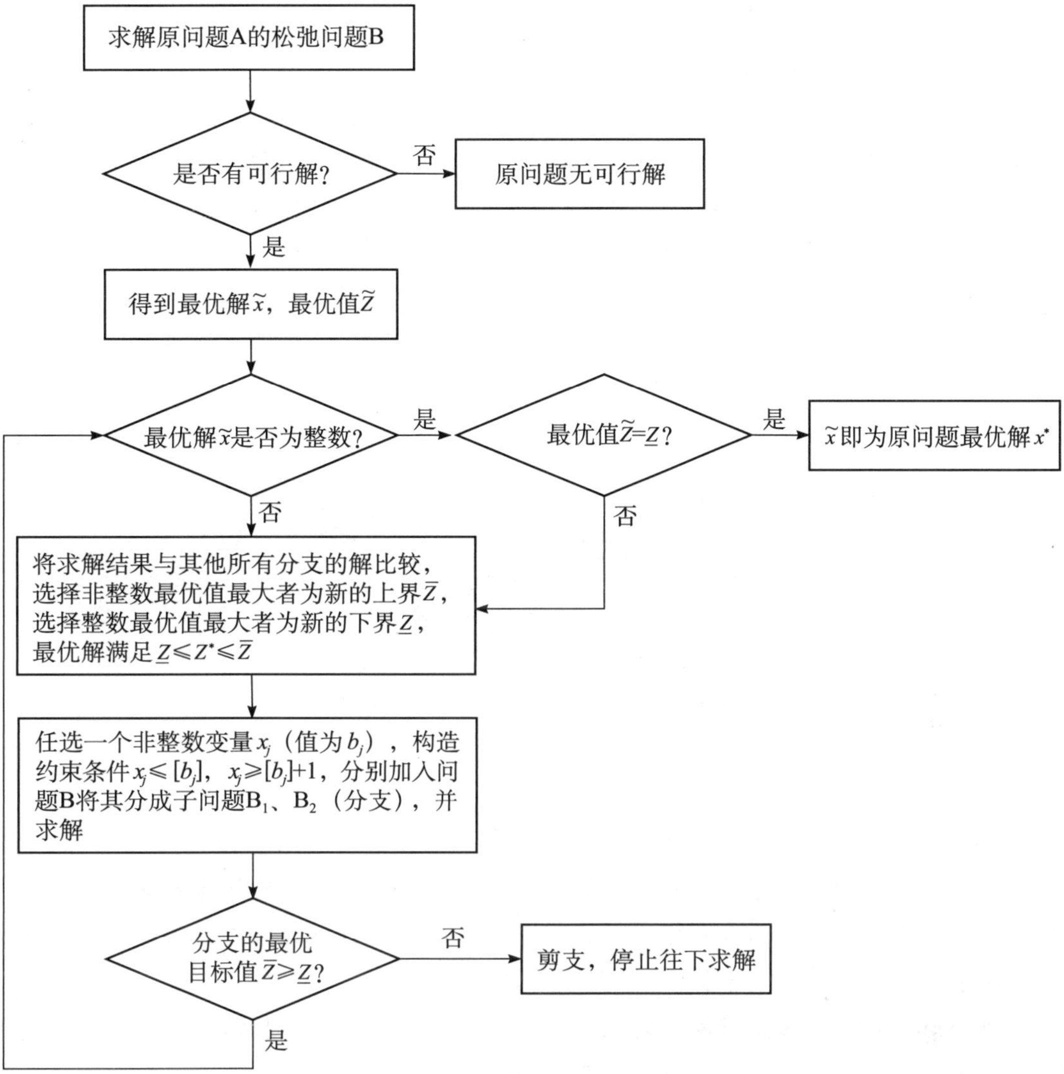

图 3.1　分支定界法的流程图

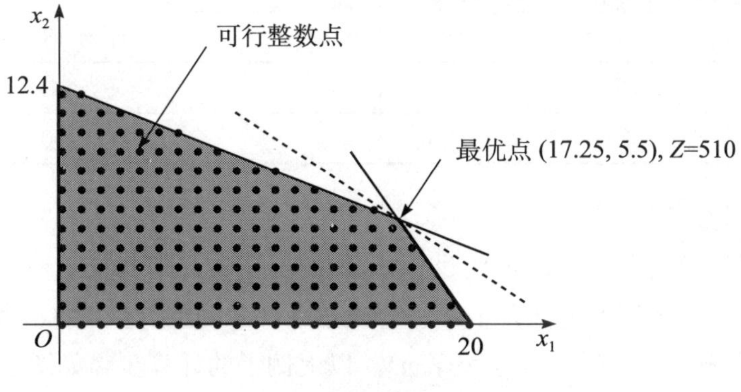

图 3.2　松弛问题解的情况

步骤3：分支。

在B（松弛问题）的最优解中任选一个不符合整数条件的变量 x_j，其值为 b_j，以 $[b_j]$ 表示小于 b_j 的最大整数。构造两个约束条件：

$$x_j \leqslant [b_j] \text{ 和 } x_j \geqslant [b_j]+1$$

将这两个约束条件，分别加入问题B，求解两个后继规划问题 B_1 和 B_2（即两个分支），不考虑整数条件求解这两个后继问题。因为原问题是整数规划问题，所以对松弛问题的非整数变量进行分支并不会影响原问题的可行域和最优解。

本题中 $x_1 = 17.25$，于是对原问题增加两个约束条件：$x_1 \leqslant 17$，$x_1 \geqslant 18$，可将原问题分解为两个子问题 B_1 和 B_2，给每个分支增加一个约束条件，如图3.3所示。

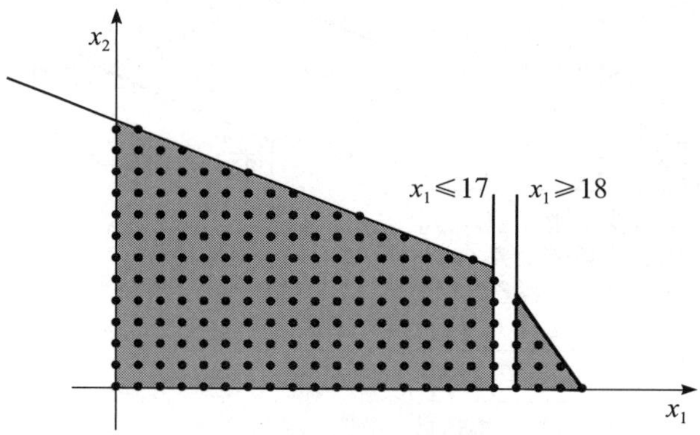

图3.3　分支后的子问题图示

步骤4：定界。

求解两个后继规划问题，为其对应的分支标明求解的结果，与其他分支的解进行比较，找出最优目标函数值最大者作为新的上界 $\overline{Z}$。从已符合整数条件的各分支中，找出目标函数值最大者作为新的下界 $\underline{Z}$，若无可行解则 $\underline{Z} = 0$。

本题中求得的各分支最优解如表3.2所示，由此可得到新的上界 $\overline{Z} = 508$，新的下界 $\underline{Z} = 480$，最优解满足 $480 \leqslant Z^* \leqslant 508$。

表3.2　子问题最优解

问题 B_1	问题 B_2
$x_1 = 17$	$x_1 = 18$
$x_2 = 5.6$	$x_2 = 4$
$Z = 508$	$Z = 480$

步骤5：剪支。

若分支无可行解或者分支的最优目标函数值小于 $\underline{Z}$，则剪支，不再继续往下求解；若分支的最优目标函数值大于 $\underline{Z}$，但不符合整数条件，则重复步骤3，直至得到 $Z^* = \underline{Z}$（即获得最优整数解 x_j^*，$j=1, 2, \cdots, n$）。以上例子的计算步骤如图3.4所示。

分支定界法的基本原理就是逐步迭代寻优，通过对非整数变量先分支，去掉不符合整数约束的解的区域；然后定界，以更快地求得最优解。用分支定界法可解决纯整数规

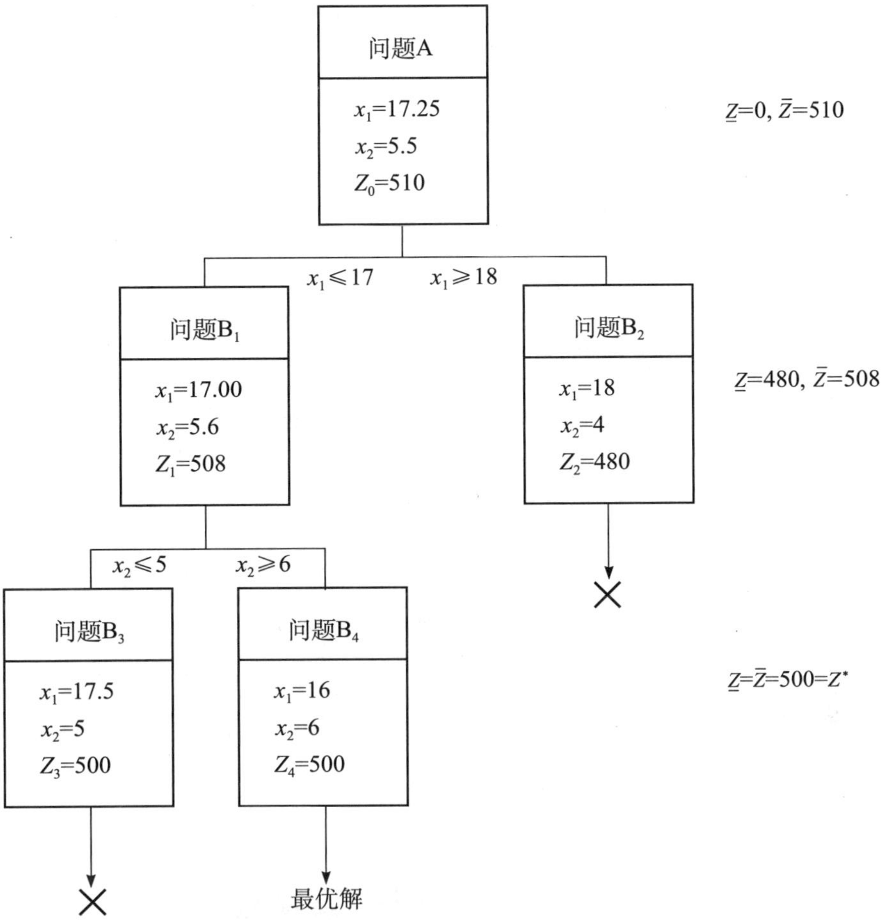

图 3.4　分支定界法的计算步骤

划问题和混合整数规划问题，它比穷举法更加优越，具有思路简单、灵活、速度快等优点，同时需要注意：

（1）选择分支变量时可优先选目标函数中系数绝对值最大的变量，其变化对目标函数值影响最大。

（2）分支节点的选择有广度优先和深度优先两种策略。广度优先，即选择目标函数当前最大值节点，通常用这种方法找到的整数解质量高，但求解速度可能比较慢。深度优先，即选择具有最大深度（分支定界的层数，即已分支的变量个数）的节点进行分支，该方法能比较快地找到可行解，但整数解质量可能不高。

3.2.2　割平面法

割平面法主要用于求解整数规划问题，该方法是戈莫里（R. E. Gomory）于 1958 年提出来的，所以又称为 Gomory 割平面法。与分支定界法相同的是，割平面法也是将整数规划问题转化为一系列线性松弛问题进行求解。Gomory 割平面法的基本思路是：首先不考虑变量 x_i 是整数这一条件，仍然先解出其对应的松弛问题，若能得到非整数的最优解，则寻找原问题的有效不等式，再增加新的线性约束条件割去原可行域中的一部分，而这部分只包含非整数解，没有切割掉任何整数可行解，重复以上步骤直至切割后可行域中的一个整数顶点恰好是问题的最优解。割平面法的具体步骤如图3.5所示。

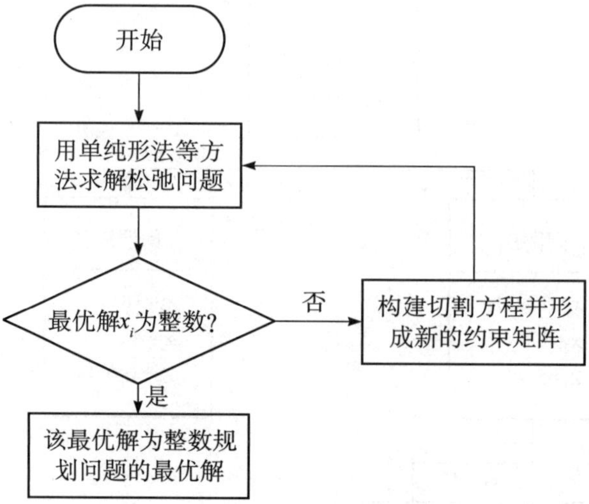

图3.5　割平面法的具体步骤

Gomory割平面法自提出后，引发了许多学者的关注，但至今仍没有得到普遍使用，原因是经常遇到收敛很慢的情形。但若和其他方法（如分支定界法）配合使用，其收敛速度会大大提升。

§3.3　0－1型整数规划

0－1型整数规划是整数规划中的特殊情形，它的变量 x_i 仅取值0或1，x_i 也称为0－1变量，或称二进制变量，这个条件在建立数学模型时可由以下约束条件代替：

$$\begin{cases} x_i \leqslant 1 \\ x_i \geqslant 0 \text{ 且 } x_i \text{ 为整数} \end{cases}$$

3.3.1　0－1型整数规划实际问题

1. 指派问题

在实际工作中，管理部门经常遇到这样一些问题，需要把 n 项任务指派给 n 个员工完成。由于员工的熟练度和特长不同，各员工完成各项任务的时间也有所差异。如何把 n 项任务分配给 n 个员工（每项任务交给一个员工完成，每个员工也只能完成一种任务），使得完成 n 项任务的总效率最高（或者总消耗最少），这类问题称为指派问题或分派问题。

指派问题的标准形式是（以人和事为例）：有 n 个人和 n 件事，已知第 i 个人做第 j 件事的费用为 $c_{ij}(i, j=1, 2, \cdots, n)$，要求每件事由不同的人完成，使完成 n 件事的费用最少。

首先引入 0－1 变量 x_{ij} ，变量设置如下：

$$x_{ij}=\begin{cases}1, & \text{当指派第 } i \text{ 人完成第 } j \text{ 项任务} \\ 0, & \text{当不指派第 } i \text{ 人完成第 } j \text{ 项任务}\end{cases}$$

由此可以建立指派问题的数学模型如下：

$$\min Z=\sum_{i=1}^{n}\sum_{j=1}^{n}c_{ij}x_{ij}$$

$$\text{s. t.}\begin{cases}\sum\limits_{j=1}^{n}x_{ij}=1, & i=1,2,\cdots,n \\ \sum\limits_{i=1}^{n}x_{ij}=1, & j=1,2,\cdots,n \\ x_{ij}\in\{0,1\}\end{cases}$$

例 3.4 某地产公司计划在城中心老城改造区域建设 4 个住宅小区，分别是甲、乙、丙、丁，由 4 家与该公司长期合作的建筑公司 A、B、C、D 进行投标，为了保证建设质量，要求每家建筑公司必须完成且只完成一个小区的建设任务，它们完成每项任务的建设工期（月）如表 3.3 所示，该地产公司应如何分配任务，可以使完成所有建设任务的总工时耗费最少？

表 3.3 任务完成工期表

	A	B	C	D
甲	7	5	9	8
乙	9	12	7	11
丙	8	5	4	6
丁	7	3	7	9

解：这是一个典型的指派问题，用 c_{ij}（$c_{ij}>0$，$i,j=1$，2，3，4）表示公司 i 为完成任务 j 所需要消耗的时间，设

$$x_{ij}=\begin{cases}1, & \text{当指派第 } i \text{ 人完成第 } j \text{ 项任务} \\ 0, & \text{当不指派第 } i \text{ 人完成第 } j \text{ 项任务}\end{cases}$$

根据指派问题的数学模型，可将该问题表示为以下形式：

$$\min Z=7x_{11}+5x_{12}+9x_{13}+8x_{14}+9x_{21}+12x_{22}+7x_{23}+11x_{24}+8x_{31}+5x_{32}+4x_{33}+6x_{34}+7x_{41}+3x_{42}+7x_{43}+9x_{44}$$

$$\text{s. t.}\begin{cases}x_{11}+x_{21}+x_{31}+x_{41}=1 \\ x_{12}+x_{22}+x_{32}+x_{42}=1 \\ x_{13}+x_{23}+x_{33}+x_{43}=1 \\ x_{14}+x_{24}+x_{34}+x_{44}=1 \\ x_{11}+x_{12}+x_{13}+x_{14}=1 \\ x_{21}+x_{22}+x_{23}+x_{24}=1 \\ x_{31}+x_{32}+x_{33}+x_{34}=1 \\ x_{41}+x_{42}+x_{43}+x_{44}=1 \\ x_{ij}\in\{0,1\}, \quad i,j=1,2,3,4\end{cases}$$

指派问题是整数规划的特例，也是 0－1 型整数规划的特例。当然可以用分支定界法、割平面法或隐枚举法等一般解法进行手动求解，但这是不合算的。结合指派问题的特点可以用匈牙利法求解，这种方法相对于上述解法往往更加简便快捷，感兴趣的读者可以自行了解。

2. 旅行商问题

旅行商问题（traveling salesman problem，TSP），又叫货郎担问题，是一个经典的整数规划问题。旅行商问题可描述为：一个商品推销员要去若干城市推销商品，该推销员从一个城市出发，需要经过所有城市后再回到出发点，请选择一条路线使得总行程最短，使得通过该路线可以恰好访问给定集合中的每个点一次。

假设从任意点 i 到任何其他点 j 的距离或成本与从 j 到 i 的距离或成本相同，引入决策变量 $x_{ij}(i<j)$，定义：

$$x_{ij}=\begin{cases}1, & \text{如果选择从 } i \text{ 到 } j \text{ 的路径}\\ 0, & \text{如果不选择从 } i \text{ 到 } j \text{ 的路径}\end{cases}$$

令集合 I 为所有的点集，d_{ij} 表示从点 i 到 j 的距离，则所制定的路线总长度可以表示为如下的线性形式：

$$\sum_{i\in I}\sum_{j>i,j\in I} d_{ij}x_{ij}$$

下面考虑对称 TSP 的约束条件，在对称情况下，对于任意点 $i\in I$，可行解中都恰好存在两个变量 $x_{ji}(j<i)$ 和 $x_{ij}(i<j)$ 等于 1，一个将 i 连接到它的前一个城市，另一个将 i 连接到它的下一个城市，这种约束用数学语言可以表示如下：

$$\sum_{j<i,j\in I} x_{ji}+\sum_{j>i,j\in I} x_{ij}=2,\ \forall i\in I$$

仅有上述约束无法避免子回路问题（即形成独立的环状路线）的产生，例如图 3.6 中含有 7 个点的 TSP 的解就形成了两个子回路。

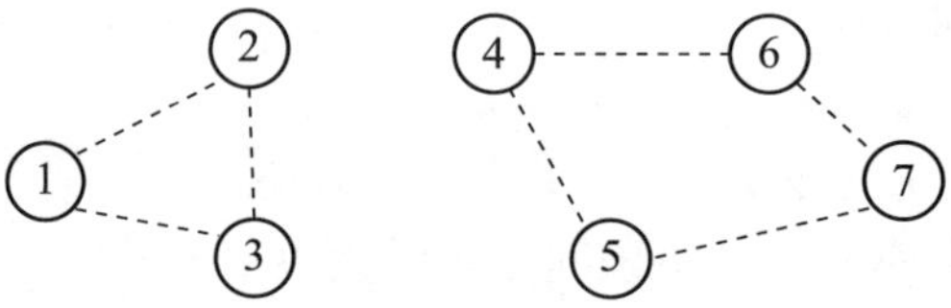

图 3.6　子回路图

由 x_{ij} 的定义，至少 3 个点才可能形成子路径，令 S 为集合 I 的一个真子集，满足 $|S|\geqslant 3$。任意不在集合 S 形成子回路的路径必须在 S 内外至少穿过两次，这就形成了如下的子回路消除约束：

$$\sum_{i\in S}\sum_{j\notin S,j>i} x_{ij}+\sum_{i\notin S}\sum_{j\in S,j>i} x_{ij}\geqslant 2$$

例如，在含有 7 个点的 TSP 中，令 $S=\{3,4,5\}$，则相应的约束为：

$$x_{13}+x_{23}+x_{36}+x_{37}+x_{14}+x_{24}+x_{46}+x_{47}+x_{15}+x_{25}+x_{56}+x_{57}\geqslant 2$$

整合以上表达式，可得该 TSP 的整数线性规划模型为：

$$\sum_{i\in I}\sum_{j>i,j\in I} d_{ij}x_{ij}$$

$$
\text{s.t.}\begin{cases}\sum_{j<i,j\in I} x_{ji}+\sum_{j>i,j\in I} x_{ij}=2, & \forall i\in I\\ \sum_{i\in S}\sum_{j\notin S,j>i} x_{ij}+\sum_{i\notin S}\sum_{j\in S,j>i} x_{ij}\geqslant 2, & \forall S\subset I,|S|\geqslant 3\\ x_{ij}\in\{0,1\}, & \forall i,j\in I,\ j>i\end{cases}
$$

例 3.5　某快递员需要向 7 个地点送货，各个地点之间的可能路线如图 3.7 所示，连线上的数字表示配送的时间，请帮助该快递员找到一条最优路径使得总的配送时间最短，且每个送货地点恰好到达一次。

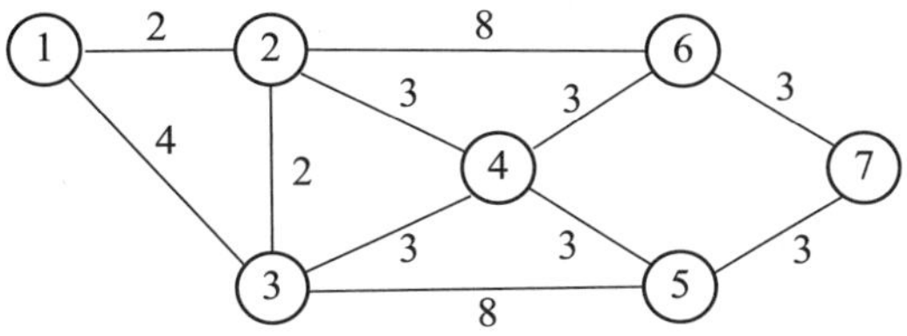

图 3.7　送货路线示意图

解： 设 x_{ij} 表示地点 i 到地点 j 的路线，令

$$
x_{ij}=\begin{cases}1, & \text{如果选择从 } i \text{ 到 } j \text{ 的路线}\\ 0, & \text{如果不选择从 } i \text{ 到 } j \text{ 的路线}\end{cases}
$$

根据题意可建立该问题的数学模型如下：

$$
\min Z=2x_{12}+4x_{13}+2x_{23}+3x_{24}+3x_{34}+8x_{26}+3x_{46}+8x_{35}+3x_{45}+3x_{67}+3x_{57}
$$

$$
\text{s.t.}\begin{cases}x_{12}+x_{13}=2 & (1)\\ x_{12}+x_{23}+x_{24}+x_{26}=2 & (2)\\ x_{13}+x_{23}+x_{34}+x_{35}=2 & (3)\\ x_{24}+x_{34}+x_{46}+x_{45}=2 & (4)\\ x_{35}+x_{45}+x_{57}=2 & (5)\\ x_{26}+x_{46}+x_{67}=2 & (6)\\ x_{57}+x_{67}=2 & (7)\\ \sum_{i\in S}\sum_{j\notin S,j>i} x_{ij}+\sum_{i\notin S}\sum_{j\in S,j>i} x_{ij}\geqslant 2,\forall S\subset I,|S|\geqslant 3 & (8)\\ x_{ij}\in\{0,1\},\ \ \forall i,j\in I,\ j>i & (9)\end{cases}
$$

其中，约束（1）～（7）保证了每个地点总有一条进入与一条离开的路线，约束（8）消除了路线中的子回路，集合 I 表示所有地点组成的集合，S 是集合 I 的真子集。

3. 背包问题

背包问题是一个典型的优化问题，该问题可描述为：旅行者要在一个背包内装入一些对旅行最有用的物品（旅行者对每件物品的价值都有评判）。背包最多只能装总重量为 b 单位的物品，并且对于每件物品只能选择整个携带或者不带。假设共有 n 件物品，第 j 件物品重 a_j，其单位价值为 c_j。在携带物品总重量不超过 b 单位的条件下，应如何装入物品以使背包内的物品总价值最大？

对于 $j=1,2,\cdots,n$，定义 0-1 变量 x_j 如下：

$$x_j=\begin{cases}1, & \text{当物品 } j \text{ 被携带} \\ 0, & \text{当物品 } j \text{ 没有被携带}\end{cases}$$

则该问题的数学模型可以表示为：

$$\max Z=\sum_{j=1}^{n} c_j x_j$$

$$\text{s.t.}\begin{cases}\sum_{j=1}^{n} a_j x_j \leqslant b \\ x_j \in \{0,1\}, \quad j=1,2,\cdots,n\end{cases}$$

具有以上形式的整数规划问题称为背包问题，其中第 1 个约束条件称为背包约束，第 2 个约束条件定义了 0－1 变量，这是一个最简单的背包问题，因为该问题中仅有背包总重量的限制，我们也称这种只有一个限制条件的背包问题为一维背包问题。而在实际中往往不止这一个限制条件，当有两个限制条件时，则称该问题为二维背包问题，如下所示：

同样假设共有 n 件物品，第 j 件物品重 a_j ，体积为 v_j ，其单位价值为 c_j ，在携带物品总重量不超过 b 单位，总体积不超过 d 单位的条件下，应如何装入物品以使背包内的物品总价值最大？

根据以上建模思路与步骤，可以建立如下模型：

$$\max Z=\sum_{j=1}^{n} c_j x_j$$

$$\text{s.t.}\begin{cases}\sum_{j=1}^{n} a_j x_j \leqslant b \\ \sum_{j=1}^{n} v_j x_j \leqslant d \\ x_j \in \{0,1\}, \quad j=1,2,\cdots,n\end{cases}$$

4. 集合覆盖问题

集合覆盖问题是运筹学研究中典型的优化问题之一，工业领域里的许多实际问题都可建模为集合覆盖问题，如资源选择、设施选址等，该问题的一般提法如下：

设某地区划分为若干区域 $M=\{1，2，\cdots，m\}$，需要建立若干应急服务中心，每个中心的建站费用为 c_j ，设中心的候选位置为 $N=\{1，2，\cdots，n\}$，每个中心 $j \in N$ ，可以服务的区域集合为 $S_j \in M$ ，问应如何选取中心的位置，使得在中心的应急服务覆盖所有区域的前提下，建站费用最低？

首先定义 0－1 关联矩阵 $A=(a_{ij})$ ，其中

$$a_{ij}=\begin{cases}1, & \text{当 } i \in S_j \\ 0, & \text{当 } i \notin S_j\end{cases}$$

然后定义 0－1 决策变量如下：

$$x_j=\begin{cases}1, & \text{当选择中心 } j \text{ 时} \\ 0, & \text{当不选择中心 } j \text{ 时}\end{cases}$$

由题意可知该问题的约束条件为所有区域都能接受应急服务，即每个区域至少在一个中心的服务区域范围之内，结合总建站费用最低这一目标，可建立该问题的数学模型：

$$\min Z = \sum_{j=1}^{n} c_j x_j$$

$$\text{s. t.}\begin{cases}\sum_{j=1}^{n} a_{ij}x_j \geqslant 1\\ x_j \in \{0,1\}, \quad j=1,2,\cdots,n\end{cases}$$

3.3.2　0－1 型整数规划的解法

0－1 型整数规划问题有两种常用解法——穷举法和隐枚举法。

前面已经介绍了穷举法的基本原理，并指出了穷举法不适合应用于大规模问题的求解，这就需要设计一些其他的解法，使得只检查变量取值组合的一部分就能得到最优解，这种方法称为隐枚举法，分支定界法也是一种隐枚举法，下面举例说明。

例 3.6　请求解下列整数规划问题。

$$\max Z = 3x_1 - x_2 + 2x_3$$

$$\text{s. t.}\begin{cases}x_1 + x_2 - x_3 \leqslant 2 & (1)\\ x_1 + 2x_2 + 2x_3 \leqslant 6 & (2)\\ x_1 + x_2 \leqslant 3 & (3)\\ 4x_1 + x_3 \leqslant 6 & (4)\\ x_1, x_2, x_3 \in \{0,1\} & (5)\end{cases}$$

解：首先试探性地找出一个可行解，容易看出（x_1，x_2，x_3）＝(1，0，0）就是符合约束条件（1）～（5）的，算出相应的目标函数值 $Z=3$ 。

对于极大化问题求最优解，我们希望 $Z \geqslant 3$ ，于是增加一个约束条件：

$$3x_1 - x_2 + 2x_3 \geqslant 3 \quad ◎$$

该条件被称为过滤条件，可用符号◎表示。这样，原问题的线性约束条件就变成 5 个（以下的约束条件均指的是线性约束条件），将 5 个约束条件按◎～（4）顺序排好，如表 3.4 所示，将每个解依次代入约束条件左侧，如果解不满足某一约束条件，同行以下各条件就不必再检查，因而就减少了运算次数，后续计算过程见表 3.4。

表 3.4　隐枚举法计算过程（一）

点	条件					满足条件？	Z 值
（x_1，x_2，x_3）	◎	(1)	(2)	(3)	(4)	是（√）否（×）	
（0，0，0）	0					×	
（1，0，0）	3	1	1	1	4	√	3
（0，1，0）	−1					×	
（0，0，1）	2					×	
（1，1，0）	2					×	

续表

点 (x_1, x_2, x_3)	条件					满足条件？是（√）否（×）	Z值
	◎	(1)	(2)	(3)	(4)		
(1，0，1)	5	0	3	1	5	√	5
(0，1，1)	1					×	
(1，1，1)	4					×	

可见，最优解为 $X^*=(1, 0, 1)$，$Z^*=5$。上例在计算过程中，过滤条件处于一种不断更新的状态，若遇到 Z 值已超过条件◎右边的值，应改变条件◎，使右边为迄今为止的最大值，然后继续计算。例如，当检查点（1，0，1）时的 $Z=5>3$，此时应将条件◎换成

$$3x_1-2x_2+5x_3\geqslant 5 \quad ◎$$

这种对过滤条件的改进，可以进一步减少计算量，提升求解的效率。

改进算法如下：

（1）如求最大化，根据目标函数中价值系数 c_j 的大小，对目标函数中的变量进行重新排序，使约束条件的变量顺序和目标函数中的顺序保持一致。例3.6中的目标函数可改写为 $\max Z=-x_2+2x_3+3x_1$，系数−1、2、3是递增的，变量 (x_2, x_3, x_1) 的取值也可以按照（0，0，0），（0，0，1），（0，1，0），（0，1，1）这样的顺序来取值，这样取值可以让最优解比较早地被发现，结合上面所提到的过滤条件，可以大大简化计算过程。

如例3.6，就可以将变量顺序改成以下形式：

$$\max Z=-x_2+2x_3+3x_1$$

$$\text{s.t.}\begin{cases}x_2-x_3+x_1\leqslant 2 & (1)\\ 2x_2+2x_3+x_1\leqslant 6 & (2)\\ x_2+x_1\leqslant 3 & (3)\\ x_3+4x_1\leqslant 6 & (4)\\ x_1,x_2,x_3\in\{0,1\} & (5)\end{cases}$$

（2）找到一个可行解，将其目标函数值定为过滤值，增加一个约束条件◎。如 $(x_2, x_3, x_1)=(0, 0, 1)$，增加约束条件后的模型为：

$$\max Z=-x_2+2x_3+3x_1$$

$$\text{s.t.}\begin{cases}-x_2+2x_3+3x_1\geqslant 3 & ◎\\ x_2-x_3+x_1\leqslant 2 & (1)\\ 2x_2+2x_3+x_1\leqslant 6 & (2)\\ x_2+x_1\leqslant 3 & (3)\\ x_3+4x_1\leqslant 6 & (4)\\ x_1,x_2,x_3\in\{0,1\} & (5)\end{cases}$$

（3）变量取值顺序也按照递增顺序填入表中，具体步骤如表3.5所示。

表 3.5 隐枚举法计算过程（二）

点 (x_2, x_3, x_1)	条件					满足条件？是（√）否（×）	Z 值
	◎	(1)	(2)	(3)	(4)		
(0，0，0)	0					×	
(0，0，1)	3	1	1	1	4	√	3
(0，1，0)	2					×	
(0，1，1)	5	2	2	1	5	√	5

改进过滤条件。用

$$-x_2+2x_3+3x_1\geqslant 5$$

代替◎，继续进行，得表 3.6。

表 3.6 隐枚举法计算过程（三）

点 (x_2, x_3, x_1)	条件					满足条件？是（√）否（×）	Z 值
	◎	(1)	(2)	(3)	(4)		
(1，0，0)	−1					×	
(1，0，1)	2					×	
(1，1，0)	1					×	
(1，1，1)	4					×	

至此，Z 值已不能再改进，即得到了最优解，但是计算已得到极大简化。

§3.4 整数规划的应用

3.4.1 经济管理领域中几类典型的整数规划问题

整数规划在现实生活中尤其是在企业的管理和运营中应用广泛，常见的问题形式为：在资源有限的条件下，如何制订生产与运营计划以最大化企业的总体效益？另外也可以针对其他计划问题进行建模优化，如区域划分问题、物流运输问题、设施选址问题与金融投资组合问题等，这些都可以归结为整数规划问题。下面介绍经济管理领域中的一些典型问题帮助读者进一步理解整数规划的理论和方法，以提高解决实际问题的能力。

1. 选址与运输问题

选址及运输问题的一般提法为：某公司准备在某一区域建设若干工厂生产产品用于满足该区域各销地 B_1，B_2，…，B_n 的需求，现有一些拟定的候选位置 A_1，A_2，…，A_m，已知工厂 i 的年生产成本为 c_i，年生产能力为 b_i，销地 j 的需求为 d_j，工厂 i 向销地 j 的单位运费为 c_{ij}，问公司应如何选择建立工厂的位置并制订运输计划将产品从各个工厂调配到需求地，使得在满足需求的前提下，每年的总生产与运输成本最低？

例 3.7 工厂 A_1 和 A_2 主营生产化妆品、护肤品等美妆产品，这些产品的主要需求地有 B_1、B_2、B_3、B_4 四个地区。由于近年来美妆行业的快速发展，这些产品经常供不应求，故公司决定再扩建一或两家工厂，目前拟定的建厂地有 A_3 和 A_4 两个，各工厂的年生产能力、年需求量、各厂至各需求地的单位运费 c_{ij}（万元/吨）见表 3.7。

表 3.7 单位运费有关信息表

	B_1	B_2	B_3	B_4	年生产能力（吨）
A_1	2	9	3	4	500
A_2	6	3	5	8	800
A_3	4	3	6	2	800
A_4	4	5	3	6	1 200
年需求量（吨）	1 000	500	800	700	

已知工厂 A_3 和 A_4 一旦投入生产，每年的生产费用估计分别为 2 000 万元和 3 000 万元。请问该公司应该如何选择建厂地点，才能使得在满足市场需求的前提下每年的总费用最少？

解： 设 Z 表示每年的总费用（新建工厂的生产费用与总运输费用的和），x_{ij} 表示由 A_i 运往 B_j 的物资量，引入 0－1 变量 y_i 表示如下：

$$y_i=\begin{cases}1, & \text{选择 } A_i \text{ 建立工厂} \\ 0, & \text{不选择 } A_i \text{ 建立工厂}\end{cases} \quad (i=3,4)$$

根据总费用最少的目标以及各厂生产量与各地需求量的约束，可建立该问题的数学模型如下：

$$\min Z=\sum_{i=1}^{4}\sum_{j=1}^{4}c_{ij}x_{ij}+(2\,000y_3+3\,000y_4)$$

$$\text{s. t.}\begin{cases}x_{11}+x_{21}+x_{31}+x_{41}=1\,000 \\ x_{12}+x_{22}+x_{32}+x_{42}=500 \\ x_{13}+x_{23}+x_{33}+x_{43}=800 \\ x_{14}+x_{24}+x_{34}+x_{44}=700 \\ x_{11}+x_{12}+x_{13}+x_{14}\leqslant 500 \\ x_{21}+x_{22}+x_{23}+x_{24}\leqslant 800 \\ x_{31}+x_{32}+x_{33}+x_{34}\leqslant 800y_3 \\ x_{41}+x_{42}+x_{43}+x_{44}\leqslant 1\,200y_4 \\ x_{ij}\geqslant 0, i,\ j=1,2,3,4 \\ y_i=0,1,\ i=3,4\end{cases}$$

例 3.8 一个公司考虑在华北、华中、华南三个地区建立销售中心来扩大市场份额，通过调研拟定了 8 个城市可供选择，其中选择销售中心需要满足以下条件：

在华北地区，在 A_1、A_2、A_3、A_4 中至少选两个城市；

在华中地区，在 A_5、A_6 中至多选一个城市；

在华南地区，如果选择 A_7，也必须选择 A_8。

已知如选用城市 A_i 的投资成本估计为 c_i 万元。每年可获销售利润为 p_i 万元，由于公司的资金有限，所以对于本次项目的投资总额不超过 B 万元，问该公司应选择哪几个城市设立销售中心可使年销售利润最大？

解：先引入 0－1 变量 x_i（$i=1, 2, \cdots, 8$）：

$$x_i=\begin{cases}1, & \text{当 } A_i \text{ 被选用时}\\0, & \text{当 } A_i \text{ 不被选用时}\end{cases}$$

结合销售中心选择的约束条件与利润最大化的目标，原问题的数学模型可以表示为：

$$\max Z=\sum_{i=1}^{8} p_i x_i$$

$$\text{s.t.}\begin{cases}\sum\limits_{i=1}^{9} c_i x_i \leqslant B\\x_1+x_2+x_3+x_4 \geqslant 2\\x_5+x_6 \leqslant 1\\x_7 \leqslant x_8\\x_i \in \{0,1\}\end{cases}$$

2. 生产计划制订问题

生产计划制订问题的一般提法为：企业用若干种资源（原材料、工时、库存容量等）生产某几种产品，产品 i 的单位生产成本为 c_i，对资源 j 的消耗量为 a_{ij}，某种资源的供应量为 b_i，且当期剩余的产品会产生库存成本，单位库存成本为 w_i。已知每期的产品 i 的需求量为 d_i，应如何制订生产计划使得在满足市场需求的前提下，在规定时间内的总成本最低？

例 3.9　某自行车公司在接下来的两个月中将制造男式和女式自行车。根据销售部门的预测，第 1 个月需要运送 150 辆男式自行车和 125 辆女式自行车到销售地，第 2 个月需要运送 200 辆男式自行车和 150 辆女式自行车，生产相关数据如表 3.8 所示。

表 3.8　生产计划有关信息表

型号	生产费用（元）	所需工时（小时）		现有存货（辆）
		制造	组装	
男士自行车	120	2.0	1.5	20
女士自行车	90	1.6	1.0	30

已知上个月该公司一共使用了 1 000 小时的生产时间，公司相关的劳动政策不允许相邻月份的总生产时间（包括制造和组装）增加或减少 100 小时。除此以外，公司根据月末的库存，每月收取相当于生产费用 2%的储存费用。公司希望两个月后至少每种款式有 25 辆车的存货。该公司应该如何制订接下来两个月的生产计划，使得在满足劳动政策规定、市场需求以及库存要求的前提下，生产及库存费用最低？

解：该问题属于典型的生产计划制订问题，此类问题一般设置产量为决策变量，在此由于需要确定两个月的产量而且有两类自行车，所以设第一个月男式自行车的生产量为 x_1 ，女士自行车的生产量为 x_2 ，第二个月男式自行车的生产量为 x_3 ，女士自行车的生产量为 x_4 。

目标函数为生产及库存的总成本，约束条件包括总生产时间的约束，两个月后至少每种款式有 25 辆车的存货的约束，两个月运送需求以及生产量为整数的约束，可建立原问题的数学模型如下：

$$
\begin{aligned}
\min Z = {} & 120(x_1+x_3)+90(x_2+x_4)+120\times 2\%(x_1+20-150)+120 \\
& \times 2\%(x_1+20-150+x_3-200)+90\times 2\%(x_2+30-125)+90 \\
& \times 2\%(x_2+30-125+x_4-150)
\end{aligned}
$$

$$
\text{s.t.}\begin{cases}
3.5x_1+2.6x_2-1\,000\leqslant 100\\
3.5x_1+2.6x_2-1\,000\geqslant -100\\
3.5x_3+2.6x_4-3.5x_1-2.6x_2\leqslant 100\\
3.5x_3+2.6x_4-3.5x_1-2.6x_2\geqslant -100\\
x_1+20\geqslant 150\\
x_2+30\geqslant 125\\
x_1+20-150+x_3-200\geqslant 25\\
x_2+30-150+x_4-150\geqslant 25\\
x_i\geqslant 0\text{ 且为整数，}\quad i=1,2,3,4
\end{cases}
$$

3. 项目投资问题

整数规划在投资问题中有着广泛的应用。典型的项目投资问题可以用混合整数规划来描述，该问题的一般提法为：某公司拿出资金 A 用于接下来几年的投资，现有项目 A_1 ，A_2，…，A_m 可供选择，每个项目的投资限制与盈利能力均不同，问该公司应该如何制订后几年的投资计划，使得在最后一年末所获得的收益最大。其中整数变量通常为 0-1 型决策变量，可以表示选择哪些投资项目进行投资，另外还有一些连续的决策变量，如对每个项目的投资金额等。约束条件可以包括预算限制、风险控制、投资组合的多样性等要求。下面举例说明。

例 3.10 某部门准备利用现有的资金 10 万元在今后 5 年内进行投资，目前主要有以下五种投资项目方案：

项目 A：从第 1 年到第 4 年每年初需要投资，并于次年末回收本利 110%，但要求第 1 年最低投资金额为 4 万元，第 2、3、4 年不限。

项目 B：第 3 年初需要投资，到第 5 年末回收本利 125%，但规定最低投资金额为 3 万元，最高为 5 万元。

项目 C：第 2 年初需要投资，到第 5 年末回收本利 130%，但规定其投资额只能为 2 万元、4 万元、6 万元三种金额的其中一种。

项目 D：5 年内每年初可购买公债，于当年末归还，并加利息 5%，此项目投资金额不限。

问应如何确定这些项目每年的投资额，使到第 5 年末拥有的资金本利总额最大?

解： 设 x_{iA} 、x_{iB} 、x_{iC} 、x_{iD} (i=1，2，3，4，5) 分别表示第 i 年初给项目 A、B、C、D 的投资额（万元），但是如果要在第 1 年对项目 A、第 3 年对项目 B 进行投资，此时有

最低投资金额的限制，所以需要增设 0－1 变量 y_{ij} 来判断第 i 年是否给项目 j 投资，该变量设置如下：

$$y_{ij}=\begin{cases}1, & \text{在第 } i \text{ 年选择项目 } j \text{ 投资} \\ 0, & \text{在第 } i \text{ 年不选择项目 } j \text{ 投资}\end{cases},\quad i=1,3;\ j=A,B$$

另外，项目 C 还规定第 2 年如果决定投资，则只能选择给定的三种项目金额中的其中一种，这并不是一个连续变量，所以也不能直接表示。我们发现这三种项目金额之间有着一定的关系，它们都是 2 万的倍数，所以需要增设一个非负的整数变量 $y_{2c}\in\{0,1,2,3\}$，此时对项目 C 的投资额可以表示为 $x_{2C}=2y_{2c}$。

当 $y_{2c}=3$ 时，第 2 年投资 C 项目 6 万元；

当 $y_{2c}=2$ 时，第 2 年投资 C 项目 4 万元；

当 $y_{2c}=1$ 时，第 2 年投资 C 项目 2 万元；

当 $y_{2c}=0$ 时，第 2 年不投资 C 项目。

每一年对每个投资项目的决策变量设置如表 3.9 所示。

表 3.9　决策变量设置表

	第 1 年	第 2 年	第 3 年	第 4 年	第 5 年
A	x_{1A}	x_{2A}	x_{3A}	x_{4A}	
B			x_{3B}		
C		$x_{2C}=2y_c$			
D	x_{1D}	x_{2D}	x_{3D}	x_{4D}	x_{5D}

为了获得更大的投资收益，该公司应该在每年初将所持有的所有资金（初始本金或上一年末的本息和）都投入各个项目当中，且所投总金额不能超过所持总金额，另外对于每个项目的投资金额需要在规定的区间之内，结合第 5 年末的持有本利总额最大化的目标，可建立该问题的数学模型如下：

$$\max Z=1.10x_{4A}+1.30x_{2C}+1.25x_{3B}+1.05x_{5D}$$

$$\text{s.t.}\begin{cases}x_{1A}+x_{1D}=10\\ -1.05x_{1D}+x_{2A}+x_{2C}+x_{2D}=0\\ -1.10x_{1A}-1.05x_{2D}+x_{3A}+x_{3B}+x_{3D}=0\\ -1.10x_{2A}-1.05x_{3D}+x_{4A}+x_{4D}=0\\ -1.10x_{3A}-1.05x_{4D}+x_{5D}=0\\ x_{1A}-4y_{1A}\geqslant 0\\ x_{1A}-10y_{1A}\leqslant 0\\ x_{3B}-3y_{3B}\geqslant 0\\ x_{3B}-5y_{3B}\leqslant 0\\ x_{2C}-2y_{2C}=0\\ y_{2C}\leqslant 3\\ x_{iA},x_{iB},x_{iC},x_{iD}\geqslant 0,\ i=1,2,3,4,5\\ y_{2c}\in\{0,1,2,3\}\\ y_{1A},y_{3B}\in\{0,1\}\end{cases}$$

4. 区域划分问题

区域划分问题通常表示为如何划定若干个服务点各自的服务区域，使得在满足特定的要求和约束条件的前提下，总成本最低。可以用 0－1 整数决策变量来表示每个服务区域是否属于某个服务点，约束条件可以包括所有服务区域只能划分至一个服务点，服务点的服务能力限制、对服务区域相邻性的要求等。

例 3.11 某市高新区准备新设立三所中学，同时需要为每所学校重新划定服务区域，初步规划中，该高新区被分成了人口数大致相同的 6 个区域。表 3.10 给出了每所学校与每个区域之间的近似距离、下一年每个区域的学生数量以及每所学校能够安排的最小和最大的学生数量。另外为了使学生在学校间分布相对均衡，管理者要求每个学校都只能接收 2 个区域的学生。那么高新区管理者应该如何划分每所学校的服务区域，可以使得在满足学校招生人数约束的前提下，每个区域到学校的总距离最短？

表 3.10 学校招生人数及区域划分有关信息表

		学校			学生数量
		1	2	3	
区域	1	3.5	3.0	4.0	600
	2	2.2	2.1	2.7	1 200
	3	0.8	2.9	1.8	900
	4	4.3	1.1	2.4	1 000
	5	2.9	1.9	1.3	800
	6	2.4	2.7	1.1	900
最小招生人数		1 500	2 000	1 500	
最大招生人数		2 000	2 400	1 800	

解： 假设 c_{ij} 表示区域 i 到学校 j 的距离，b_i 为区域 i 的学生数量，引入 0－1 变量 x_{ij}（$i=1, 2, 3, 4, 5, 6$；$j=1, 2, 3$）表示为：

$$x_{ij}=\begin{cases}1, & \text{当区域 } i \text{ 被分到学校 } j\\ 0, & \text{当区域 } i \text{ 没有被分到学校 } j\end{cases}$$

结合题中每个区域到学校的总距离最短的这一目标，以及每个区域所划分学校数量与每个学校招生人数限制的约束条件，可建立该问题的约束条件如下：

$$\min Z=\sum_{i=1}^{6}\sum_{j=1}^{3}c_{ij}x_{ij}$$

$$
\text{s. t.}\begin{cases}
\sum_{j=1}^{3} x_{ij} = 1, \quad i = 1,2,3,4,5,6 \\
\sum_{i=1}^{6} x_{ij} = 2, \quad j = 1,2,3 \\
\sum_{i=1}^{6} b_1 x_{i1} \leqslant 2\,000 \\
\sum_{i=1}^{6} b_1 x_{i1} \geqslant 1\,500 \\
\sum_{i=1}^{6} b_2 x_{i2} \leqslant 2\,400 \\
\sum_{i=1}^{6} b_2 x_{i2} \geqslant 2\,000 \\
\sum_{i=1}^{6} b_3 x_{i3} \leqslant 1\,800 \\
\sum_{i=1}^{6} b_3 x_{i3} \geqslant 1\,500 \\
x_{ij} \in \{0,1\}
\end{cases}
$$

其中，第 1 个约束表示每个区域只能被划分至一所学校，第 2 个约束条件表示每所学校只能为两个区域提供教学服务，第 3～8 个约束表示分配到每所学校的人数不能低于该学校的最小招生人数，也不能高于最大招生人数。

其实，整数规划不仅在工业、商业等经济领域有很多应用，还与图论、统计、深度学习等其他学科有很多联系，这就需要同学们在生活中善于发现、善于积累，真正地将理论与实际紧密结合。

3.4.2　用 Python 求解整数规划问题

本小节介绍如何利用 Python 软件求解线性规划问题，以开篇案例为例，首先建立该问题的数学模型：

设 x_j(j=1，2，3，4）为每一季度该公司的发动机组装量，另外设 0-1 变量 y_j 表示每个季度是否选择安排生产，即

$$
y_j = \begin{cases} 1, & \text{第 } j \text{ 季度安排生产} \\ 0, & \text{第 } j \text{ 季度没有安排生产} \end{cases}
$$

由题意知该问题的目标为 4 个季度总成本（固定成本、装配成本以及库存成本之和）的最小化，约束条件为每个季度的生产任务及每个季度生产能力的限制，由此可以建立该问题的数学模型如下：

$$
\begin{aligned}
\min Z = {} & 1\,200\sum_{j=1}^{4} x_j + 12\,000\sum_{j=1}^{4} y_j + 600(x_1 - 40) + 600(x_1 + x_2 - 60) \\
& + 600(x_1 + x_2 + x_3 - 120) + 600(x_1 + x_2 + x_3 + x_4 - 135)
\end{aligned}
$$

$$
\text{s. t.}\begin{cases}
x_1 \geqslant 40 \\
x_1 + x_2 - 40 \geqslant 20 \\
x_1 + x_2 + x_3 - 60 \geqslant 60 \\
x_1 + x_2 + x_3 + x_4 - 120 = 15 \\
x_j \leqslant 50 \\
x_j \leqslant y_j \mathrm{M}, \quad j = 1,2,3,4; \mathrm{M}\text{充分大} \\
x_j \geqslant 0\text{且为整数}, \quad j = 1,2,3,4 \\
y_j = 0\text{或}1, \quad j = 1,2,3,4
\end{cases}
$$

接下来介绍如何调用 Gurobi 求解器进行求解，首先编制程序如下：

```
#导入gurobi求解器并定义模型
import gurobipy as gp
model = gp.Model()
# 定义决策变量
x = {}
y = {}
for j in range(1,5):
    x[j] = model.addVar(lb=0, ub=50, vtype=gp.GRB.INTEGER, name=f"x_{j}")
    y[j] = model.addVar(vtype=gp.GRB.BINARY, name=f"y_{j}")
# 添加约束
model.addConstr(x[1] >= 40)
model.addConstr(x[1] + x[2] >= 60)
model.addConstr(x[1] + x[2] + x[3] >= 120)
model.addConstr(x[1] + x[2] + x[3] + x[4] == 135)
for j in range(1, 5):
    M = 1000
    model.addConstr(x[j] <= M * y[j])
# 定义目标函数
objective = 1200 * gp.quicksum(x[j] for j in range(1,5)) + 12000 * gp.quicksum(y[j] for j
in range(1,5)) + 600 * (x[1] - 40) + 600 * (x[1] + x[2] - 60) + 600 * (x[1] + x[2] + x[3] -
120) + 600 * (x[1] + x[2] + x[3] + x[4] - 135)
model.setObjective(objective, sense=gp.GRB.MINIMIZE)
#求解
model.optimize()
# 输出结果
if model.status == gp.GRB.OPTIMAL:
    for var in model.getVars():
        print("最优解", var.varName, "=", var.x)
    print("总生产成本为：", model.objVal)
```

运行以上程序得到的结果如下：

```
最优解 x_1 = 40.0
最优解 y_1 = 1.0
最优解 x_2 = 30.0
最优解 y_2 = 1.0
最优解 x_3 = 50.0
最优解 y_3 = 1.0
最优解 x_4 = 15.0
最优解 y_4 = 1.0
总生产成本为： 216000.0
```

由以上结果可知该公司为了完成生产任务，每个季度都需要进行生产，且生产量分别为 40 台、30 台、50 台和 15 台，此时总成本最低，为 216 000 元。

对于企业面临的第二个问题，显然这是一个背包问题，设 0－1 决策变量如下：

$$
x_j = \begin{cases} 1, & \text{引进第}\ j\ \text{个采购项目} \\ 0, & \text{不引进第}\ j\ \text{个采购项目} \end{cases}
$$

建立该问题的数学模型如下：

$$\max Z = 30x_1 + 32x_2 + 38x_3 + 40x_4 + 50x_5$$

$$\text{s. t.}\begin{cases} 20x_1 + 25x_2 + 30x_3 + 32x_4 + 40x_5 \leqslant 65 \\ x_j \in \{0,1\},\quad j = 1,2,3,4,5 \end{cases}$$

根据以上步骤调用 Gurobi 求解该问题的程序如下：

```
#导入gurobi求解器并定义模型
import gurobipy as gp
model = gp.Model()
# 创建决策变量
x = {}
for j in range(1, 6):
    x[j] = model.addVar(vtype = gp.GRB.BINARY, name = f"x_{j}")
# 添加约束条件
model.addConstr(20 * x[1] + 25 * x[2] + 30 * x[3] + 32 * x[4] + 40 * x[5] <= 65, name =
"c1")
# 设置优化目标
objective = 30 * x[1] + 32 * x[2] + 38 * x[3] + 40 * x[4] + 50 * x[5]
model.setObjective(objective, sense = gp.GRB.MAXIMIZE)
# 求解模型
model.optimize()
# 输出结果
if model.status == gp.GRB.OPTIMAL:
    print('最优解: ')
    for v in model.getVars():
        print(f"{v.varName} = {v.x}")
    print(f"目标函数值: {model.objVal}")
```

求解结果如下：

```
最优解:
x_1 = 0.0
x_2 = 1.0
x_3 = 0.0
x_4 = 0.0
x_5 = 1.0
目标函数值: 82.0
```

由以上结果可以得到当投资项目 2 和项目 5 时，预期总收益最大，为 82 万元。

本章小结

本章主要介绍了整数规划问题的基本概念、求解方法与经济管理领域的典型问题等。整数规划是一类优化问题，其中部分或者全部决策变量被限制为整数，本章首先指出了整数规划问题相较于线性规划的区别，介绍了纯整数规划和混合整数线性规划的基本概念，并提出整数规划的系数矩阵 A 是全单模矩阵且向量 b 为整数向量是松弛问题的最优解就是整数解的一个充分条件。

整数规划的建模与求解是本章需要掌握的重点内容。与线性规划类似，同样需要考虑目标函数、决策变量、约束条件等多方面因素，尤其是要明确哪些变量必须为整数，这是相较于线性规划的区别所在。在整数规划的求解方面，本章介绍了几种常用的方法来求解一般问题——分支定界法与割平面法，分支定界法通过将问题分解为子问题，并采用剪支策略来减少搜索空间，从而提高求解效率；而割平面法则是通过添加额外的约束条件将整数规划问题转换为线性规划问题，并通过一系列“Gomory 割平面”来限制变量的取值范围，从而找到整数规划问题的最优解。对于特殊的0－1整数规划问题，本章也介绍了比穷举法更加高效的隐枚举法用于快速求解。

此外，本章还介绍了一些典型的整数规划问题及其在经济管理方面的典型应用，如指派问题、旅行商问题、背包问题、选址与运输问题、生产计划制订问题等，这些问题在实际应用中具有广泛的应用价值，通过分析与处理这些典型的实践问题也可以进一步加强读者对整数规划问题概念与理论的理解。最后，本章还介绍了如何利用计算机工具求解整数规划问题，帮助读者为解决实际问题提供强有力的分析与决策工具。

整数规划是一个复杂而重要的研究领域，希望通过本章的学习，读者能够对整数规划有全面的了解，并能够运用所学知识解决各种实际问题。

本章的理论框架如下：

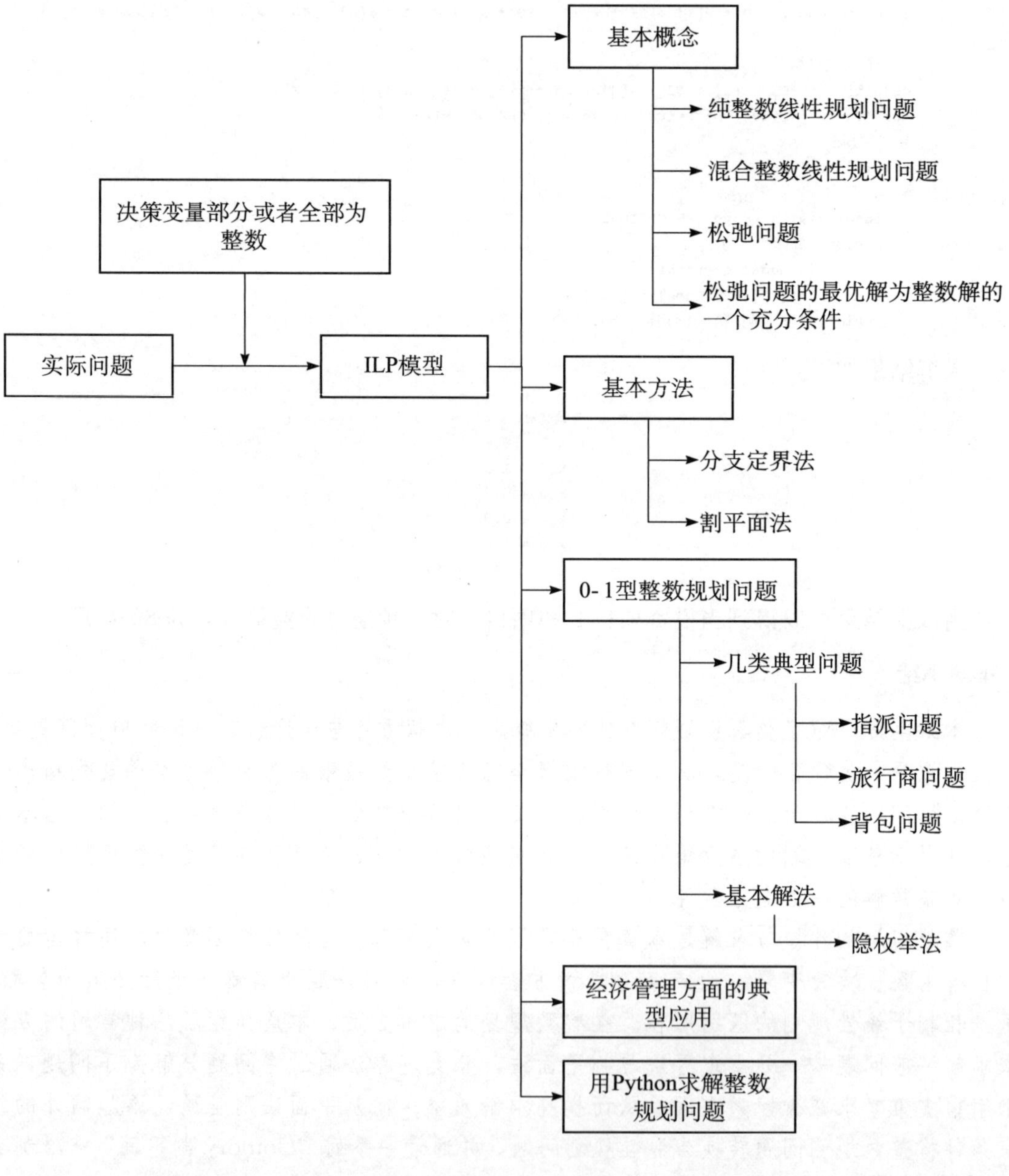

拓展阅读

戈莫里与运筹学的不解之缘

1958 年 IBM 高级副总裁拉尔夫·戈莫里（Ralph Gomory）发表了题为《线性规划整数解的算法概述》（*Outline of an algorithm for integer solutions to linear programs*）的论文，介绍了使用单纯形法求解整数规划问题的割平面法，奠定了整数规划的理论基础。因此，在整数规划领域，1958 年被视为具有开创意义的一年。

在学生时代，戈莫里一直从事非线性微分方程的研究。在海军服役期间，他第一次真正了解了运筹学，并对其产生了浓厚的兴趣。在回到普林斯顿授课期间，戈莫里在华盛顿参加了夜间课程，学习了线性规划。与此同时，戈莫里还在海军运筹学小组担任顾问。在海军运筹学小组时，他遇到了一个问题，即使用线性规划设计一支海军特遣部队，部队中有一艘航空母舰时，必须同时配备驱逐舰及其他相关设施，所以海军方面需要了解船只的数量以及它们能航行多远。当他们使用线性规划来最小化工作组的成本和优化工作组的组成方式时，得出的答案是二又四分之一艘航空母舰。这个答案虽然的确是最优解，但在现实问题中并非可行解。因此，戈莫里经过不断思考，最终研究出了 Gomory 割平面法，并花了一个月的时间证实了它的收敛性。

在 IBM 任职期间，戈莫里还遇到了另一个问题——造纸厂制作出巨大的纸卷，但之后他们不得不把纸卷切成人们可以使用的大小，在这个过程中难免会出现浪费。这种情况可以看作一个线性规划问题，但减少浪费的方法存在数亿种。因此，线性规划公式涉及数亿列，人们无法将它们一一列举出来，更不用说在计算机上运行了。所以戈莫里与保罗（Paul）开发出了一种叫作列生成的算法，然后在计算机上实现。这种算法发明出来后，被当时的很多家造纸厂使用。同时，戈莫里也在这个过程中获得了大量的造纸数据。通过这些数据，戈莫里和保罗发现一旦纸卷滚动到一定的宽度，它就会以某种方式重复，这种现象可以用群论来解释。因此两人基于对这个问题的研究在学术上获得了巨大的成功。

习题 3

一、选择题

1. 对于以下整数规划问题：

$$\max Z = 3x_1 + x_2$$

$$\text{s.t.}\begin{cases} 4x_1 + 3x_2 \leqslant 7 \\ x_1 + 2x_2 \leqslant 4 \\ x_1, x_2 \in \{0,1\} \end{cases}$$

其最优解是（　　）。

A. (0，0)　　B. (0，1)　　C. (1，0)　　D. (1，1)

2. 对于整数规划问题：

$$\max Z = 3x_1 + 2x_2$$

$$\text{s.t.}\begin{cases} 2x_1 + 3x_2 \leqslant 14 \\ x_1 + 0.5x_2 \leqslant 4.5 \\ x_1, x_2 \geqslant 0 \text{ 且为整数} \end{cases}$$

已知其松弛问题的最优解为（3.25，2.5），它的最优解为（　　）。

A.（4，1）　　B.（4，3）　　C.（3，2）　　D.（2，4）

3. 下列说法正确的是（　　）。

A. 整数规划问题最优值优于其相应的线性规划问题的最优值

B. 用分支定界法求解一个极大化的整数规划时，当得到多于一个可行解时，通常可任取其中一个作为下界再进行比较剪支

C. 分支定界法在处理整数规划问题时，借用线性规划单纯形法的基本思想，在求相应的线性模型解的同时逐步加入对各变量的整数要求限制，从而把原整数规划问题通过分支迭代求出最优解

D. 以上说法都不对

4. 下列说法正确的是（　　）。

A. 分支定界法最大值问题的目标值是各分支的下界

B. 分支定界法最大值问题的目标值是各分支的上界

C. 分支定界法最小值问题的目标值是各分支的上界

D. 以上结论都不对

5. 关于指派问题的决策变量的取值，下列说法正确的是（　　）。

A. 不一定为整数　　B. 不是0就是1

C. 只要是非负就行　　D. 以上说法都不对

二、判断题

1. 整数规划的最优解是先求相应的线性规划的最优解然后取整得到。（　　）

2. 部分变量要求是整数的规划问题称为纯整数规划。（　　）

3. 求最大值问题的目标函数值是各分支函数值的上界。（　　）

4. 求最小值问题的目标函数值是各分支函数值的下界。（　　）

5. 变量取0或1的规划是整数规划。（　　）

6. 整数规划的可行解集合是离散型集合。（　　）

7. 用割平面法求解纯整数规划时，要求包括松弛变量在内的所有变量必须取整数值。（　　）

三、应用分支定界法求解下列整数规划问题

1. $\max Z = 8x_1 + 11x_2$

$$\text{s.t.}\begin{cases}2x_1 + x_2 \leqslant 6 \\ 4x_1 + 5x_2 \leqslant 15 \\ x_1, x_2 \geqslant 0 \text{ 且为整数}\end{cases}$$

2. $\max Z = 5x_1 + 4x_2$

$$\text{s.t.}\begin{cases}x_1 + 2x_2 \leqslant 5 \\ 5x_1 + 3x_2 \leqslant 20 \\ x_1, x_2 \geqslant 0 \text{ 且为整数}\end{cases}$$

四、应用隐枚举法求解下列 0－1 型整数规划问题

1. $\min Z = 4x_1 + 3x_2 + 2x_3$

$$\text{s.t.}\begin{cases}2x_1 - 5x_2 + 4x_3 \leqslant 5\\4x_1 + 3x_2 + 2x_3 \geqslant 4\\x_1 + x_3 \geqslant 1\\x_1, x_2, x_3 \in \{0,1\}\end{cases}$$

2. $\min Z = 3x_1 + 5x_2 + 2x_3$

$$\text{s.t.}\begin{cases}2x_1 - 3x_2 + 4x_3 \leqslant 5\\x_1 + 3x_2 + 2x_3 \geqslant 3\\x_1 - x_2 + x_3 \geqslant 1\\x_1, x_2, x_3 \in \{0,1\}\end{cases}$$

五、整数规划建模

1. 雅致家具厂生产 4 种小型家具，由于这 4 种家具具有不同的大小、形状、重量和风格，所以它们所需要的主要原料（木材和玻璃）、制作时间、最大销售量与单位产品利润均不相同。该厂每天可提供的木材、玻璃和工人制作时间分别为 600 单位、1 000 单位与 400 小时，详细的数据资料见表 3.11。

表 3.11　生产计划问题有关数据表

		制作时间（小时/件）	木材（单位/件）	玻璃（单位/件）	单位产品利润（元/件）	最大销售量（件）
家具类型	1	2	4	6	60	100
	2	1	2	2	20	200
	3	3	1	1	40	50
	4	2	2	2	30	100
可提供量		400 小时	600 单位	1 000 单位		

应如何安排这四种家具的日产量，使得该厂的日利润最大？试建立该问题的整数规划模型。

2. 某公司专门从事精密仪器制造，现计划扩大生产规模以提高收益，经过公司决议，管理层确定了以下 4 个可选项目。已知每个项目前 4 年每年都必须投入一定的成本才能于 5 年后获得收益，各项目在 5 年后的预期收益、年投入成本及公司每年的可用资金如表 3.12、表 3.13 所示。请问该公司应如何选择项目才能使 5 年后的预期收益最大？试建立该问题的整数规划模型。

表 3.12　各项目 5 年后的预期收益表

项目编号	项目名称	预期收益（万元）
1	新增生产线	12
2	改组车间	18

续表

项目编号	项目名称	预期收益（万元）
3	重组供应链	25
4	研究新型生产技术	30

表 3.13　年投入成本及公司每年的可用资金表

	年投入成本（万元）			
项目编号	**第 1 年**	**第 2 年**	**第 3 年**	**第 4 年**
1	2.5	2.2	2	1.8
2	3	3.5	2	2
3	4.5	2.5	5.2	1.8
4	5.5	3.2	4	3.8
可用资金（万元）	10	8	8	6

3. 某大学教务部门设立了 5 个助管岗位，并聘用了 3 名硕士研究生（分别表示为 1、2、3）与 2 名博士研究生（分别表示为 4、5）协助老师处理办公室的日常工作，现需要对聘用的学生进行排班。已知每人从周一到周五每天最多可安排的值班时间及值班报酬如表 3.14 所示。

表 3.14　学生值班及报酬有关信息表

学生	报酬（元/小时）	每天最多可安排的值班时间（小时）				
		周一	周二	周三	周四	周五
1	15	4	0	4	0	6
2	15	0	4	0	5	0
3	15	4	8	3	0	4
4	20	3	0	4	6	0
5	20	0	5	0	5	3

已知该教务部门的上班时间为上午 8：00 至晚上 18：00，上班时间内须有且仅有 1 名学生值班。规定硕士研究生每周值班不少于 8 小时，博士研究生每周不少于 6 小时，每名学生每周值班不超过 3 次，每次值班不少于 3 小时，每天安排的值班学生不超过 3 人，且其中必须有博士研究生。请问该教务部门应如何安排人员值班表，在满足值班要求的前提下使得部门支付的总报酬最少？试建立该问题的整数规划模型。

4. 某城市计划建 2 所医院，可以选择在 5 个区建这些医院，每个区的年居民就诊人数以及每个区的坐标（x，y）如表 3.15 所示。

表 3.15　区坐标与就诊人数表

区	区坐标	就诊人数
1	（5，12）	4 000

续表

区	区坐标	就诊人数
2	(3，4)	5 000
3	(7，5)	4 800
4	(6，6)	4 200
5	(2，5)	6 000

如果要使患者去医院的距离最短，请问应在哪些区建设医院？请为该问题建立整数线性规划模型。

5. 某商业集团计划在市内4个区域投资4个专业超市，考虑的商品有电器、服装、食品、家具4个类别。通过评估，家具超市不能放在第3个区域，电器超市不能放在第4个区域，不同类别的专业超市在4个区域的年利润预测值（万元）见表3.16。该商业集团如何做出投资决策使年利润最大？试建立该问题的整数规划模型。

表3.16　年利润预测表　　单位：万元

	区域1	区域2	区域3	区域4
电器	60	70	200	300
服装	75	60	180	260
食品	70	80	160	250
家具	82	75	220	240

6. 设某企业在A1地有一工厂，其生产产品的能力为30千箱，为扩大生产，打算在A2、A3、A4、A5地中再选择几个地方建厂。已知在A2、A3、A4、A5地建厂的固定成本分别为175千元、300千元、375千元、500千元，另外，A1产量及在A2、A3、A4、A5地建厂的产量，销地的销量以及产地到销地的单位运价（每千箱运费）如表3.17所示。该在哪几个地方建厂，在满足销量的前提下，使总固定成本和运输费用之和最小？试建立该问题的整数规划模型。

表3.17　单位运价数据表

产地	销地			产量（千箱）
	B1	B2	B3	
A1	9	5	4	30
A2	5	3	3	10
A3	4	5	3	20
A4	8	6	2	30
A5	3	7	2	40
销量（千箱）	30	20	20	

7. 某公司考虑在北京、上海、广州和武汉4个城市设立配送中心，这些配送中心负责向华北、华中、华南3个地区供货。每个配送中心每月可处理货物1 000件。在北京设

库房每月成本为4.5万元，上海为5万元，广州为7万元，武汉为4万元。每个地区的月平均需求量分别为华北500件、华中800件、华南700件。发送货物的运输成本（元/件）见表3.18。公司希望在满足地区需求的条件下使平均月成本最低，且要满足以下条件：

（1）如果在上海设立配送中心，则必须也在武汉设立。

（2）最多设立两个配送中心。

（3）武汉与广州不能同时设立配送中心。

试建立该问题的整数规划模型。

表3.18 单位运输成本数据表 单位：元/件

	华中	华北	华南
北京	200	400	500
上海	300	250	400
武汉	350	150	350
广州	600	150	350

第4章

动态规划

| 本章要点 |

1. 动态规划的基本概念
2. 最优化原理
3. 动态规划模型：一个大前提、四个条件和一个方程
4. 典型动态规划问题建模与求解的方法和技巧

“西电东送”工程与投资项目决策问题

“西电东送”是把中国煤炭、水力资源丰富的西部省区的能源转化成电力资源，输送到电力紧缺的东部沿海地区的工程项目，是中国西部大开发战略重点工程中工程量最大、投资额最多的项目之一，从2001年到2010年的十年间，总投资超过5 200亿元。该工程的实施，有利于西部资源优势转化为经济优势，减轻环境和运输压力，对于合理配置资源、优化能源结构、促进我国社会经济可持续发展具有重要意义。

然而，工程沿线许多地区的公路、电力、通信等基础设施发展水平较低，亟需更多建设资金的投入。为了进一步推进“西电东送”这一伟大工程，除了官方主导的发展融资，私人部门参与的商业投资项目也在积极运作之中。

小胡是某金融机构投资部经理，近期该部门对“西电东送”工程中关于交通、能源、公共卫生等领域的建设项目进行了调研与评估，最后拟定了5个投资项目A、B、C、D、E供公司领导选择。已知该公司准备拿出5 000万元来投资这些项目，根据投资部门的预测，这些项目的投资金额与盈利能力有以下关系：如果对各项目进行1 000万元、2 000万元、3 000万元、4 000万元、5 000万元的投资，A项目五年内可分别获利300万元、500万元、900万元、1 200万元和1 400万元；B项目可分别获利200万元、500万元、900万元、1 100万元和1 300万元；C项目可分别获利400万元、600万元、1 000万元，

1 100 万元和 1 200 万元；D 项目可分别获利 250 万元、700 万元、1 000 万元、1 300 万元和 1 600 万元；E 项目可分别获利 500 万元、700 万元、1 200 万元、1 300 万元和 1 400 万元。该金融机构领导应该如何制定投资决策以使该公司获得最高的投资收益呢？

§4.1　动态规划的研究对象与特点

前面讨论的线性规划问题属于静态决策，即与时间因素无关的一次性决策问题。比如生产计划问题，在劳动工时和原材料等约束条件下，求使总利润最大的几种产品的生产计划。这类问题只要通过求解线性规划模型，一次性得出最优解和最优值，就得以解决。无论是每天的生产计划，还是每月的生产计划，只需在当前情况下，进行一次性决策（求出最优解），得出一个阶段（每天或每月）对目标函数（总利润）的贡献（最优值）即可。

假如企业每月或每季度都要制订生产计划，而且市场需求和库存状况随时间而变化，现在需要确定使全年总的经济效益最佳的生产计划方案，这就不再属于静态决策问题了。因为每月或每季度都要根据市场需求和库存状况确定当月或当季度的生产方案，所以需要进行多次决策。而且由于市场需求和企业的库存状况是随时间变化的，每月或每季度的生产方案和对总利润的贡献都与时间因素有关，因而是与时间因素有关的动态决策问题。

既然每月或每季度都能制订出当月或当季度的最优生产方案，那么多次静态决策的最佳方案连接在一起是否就构成使全年总的经济效益最佳的生产计划？换言之，动态决策问题是否可以通过分解为多次静态决策加以解决呢？答案是否定的。因为分段优化的简单叠加并不一定就是全局最优的结果。运筹学的理念是全局最优或整体最优，因而有时需要在某个阶段牺牲局部而保证全局。换句话讲，需要站在全年经济效益最佳的高度，统筹安排每月或每季度的生产方案。每个阶段的生产计划并不是孤立的，而是相互联系、相互影响的。

类似的多阶段决策问题在现实中还有很多，如：

（1）某公司准备了一笔资金用于多个项目的研发、生产和市场推广，由于不同项目的盈利能力不同，投资所获得的收益也不同，要求制订关于每个项目的投资计划，以最大化该笔资金的总投资收益。

（2）某厂主要生产一种产品，该厂根据历史销售数据，预测了该产品在未来四个季度的销售量，已知产品的生产成本、储存成本与设备启动成本（固定成本），现需要决定该厂未来四个季度的生产，以使得满足订单所耗费的生产成本最小。

（3）某种机器可以在高、低两种负荷下运行。高负荷下该机器的产量高，但每完成一个阶段的生产后，机器的完好率低；低负荷下生产时的情况则相反。现在需要安排该种机器在多个阶段内的生产，要求确定各阶段中机器的使用数量，使整个计划期内的总产量最大。

（4）某台设备，例如汽车，刚购进时故障少、耗油低、出车时间长，处理价值和经济效益高。随着使用时间的增加，逐渐出现故障多、油耗高、维修费增加和经济效益变差的情况。使用时间越长，处理价值就越低，且每次更新都要支付更新费用。因此，必须确定设备的使用年限，以使总的效益最佳。

所谓多阶段决策问题是指进行多个阶段的一系列决策以便使系统在整个动态过程中的总目标达到最优的一类优化问题。其特点是系统的动态过程可按时间进程划分为多个阶段，每个阶段的状态既相互联系又相互区别，一旦确定每一阶段的决策，就完全确定了系统动态过程的活动路线。因此多阶段决策问题是与时间因素有关的多次决策问题，属于特殊形式的动态决策问题，有别于与时间因素无关的、一次性的静态决策问题。

动态规划作为运筹学的一个分支，其研究对象就是多阶段决策问题。动态规划是分析和解决多阶段决策过程最优化问题的理论和方法。动态规划是由美国数学家贝尔曼等根据多阶段决策问题的特性，在提出解决该类问题的最优化原理后，结合大量的实际问题而逐步建立起来的运筹学的一个分支。

动态规划方法有一些明显的优势。许多问题用动态规划方法求解比用线性规划、非线性规划方法更有效，特别是对于离散问题，解析数学无用武之地，而动态规划方法就成为得力工具。在某些情况下，动态规划方法不仅能作定性的描述分析，而且可利用计算机给出求其数值解的方法。

然而，动态规划方法也有弱点。其一是没有统一的处理方法。求解时要根据问题的性质，结合多种数学技巧进行具体分析，因此实践经验及创造性思维起着重要的引导作用。其二就是所谓的维数障碍。当变量个数太多时，计算机内存和速度的限制将导致问题无法解决。有些问题涉及的函数没有理想的性质而使问题只能用动态规划描述，而不能用动态规划求解。

实际应用中，有大量的静态决策问题也可以通过人为引入恰当的“时段”概念，把问题转化成一个多阶段决策问题，这样就能用动态规划加以处理，从而扩大了动态规划的应用范围，这就是所谓的静态决策问题的动态处理。这样的例子很多，如最短路线问题、资源分配问题等。

鉴于动态规划本身的特点，在建模和求解过程中，必须通过研究大量的典型问题才能理解和领会其中的建模技巧。因此本章首先介绍动态规划的基本概念与最优化原理，然后以各种典型问题为逻辑主线，详细讨论动态规划问题的建模与求解，以便读者学习和掌握各种求解方法与技巧。

§4.2　动态规划的基本概念与最优化原理

4.2.1　动态规划的基本概念

多阶段决策过程可以用图 4.1 所示的形式来描述。以阶段 k 所作的决策 T_k 为例，x_k

表示 k 阶段制定决策 T_k 时所面临的资源和环境状况（称为状态 x_k），x_{k+1} 表示执行决策 T_k 后系统面临的资源和环境状况（称为状态 x_{k+1}），u_k 是制定决策 T_k 所需确定的决策变量，r_k 是决策 T_k 执行后带来的阶段收益。整个多阶段决策过程可以叙述为：在阶段 1，基于已知的状态 x_1 选择决策变量 u_1 以制定决策 T_1，实施 T_1 后系统状态转移到状态 x_2，同时得到阶段收益 r_1；在阶段 2，基于状态 x_2 选择决策变量 u_2 以制定决策 T_2，执行 T_2 后系统状态转移到状态 x_3，同时得到阶段收益 r_2；依此类推，直到阶段 n，基于状态 x_n 选择决策变量 u_n 以制定决策 T_n，执行 T_n 后系统状态转变为已知的最终状态 x_{n+1}，同时得到阶段收益 r_n。整个决策过程有 n 个阶段，需进行 n 次决策。

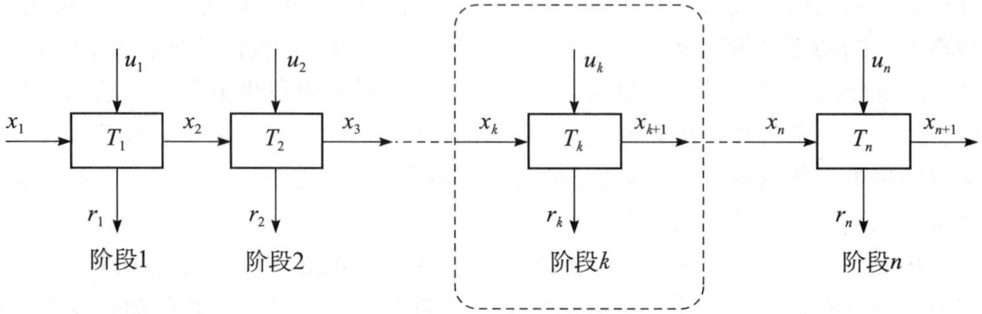

图 4.1　多阶段决策过程示意图

下面介绍动态规划的基本概念和相关术语。

1. 阶段和阶段变量

把所研究的多阶段决策过程恰当地划分为若干个相互独立又相互联系的部分，每一个部分就称为一个阶段。一个阶段就是需要做出一个决策的子问题部分。通常阶段是按照过程进行的时间和空间上的先后顺序划分的，并用阶段变量 k 表示。阶段数等于多阶段决策过程中从开始到结束所需要做出的决策数目，划分阶段的目的是便于求解。

2. 状态和状态变量

在多阶段决策过程中，状态是描述系统资源和环境状况所必须的信息，一般为某个阶段的初始点、初始位置或初始情况。状态变量必须包含在给定的阶段上确定全部决策所需要的信息，阶段 k 的状态表示为 x_k。比如在最短路问题中，状态就是网络中的各个节点。

状态变量的取值有一定的允许范围，这个范围称为状态可能集。状态可能集是关于状态的约束条件。状态可能集用相应阶段状态 x_k 的大写字母 X_k 表示，$x_k \in X_k$。状态可能集可以是一个离散的取值集合，也可以是一个连续的区间，视所给问题的具体情况而定。

3. 决策、决策变量和决策序列

决策就是决策者从本阶段出发对下一阶段状态的选择。多阶段决策过程的发展是用各个阶段的状态演变来描述的。因为用状态描述的过程具有无后效性，即在进行阶段决策时，只须考虑当前的状态进行而无须考虑过去的状态。在阶段 k，如果给出了决策变

量 u_k 随状态变量 x_k 变化的对应关系，就确定了根据不同的当前状态做出不同决策的规则。决策变量 u_k 是状态变量 x_k 的函数，称为决策函数，表示为 $u_k(x_k)$ 。

决策变量的取值也有一定的允许范围，称为决策允许集。决策允许集是决策的约束条件。设 u_k 的决策允许集为 U_k ，$u_k \in U_k$ 。U_k 要根据相应的状态可能集 X_k 并结合具体问题来确定。

一系列决策构成的序列称为策略。策略有全过程策略和 k -子策略之分。全过程策略是整个 n 阶段决策过程中依次进行的 n 个阶段决策构成的决策序列，简称策略，表示为 $\{u_1, u_2, \cdots, u_n\}$。从阶段 k 到阶段 n 依次进行的阶段决策构成的决策序列称为 k -子策略，表示为 $\{u_k, u_{k+1}, \cdots, u_n\}$。当 $k=1$ 时，k -子策略就是全过程策略。相应地，从阶段 k 到阶段 n 的过程称为 k -子过程，当 $k=1$ 时，k -子过程就是全过程。

在 n 阶段决策问题中，各阶段的状态可能集和决策允许集确定了决策的允许范围。过程的初始状态不同，决策和策略也就不同，即策略是初始状态的函数。

4. 状态转移方程

状态转移方程表示从阶段 k 到阶段 $k+1$ 的状态转移规律，即 x_{k+1} 与 x_k 之间关系的表达式。多阶段决策过程就是用阶段状态的相继演变来描述的。对具有无后效性的多阶段决策过程，系统由阶段 k 到阶段 $k+1$ 的状态转移方程为：

$$x_{k+1}=T_k(x_k, u_k(x_k))$$

即阶段 $k+1$ 的状态完全由阶段 k 的状态 x_k 和决策 $u_k(x_k)$ 确定，与系统过去的状态 x_1，x_2，$\cdots$，x_{k-1} 及其决策 $u_1(x_1)$，$u_2(x_2)$，$\cdots$，$u_{k-1}(x_{k-1})$ 无关。$T_k(x_k, u_k)$ 称为变换函数或变换算子。变换函数可以分为两种类型，即确定型和随机型，据此形成确定型动态规划和随机型动态规划。

5. 阶段效应和目标函数

多阶段决策过程中，在阶段 k 的状态 x_k 执行决策 u_k ，不仅会带来系统状态的转变，而且必然对目标函数产生影响。阶段效应就是执行阶段决策时所带来的目标函数的增量。在具有无后效性的多阶段决策过程中，阶段效应完全由阶段 k 的状态 x_k 和决策 u_k 决定，与阶段 k 以前的状态和决策无关，表示为 $r_k(x_k, u_k)$。

多阶段决策过程关于目标函数的总效应由各阶段的阶段效应累积而成。动态规划问题的目标必须具有关于阶段效应的可分离形式、递推性和对于变元 R_{k+1} 的严格单调性。k -子过程的目标函数可以表示为：

$$\begin{aligned} R_k &= R(x_k, u_k, x_{k+1}, u_{k+1}, \cdots, x_n, u_n) \\ &= r_k(x_k, u_k) \otimes r_{k+1}(x_{k+1}, u_{k+1}) \otimes \cdots \otimes r_n(x_n, u_n) \end{aligned}$$

其中 $\otimes$ 表示某种运算，可以是加、减、乘、除、开方等。经济管理领域中，最常见的目标函数是阶段效应的求和形式，即

$$\begin{aligned} R_k &= R(x_k, u_k, x_{k+1}, u_{k+1}, \cdots, x_n, u_n) \\ &= \sum_{i=k}^{n} r_i(x_i, u_i) \end{aligned}$$

4.2.2 多阶段决策过程的数学模型

用动态规划方法处理实际问题的前提条件是可以恰当地划分阶段，把问题描述为多阶段决策过程。而多阶段决策过程要用动态规划来描述，必须满足以下四个条件，并能在此基础上写出动态规划的基本方程，即“一个大前提、四个条件和一个方程”。

（1）能正确地选择状态变量。

正确地选择状态变量，就意味着该状态变量能够描述过程的演变特征，且满足无后效性和可知性。无后效性（马尔科夫性）指系统从某个阶段状态往后的发展，完全由本阶段的状态和其后的决策确定，与系统以前的状态和决策无关。换言之，多阶段决策过程的过往历史只能通过当前的状态来影响其未来的发展，当前的状态就是未来过程的初始状态。可知性指各阶段的状态变量取值，通过直接或间接的方法均可获知。

（2）能确定决策变量及各阶段的决策允许集。

（3）能写出状态转移方程。

（4）能根据题意列出阶段效应和目标函数。

由于介绍动态规划基本方程需要首先讨论最优化原理，并引入贝尔曼函数，因此动态规划基本方程将在4.2.3中介绍。

动态规划的建模过程就是在明确四个条件（或称要素）的基础上，写出动态规划的基本方程。一个动态规划模型由四个条件和一个方程（动态规划基本方程）构成。

求解动态规划有三个要求：

（1）确定最优策略，即最优决策序列$\{u_1^*, u_2^*, \cdots, u_n^*\}$。

（2）得出最优路线，即执行最优策略时的最优状态序列$\{x_1^*, x_2^*, \cdots, x_k^*, x_{n+1}^*\}$，其中，$x_{k+1}^*=T_k(x_k^*, u_k^*)$（$k=1, 2, \cdots, n$）。

（3）求出最优目标函数值：$R^*=\sum\limits_{k=1}^{n} r_k(x_k^*, u_k^*)$。

4.2.3 最优化原理与动态规划基本方程

最优化原理是动态规划的灵魂。动态规划求解的核心就是最优化原理的实际应用。

最优化原理 最优策略具有的基本性质是：无论初始状态和初始决策如何，对于前面决策所造成的某一状态而言，余下的决策序列必构成最优策略。

可用图4.2来解释最优化原理。若从A点到B点的最短路为图中实线所示，M为途中实线上某一点，那么从M点到B点的最短路一定是实线MB。

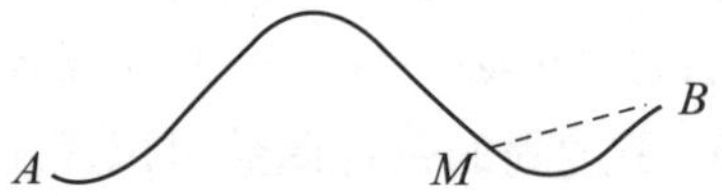

图4.2 最优化原理示意图

若不然，比如虚线MB为从M点到B点的最短路，那么实线AM加上虚线MB肯定比实线AB短，与实线AB是从A点到B点的最短路的假设矛盾。

为了便于最优化原理的应用，引入贝尔曼函数。贝尔曼函数也称为最优指数函数或条件最优目标函数$f_k(x_k)$，是为建立动态规划基本方程所定义的辅助函数。其含义是：在阶段k从初始状态x_k出发，执行最优决策序列或策略，到达过程终点时的目标函数取值。

对于目标函数是阶段效应之和的多阶段决策过程而言，

$$f_k(x_k)=\underset{u_k \sim u_n}{opt}\sum_{i=k}^{n} r_i(x_i,u_i)，\quad k=1，2，\cdots，n \tag{4-1}$$

为了将关于多段决策过程的任一阶段状态 x_k 的最优策略和最终的最优策略相区别，称前者为条件最优策略，即相对于条件 x_k 的最优策略。构成条件最优策略的决策称为条件最优决策。阶段 k 处于状态 x_k 的条件最优决策表示为 $u'_k(x_k)$，简记为 u'_k，相应的条件最优策略表示为 $\{u'_k，u'_{k+1}，\cdots，u'_n\}$。条件最优目标函数值 $f_k(x_k)$ 即执行条件最优策略时的目标函数值：

$$f_k(x_k)=\sum_{i=k}^{n} r_i(x_i,u'_i) \tag{4-2}$$

执行条件最优策略时的阶段状态序列称为条件最优路线，表示为 $\{x'_k，x'_{k+1}，\cdots，x'_n，x'_{n+1}\}$，其中 $x'_{k+1}=T_k\ (x'_k，u'_k)\ (k=1，2，\cdots，n)$。

动态规划基本方程是：

$$\begin{cases} f_k(x_k)=\underset{u_k}{opt}\{r_k(x_k,u_k)\otimes f_{k+1}(x_{k+1})\} \\ f_{n+1}(x_{n+1})=0 \end{cases},\quad k=n,n-1,\cdots,1 \tag{4-3}$$

包括由一个递推方程构成的主体部分和用以界定问题范围的边界条件 $f_{n+1}(x_{n+1})=0$ 两个部分。其中 $\otimes$ 表示某种运算。特别地，当目标函数为阶段效应求和形式时，基本方程可以写成：

$$\begin{cases} f_k(x_k)=\underset{u_i}{opt}\sum_{i=k}^{n} r_i(x_i,u_i) \\ \qquad\quad =\underset{u_k}{opt}\{r_k(x_k,u_k)+f_{k+1}(x_{k+1})\},\quad k=n-1,n-2,\cdots,1 \\ f_{n+1}(x_{n+1})=0 \end{cases} \tag{4-4}$$

4.2.4　动态规划的分类

根据多阶段决策过程的特点，动态规划可分类如下：

1. 按决策特性分类

（1）时间多阶段决策过程。

（2）空间多阶段决策过程。

2. 按决策允许集的连续或不连续分类

（1）连续多阶段决策过程。

（2）离散多阶段决策过程。

3. 按构成决策序列的决策数目的有限或非有限性分类

（1）有限多阶段决策过程。

（2）无限多阶段决策过程。

4. 按状态变化的确定或随机性分类

（1）确定型多阶段决策过程。

（2）随机型多阶段决策过程。

5. 按决策序列与时间起点的关系分类

（1）定常（与时间起点无关）多阶段决策过程。

（2）非定常多阶段决策过程。

实际的多阶段决策问题，常常归结为上述各种情况的复合。本教材只限于定常的、确定性的、有限的多阶段决策过程问题的讨论。

以最短路问题为例，如图 4.3 所示。

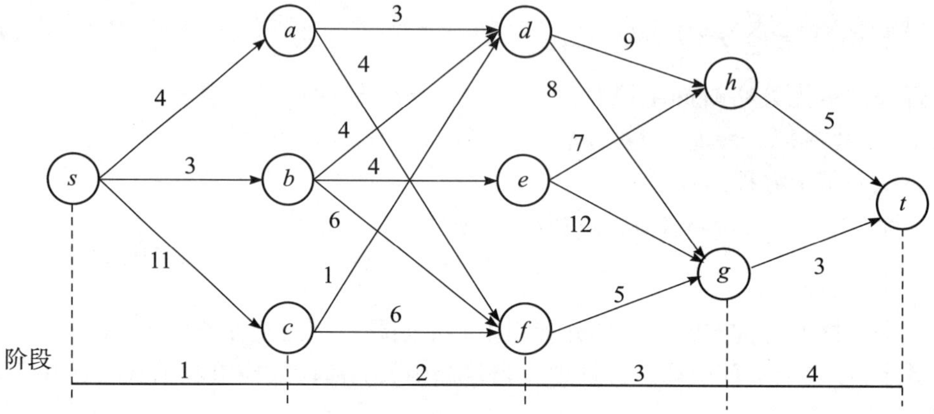

图 4.3　最短路问题网络图

（1）以各阶段的初始点作为状态变量 x_k，其状态可能集为：

$x_1\in\{s\}$；　$x_2\in\{a, b, c\}$；　$x_3\in\{d, e, f\}$

$x_4\in\{h, g\}$；　$x_5\in\{t\}$

（2）决策变量选为终止位置：$u_1\in\{a, b, c\}$。

$$\begin{cases}若\ x_2=a，u_2\in\{d, f\}\\ 若\ x_2=b，u_2\in\{d, e, f\};\\ 若\ x_2=c，u_2\in\{d, f\}\end{cases}\quad \begin{cases}若\ x_3=d，u_3\in\{h, g\}\\ 若\ x_3=e，u_3\in\{h, g\};\\ 若\ x_3=f，u_3\in\{g\}\end{cases}\quad \begin{cases}若\ x_4=h，u_4\in\{t\}\\ 若\ x_4=g，u_4\in\{t\}\end{cases}$$

（3）状态转移方程为：

$$x_{k+1}=T_k(x_k, u_k)$$

具体为 $x_{k+1}=u_k(x_k)$，即 $k+1$ 阶段的状态节点恰是第 k 阶段的决策节点。

（4）阶段效应 $r_k(x_k, u_k)$ 就是执行从 $x_k\rightarrow u_k$ 的决策所付出的代价（距离、费用等），其目标函数为：

$$R=\sum_{k=1}^{4} r_k=\sum_{k=1}^{4} C_k(x_k, u_k)\ 或\ R=\sum_{k=1}^{4} d_k(i_k, j_k)$$

§4.3　动态规划建模分析

动态规划的建模过程就是明确“一个大前提、四个条件和一个方程”的过程。具体的动态规划模型是由四个条件和一个方程构成的。

（1）一个大前提：可以确定阶段和阶段变量 k，把研究问题转化为多阶段决策问题。

（2）四个条件：

1）正确地选择状态变量 x_k，确定状态可能集 X_k。状态变量必须能够描述过程的演变特征、满足无后效性和可知性。

2）确定决策变量 u_k 和决策允许集 U_k。

3）明确状态转移方程 $x_{k+1} = T_k(x_k, u_k(x_k))$。

4）写出阶段效应 r_k 和目标函数 R。

（3）一个方程：在明确四个条件的基础上，写出动态规划的基本方程。

$$\begin{cases} f_k(x_k) = \underset{u_k}{opt}\{r_k(x_k, u_k) \otimes f_{k+1}(x_{k+1})\}, \quad k = n, n-1, \cdots 1 \\ f_{n+1}(x_{n+1}) = 0 \end{cases}$$

当目标函数为阶段效应求和形式时，

$$\begin{cases} f_k(x_k) = \underset{u_i}{opt} \sum_{i=k}^{n} r_i(x_i, u_i) \\ \qquad\quad = \underset{u_k}{opt}\{r_k(x_k, u_k) + f_{k+1}(x_{k+1})\}, \quad k = n-1, n-2, \cdots, 1 \\ f_{n+1}(x_{n+1}) = 0 \end{cases}$$

例 4.1 说明对于静态问题（如线性规划问题），只要能恰当地引入“阶段”，也可以用动态规划方法来处理。

例 4.1 某工厂用某种机床生产甲、乙两种产品，机床可使用的总工时和两种产品的单位收益如表 4.1 所示，试确定使该厂每天总收益最大的生产计划。

表 4.1 例 4.1 已知信息表

设备 \ 单位产品加工时间（小时） \ 产品	甲产品	乙产品	总工时限制（小时）
机床	4	2	12
单位产品收益（千元）	8	10	

解：（1）用线性规划求解。

设 u_1、u_2分别甲、乙两种产品的产量，则线性规划模型如下：

$$\max Z = 8u_1 + 10u_2$$

$$\text{s. t.} \begin{cases} 4u_1 + 2u_2 \leqslant 12 \\ u_1, u_2 \geqslant 0 \end{cases}$$

用图解法或单纯形法可以求得其最优解为：$u_1^* = 0$、$u_2^* = 6$，目标函数最优值 $Z^* = 60$。

（2）用动态规划处理。

如果将此静态决策问题用动态规划求解，则需恰当地引入“阶段”。可以规定，确定甲产品产量的过程为第一阶段，确定乙产品产量的过程为第二阶段。那么，该问题就可转化为一个两阶段决策过程，阶段变量为 k（$k = 1, 2$）。

1）选择 k 阶段初拥有的机床加工时间 x_k 作为状态变量，则有 $x_1 = 12$，$x_2 = 12 - 4u_1$，$x_2 \in [0, 12]$；$x_3 = 12 - 4u_1 - 2u_2$，$x_3 \in [0, 12]$。

2）决策变量选第 k 阶段产品的产量 u_k，则 $2u_2 \leqslant 12 - 4u_1$，$4u_1 \leqslant 12$。

3）状态转移方程为：$x_2 = x_1 - 4u_1$；$x_3 = x_2 - 2u_2$。

4）阶段效应：$r_1 = 8u_1$；$r_2 = 10u_2$。目标函数为：$R = r_1 + r_2$。

5）动态规划基本方程为：

$$\begin{cases} f_k(x_k) = \max\limits_{u_k}\{r_k + f_{k+1}(x_{k+1})\}, \quad k = 2,1 \\ f_3(x_3) = 0 \end{cases}$$

求解该动态规划问题，同样可以得到最优解和最优值。

下面介绍一些典型的动态规划应用问题。通过学习这些问题的建模和求解，读者可以加深对最优化原理的理解，并逐步掌握动态规划建模与求解的技巧。

4.3.1 工程路线问题

工程路线问题的一般提法是：从某地出发，途径若干个中间点，最后到达目的地，试求距离最短或费用最省的路线。工程路线问题按照阶段数是否固定又分为定步数问题和不定步数问题。如果从出发点到目的地的每条路线均由 n 条边（弧）组成，则问题可以化为 n 个阶段的多阶段决策过程。由于可以明确地划分出固定的阶段数，故称为定步数问题或定期的多阶段决策过程。如果阶段数不固定则称为不定步数问题或不定期的多阶段决策过程。详细的建模过程如表 4.2 所示。

表 4.2　工程路线问题的建模过程

<table>
<tr><td colspan="2">基本方程
$\begin{cases} f_k(i) = \min\limits_{j} \{C_{ij} + f_{k+1}(j)\}, \quad k=n, n-1, \cdots, 2, 1 \\ f_{n+1}(n+1) = 0 \end{cases}$</td></tr>
<tr><td>最短路问题</td><td>最长路问题</td></tr>
<tr><td>阶段变量：$k = 1,2,\cdots,n$</td><td>√</td></tr>
<tr><td>状态变量：各阶段初始位置 $x_k \in X_k$ 或 $i_k \in X_k$</td><td>√</td></tr>
<tr><td>决策变量：各阶段终止位置 $u_k \in U_k$ 或 $j_k \in U_k$</td><td>√</td></tr>
<tr><td>状态转移方程：$x_{k+1} = u_k(x_k)$ 或 $i_{k+1} = j_k(i_k)$</td><td>√</td></tr>
<tr><td>阶段效应 $r_k(x_k, u_k) = C_i(x_k \to u_k = x_{k+1}$ 的费用)</td><td>√</td></tr>
<tr><td>目标函数：$R = \sum\limits_{k=1}^{n} r_k = \sum\limits_{k=1}^{n} C_{ij}(x_k, u_k)$ 或
$R = \sum\limits_{k=1}^{n} r_k = \sum\limits_{k=1}^{n} C_{ij}(i_k, j_k)$</td><td>√</td></tr>
<tr><td>基本方程：
$\begin{cases} f_k(i_k) = \min\limits_{j_k}\{C_k(i_k, j_k) + f_{k+1}(j_k)\} \\ f_{n+1}(n+1) = 0, \quad k = n, n-1, \cdots, 1 \end{cases}$
或简化为：$\begin{cases} f_k(i) = \min\limits_{j}\{C_{ij} + f_{k+1}(j)\} \\ f_{n+1}(i_{n+1}) = 0, \quad k = n, n-1, \cdots, 1 \end{cases}$</td><td>$\begin{cases} f_k(i_k) = \max\limits_{j_k}\{C_k(i_k, j_k) + f_{k+1}(j_k)\} \\ f_{n+1}(n+1) = 0, \quad k = n, n-1, \cdots, 2, 1 \end{cases}$
或 $\begin{cases} f_k(i) = \max\limits_{j}\{C_{ij} + f_{k+1}(j)\} \\ f_{n+1}(i_{n+1}) = 0, \quad k = n, n-1, \cdots, 2, 1 \end{cases}$</td></tr>
</table>

注：若是不定步数问题，则动态规划基本方程的形式为：$f(i) = \min\limits_{j}\{C_{ij} + f(j)\}$。

4.3.2　资源分配问题

1. 资源的多元分配

问题的一般提法是：某种资源总量为 M，用于进行 n 种生产活动。已知用于活动 k 且资源量为 u_k 时的收益为 $g_k(u_k)$，$g_k(u_k)$ 为 u_k 的非递减函数。如何分配资源才能使 n 种生产活动的总收益最大？

例 4.2　某公司拟将 5 万元资金投放到下属的 A、B、C 三个企业，各企业在获得资金后的收益如表 4.3 所示。试用动态规划方法求总收益最大的投资分配方案（投资数取整数）。

表 4.3　例 4.2 已知信息表

投放资金（万元）		0	1	2	3	4	5
收益（万元）	A	0	2	2	3	3	3
	B	0	0	1	2	4	7
	C	0	1	2	3	4	5

解：如果将三种活动作为一个相互衔接的整体，对每种活动的资源分配作为一个阶段，每个阶段确定一种活动的资源投放量，则该问题可作为三阶段决策过程，即对 A、B、C 三个企业的资金分配过程可视为三个阶段。用 x_k 表示给企业 k 分配资金时拥有的资金数量。用 u_k 表示给企业 k 实际分配的资金数。状态转移方程是 $x_{k+1}=x_k-u_k$，即阶段 k 拥有的资金数量减去分配给第 k 个企业的资金数就是 $k+1$ 阶段拥有的资金数量。阶段效应如表 4.4 所示。目标函数是 $R=[g_1(u_1)+g_2(u_2)+g_3(u_3)]$。

上述资源分配问题仅涉及一种资源，也称一维资源分配问题。如果涉及两种资源，则称为二维资源分配问题。这类问题的一般提法是：现有总量分别为 M_1 和 M_2 的两种资源，准备分配给 n 种生产活动，如果分配给第 i 种生产活动的两种资源的数量分别是 x_i，y_i（$i=1, 2, \cdots, n$），由此产生的效益为 $g(x_i, y_i)$，应如何分配资源而使总收益最大？

根据已知的信息，不难写出该问题的数学模型：

$$\max\sum_{i=1}^{n} g_i(x_i, y_i)$$

$$\text{s. t.}\begin{cases}\sum\limits_{i=1}^{n} x_i = M_1\\ \sum\limits_{i=1}^{n} y_i = M_2\\ x_i \geqslant 0, y_i \geqslant 0,\quad i=1,2,\cdots,n\end{cases}$$

表 4.4　资源的多元分配问题建模过程

建模过程		一般问题	例 4.2
一个大前提	阶段变量 k	把 n 种生产活动作为 n 个阶段。由于在每个阶段都要确定对该项活动的资源投放量，从而构成多阶段决策问题，即 $k=1$，2，…，n	把资金分配给一个企业的过程看作一种生产活动，把向三个企业的投资过程看作三个阶段，即 $k=1$，2，3
条件 1	状态与状态变量	k 阶段初拥有的资源量 $x_1=M$，$0\leqslant x_k\leqslant M$	给企业 k 投资时所拥有的资金数为 x_k， $x_1=5$，$0\leqslant x_k\leqslant 5$
条件 2	决策与决策变量	对第 k 种生产活动的资源投放量 $0\leqslant u_k\leqslant x_k$	给企业 k 的投资数额（阶段投放量）为 u_k，$0\leqslant u_k\leqslant x_k$
条件 3	状态转移方程	$x_{k+1}=x_k-u_k$	$x_{k+1}=x_k-u_k$
条件 4	阶段效应	投放资源量为 u_k 时的收益：$r_k(x_k,u_k)=g_k(u_k)$	$g_k(u_k),k=1,2,3$
	目标函数	$R=\sum\limits_{k=1}^{n}r_k(x_k,u_k)=\sum\limits_{k=1}^{n}g_k(u_k)$	$R=\sum\limits_{k=1}^{3}g_k(u_k)$
一个方程	动态规划基本方程	$\begin{cases}f_k(x_k)=\max\limits_{u_k}\{g_k(u_k)+f_{k+1}(x_{k+1})\}\\f_{n+1}(x_{n+1})=0,\ k=n,n-1,\cdots,1\end{cases}$	$\begin{cases}f_k(x_k)=\max\limits_{u_k}\{g_k(u_k)+f_{k+1}(x_{k+1})\}\\f_4(x_4)=0,k=3,2,1\end{cases}$ 资金分配完毕，不再分配，收益为 0

该模型有可能是线性规划模型，也可能是非线性规划模型。若用动态规划方法处理，其阶段的划分与一维资源分配问题相同，但因状态变量和决策变量都是二维的，所以必须设置两个状态变量和两个决策变量。

若设状态变量 s_k 、t_k 分别表示第 k 阶段初所拥有的两种资源量，也就是可用于分配给第 k 种到第 n 种生产活动的两种资源的总量；决策变量 x_k 、y_k 为分配给第 k 种生产活动两种资源的数量。其状态转移方程为：

$$\begin{cases}s_{k+1}=s_k-x_k\\t_{k+1}=t_k-y_k\end{cases},\qquad k=n,n-1,\cdots,1;\quad\begin{cases}s_1=M_1\\t_1=M_2\end{cases}$$

动态规划基本方程为：

$$\begin{cases}f_k(s_k,t_k)=\max\limits_{(x_k,y_k)\in D_k(s_k,t_k)}\{g_k(x_k,y_k)+f_{k+1}(s_{k+1},t_{k+1})\}\\f_{n+1}(s_{n+1},t_{n+1})=0,\quad k=n,n-1,\cdots,2,1\end{cases}$$

状态变量和决策变量维数的增加导致了计算的复杂性。当状态变量为离散变量时适于用动态规划方法求解；当状态变量为连续变量时，一般总是先进行离散化处理，然后求其数值解。常用的离散化方法有疏密格子法、逐次逼近法、拉格朗日乘数法等。

2. 资源的多阶段分配

资源的多阶段分配是有消耗的资源多阶段地在两种不同的生产活动中投放的问题。

该问题的一般提法是：假定拥有某种总量为 M 的资源，计划在 A、B 两个部门（或两种生产过程）中连续使用 n 个阶段，已知在两个部门中分别投入资源 u_a 、u_b 后可分别获得阶段效益 $g(u_a)$、$h(u_b)$，同时知道每生产一个阶段后资源的完好率分别为 a 和 b（$0<a<1$；$0<b<1$），求 n 个阶段间总收益最大的资源分配计划。

例 4.3　有 1 000 台机床，要投放到 A、B 两个生产部门，计划连续使用 5 年。已知对 A 部门投入 u_a 台机器时的年收益是 $g(u_a)=u_a^2$ ，机器完好率 $a=0.8$；相应地，B 部门为 $h(u_b)=2u_b^2$ ，机器完好率 $b=0.4$。试建立 5 年间总收益最大的年度机器分配方案。

解： 问题的建模过程如表 4.5 所示。

表 4.5　资源的多阶段分配问题建模过程

	一般问题	例 4.3
大前提	n 阶段决策，每个阶段均要决定 A、B 两个部门的资源投放量	5 阶段决策问题（机器连续使用 5 年），一个年度作为一个阶段，即 $k=1,2,3,4,5$
状态与状态变量	k 阶段初拥有的资源量 x_k，$0\leqslant x_k\leqslant M$，$x_1=M$	k 年初拥有的完好机器数 x_k，$0\leqslant x_k\leqslant 1\,000$，$x_1=1\,000$
决策与决策变量	k 阶段对 A 部门的资源投放量 $u_k=u_A$，则有 $u_B=x_k-u_k=x_k-u_A$，$0\leqslant u_k\leqslant x_k$	k 年度投入 A 部门的机器台数 $u_k=u_A$，$u_B=x_k-u_k$，$0\leqslant u_k\leqslant x_k$
状态转移方程	$x_{k+1}=au_k+b(x_k-u_k)$，其中 au_k ↓ 阶段末 A 部门剩余资源，$b(x_k-u_k)$ ↓ 阶段末 B 部门剩余资源	$x_{k+1}=0.8u_k+0.4(x_k-u_k)$
阶段效应与目标函数	$r_k(x_k,u_k)=g(u_k)+h(x_k-u_k)$ $R=\sum_{k=1}^{n}r_k=\sum_{k=1}^{n}[g(u_k)+h(x_k-u_k)]$	$r_k=g(u_k)+h(x_k-u_k)=u_k^2+2(x_k-u_k)^2$ $R=\sum_{k=1}^{n}[u_k^2+2(x_k-u_k)^2]$
基本方程	$\begin{cases}f_k(x_k)=\max\limits_{u_k}\{g(u_k)+h(x_k-u_k)+f_{k+1}(x_{k+1})\}\\ f_{n+1}(x_{n+1})=0,\ k=n,n-1,\cdots,2,1\end{cases}$	$\begin{cases}f_k(x_k)=\max\limits_{0\leqslant u_k\leqslant x_k}\{u_k^2+2(x_k-u_k)^2+f_{k+1}(x_{k+1})\}\\ f_6(x_6)=0,\ k=5,4,3,2,1\end{cases}$

4.3.3　生产-库存问题

已知生产成本、库存费用和各阶段的市场需求，现在生产（或销售）部门需要决定各阶段的产量（或采购量），以使计划期内的总费用最低。

问题的一般提法：设有一生产部门，生产计划周期分为 n 个阶段（即 $k=1,2,\cdots,n$）。已知最初库存量为 x_1 ，阶段需求量为 d_k ，生产的固定成本为 $\widetilde{K}$ ，单位产品的消耗费用（追加成本）为 L，单位产品的阶段库存费用为 h ，库存容量为 M ，阶段生产能力为 B ，问应如何安排各阶段的产量，使计划期内的总费用最低。

例 4.4　求解生产-库存问题：已知 $n=3$，$\widetilde{K}=8$，$L=2$，$h=2$，$x_1=1$，$M=4$，$x_4=0$（计划期末库存为 0），$B=6$，$d_1=3$，$d_2=4$，$d_3=3$。

解： 问题的建模过程如表 4.6 所示。这里应特别注意两点：(1) 状态可能集和决策允许集的确定；（2）库存费用的计算原则应根据实际情况确定。

表 4.6 生产-库存问题建模过程

问题一般形式		例 4.4
阶段 k	计划期所划分的阶段即为动态规划模型的阶段，$k=1, 2, \cdots, n$	$n=3, k=1,2,3$
状态与状态变量	第 k 阶段初的库存量 x_k，x_1 已知。若 x_{n+1} 已知，则为始、终端固定的问题；若 $x_{n+1}=0$（即计划期末无库存），则 $0\leqslant x_k\leqslant\min\{M, d_k+d_{k+1}+\cdots+d_n\}$	$x_1=1$（初始库存） $x_4=0$（计划期末库存为 0） $0\leqslant x_k\leqslant\min\{M, d_k+\cdots+d_3\}$
决策与决策变量	k 阶段的产量为 u_k，则 $u_k\geqslant\max\{0, d_k-x_k\}$ 且 $u_k\leqslant\min\{B, d_k+d_{k+1}+\cdots+d_n-x_k\}$	$u_k\geqslant\max\{0,d_k-x_k\}$ $u_k\leqslant\min\{6,d_k+\cdots+d_3-x_k\}$
状态转移方程	$x_{k+1}=x_k+u_k-d_k, k=1,2,\cdots,n$	$x_{k+1}=x_k+u_k-d_k$，$k=1,2,3$
阶段效应与目标函数	生产费用＋库存费用 $r_k=\widetilde{K}+Lu_k+hx_{k+1}$ $\quad=\widetilde{K}+Lu_k+h(x_k+u_k-d_k)$ $R=\sum_{k=1}^{n}r_k$	$r_k=8+2u_k+2x_{k+1}$ $\quad=8+2u_k+2(x_k+u_k-d_k)$ $R=\sum_{k=1}^{3}[8+2u_k+2(x_k+u_k-d_k)]$
基本方程	$\begin{cases}f_k(x_k)=\min\limits_{u_k}\{\widetilde{K}+Lu_k+h(x_k+u_k-d_k)+f_{k+1}(x_{k+1})\}\\ f_{n+1}(x_{n+1})=0, k=n,n-1,\cdots,1\end{cases}$	$\begin{cases}f_k(x_k)=\min\limits_{u_k}\{8+2u_k+2(x_k+u_k-d_k)+f_{k+1}(x_{k+1})\}\\ f_4(x_4)=0, k=3,2,1\end{cases}$

例 4.5（库存-销售问题） 某贸易公司计划当年将一种新款商品推向市场，准备分 4 个季度作采购-销售计划。一季度初已备货 500 件，公司仓库最多可存货 1 000 件。根据市场调查和成本核算结果，对当年 4 个季度的商品进价和售价做出如下预测，见表 4.7。如果不计库存费用，并要求年底实现零库存，如何安排采购-销售计划，使该公司获得利润最大？

表 4.7 例 4.5 商品进价、售价预测表

季度 k	1	2	3	4
进价 c_k（百元/件）	10	9	11	15
售价 p_k（百元/件）	12	9	13	17

解：

（1）若将 4 个季度的购销安排作为 4 个阶段，则问题可以描述为四阶段决策过程。

（2）选择 k 季度初公司的库存商品量 x_k 作为状态变量，则有 $x_1=500$，$0\leqslant x_k\leqslant 1\,000$。

（3）选择 k 季度的商品采购量 u_k 和销售量 v_k 作为决策变量，则

$$0\leqslant v_k\leqslant x_k, 0\leqslant u_k\leqslant 1\,000-(x_k-v_k), k=1,2,3,4$$

（4）状态转移方程：$x_{k+1}=x_k+u_k-v_k$（$k=1,2,3,4$）。

（5）阶段效应 $r_k=p_kv_k-c_ku_k$（$k=1,2,3,4$）；目标函数 $R=\sum_{k=1}^{4}r_k$ 。

（6）在此基础上，写出动态规划基本方程：

$$\begin{cases} f_k(x_k)=\max\limits_{u_k,v_k}\{(p_kv_k-c_ku_k)+f_{k+1}(x_{k+1})\} \\ f_5(x_5)=0,\quad k=4,3,2,1 \end{cases}$$

例 4.5 的特点是在建模过程中引入了两个决策变量。

4.3.4　设备更新问题

问题的一般提法：已知 n 为计算设备回收额的总期数，t 为某个阶段的设备役龄，$\gamma(t)$ 为从役龄为 t 的设备得到的阶段效应，$\mu(t)$ 为役龄为 t 的设备的阶段使用费，$s(t)$ 为役龄为 t 的设备处理价格，p 为新设备的购置价格。假定关于现值的折扣率为 1，求 n 期内使回收额最大的设备更新策略。

例 4.6　假定设备的使用年限为 10 年，设备的处理价格为 4 万元且与役龄无关，其他有关信息如表 4.8 所示，寻求设备更新的最优策略。

表 4.8　例 4.6 有关信息表　　单位：万元

t	0	1	2	3	4	5	6	7	8	9	10
$\gamma(t)$	27	26	26	25	24	23	23	22	21	21	20
$\mu(t)$	15	15	16	16	16	17	18	18	19	20	20

解：问题的建模过程如表 4.9 所示。

表 4.9　设备更新问题建模过程

	问题的一般提法	例 4.6
阶段	设备使用年限	$n=10$
状态变量	设备的役龄 t	√
决策变量	K——保留；P——更新	K 或 P
状态转移方程	$\begin{cases}1 & (P\text{ 决策})\\ t+1 & (K\text{ 决策})\end{cases}$	√
阶段效应与目标函数	从役龄为 t 的设备得到的收益： $g_k=\begin{cases}\text{决策为 }K\text{ 时：}\gamma(t)-\mu(t)\\ \text{决策为 }P\text{ 时：}s(t)-p+\gamma(0)-\mu(0)\end{cases}$ 总收益：$R=\sum_{k=1}^{n}g_k$	$\begin{cases}K\text{ 决策：}\gamma(t)-\mu(t)\\ P\text{ 决策：}s(t)-p+\gamma(0)-\mu(0)\\ \quad=4-13+27-15\\ \quad=3\end{cases}$ √
基本方程	$\begin{cases}f_k(t)=\max\begin{cases}K：\gamma(t)-\mu(t)+f_{k+1}(t+1)\\ P：s(t)-p+\gamma(0)-\mu(0)+f_{k+1}(t+1)\end{cases}\\ f_{n+1}(t)=0\end{cases}$	$\begin{cases}f_k(t)=\max\begin{cases}K：\gamma(t)-\mu(t)+f_{k+1}(t+1)\\ P：3+f_{k+1}(1)\end{cases}\\ f_{11}(t)=0\end{cases}$

4.3.5 其他典型问题

1. 系统可靠性问题

一个系统由若干部件串接组成，只要有一个部件出现故障，整个系统就不能正常工作。为了提高系统正常工作的概率，往往给每个部件安装备用件。一旦原部件出现故障，备用件就自动切换进入系统。因此备用件越多，系统正常工作的概率就越大，但费用也就越高。所谓“系统可靠性问题”是指在一定的总费用下，如何配置各部件的备用件，使系统正常工作的概率（称系统的可靠性）最大。一般来说，是在成本、重量、体积等限制下，选择各部件的备用件数，使整个系统的可靠性最大。

例 4.7 由三个部件串接而成的系统，当部件 k 配备 u_k 个备用件，该部件正常工作的概率是 $p_k(u_k)$。若不考虑备用件的费用，试决定各部件备用件的数量，使系统的可靠性最大。已知具体数据如表 4.10 所示，试建立动态规划模型。

表 4.10 例 4.7 已知信息表

正常工作的概率 $p_k(u_k)$ \ 部件 / 备用件数	1	2	3
0	0.7	0.8	0.9
1	0.8	0.8	0.9
2	0.9	0.9	0.95

解：

（1）设给第 k 个部件配置备用件的过程为第 k 个阶段，则 $k=1$，2，3。

（2）选状态变量 x_k 为第 k 个阶段开始时可供配置的备用件数。

（3）选决策变量 u_k 为第 k 个阶段配置给第 k 个部件的备用件数。

（4）状态转移方程为：$x_{k+1}=x_k-u_k$。

（5）阶段效应：第 k 个部件正常工作的概率 $p_k(x_k, u_k)$。

目标函数：系统的可靠性 $R=\prod_{k=1}^{3} p_k(x_k, u_k)$。

（6）动态规划基本方程为：

$$\begin{cases} f_k(x_k)=\max\limits_{u_k}\{p_k(x_k, u_k)\cdot f_{k+1}(x_{k+1})\} \\ f_4(x_4)=1 \end{cases}$$

可以看出，该问题的特点是目标函数取乘积的形式。

2. 背包问题

背包问题来自旅行者携带用品的背景，要求在旅行袋容积、承重有一定限制的条件下，所携带物品的总价值最大。这类问题在海运、空运等领域有重要的应用。当只有一个限制条件时，构成一维背包问题；当有两个限制条件时，则构成二维背包问题。二维背包问题一般应设置两个状态变量。

（1）一维背包问题。

例 4.8 某人准备外出旅游，行装中有 A、B、C、D、E 5 件备选物品，其重量和价值如表 4.11 所示，假定行李总重量不得超过 13 千克，求总价值最大的行李构成方案。

表 4.11 例 4.8 一维背包问题已知信息表

物品	A	B	C	D	E
重量（千克）	7	5	4	3	1
价值（百元）	9	4	3	2	0.5

解：（1）这是典型的一维背包问题，约束条件是行李的总重量。阶段可以按照物品的选择过程来划分，可将选择物品 A、B、C、D、E 的过程分别作为第 1、2、3、4、5 阶段，即阶段变量 k=1、2、3、4、5。

（2）选状态变量 x_k 为第 k 阶段开始时第 k 种物品的可选重量。因此，$0 \leqslant x_k \leqslant 13$，$x_1 = 13$。

（3）决策变量 u_k 为第 k 阶段选择第 k 种物品的件数。由于该问题中每件物品只有一件，于是 $u_k = 0$ 或 1，也可写作 $0 \leqslant u_k \leqslant 1$，取整。

（4）状态转移方程：$x_{k+1} = x_k - u_k h_k (k = 1, 2, 3, 4, 5)$，其中 h_k 为第 k 种物品的单位重量。

（5）阶段效应为第 k 阶段所选物品的价值，不妨记作 $g_k(u_k)$。目标函数为：

$$R = \sum_{k=1}^{5} g_k(u_k)$$

（6）在此基础上，写出动态规划基本方程：

$$\begin{cases} f_k(x_k) = \max\limits_{u_k}\{g_k(u_k) + f_{k+1}(x_{k+1})\} \\ f_6(x_6) = 0, \quad k = 5,4,3,2,1 \end{cases}$$

（2）二维背包问题。

有两个约束条件的背包问题称为二维背包问题，在建模过程中可设置两个状态变量，故称为二维状态变量，记作 (x_k, y_k)。状态转移方程也由两个表达式构成。

例 4.9 现有一辆载重 $w = 5$ 吨，最大装载体积 $v = 8\text{m}^3$ 的卡车作为运输工具，可装载三种货物。已知每种货物各 8 件，其他有关信息如表 4.12 所示，求携带货物价值最大的装载方案。

表 4.12 单件货物重量、体积、价值表

货物品种 k	单件货物重量 w_k（吨）	单件货物体积 v_k（m^3）	单件货物价值 p_k（万元）
1	1	2	30
2	3	4	75
3	2	3	60

解：

（1）选择三种物品的过程就划分为三个阶段，阶段变量 k =1，2，3。

（2）选状态变量 x_k 和 y_k 分别为第 k 阶段开始时第 k 种物品的可选重量和可选体积。

$x_1 = 5$，$0 \leqslant x_k \leqslant 5$；$y_1 = 8$，$0 \leqslant y_k \leqslant 8$

（3）决策变量 u_k 是第 k 阶段选择第 k 种物品的数量。由于装载量不超过载重能力限制和体积限制，因此，$0 \leqslant u_k \leqslant \min\left\{\dfrac{x_k}{w_k}, \dfrac{y_k}{v_k}\right\}$。

（4）状态转移方程：

$$\begin{cases} x_{k+1} = x_k - u_k w_k \\ y_{k+1} = y_k - u_k v_k \end{cases}$$

（5）阶段效应为第 k 阶段所选物品的价值，记作 $r_k(x_k, y_k, u_k) = u_k p_k$。目标函数为：

$$R = \sum_{k=1}^{3} r_k(x_k, y_k, u_k) = \sum_{k=1}^{3} u_k p_k$$

（6）动态规划基本方程：

$$\begin{cases} f_k(x_k, y_k) = \max\limits_{u_k}\{r_k(x_k, y_k, u_k) + f_{k+1}(x_{k+1}, y_{k+1})\} \\ f_4(x_4, y_4) = 0, \quad k = 3,2,1 \end{cases}$$

§4.4 动态规划的求解

4.4.1 动态规划求解的一般方法与要求

动态规划求解的核心是应用最优化原理，其求解的一般方法是“逆序求解”。因此在求解时，应首先逆序求出各阶段的条件最优目标函数和条件最优决策，然后反向追踪，顺序求出该多阶段决策问题的最优策略和最优路线。

动态规划的求解要求是：

（1）求出最优策略，即最优决策序列 $\{u_1^*, u_2^*, \cdots, u_n^*\}$；

（2）求出最优路线，即执行最优策略时的最优状态序列 $\{x_1^*, x_2^*, \cdots, x_k^*, \cdots, x_{n+1}^*\}$，其中 $x_{k+1}^* = T_k(x_k^*, u_k^*)$（$k=1, 2, \cdots, n$）；

（3）求出最优目标函数值 $R^* = \sum\limits_{k=1}^{n} r_k(x_k^*, u_k^*)$。

例 4.10 用动态规划方法求解例 4.1。

解： 例 4.1 的动态规划模型涉及两阶段决策问题，按逆序求解方法求解如下。

在第 2 阶段：

状态变量 $x_2 = 12 - 4u_1$ 且 $x_2 \in [0, 12]$，是第二阶段初可用的机床加工工时。

决策变量 u_2 是乙产品的产量，且有 $2u_2 \leqslant 12 - 4u_1$，即 $u_2 \leqslant 6 - 2u_1$。

考虑到边界条件 $f_3(x_3) = 0$，则动态规划基本方程为：

$$f_2(x_2) = \max_{u_2}\{r_2 + f_3(x_3)\} = \max_{u_2 \leqslant 6-2u_1} 10u_2$$

由于 $10u_2$ 是 u_2 的线性增函数，所以 $f_2(x_2) = 10(6 - 2u_1) = 60 - 20u_1$，条件最优

决策 $u_2^* = 6 - 2u_1$ 。

在第 1 阶段：

状态变量 $x_1 = 12$ 是第一阶段初可用的机床加工工时。

决策变量 u_1 是甲产品的产量，且有 $4u_1 \leqslant 12$ ，即 $u_1 \leqslant 3$ 。

注意到 $f_2(x_2) = 10(6 - 2u_1) = 60 - 20u_1$ ，则动态规划基本方程为：

$$\begin{aligned} f_1(x_1) &= \max_{u_2}\{r_1 + f_2(x_2)\} \\ &= \max_{0 \leqslant u_1 \leqslant 3}\{8u_1 + 60 - 20u_1\} \\ &= \max_{0 \leqslant u_1 \leqslant 3}\{60 - 12u_1\} \end{aligned}$$

由于 $60 - 12u_1$ 是 u_1 的线性递减函数，故 $f_1(x_1) = 60 - 12u_1^* = 60$ ，条件最优决策 $u_1^* = 0$ 。于是，最优决策序列为 $P^* = \{u_1^*, u_2^*\} = \{0, 6\}$ 。

结合状态转移方程反向追踪，可求出最优状态序列：

$$x_1^* = 12, \quad u_1^* = 0 \xrightarrow{x_2 = x_1 - 4u_1} x_2^* = 12$$

$$u_2^* = 6 - 2u_1^* = 6 \xrightarrow{x_3 = x_2 - 2u_2} x_3^* = 12 - 2 \times 6 = 0$$

最优状态序列是 $\{x_1^* = 12, x_2^* = 12, x_3^* = 0\}$；最优目标函数值 $R^* = f_1(x_1) = 60$ 。

求解结果表明，该厂的最优生产计划是不生产甲产品（ $u_1^* = 0$ ），只生产 6 个单位乙产品（ $u_2^* = 6$ ），每天可获得最大总收益 6 万元（ $R^* = f_1(x_1) = 60$ ，单位：千元）。

4.4.2　动态规划典型问题求解分析

1. 工程路线问题

（1）定步数问题。

例 4.11　某运输公司拟将一批货物自 s 地运至 t 地，其间交通系统网络如图 4.4 所示。图中节点表示地点，边表示两地间的道路，边上的数字表示两地间的运输费用，求总运输费用最低的路线。

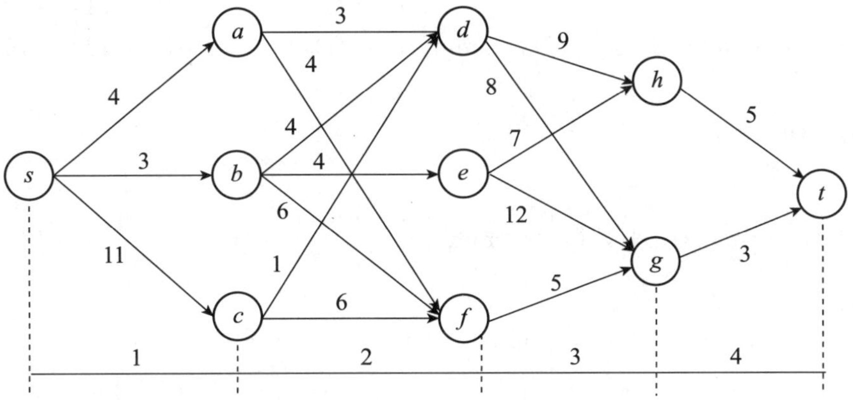

图 4.4　例 4.11 交通系统网络图

解：该问题可归结为一个四阶段决策问题，可用动态规划方法求解如下：

方法1：分步计算法（从第4阶段开始）。

1）当 $k=4$ 时，$i=h$ 或 g，　$j=t$；$f(t)=0$。

若 $i=h$，则

$$f_4(h)=\min_{j=t}\{c_{ij}+f_5(j)\}=c_{ht}+f_5(t)=5+0=5$$

$$j_4{}^*(h)=t$$

若 $i=g$，则

$$f_4(g)=\min_{j=t}\{c_{ij}+f_5(j)\}=c_{gt}+f_5(t)=3+0=3$$

$$j_4{}^*(g)=t$$

2）当 $k=3$ 时，$i=d$ 或 e,f；　$j=h$ 或 g。

若 $i=d$，则

$$f_3(d)=\min_{j=h,g}\{c_{ij}+f_4(j)\}=\min\begin{Bmatrix}c_{dh}+f_4(h)\\c_{dg}+f_4(g)\end{Bmatrix}=\min\begin{Bmatrix}9+5\\8+3\end{Bmatrix}=11$$

$$j_3{}^*(d)=g$$

若 $i=e$，则

$$f_3(e)=\min_{j=h,g}\{c_{ij}+f_4(j)\}=\min\begin{Bmatrix}c_{eh}+f_4(h)\\c_{eg}+f_4(g)\end{Bmatrix}=\min\begin{Bmatrix}7+5\\12+3\end{Bmatrix}=12$$

$$j_3{}^*(e)=h$$

若 $i=f$，则

$$f_3(f)=\min_{j=g}\{c_{ij}+f_4(j)\}=c_{5g}+f_4(g)=5+3=8$$

$$j_3{}^*(f)=g$$

3）当 $k=2$ 时，$i=a$ 或 b,c；　$j=d$ 或 e,f。

若 $i=a$，则

$$f_2(a)=\min_{j=d,f}\{c_{ij}+f_3(j)\}=\min\begin{Bmatrix}c_{ad}+f_3(d)\\c_{af}+f_3(f)\end{Bmatrix}=\min\begin{Bmatrix}3+11\\4+8\end{Bmatrix}=12$$

$$j_2{}^*(a)=f$$

若 $i=b$，则

$$f_2(b)=\min_{j=d,e,f}\{c_{ij}+f_3(j)\}=\min\begin{Bmatrix}c_{bd}+f_3(d)\\c_{be}+f_3(e)\\c_{bf}+f_3(f)\end{Bmatrix}=\min\begin{Bmatrix}4+11\\4+12\\6+8\end{Bmatrix}=14$$

$$j_2{}^*(b)=f$$

若 $i=c$，则

$$f_2(c)=\min_{j=d,f}\{c_{ij}+f_3(j)\}=\min\begin{Bmatrix}c_{cd}+f_3(d)\\c_{cf}+f_3(f)\end{Bmatrix}=\min\begin{Bmatrix}1+11\\6+8\end{Bmatrix}=12$$

$$j_2{}^*(c)=d$$

4）当 $k=1$ 时，$i=s$，　$j=a$ 或 b,c，则

$$f_1(s)=\min_{j=a,b,c}\{c_{ij}+f_2(j)\}=\min\begin{Bmatrix}c_{sa}+f_2(a)\\c_{sb}+f_2(b)\\c_{sc}+f_2(c)\end{Bmatrix}=\min\begin{Bmatrix}4+12\\3+14\\11+12\end{Bmatrix}=16$$

$$j_1{}^*(s)=a$$

故从 s 地到 t 地总运输费用最低的路线，即最优路线：$s \to a \to f \to g \to t$，也可写成 $\{s, a, f, g, t\}$。最优策略是 $p^* = \{j_1^*(s) = a, j_2^*(a) = f, j_3^*(f) = g, j_4^*(g) = t\}$。目标函数最优值（最低总费用）为 $R^* = f_1(s) = 16$。

方法 2：表格法。

分步计算法是根据最优化原理，逆序按动态规划基本方程中的递推公式边分析边计算，最终求得结果。尽管思路很清楚，但书写很麻烦。为了克服这个缺点，有学者设计出表格法实施逆序求解过程。例 4.11 的表格法求解过程如表 4.13 所示。

表 4.13　用表格法求解例 4.11

阶段 k	$C_{ij}+f_{k+1}(j)$ ＼ j 决策集 ／ i 状态集	t			$f_4(i)$	$j_4^*(i)$
4	h	5+0			5	t
	g	3+0			3	t
3		h	g		$f_3(i)$	$j_3^*(i)$
	d	9+5	8+3		11	g
	e	7+5	12+3		12	h
	f		5+3		8	g
2		d	e	f	$f_2(i)$	$j_2^*(i)$
	a	3+11		4+8	12	f
	b	4+11	4+12	6+8	14	f
	c	1+11		6+8	12	d
1		a	b	c	$f_1(i)$	$j_1^*(i)$
	s	4+12	3+14	11+12	16	a

反向追踪得最优路线为：$s \to a \to f \to g \to t$。最低费用为：$R^* = f_1(s) = 16$。最优策略为：$p^* = \{j^*(s) = a, j^*(a) = f, j^*(f) = g, j^*(g) = t\}$。

方法 3：标号法。

标号法是根据最优化原理，把按动态规划基本方程中的递推公式逆序求解的过程直接在图中实施的方法。其具体步骤是：

1）给终点标号 0，先标离终点最近的阶段状态，将距离数写在相应的节点上方方格内。

2）方格内的标号＝min ｛欲标号点到已标号点的距离＋已标号点方格内的数字｝，得到标号的点到终点的最短距离，将刚得到标号的点和与之相连的已标号点之间的线段特别加以标记，比如加画为粗线或双线。

3）沿着特别标记的线段连接已标号点到终点，即得到从该点到终点的最短路线。

例 4.11 标号法求解过程如图 4.5 所示。

由图 4.5 得知，从 s 点到 t 点的最优路线为 $s \to a \to f \to g \to t$。最优策略为 $p^* = \{j^*(s) = a, j^*(a) = f, j^*(f) = g, j^*(g) = t\}$。最低费用 $R^* = f_1(s) = 16$。

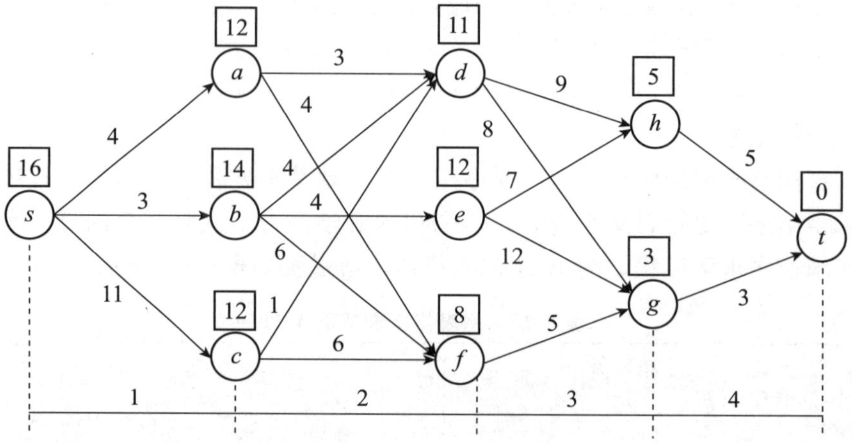

图 4.5　例 4.11 的标号法求解过程

在得到从 s 点到 t 点的最优路线、最优策略和最低费用的同时，我们还能得到各个点到终点的最优路线、最优策略和最低费用，这就是附加信息。附加信息越多，求解的价值就越大。

（2）不定步数问题。

定步数问题的序是由阶段的编号大小决定的，阶段编号对应着序号，逆序求解就是从序号最大的阶段开始逐步向序号较小阶段的计算推进过程。不定步数问题由于阶段不固定，序就无法确定，逆序求解也就无从谈起。我们先从特殊的无回路有向网络开始，讨论不定步数问题的求解。

1）无回路有向网络最短路问题的求解。

无回路有向网络的最大特点是可以对节点排序，这样就可以按最优化原理逆序求解。

方法 1：先对节点排序，适当增加虚设节点，转化为定步数问题，然后按定步数问题的求解方法求解。

- 根节点的概念：对于一个节点 a，如果与之相连的弧全部是从该点指向其他节点的，那么称 a 为根节点，与之相连的弧称为外向弧。
- 节点序的排序步骤：首先给起点标上序号①。起点一般总是根节点，然后将起点连同与之相连的外向弧擦去，给剩余图中的根节点标上序号②。依此类推，直至终点标上序号为止。

例 4.12　将图 4.6 所示的网络转化为定步数问题。

解： 该网络是无回路有向网络，因此可以用寻找转根节点的方法确定节点序，如图 4.6 中小圆圈圈起的数字。然后增加虚设节点 a' 和 t'，即可转化为定步数问题，如图 4.7 所示。

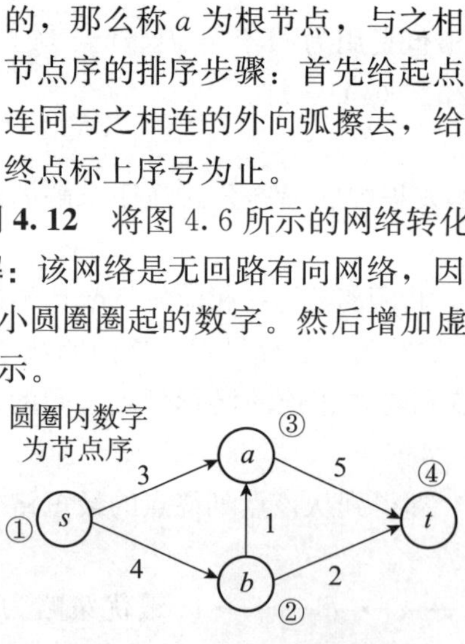

图 4.6　例 4.12 网络图

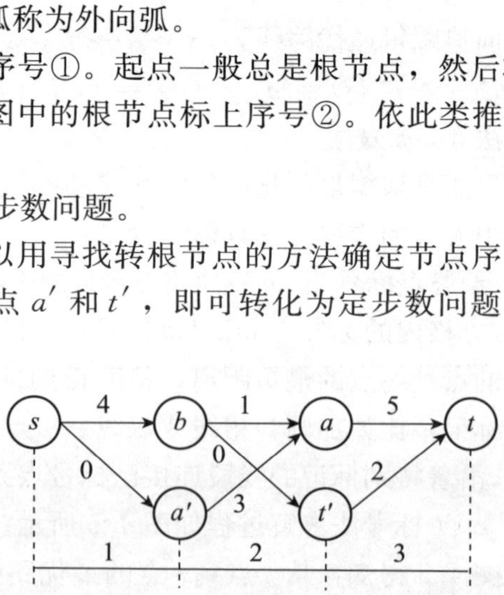

图 4.7　例 4.12 转化为定步数问题过程

例 4.13　求解图 4.8 所示的网络最短路问题。

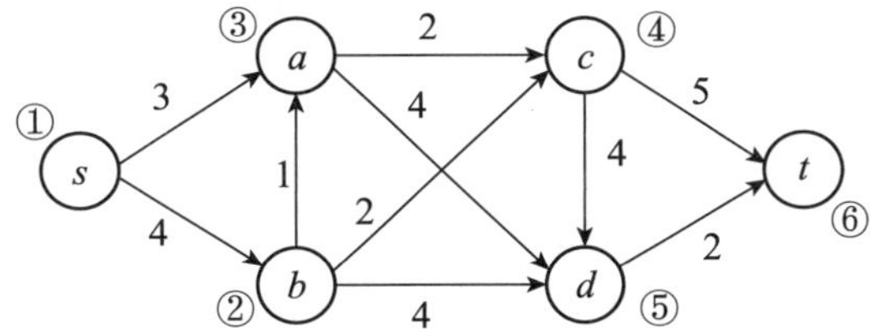

图 4.8　例 4.13 网络图

解： 这是一个无回路有向网络，可用寻找根节点的方法确定节点序，然后按最优化原理逆序求解。

图 4.8 中小圆圈中的数字就是节点序，用表格法求解时必须注意与定步数问题的表格法求解之间的区别。由于本例属不定步数问题，不能明确地划分出阶段，因此取代定步数问题中阶段 k 的是逆序排列的状态节点。表格法求解过程如表 4.14 所示。

表 4.14　例 4.13 表格法求解过程

$d_{ij}+f(j)$ （j / i）	t	d	c	a	b	$f(i)$	$j^*(i)$
t						0	
d	2+0					2	t
c	5+0	4+2				5	t
a		4+2	2+5			6	d
b		4+2	2+5	1+6		6	d
s				3+6	4+6	9	a

在表 4.14 的基础上，反向追踪得最优策略为 $p^*=\{j^*(s)=a, j^*(a)=d, j^*(d)=t\}$；最优路线为$\{a, s, d, t\}$，从 s 到 t 的最短距离是 $R^* = f(s) = 9$。

方法 2：二次标号法。二次标号法是由两次标号过程构成的求解无回路有向网络最短路问题的一种方法。第 1 次标号过程是对节点排序的过程，可以用寻找根节点的方法确定节点序。第 2 次标号过程是根据最优化原理逆序求出各点到终点最短路的过程，与定步数问题标号法完全类似，只是用逆序排列的节点代替了阶段而已。

现在用二次标号法求解例 4.13。如图 4.9 所示，小圆圈内数字为节点序（第 1 次标号），方框内数字为该点到终点的最短距离（第二次标号），粗线表示从各个点到终点的最短路线。如从起点 s 到终点 t 的最短路线为$\{s, a, d, t\}$，从 b 点到终点 t 的最短路线为 $\{b, d, t\}$ 等。

2）一般情况下的不定步数问题。

对于更一般的不定步数问题可用函数迭代法或策略迭代法求解，本书介绍函数迭代法。

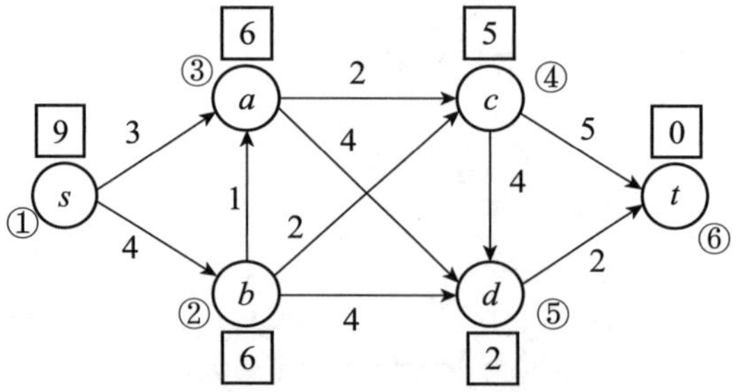

图 4.9　用二次标号法求解例 4.13

设 $f(i)$ 表示由 i 点出发到终点 n 的最短距离。则动态规划基本方程为：

$$\begin{cases} f(i)=\min\limits_{j}\{C_{ij}+f(j)\}, \quad i=1,2,\cdots,n-1 \\ f(n)=0 \end{cases} \tag{4-5}$$

这个方程是单一函数 $f(i)$ 的函数方程，且 $f(i)$ 出现在方程的两边，不是递推方程，适合用函数迭代法求解。函数迭代法的基本思想是：段数作参数，分别求最优，优中再选优，随之定段数。其主要步骤如下：

① 选初始函数：

$$\begin{cases} f_1(i)=C_{in}, \quad i=1,2,\cdots,n-1 \\ 0, \quad i=n \end{cases}$$

$f_1(i)$ 表示由 i 点出发向终点 n 走一步的最短距离。

② 定义如下递推关系：

$$\begin{cases} f_k(i)=\min\limits_{j}\{C_{ij}+f_{k-1}(j)\}, \quad i=1,2,\cdots,n-1 \\ f_k(n)=0, \quad k>1 \end{cases}$$

按此递推关系求出 $\{f_k(i)\}$（$i=1$，2，…，$n-1$），其中 $f_k(i)$ 表示由 i 出发朝固定点 n 走 k 步的最短距离。可以证明，如此确定的函数序列 $\{f_k(i)\}$ 单调下降，且不超过 $n-1$ 步，收敛于式（5−1）的解。当 $f_{l-1}(i)=f_l(i)$（$i=1$，2，…，$n-1$）时，迭代停止。$f_l(i)$ 就是 i 到 n 点的最短距离，l 为阶段数。

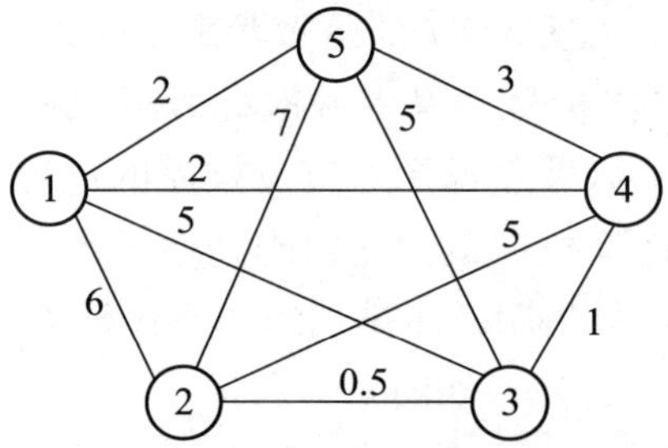

图 4.10　例 4.14 网络图

例 4.14　用函数迭代法求图 4.10 中各点到节点 5 的最短路。

解： 先写出距离矩阵如表 4.15 所示。

根据 $\begin{cases} f_1(i)=c_{i5}, \quad i=1,2,3,4 \\ f_1(5)=0 \end{cases}$

选初始函数为：$f_1(1)=c_{15}=2$，$f_1(2)=c_{25}=7$，$f_1(3)=c_{35}=5$，$f_1(4)=c_{45}=3$，即距离矩阵中右边最后一列数据。迭代表格如表 4.16 所示。

表 4.15　例 4.14 各点间的距离矩阵

C_{ij} （i \ j）	1	2	3	4	5
1	0	6	5	2	2
2	6	0	0.5	5	7
3	5	0.5	0	1	5
4	2	5	1	0	3
5	2	7	5	3	0

表 4.16　例 4.14 迭代表格

$f_k(i)$ （k \ i）	1	2	3	4	5
1	2	7	5	3	0
2	2	5.5	4	3	0
3	2	4.5	4	3	0
4	2	4.5	4	3	0
j^*	5	3	4	5	

由表 4.16 迭代过程得知，从节点 1 到固定点的最短路长为 2，最短路线为 {1，5}；从节点 2 到固定点的最短路长为 4.5，最短路线为 {2，3，4，5}；从节点 3 到固定点的最短路长为 4，最短路线为 {3，4，5}；从节点 4 到固定点的最短路长为 3，最短路线为 {4，5}。

详细的计算过程如表 4.17 所示。结果的汇总如表 4.18 所示。

表 4.17　例 4.14 函数迭代法计算过程详示

迭代步数 k	起点节点	最优指标函数值及其计算公式（用方框圈出）	相应的最优策略
$k=1$	1 2 3 4	$\boxed{f_1(i)=c_{i5},\ f_1(5)=0,\ i=1,2,3,4}$ $f_1(1)=c_{15}=2$ $f_1(2)=c_{25}=7$ $f_1(3)=c_{35}=5$ $f_1(4)=c_{45}=3$	①→⑤ ②→⑤ ③→⑤ ④→⑤

续表

迭代步数 k	起点 节点	最优指标函数值及其计算公式 （用方框圈出）	相应的最优策略
$k=2$	 1 2 3 4	$\boxed{f_2(i)=\min\{c_{ij}+f_1(j)\},\ f_2(5)=0}$ $f_2(1)=\min\{c_{1j}+f_1(j)\}$ $=\min\{\boxed{0+2},\ 6+7,\ 5+5,\ 2+3,\ \mathbf{2+0}\}=2$ $f_2(2)=\min\{c_{2j}+f_1(j)\}$ $=\min\{6+2,\ 0+7,\ \mathbf{0.5+5},\ 5+3,\ 7+0\}=5.5$ $f_2(3)=\min\{c_{3j}+f_1(j)\}$ $=\min\{5+2,\ 0.5+7,\ 0+5,\ \mathbf{1+3},\ 5+0\}=4$ $f_2(4)=\min\{c_{4j}+f_1(j)\}$ $=\min\{2+2,\ 5+7,\ 1+5,\ \boxed{0+3},\ \mathbf{3+0}\}=3$	①→⑤ ②→③→⑤ ③→④→⑤ ④→⑤
$k=3$	 1 2 3 4	$\boxed{f_3(i)=\min\{c_{ij}+f_2(j)\},\ f_3(5)=0}$ $f_3(1)=\min\{c_{1j}+f_2(j)\}$ $=\min\{\boxed{0+2},\ 6+5.5,\ 5+4,\ 2+3,\ \mathbf{2+0}\}=2$ $f_3(2)=\min\{c_{2j}+f_2(j)\}$ $=\min\{6+2,\ 0+5.5,\ \mathbf{0.5+4},\ 5+3,\ 7+0\}=4.5$ $f_3(3)=\min\{c_{3j}+f_2(j)\}$ $=\min\{5+2,\ 0.5+5.5,\ \boxed{0+4},\ \mathbf{1+3},\ 5+0\}=4$ $f_3(4)=\min\{c_{4j}+f_2(j)\}$ $=\min\{2+2,\ 5+5.5,\ 1+4,\ 0+3,\ \mathbf{3+0}\}=3$	①→⑤ ②→③→④→⑤ ③→④→⑤ ④→⑤
$k=4$	 1 2 3 4	$\boxed{f_4(i)=\min\{c_{ij}+f_3(j)\},\ f_4(5)=0}$ $f_4(1)=\min\{c_{1j}+f_3(j)\}$ $=\min\{\boxed{0+2},\ 6+4.5,\ 5+4,\ 2+3,\ \mathbf{2+0}\}=2$ $f_4(2)=\min\{c_{2j}+f_3(j)\}$ $=\min\{6+2,\ \boxed{0+4.5},\ \mathbf{0.5+4},\ 3+3,\ 7+0\}=4.5$ $f_4(3)=\min\{c_{3j}+f_3(j)\}$ $=\min\{5+2,\ 0.5+4.5,\ 0+4,\ \mathbf{1+3},\ 5+0\}=4$ $f_4(4)=\min\{c_{4j}+f_3(j)\}$ $=\min\{2+2,\ 5+4.5,\ 1+4,\ \boxed{0+3},\ \mathbf{3+0}\}=3$	①→⑤ ②→③→④→⑤ ③→④→⑤ ④→⑤

表 4.18　例 4.14 最后计算结果

最优策略	最短路线	最短路长
$p^*=\{j^*(1)=5\}$	$\{1,\ 5\}$	2
$p^*=\{j^*(2)=3,\ j^*(3)=4,\ j^*(4)=5\}$	$\{2,\ 3,\ 4,\ 5\}$	4.5
$p^*=\{j^*(3)=4,\ j^*(4)=5\}$	$\{3,\ 4,\ 5\}$	4
$p^*=\{j^*(4)=5\}$	$\{4,\ 5\}$	3

2. 资源分配问题

（1）资源的多元分配。

例 4.15　某公司将 5 万元资金投入下属 A、B、C 3 个企业，投资收益如表 4.19 所示，试求总收益最大的投资方案。

表 4.19　例 4.15 投资收益表

投资金额（万元）		0	1	2	3	4	5
收益	企业 A	0	2	2	3	3	3
	企业 B	0	0	1	2	4	7
	企业 C	0	1	2	3	4	5

解：

1）改写投资收益表。

为明确数据的实际含义和便于表述及计算，将投资收益表改写为表 4.20，阴影行是相应收益值的符号表示。表 4.20 中的收益 $g_k(u_k)$ 反映了投资金额与收益的关系。这张表实质上是一个“表函数”，体现了投资金额与收益的对应关系。

表 4.20　改写后的投资收益表

收益 $g_k(u_k)$（万元）\ i 企业	0	1	2	3	4	5
	$g_1(0)$	$g_1(1)$	$g_1(2)$	$g_1(3)$	$g_1(4)$	$g_1(5)$
企业 A	0	2	2	3	3	3
	$g_2(0)$	$g_2(1)$	$g_2(2)$	$g_2(3)$	$g_2(4)$	$g_2(5)$
企业 B	0	0	1	2	4	7
	$g_3(0)$	$g_3(1)$	$g_3(2)$	$g_3(3)$	$g_3(4)$	$g_3(5)$
企业 C	0	1	2	3	4	5

2）分析与计算。

当 $k=3$ 时，由 $0\leqslant x_3\leqslant 5$，$0\leqslant u_3\leqslant x_3$ 确定了状态可能集和决策允许集。注意到动态规划基本方程中，边界条件 $f_4(x_4)=0$，则主体部分

$$f_3(x_3)=\max_{u_3}\{g_3(u_3)+f_4(x_4)\}=\max_{u_3}\{g_3(u_3)\}$$

就 $x_3=0$，1，…，4，5 分别计算条件最优目标函数，如 $x_3=3$ 时，有

$$\begin{aligned} f_3(x_3=3)=f_3(3) &= \max_{u_3=0,1,2,3}\{g_3(u_3)\} \\ &= \max\{g_3(0),g_3(1),g_3(2),g_3(3)\} \\ &= \max\{0,1,2,3\}=3 \end{aligned}$$

相应的最优决策是：$u_3^*(3)=3$。

类似地，可以分析计算 $k=2$，$k=1$ 阶段所有可能状态对应的条件最优目标函数和条件最优决策，$f_1(x_1=5)$ 即 $f_1(5)$ 就是最优目标函数值。反向追踪求出问题的最优策略、最优状态序列。为了使分析计算过程更加紧凑清晰，采用表格形式表述分析计算过程，如表 4.21 所示。

表 4.21　例 4.15 分析与计算表

阶段 k	$g_k(u_k)+f_{k+1}(x_{k+1})$ 允许决策 / 状态 x_k	0	1	2	3	4	5	$f_k(x_k)$	u_k^*	分析与说明
对企业 C 投资过程 3	0	0						0	0	①$0\leqslant x_3\leqslant 5$ 共 6 个可选状态 ②因为 $f_4(x_4)=0$，所以 $g_3(u_3)+f_4(x_4)=g_3(u_3)$ ③由 $0\leqslant u_3\leqslant x_3$，作如下推断： $x_3=0\rightarrow u_3=0$； $x_3=1\rightarrow u_3=0$，1；即有数字格为表格下三角部分
	1	0	1					1	1	
	2	0	1	2				2	2	
	3	0	1	2	3			3	3	
	4	0	1	2	3	4		4	4	
	5	0	1	2	3	4	5	5	5	
对企业 B 投资过程 2	0	0+0						0	0	①$0\leqslant x_3\leqslant 5$，共 6 个可选状态 0，1，…，5 ②$g_2(u_2)+f_3(x_3)$，$x_3$ 由状态转移方程计算，$f_3(x_3)$ 在第 3 阶段表格中查 ③因 $0\leqslant u_2\leqslant x_2$，则由 x_i 决定 u_i 取值范围，故有数字格为表格下三角部分 ④注意：$x_3=x_2-u_2$，所以 $x_2=1$ 时，u_i 可为 0，1，则 $x_3=1$，0
	1	0+1	0+0					1	0	
	2	0+2	0+1	1+0				2	0	
	3	0+3	0+2	1+1	2+0			3	0	
	4	0+4	0+3	1+2	2+1	4+0		4	0，4	
	5	0+5	0+4	1+3	2+2	4+1	7+0	7	5	
对企业 A 投资过程 1	5	0+7	2+4	2+3	3+2	3+1	3+0	7	0	

表 4.21 说明，当 $x_1 = 5$ 时，$u_1 = 0 \xrightarrow{x_2 = x_1 - u_1 = 5} u_2 = 5 \xrightarrow{x_3 = x_2 - u_2 = 5-5=0} u_3 = 0$，所以 $p^* = \{u_1 = 0, u_2 = 5, u_3 = 0\}$，$x_1=5$，$x_2=5$，$x_3=0$，$f_1(5)=7$，即将 5 万元全部投资到企业 B，该公司可获最大收益为 7 万元。

（2）资源的多段分配。

例 4.16　有 1 000 台机床要投放到 A、B 两个生产部门，计划连续使用 3 年。已知投入 u_a 台机床时 A 部门的年收益是 $g(u_a) = u_a^2$，机床完好率 $a=0.8$。相应地，投入 u_b 台机床时 B 部门的年收益为 $h(u_b) = 2u_b^2$，$b=0.4$。试建立 3 年间总收益最大的年度机床分配方案。

解： 当 $k=3$ 时，$0 \leqslant x_3 \leqslant 1\,000$，$0 \leqslant u_3 \leqslant x_3$，注意到 $f_4(x_4) = 0$，则条件最优目标函数为：

$$f_3(x_3) = \max_{u_3}\{u_3^2 + 2(x_3 - u_3)^2\}$$

由于阶段效应 $r_3(x_3, u_3) = u_3^2 + 2(x_3 - u_3)^2$ 是以 x_3 为参量的 u_3 的二次函数，如图 4.11 所示的下凸抛物线，条件最优目标函数将在 $u_3 \in [0, x_3]$ 端点处（相应的最大点）取得极大值。比较 $u_3 = 0$ 和 $u_3 = x_3$ 时的阶段效应值，可得

$$f_3(x_3) = \max_{u_3}\{u_3^2 + 2(x_3 - u_3)^2\} = \max\{2x_3^2, x_3^2\} = 2x_3^2$$

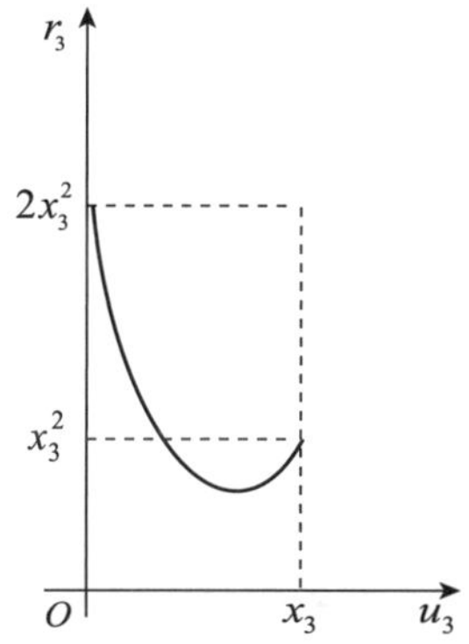

图 4.11　例 4.16 阶段效应函数示意图

相对最优决策点 $u_3^*(x_3) = 0$。

当 $k=2$ 时，$0 \leqslant x_2 \leqslant 1\,000$，$0 \leqslant u_2 \leqslant x_2$，由状态转移方程 $x_3 = 0.8u_2 + 0.4(x_2 - u_2)$ 及 $f_3(x_3) = 2x_3^2$，有

$$\begin{aligned} f_2(x_2) &= \max_{u_2}\{u_2^2 + 2(x_2 - u_2)^2 + f_3(0.8u_2 + 0.4(x_2 - u_2))\} \\ &= \max_{u_2}\{u_2^2 + 2(x_2 - u_2)^2 + 2[0.8u_2 + 0.4(x_2 - u_2)]^2\} \end{aligned}$$

该式中 { } 内的部分为 u_2 的函数，仍是下凸抛物线。因此最大值仍在区间 $[0, x_2]$ 的端点处，比较 $u_2 = 0$ 和 $u_2 = x_2$ 时 { } 内的值可得

$$f_2(x_2) = \max\{2.32x_2^2, 2.28x_2^2\} = 2.32x_2^2$$

相对最优决策点 $u_2^*(x_2) = 0$。

当 $k=1$ 时，$x_1=1\ 000$，$0\leqslant u_1\leqslant x_1$，由状态转移方程 $x_2=0.8u_1+0.4(x_1-u_1)$ 及 $f_2(x_2)=2.32x_2^2$，有

$$f_1(x_1)=\max_{u_1}\{u_1^2+2(x_1-u_1)^2+f_2(0.8u_1+0.4(x_1-u_1))\}$$
$$=\max_{u_1}\{u_1^2+2(x_1-u_1)^2+2.32[0.8u_1+0.4(x_1-u_1)]^2\}$$

该式中｛｝内的部分为 u_1 的函数，仍是下凸抛物线。因此最大值仍在区间 $[0, x_1]$ 的端点处。比较 $u_1=0$ 和 $u_1=x_1$ 时｛｝内的值可得：

$$f_1(x_1)=\max\{2.371\ 2x_1^2, 2.484\ 8x_1^2\}=2.484\ 8x_1^2$$

相对最优决策点 $u_1^*(x_1)=x_1=1\ 000$。

故3年间最大总收益 $R^*=f_1(x_1)=2.484\ 8\times 1\ 000^2=248.48$（万元）。借助初始状态变量取值和状态转移方程即可求出最优状态序列 $\{x_1^*, x_2^*, x_3^*, x_4^*\}$ 和最优决策序列 $p^*=\{u_1^*, u_2^*, u_3^*\}$。

$x_1^*=x_1=1\ 000$　　　　$u_1^*(x_1^*)=x_1=1\ 000$

$x_2^*=0.8u_1^*+0.4(x_1^*-u_1^*)=800$，　　$u_2^*(x_2^*)=0$

$x_3^*=0.8u_2^*+0.4(x_2^*-u_2^*)=320$　　$u_3^*(x_3^*)=0$

$x_4^*=0.8u_3^*+0.4(x_3^*-u_3^*)=128$

计算结果表明，3年间最优分配方案是：第一年将全部1 000台机床投入A部门，年末尚有800台完好机床；第二年将800台机床全部投入B部门，年末剩余320台完好机床；第三年仍将320台机床仍投入B部门，年末完好机床数为128台。3年间最大总收益达248.48万元。

3. 生产-库存问题

例4.17　已知阶段数 $n=3$，固定成本 $\widetilde{K}=8$，可变成本 $L=2$，单位库存费用 $h=2$，初始库存量 $x_1=1$，库存容量 $M=4$，期末库存 $x_4=0$，生产能力 $B=6$，三个阶段的需求分别为 $d_1=3$，$d_2=4$，$d_3=3$。试求最佳方案。

解：该例的表格详解如表4.22所示，其中用到的基本公式有：

(1) $0\leqslant x_k\leqslant\min\{M, d_k+d_{k+1}+\cdots+d_n\}$，　$k=1,2,\cdots,n$

(2) $\max\{0, d_k-x_k\}\leqslant u_k\leqslant\min\{B, d_k+d_{k+1}+\cdots+d_n-x_k\}$

(3) $x_{k+1}=x_k+u_k-d_k$

(4) $\begin{cases}f_k(x_k)=\min\{\widetilde{K}+Lu_k+h(x_k+u_k-d_k)+f_{k+1}(x_{k+1})\}\\ f_{n+1}(x_{n+1})=0\end{cases}$

4. 一维背包问题

例4.18　某人准备外出旅游，行装中有A、B、C、D、E 5件备选物品，其重量和价值如表4.23所示。假定行李总重不得超过13千克，且每件物品只有一件。求总价值最大的行李构成方案。

表 4.22 生产-库存问题例 4.17 表格解法详析

<table>
<tr><th rowspan="2">阶段k</th><th>允许决策 / $r_k+f_{k+1}(x_{k+1})$</th><th rowspan="2">0</th><th rowspan="2">1</th><th rowspan="2">2</th><th rowspan="2">3</th><th rowspan="2">4</th><th rowspan="2">5</th><th rowspan="2">6</th><th rowspan="2">$f_k(x_k)$</th><th rowspan="2">$u_k^*(x_k)$</th><th rowspan="2">说明</th></tr>
<tr><th>状态 x_k</th></tr>
<tr><td rowspan="5">3</td><td colspan="10">计算公式：①$0\leqslant x_3\leqslant\min\{M,d_3\}=\min\{4,3\}=3$
②$d_3-x_3\leqslant u_3\leqslant\min\{B,d_3-x_3\}$
③$x_4=0$
④$f_3(x_3)=\min\{8+2u_3+2(x_3+u_3-d_3)+f_4(x_4)\}=\min\{8+2u_3\}$（注意：阴影部分的值=0）</td><td></td></tr>
<tr><td>0</td><td></td><td></td><td></td><td>14</td><td></td><td></td><td></td><td>14</td><td>3</td><td rowspan="4">1. 由公式①确定；
2. 分别代入公式②，得 $u_3=3$，2，1，0；
3. 代入公式④，算得 $r_3+f_4(x_4)=r_3=14$，12，10，8；
4. 填入 $f_k(x_k)$ 列，得出对应的 $u_3^*(x_3)$ 的值</td></tr>
<tr><td>1</td><td></td><td></td><td>12</td><td></td><td></td><td></td><td></td><td>12</td><td>2</td></tr>
<tr><td>2</td><td></td><td>10</td><td></td><td></td><td></td><td></td><td></td><td>10</td><td>1</td></tr>
<tr><td>3</td><td>8</td><td></td><td></td><td></td><td></td><td></td><td></td><td>8</td><td>0</td></tr>
<tr><td rowspan="6">2</td><td colspan="10">计算公式①、②、③和④中将 k 改写为 2</td><td rowspan="6">1. 由公式①得 $x_2=0$，1，2，3，4；
2. 由公式②得 u_2 取值范围（表中带状结构格）；
3. 代入公式③，算出相应的 x_3 取值；
4. 代入公式④，算得｛ ｝，即 $r_k+f_{k+1}(x_{k+1})$ 中的值</td></tr>
<tr><td>0</td><td></td><td></td><td></td><td></td><td>16+0+14</td><td>18+2+12</td><td>20+4+10</td><td>30</td><td>$u_2^*(x_2=0)=4$</td></tr>
<tr><td>1</td><td></td><td></td><td></td><td>14+0+14</td><td>16+2+12</td><td>18+4+10</td><td>20+6+8</td><td>28</td><td>$u_2^*(x_2=1)=3$</td></tr>
<tr><td>2</td><td></td><td></td><td>12+0+14</td><td>14+2+12</td><td>16+4+10</td><td>18+6+8</td><td></td><td>26</td><td>$u_2^*(x_2=2)=2$</td></tr>
<tr><td>3</td><td></td><td>10+0+14</td><td>12+2+12</td><td>14+4+10</td><td>16+6+8</td><td></td><td></td><td>24</td><td>$u_2^*(x_2=3)=1$</td></tr>
<tr><td>4</td><td>8+0+14</td><td>10+2+12</td><td>12+4+10</td><td>14+6+8</td><td></td><td></td><td></td><td>22</td><td>$u_2^*(x_2=4)=0$</td></tr>
</table>

续表

阶段k	$r_k+f_{k+1}(x_{k+1})$ 允许决策 / 状态 x_k	0	1	2	3	4	5	6	$f_k(x_k)$	$u_k^*(x_k)$	说明
1	$x_1=1$（唯一确定）			12+0+30	14+2+28	16+4+26	18+6+24	20+8+22	42	u_1^* $(x_1=1)$ $=2$	1. 因 $x_1=1$，所以由公式②得 $u_2=2$，3，4，5，6； 2. { } $=8+2u_1+2(x_1+u_1-d_1)+f_2(x_2)=8+2u_1+2(u_1-2)+f_2(u_1-2)$
反向追踪，找出最优策略：(1) u_1^* $(x_1=1)$ $=2\xrightarrow{x_2=x_1+u_1-d_1=0}u_2^*$ $(x_2=0)$ $=4\xrightarrow{x_3=x_2+u_2-d_2}u_3^*$ $(x_3=0)$ $=3$ (2) 于是最优策略（最优决策序列）为：$p^*=\{u_1{}^*(x_1=1)=2, u_2{}^*(x_2=0)=4, u_3{}^*(x_3=0)=3\}$ (3) 目标函数最优值（最小总费用）为：f_1 $(x_1=1)$ $=42$ (4) 最优路线（最优状态序列）为：$x_1=1$，$x_2=0$，$x_3=0$，$x_4=0$											本例是在假设“当产量为 0 时，固定成本仍为 $\widetilde{K}$”的条件下，计算得出上述结果，条件不同，结果会有所变化

表 4.23　例 4.18 重量和价值表

物品	A	B	C	D	E
重量（千克）	7	5	4	3	1
价值（百元）	9	4	3	2	0.5

解：行李的重量以 1 千克为间隔离散化，则状态可能集为 $X_k=\{0, 1, 2, \cdots, 13\}$。由于每件物品仅有一件，故决策允许集为 $U_k=\{0,1\}$。按照逆序求解的方法，采用表格形式求解，结果如表 4.24 所示。各阶段所用公式如下：

(1) 当 $k=5$ 时，

$$f_6(x_6)=0\text{ , }f_5(x_5)=\max_{u_5}\{g_5(u_5)\}\text{ 。}$$

若 $x_5=0$，则 $u_5=0$，没有选择余地。

若 $1\leqslant x_5\leqslant 13$，则

$$g_5(u_5)+f_6(x_6)=\begin{cases}0, & \text{当 } u_5=0\\ 0.5, & \text{当 } u_5=1\end{cases}$$

(2) 当 $k=4$ 时，

$$f_4(x_4)=\max_{u_4}\{g_4(u_4)+f_5(x_5)\}$$

$$x_5=x_4-h_4u_4=\begin{cases}x_4-0, & \text{当 } u_4=0\\ x_4-3, & \text{当 } u_4=1\end{cases}$$

$$g_4(u_4)+f_5(x_5)=\begin{cases}0+f_5(x_4), & \text{当 } u_4=0\\ 2+f_5(x_4-3), & \text{当 } u_4=1\end{cases}$$

(3) 当 $k=3$ 时，

$$f_3(x_3)=\max_{u_3}\{g_3(u_3)+f_4(x_4)\}$$

$$x_4=x_3-h_3u_3=\begin{cases}x_3-0, & \text{当 } u_3=0\\ x_3-4, & \text{当 } u_3=1\end{cases}$$

$$g_3(u_3)+f_4(x_4)=\begin{cases}0+f_4(x_3), & \text{当 } u_3=0\\ 3+f_4(x_3-4), & \text{当 } u_3=1\end{cases}$$

(4) 当 $k=2$ 时，

$$f_2(x_2)=\max_{u_2}\{g_2(u_2)+f_3(x_3)\}$$

$$x_3=x_2-h_2u_2=\begin{cases}x_2-0, & \text{当 } u_2=0\\ x_2-5, & \text{当 } u_2=1\end{cases}$$

$$g_2(u_2)+f_3(x_3)=\begin{cases}0+f_3(x_2), & \text{当 } u_2=0\\ 4+f_3(x_2-5), & \text{当 } u_2=1\end{cases}$$

(5) 当 $k=1$ 时，

$$f_1(x_1)=\max_{u_1}\{g_1(u_1)+f_2(x_2)\}$$

$$x_2=x_1-h_1u_1=\begin{cases}x_1-0, & \text{当 } u_1=0\\ x_1-7, & \text{当 } u_1=1\end{cases}$$

$$g_1(u_1)+f_2(x_2)=\begin{cases}0+f_2(x_1), & \text{当 } u_1=0\\ 9+f_2(x_1-7), & \text{当 } u_1=1\end{cases}$$

表 4.24　例 4.18 求解表

k	$g_k(u_k)+f_{k+1}(x_{k+1})$ \ u_k / x_k	0	1	$f_k(x_k)$	u_k^*
5	0	0	—	0	0
	1	0	0.5	0.5	1
	2	0	0.5	0.5	1
	3	0	0.5	0.5	1
	4	0	0.5	0.5	1
	5	0	0.5	0.5	1
	6	0	0.5	0.5	1
	7	0	0.5	0.5	1
	8	0	0.5	0.5	1
	9	0	0.5	0.5	1
	10	0	0.5	0.5	1
	11	0	0.5	0.5	1
	12	0	0.5	0.5	1
	13	0	0.5	0.5	1
4	0	0	—	0	0
	1	0.5	—	0.5	0
	2	0.5	—	0.5	0
	3	0.5	2+0	2	1
	4	0.5	2+0.5	2.5	1
	5	0.5	2+0.5	2.5	1
	6	0.5	2.5	2.5	1
	7	0.5	2.5	2.5	1
	8	0.5	2.5	2.5	1
	9	0.5	2.5	2.5	1
	10	0.5	2.5	2.5	1
	11	0.5	2.5	2.5	1
	12	0.5	2.5	2.5	1
	13	0.5	2.5	2.5	1

续表

k	$g_k(u_k)+f_{k+1}(x_{k+1})$ \ u_k / x_k	0	1	$f_k(x_k)$	u_k^*
3	0	0	—	0	0
	1	0.5	—	0.5	0
	2	0.5	—	0.5	0
	3	2	—	2	0
	4	2.5	3+0	3	1
	5	2.5	3+0.5	3.5	1
	6	2.5	3+0.5	3.5	1
	7	2.5	3+2	5	1
	8	2.5	3+2.5	5.5	1
	9	2.5	3+2.5	5.5	1
	10	2.5	3+2.5	5.5	1
	11	2.5	3+2.5	5.5	1
	12	2.5	3+2.5	5.5	1
	13	2.5	3+2.5	5.5	1
2	0	0	—	0	0
	1	0.5	—	0.5	0
	2	0.5	—	0.5	0
	3	2	—	2	0
	4	3	—	3	0
	5	3.5	4+0	4	1
	6	3.5	4+0.5	4.5	1
	7	5	4+0.5	5	0
	8	5.5	4+2	6	1
	9	5.5	4+3	7	1
	10	5.5	4+3.5	7.5	1
	11	5.5	4+3.5	7.5	1
	12	5.5	4+5	9	1
	13	5.5	4+5.5	9.5	1
1	13	9.5	9+4.5	13.5	1

由表格计算结果得：

最优策略为 $p^*=\{u_1^*=1,\ u_2^*=1,\ u_3^*=0,\ u_4^*=0,\ u_5^*=1\}$。

最优状态序列 $\{x_1=13,\ x_2=6,\ x_3=1,\ x_4=1,\ x_5=1,\ x_6=0\}$。

求解的反向追踪过程如下：

$$x_1=13\rightarrow x_2\overset{u_1=1}{=}x_1-7=6\rightarrow x_3\overset{u_2=1}{=}x_2-5=6-5=1\rightarrow x_4\overset{u_3=0}{=}x_3$$
$$=1\rightarrow x_5\overset{u_4=0}{=}x_4=1\rightarrow x_6\overset{u_5=1}{=}x_5-1=0$$

相应的目标函数最优值 $R^*=f_1(x_1=13)=13.5$。

计算结果表明：最好的选择方案是，选 A 物品 1 件，B 物品 1 件，E 物品 1 件，而不选 C、D 两种物品，此时携带的行李总重量恰为 13 千克，总价值达到最大，为 1 350 元。

5. 设备更新问题

例 4.19 假定某设备的使用年限为 10 年，设备的处理价格与役龄无关，为 4 万元，其他有关信息如表 4.25 所示，求设备更新的最优策略。

表 4.25 例 4.19 有关信息表

t 期数	0	1	2	3	4	5	6	7	8	9	10
$\gamma(t)$（万元）	27	26	26	25	24	23	23	22	21	21	20
$\mu(t)$（万元）	15	15	16	16	16	17	18	18	19	20	20

解：由于设备的处理价格为 4 万元，与役龄无关。于是不管哪年，只要采取“更新”策略，则阶段回收额（阶段效应）就是：

$$s(t) - p + \gamma(0) - \mu(0) = 4 - 13 + 27 - 15 = 3\ (\text{万元})$$

当 $k=10$ 时，由于 $f_{11}(t)=0$，则

$$f_{10}(t) = \max_t \begin{cases} K: r(t) - u(t) + f_{11}(t+1) \\ P: 3 + f_{11}(1) \end{cases} = \max_t \begin{cases} K: r(t) - u(t) \\ P: 3 \end{cases}$$

若 $t=0$，则 $f_{10}(0) = \max \begin{cases} K: r(0) - u(0) \\ P: 3 \end{cases} = \max \begin{cases} 27 - 15 \\ 3 \end{cases} = 12$，条件最优决策为 K（保留）。

若 $t=1$，则 $f_{10}(1) = \max \begin{cases} K: r(1) - u(1) \\ P: 3 \end{cases} = \max \begin{cases} 26 - 15 \\ 3 \end{cases} = 11$，条件最优决策为 K（保留）。

继续进行其余的计算，结果如表 4.26 所示。

表 4.26 中给出了 $t=10$，$t=9$，$t=8$ 时计算过程中的符号表示，并用箭头标出了数据来源，读者可以尝试给出其他的符号表示和数据来源。

根据表 4.26，就可以进行结果分析了。比如：考虑役龄为 4 年的设备如何制定今后十年的更新计划。$f_1(t)$ 行与 $t=4$ 的列交点上的数为 82，即最大回收额为 82 万元。相应的决策是 K（保留）或 P（更新），就是说两种决策可以获得同样的回收额，一般总是选择保留策略，因为原有的设备已经操作熟练。第二年，役龄变成 5，决策行与 $t=5$ 的列交点处相应的决策是 P（更新）。第三年，因为上年刚更新过，所以役龄是 1，决策行与$t=1$ 的列交点处对应的决策是 K；依次类推，得到最优更新策略是：

表 4.26 例 4.19 求解过程表

阶段 k	结果＼状态 公式	$t=0$	$t=1$	$t=2$	$t=3$	$t=4$	$t=5$	$t=6$	$t=7$	$t=8$	$t=9$	$t=10$
10	K：$\gamma(t)-\mu(t)+f_{11}(t+1)$	27−15	26−15	26−16	25−16	24−16	23−17	23−18	22−18	21−19	21−20	20−20
	P：$3+f_{11}(1)$	3	3	3	3	3	3	3	3	3	3	3
	$f_{10}(t)$	12	11	10	9	8	6	5	4	3	3	3
	决策	K	K	K	K	K	K	K	K	P	P	P

续表

阶段 k	结果＼状态 公式	$t=0$	$t=1$	$t=2$	$t=3$	$t=4$	$t=5$	$t=6$	$t=7$	$t=8$	$t=9$	$t=10$
9	K: $\gamma(t)-\mu(t)+f_{10}(t+1)$	$12+f_{10}(1)$	$11+f_{10}(2)$	$10+f_{10}(3)$	$9+f_{10}(4)$	$8+f_{10}(5)$	$6+f_{10}(6)$	$5+f_{10}(7)$	$4+f_{10}(8)$	$2+f_{10}(9)$	$1+f_{10}(10)$	$0+f_{10}(11)$
	P: $3+f_{10}(1)$	14	14	14	14	14	14	14	14	14	14	14
	$f_9(t)$	23	21	19	17	14	14	14	14	14	14	14
	决策	K	K	K	K	K，P	P	P	P	P	P	P
8	K: $\gamma(t)-\mu(t)+f_9(t+1)$	$12+f_9(1)$	$11+f_9(2)$	$10+f_9(3)$	$9+f_9(4)$	$8+f_9(5)$	$6+f_9(6)$	$5+f_9(7)$	$4+f_9(8)$	$2+f_9(9)$	$1+f_9(10)$	$0+f_9(11)$
	P: $3+f_9(1)$	24	24	24	24	24	24	24	24	24	24	24
	$f_8(t)$	33	30	27	24	24	24	24	24	24	24	24
	决策	K	K	K	P	P	P	P	P	P	P	P
7	K: $\gamma(t)-\mu(t)+f_8(t+1)$	42	38	34	33	32	30	29	28	26	25	0
	P: $3+f_8(1)$	33	33	33	33	33	33	33	33	33	33	33
	$f_7(t)$	42	38	34	33	33	33	33	33	33	33	33
	决策	K	K	K	K，P	P	P	P	P	P	P	P
6	K: $\gamma(t)-\mu(t)+f_7(t+1)$	50	45	43	42	41	39	38	37	35	34	0
	P: $3+f_7(1)$	41	41	41	41	41	41	41	41	41	41	41
	$f_6(t)$	50	45	43	42	41	41	41	41	41	41	41
	决策	K	K	K	K	K，P	P	P	P	P	P	P
5	K: $\gamma(t)-\mu(t)+f_6(t+1)$	57	54	52	50	49	47	46	45	43	42	0
	P: $3+f_6(1)$	48	48	48	48	48	48	48	48	48	48	48
	$f_5(t)$	57	54	52	50	49	48	48	48	48	48	48
	决策	K	K	K	K	K	P	P	P	P	P	P

续表

阶段 k	结果 状态 公式	$t=0$	$t=1$	$t=2$	$t=3$	$t=4$	$t=5$	$t=6$	$t=7$	$t=8$	$t=9$	$t=10$
4	K：$\gamma(t)-\mu(t)+f_5(t+1)$	66	63	60	58	56	54	53	52	50	49	0
	P：$3+f_5(1)$	7	57	57	57	57	57	57	57	57	57	57
	$f_4(t)$	66	63	60	58	57	57	57	57	57	57	57
	决策	K	K	K	K	P	P	P	P	P	P	P
3	K：$\gamma(t)-\mu(t)+f_4(t+1)$	75	71	68	66	65	63	62	61	59	58	0
	P：$3+f_4(1)$	66	66	66	66	66	66	66	66	66	66	66
	$f_3(t)$	75	71	68	66	66	66	66	66	66	66	66
	决策	K	K	K	K，P	P	P	P	P	P	P	P
2	K：$\gamma(t)-\mu(t)+f_3(t+1)$	83	79	76	75	74	72	71	70	68	67	0
	P：$3+f_3(1)$	74	74	74	74	74	74	74	74	74	74	74
	$f_2(t)$	83	79	76	75	74	74	74	74	74	74	74
	决策	K	K	K	K	K，P	P	P	P	P	P	P
1	K：$\gamma(t)-\mu(t)+f_2(t+1)$	91	87	85	83	82	80	79	78	76	75	0
	P：$3+f_2(1)$	82	82	82	82	82	82	82	82	82	82	82
	$f_1(t)$	91	87	85	83	82	82	82	82	82	82	82
	决策	K	K	K	K	K，P	P	P	P	P	P	P

$$p^*=\{K, P, K, K, K, K, P, K, K, K\}$$

设备的役龄序列为 {4，5，1，2，3，4，5，1，2，3}。

最大回收额是 $R^*=f_1(4)=82$（万元）。

从表 4.26 可以看到一个明显的特点：阴影把两种决策分开，左边是保留决策 K，右边是更新策略 P。为更加清楚，也可采用列表形式进行分析，如对于现有役龄为 3 的设备制订十年更新计划，可列出表 4.27。

表 4.27　役龄为 3 的设备更新计划结果分析表

阶段	1	2	3	4	5	6	7	8	9	10
役龄	3	4	5	1	2	3	4	1	2	3
决策	K	K	P	K	K	K	P	K	K	K

结果表明，最优更新策略是：$p^*=\{K, K, P, K, K, K, P, K, K, K\}$。

设备役龄序列是 $\{3, 4, 5, 1, 2, 3, 4, 1, 2, 3\}$。

$f_1(t)$ 行与 $t=3$ 的列交点上的数为 83，即最大回收额 $R^*=83$ 万元。

本章小结

动态规划是解决多阶段决策问题，尤其是复杂、离散的最优化问题的一种有效方法。某些静态问题也可以通过人为地引入“时段”而转为动态规划问题。动态规划的基本概念与最优化原理是本章的核心概念和理论。理解这些概念和理论的最佳方法就是通过大量的典型问题去反复体会。动态规划的核心是最优化原理的应用。

动态规划建模可以归结为：一个大前提、四个条件（或称要素）和一个方程（动态规划基本方程）。正确地选择状态变量和决策变量，并确定状态可能集和决策允许集往往是其中最关键、最困难之处。本章讨论了工程路线问题、资源分配问题、生产-库存问题、背包问题和设备更新问题等，要注意掌握其中的分析方法和处理技巧，注意问题的特点和难点。

动态规划求解的一般方法是“逆序求解”，实施中将反复使用动态规划基本方程，其实质是一个递推方程。其中需要注意使用各种数学技巧，没有统一的格式可循，这就是动态规划方法的难点所在。求解要求最终回答三个问题：最优策略、最优路线和最优目标函数值。

本章的理论框架如下：

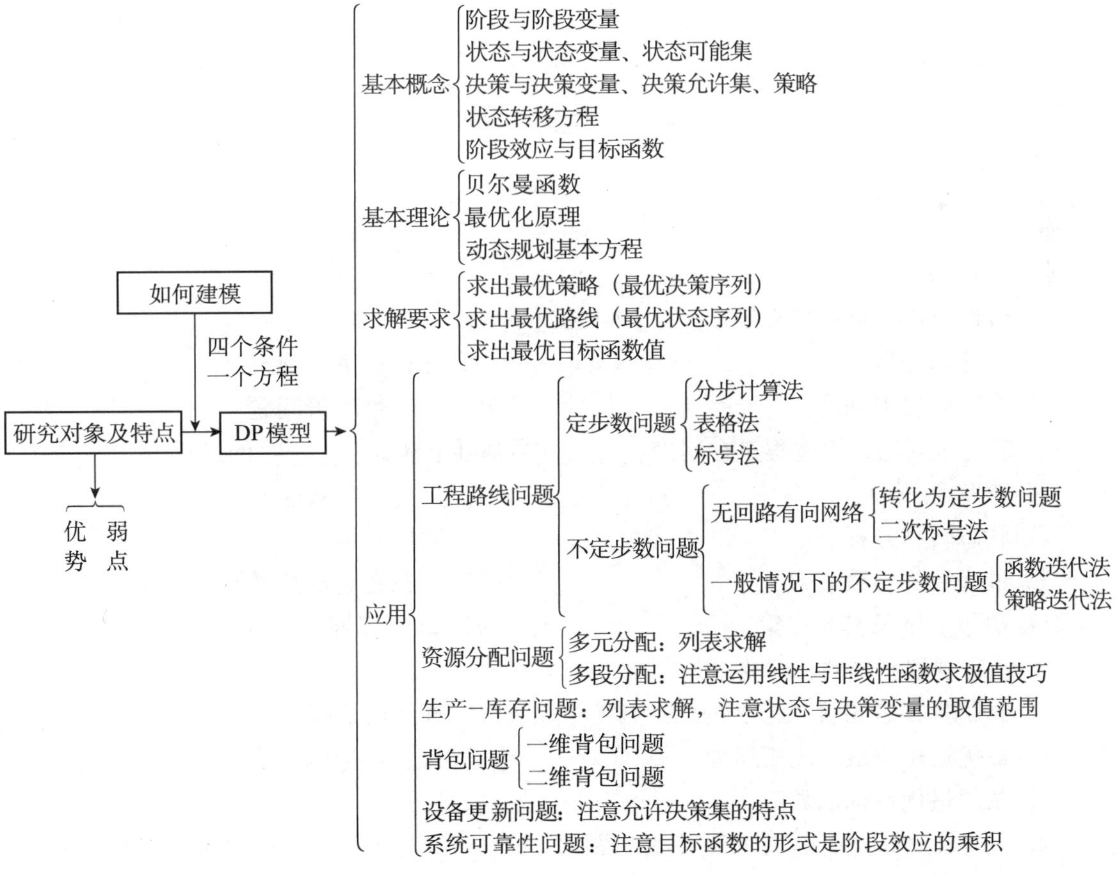

拓展阅读

贝尔曼与动态规划

理查德·贝尔曼（Richard Bellman）是美国著名的数学家，因在研究多阶段决策过程中提出“动态规划”而闻名于世。关于“动态规划”名字的由来，贝尔曼曾在他的自传中讲述了这样一段有趣的故事。

1949年夏天，贝尔曼在斯坦福大学数学系担任终身教授，他对分析数论越来越感兴趣，在圣塔莫尼卡的兰德公司做了两次夏季顾问，他在兰德公司的第一个任务就是为多阶段决策过程找到一个名称。为了完成这个艰巨的任务，贝尔曼首先考虑了“planning”、“decision making”和“thinking”这几个词，但是由于种种原因这些词并不合适。他想让大家明白，这是动态的，是多级的，是时变的，经过了较长时间的思考与对比，他最终决定使用“dynamic programming”这个名字。

之后，贝尔曼又在动态规划领域继续深入开展了许多研究工作，并于1957年出版了《动态规划》这本书，这本书一经出版，便被迅速译成俄文、日文、德文和法文，对控制理论界和数学界影响深远。贝尔曼还把不变嵌入原理应用于理论物理和数学分析方面，把两点边值问题转化为初值问题，简化了问题的分析和求解过程。1955年后贝尔曼开始研究算法、计算机仿真和人工智能，把建模与仿真等数学方法应用到工程、经济、社会和医学等方面，取得许多成就。正是由于贝尔曼提出的动态规划方法，强化学习作为机器学习中的一个重要领域才得以顺利发展，因此贝尔曼不仅仅是动态规划的创始人，也是强化学习的奠基者。

由于在动态规划领域做出的杰出贡献，贝尔曼在1976年获得了美国管理科学研究会和美国运筹学会联合颁发的冯·诺伊曼理论奖，并分别于1977年和1983年当选美国国家工程院院士和美国国家科学院院士。

习题4

一、选择题

1. 动态规划的研究对象是________问题。

A. 动态决策问题　　B. 静态决策问题

C. 多阶段决策问题　　D. 一次性决策问题

2. 动态规划的建模过程是在明确________的基础上建立________的过程。

A. 最优化原理　　B. 具有无后效性

C. 状态转移方程　　D. 阶段效应

E. 最优目标函数值 R^*　　F. 状态变量及其可能集

G. 决策变量及其允许集　　H. 动态规划基本方程

3. 动态规划问题的求解要求是________。

A. 最优路线或最优状态序列　　B. 整体最优解

C. 最优策略或最优决策序列　　D. 最优目标函数值

E. 条件最优目标函数值　　F. 最优解

4. 用动态规划方法解决工程路线问题时，________网络可以转化为定步数问题求解，在确定节点序时，是以寻找________作为依据的。

A. 任意　　B. 无回路有向　　C. 混合　　D. 增广链

E. 根节点　　F. 链的方向　　G. 决策节点　　H. 最短路

5. 资源在两种不同的生产活动中多阶段地投放的问题属于资源的________分配问题。

A. 多阶段　　B. 多元　　C. 多次　　D. 动态

6. 在生产-库存问题的动态规划建模中，应特别注意的是________。

A. 状态变量的允许取值范围　　B. 生产能力

C. 库存容量　　D. 决策变量的允许取值范围

7. 某种资源在 n 种不同的生产活动中的投放问题属于资源的________分配问题。

A. 多阶段　　B. 多元　　C. 多次　　D. 动态

二、判断题

1. 最优化原理可以表述为："策略具有的基本性质是：无论初始状态和初始决策如何，对于前面决策所造成的某一状态而言，余下的决策序列必构成最优策略。"（　　）

2. 对于一个动态规划问题，应用顺推和逆推解法可能会得出不同的最优解。（　　）

3. 假如一个标准化线性规划问题有 5 个变量和 3 个约束，则用动态规划求解是将其转化为 3 个阶段，每阶段的状态变量由一个 5 维向量组成。（　　）

4. 适合用动态规划模型求解的多阶段决策问题的目标函数，必须具有关于阶段效应的可分离形式。（　　）

5. 资源的多元分配问题，是指有消耗的资源在多种不同的生产活动中多阶段地投放的问题。（　　）

6. 动态规划中，定义状态应保证在各个阶段中所作决策的相互独立性。（　　）

三、动态规划建模

1. 某单位拟将 4 种物品从受灾现场抢运到另一城市，其运输工具为一架运输机，且只能运输一趟。该飞机的载重能力为 45 吨，货舱空间为 20 立方米。已知 4 种物品的有关数据如表 4.28 所示，现需制订使总价值最大的运输方案。试建立该问题的动态规划模型。

表 4.28　4 种物品的数据表

物品	重量（千克）	体积（立方米）	价值（元）
1	300	0.4	15 000
2	200	0.3	8 000
3	100	0.2	9 000
4	150	0.2	6 000

2. 某公司从事某种商品的经营，现要制订本年度 10—12 月的进货及销售计划。已知该种商品的初始库存量为 2 000 件，公司仓库最多可存放该种商品 10 000 件，公司拥有的经营资金为 80 万元。据预测，10—12 月的进货及销售价格如表 4.29 所示。若每个

月仅在1日进货1次，且要求年底时商品的库存量达到3 000件。问如何安排进货及销售计划，使公司获得最大利润？试建立动态规划模型（不考虑库存费用）。

表 4.29　10—12 月的进货及销售价格数据表

月份	10月	11月	12月
进货价格（元/件）	90	95	98
销售价格（元/件）	100	100	115

3. 某工厂生产3种产品，其重量与利润如表4.30所示。现要将这3种产品各3件运往市场销售，运输能力（可运输的总重量）为10吨，如何安排运输使所运出的产品总利润最大？试建立该问题的动态规划模型。

表 4.30　重量及利润数据表

产品种类	重量（吨/件）	利润（元/件）
1	2	120
2	3	150
3	5	160

4. 某公司计划对其3个分厂投资100万元，对3个分厂的投资方式各不相同，其投资和收益测算如表4.31所示，现要为该公司制订最佳投资方案。试建立动态规划模型。

表 4.31　投资和收益测算数据表

分厂	投资方式	投资金额	预期收益（万元）
一分厂	1	15	10
	2	20	15
	3	30	20
二分厂	1	20	10
	2	25	20
	3	35	25
	4	45	30
三分厂	1	10	6
	2	15	11
	3	30	18

四、动态规划求解

1. 某旅行者希望从 s 地到 t 地，其间的道路系统如图4.12所示。图上圆圈表示途经的地方，连接两地的箭线表示道路，其上数字表示该道路长度，箭头表示通行的方向。试求 s 到 t 的最短路。

2. 如图4.13所示，假设从 A 地到 E 地要铺设一条输油管道，中间需经过3个中间

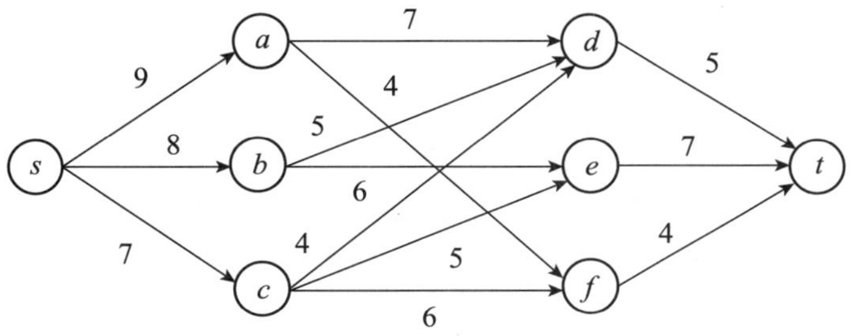

图 4.12　道路系统图

站。由于地理条件等原因，某些地区之间不能直接铺设相通的管道。图 4.13 中有向边的权数为相应的铺设费用（万元）。试求出一条总费用最低的管道路线。

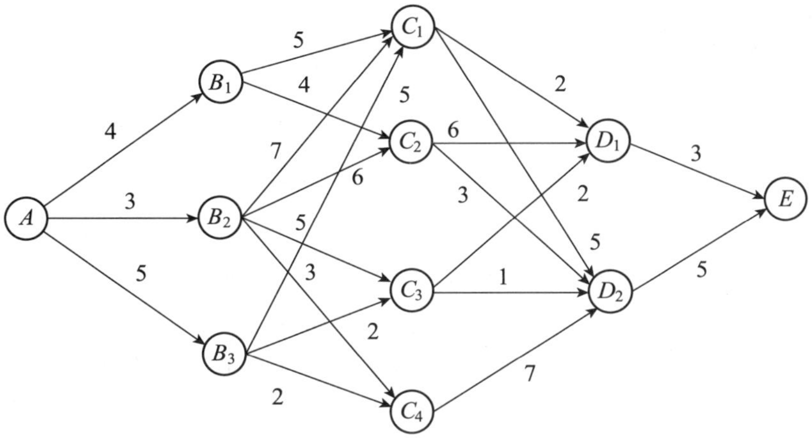

图 4.13　管道路线图

3. 某厂从国外引进一台设备，由工厂 A 至 G 港口有多条通路可供选择，其路线及费用（千元）如图 4.14 所示。现要确定一条从 A 到 G 的总运费最低的路线。请将该问题描述成一个动态规划问题，并用函数迭代法求解。

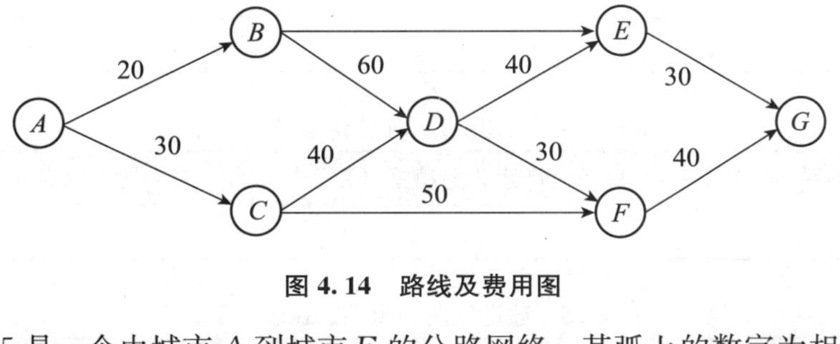

图 4.14　路线及费用图

4. 图 4.15 是一个由城市 A 到城市 E 的公路网络，其弧上的数字为相邻两城市之间的距离（千米）。试分别用函数迭代法和策略迭代法求 A 到 E 的最短路线及其长度。

5. 某公司拟将 50 万元资金投放下属 A、B、C 三个企业，各企业在获得资金后的收益如表 4.32 所示，用动态规划方法求总收益最大的投资分配方案（投资额以 10 万元为单位）。

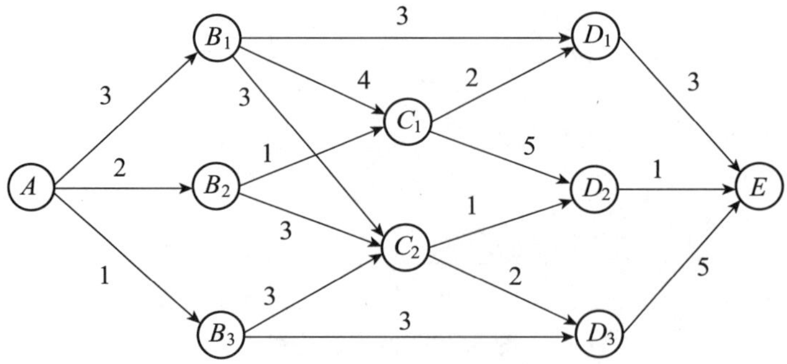

图 4.15　公路网络图

表 4.32　投放资金及收益表

投资额（10万元）		0	10	20	30	40	50
收益（万元）	A	0	15	20	25	28	30
	B	0	0	10	25	45	70
	C	0	10	20	30	40	50

6. 某公司计划用 200 万元对其三个分厂进行技术改造，三个分厂的技术改造计划如下：一分厂有 3 条不同的生产线需要改造，其改造费用和预期收益如表 4.33 所示；二分厂有 3 条相同的生产线需要改造，其改造费用和预期收益如表 4.34 所示，其中固定费用是指二分厂如进行改造则必须花费的技术改造费用，与改造生产线数量无关；三分厂有 4 条相同的生产线需要改造，其改造费用和预期收益如表 4.35 所示。试用动态规划方法为该公司制订最佳的投资方案。

表 4.33　改造费用和预期收益表（一）

生产线	改造费用（万元）	预期收益（万元）
1	10	8
2	20	15
3	30	20

表 4.34　改造费用和预期收益表（二）

固定费用	每条生产线改造费用（万元）	每条生产线预期收益（万元）
20	20	30

表 4.35　改造费用和预期收益表（三）

每条生产线改造费用（万元）	每条生产线预期收益（万元）
40	40

7. 设有两种资源，第一种资源有 x 单位，第二种资源有 y 单位，计划分配给 N 个部门。把第一种资源 x_i 单位、第二种资源 y_i 单位分配给 i 部门所得利润记为 $r_i(x_i, y_i)$。如设 $x=3$，$y=3$，$N=3$，其利润 $r_i(x, y)$ 列于表 4.36。试用动态规划方法求使 N 个部门

总利润最大的资源分配方案。

表 4.36 数据表

x	y											
	$r_1(x, y)$				$r_2(x, y)$				$r_3(x, y)$			
	0	1	2	3	0	1	2	3	0	1	2	3
0	0	1	3	6	0	2	4	6	0	3	5	8
1	4	5	6	7	1	4	6	7	2	5	7	9
2	5	6	7	8	4	6	8	9	4	7	9	11
3	6	7	8	9	6	8	10	11	6	9	11	13

8. 有 1 000 台机床要投放到 A、B 两个生产部门，计划连续使用 3 年。已知对 A 部门投入 u_A 台机器时的年收益是 $g(u_A) = 4(u_A)^2$（元），机器完好率 $a=0.5$，相应地 B 部门的年收益是 $h(u_B) = 2(u_B)^2$（元），机器完好率 $b=0.9$。试求使 3 年间总收益最大的年度机器分配方案。

9. 某工厂进行市场调查后，预计在今后 4 个时期市场对产品的需求量如表 4.37 所示。假定不论在任何时期，生产每批产品的固定成本为 3 000 元；若不生产，则为 0。每单位生产成本为 1 000 元。同时任何一个时期生产能力所允许的最大生产批量不超过 6 个单位。假设每时期的每个单位产品库存费为 500 元，同时规定在第 1 期期初及第 4 期期末均无产品库存。试问该厂如何安排各个时期的生产与库存，使所花的总成本最低?

表 4.37 产品需求表

时期	1	2	3	4
需求量	2	3	2	4

10. 某厂已知其产品在未来 4 个月内的需求量如表 4.38 所示。每批生产的准备费用是 500 元，每件产品的生产费用是 1 元，每件产品的库存费用是每月 1 元。假定 1 月初的库存量是 100 件，4 月末的库存量必须为 0。制订这四个月的最优生产计划。

表 4.38 需求情况表

月份	1	2	3	4
需求量	400	500	300	200

11. 某机械制造厂根据市场预测得知，今年 4 个季度中市场对该厂某种新型机器的需求量分别为 $d_k(k=1, 2, 3, 4)$ 台。该厂第 k 季度生产这一产品的能力为 $b_k(k=1, 2, 3, 4)$ 台，每季度生产这种产品的固定成本为 K 万元（不生产时，$K=0$），每台产品的追加成本（消耗费用）为 C 万元。本季度的产品如滞销，则需运到仓库储存，每季度每台的库存费用为 h 万元，仓库能够储存这种产品的最大数量为 E 台。假定仓库年初和年末的库存量都必须为 0。有关数据如表 4.39 所示。试问该厂应如何安排 4 个季度的生产，在保证满足市场需求的前提下，使生产和储存的总费用最低?

表 4.39 生产与市场需求表

季度 k	需求量 d_k（台）	生产能力 b_k（台）	生产费用		库存费用 h（万元/台·季度）	仓库最大容量 E（台）
			固定成本 K（万元）	追加成本 C（万元/台）		
1	2	6				
2	3	4				
3	4	5	3	1	0.5	3
4	2	4				

12. 某电器设备由3个部件串联组成。为提高该种设备在指定工作条件下正常工作的可靠性，需要在每个部件上安装1个、2个或3个主要元件的相同备用件。假设对部件$i(i=1, 2, 3)$配备j个备用件后的可靠性R_{ij}和所需费用c_{ij}均已知，如表4.40所示。问在用于安装备用件的总费用限额为1千元的条件下，如何安排各部件的备用件数，方能使该种设备在指定工作条件下的可靠性最大。

表 4.40 部件数据表

部件 i \ 备用件数 \ 费用及可靠性	$j=1$		$j=2$		$j=3$	
	C_{i1}	R_{i1}	C_{i2}	R_{i2}	C_{i3}	R_{i3}
1	2	0.92	4	0.94	5	0.96
2	3	0.75	5	0.94	6	0.98
3	1	0.80	2	0.95	3	0.99

13. 考虑有3种货物需要装船。第i种物品单位重量为w_i，单位体积为v_i，价值为r_i，如表4.41所示。船的最大载重量$W=5$，最大体积$V=8$。试求在不超过船的最大载重量和最大体积（不考虑货物形状）的条件下，使所载货物价值最大的装载方案。

表 4.41 货物数据表

i	w_i	v_i	r_i
1	1	2	30
2	3	4	80
3	2	3	65

14. 现有一设备更新问题如下：已知n为计算设备回收额的总期数，t为某个阶段的设备役龄，$r(t)$为从役龄为t的设备中得到的阶段效应，$u(t)$为役龄为t的设备的阶段使用费，$s(t)$是役龄为t的设备的处理价格，p为新设备的购置价格。假定关于现值的折扣率为1，求n期内使回收额最大的设备更新策略。假定$n=6$年，新设备购买的价格为10万元。设备费用效益表如表4.42所示，试求对于第一年役龄为1的设备的更新计划。

表 4.42　设备费用效益表

t	0	1	2	3	4	5	6
$\gamma(t)$	27	26	26	24	22	20	18
$\mu(t)$	15	15	16	16	17	17	17
$s(t)$	6	5	5	4	4	3	2

第 5 章

网络分析

| 本章要点 |

1. 图与网络的基本概念
2. 网络最短路问题算法
3. 最小树问题的求解原理及方法
4. 最大流最小割集定理和 Ford-Fulkerson 算法
5. 求解最小费用最大流问题的对偶法原理及实施步骤

"一带一路"倡议与新能源汽车配件调度问题

"一带一路"倡议极大地强化了"一带一路"沿线国家之间的经济贸易以及产业链供应链等各方面的合作。在贸易方面，中国对"一带一路"沿线国家出口机电产品、医药器材及药品与劳动密集型产品，同时从"一带一路"沿线国家进口了大量的原油、金属矿砂和天然气等矿产资源。据统计，在 2013—2021 年间，中国与"一带一路"沿线国家的货物贸易额累计高达 11 万亿美元，中国与共建国家双向投资，齐头并进，合作平台不断深化，立足国内国际双循环，在互利共赢中走向共同发展繁荣。

B 公司是国内一家新能源汽车制造商，它生产的汽车远销海内外，因为提供优质的服务获得了很好的声誉，保持这一声誉的重要秘诀则是它有着充裕的汽车配件以及发达的配送网络，能够随时供货给众多的经销商和维修店。这些配件主要存放在公司的配送中心，一有需求就可以立即送货。为了响应国家发展战略，该公司也积极拓展"一带一路"沿线国家的市场业务，现已在 A、B、C、D、E、F 这 6 个地区建立了配送中心，用于及时向各个国家供给产品及配件，所构建的配送网络如图 5.1 所示。但是由于目前暂未在国外建立生产基地，所以所有的配件都只能由国内的仓库进行发货，通过配送网络发往各个国家的配送中心，每个地区之间的最大转运能力（单位：吨）也有所不同。

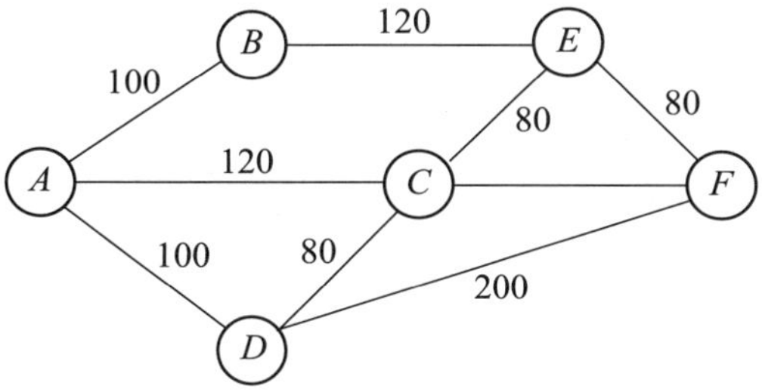

图 5.1 公司的配送网络

小胡是该公司供应链部门的经理，负责“一带一路”沿线各国的配送网络建立及配件调度工作，由于该公司的产品在 F 地区越来越受欢迎，为了保证其充足的配件供应，公司决定下个月从 A 地区仓库调拨尽可能多的产品及配件运往 F 地区，那么小胡应该如何制订调度方案，才能运输尽可能多的货物到 F 地区呢？

§5.1 图的基本概念

网络在日常生活和生产实践中随处可见。一种是可见的实体网络，如四通八达的交通网络，城市供水供气的地下管网，遍布全国的电力网络，连接全球的互联网等；另一种是不可见的关系网络，如人际关系网络、供应链网络、传销网络、担保网络等。为了描述网络并研究与之相关的优化问题，数学家将网络中具有相同属性的连接点抽象为顶点（或节点），而将具有相同属性的连接关系抽象为边，将所有顶点的集合和边的集合构成的二元对定义为图。图中的顶点既可以代表人，也可以代表相同属性的物。图中的边可以代表任意属性相同的连接关系，无论这种连接是可见的实体连接，还是不可见的抽象连接。图论就是研究图中顶点与边的各种关系的数学分支，是描述网络的理想数学工具，可用来分析网络的拓扑结构与拓扑特性。

例如，图 5.2 中用圆圈表示顶点，代表城市，圈起的数字代表城市的编号，连接两点之间的线段表示边，代表相应城市之间有道路相连的关系，所有顶点和边的集合就构成五个城市的交通图。图 5.3 是简单的供应链网络，其上游为两个供应商，中间有三个

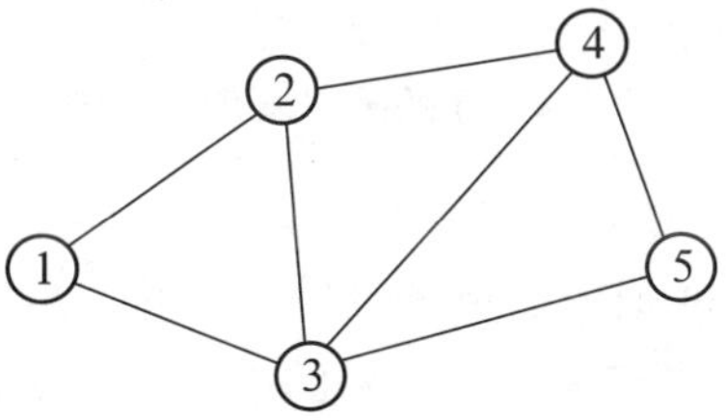

图 5.2 五城市交通网络

工厂，下接两个分销商，下游有三个客户。顶点就是各供应商、工厂、分销商和客户(在参与同一供应链的意义上，它们具有相同的属性)，边代表上下游点之间的业务关系。

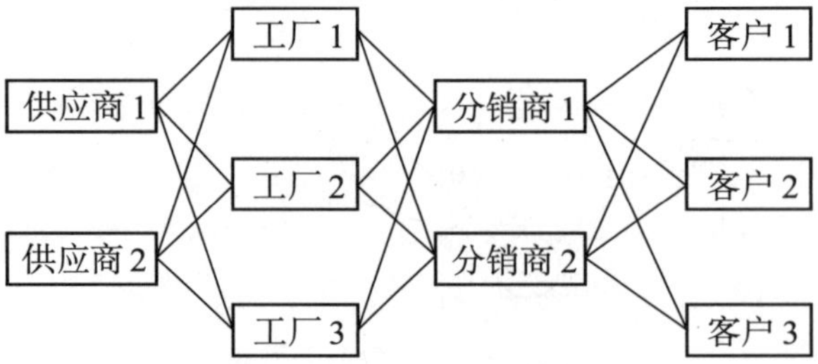

图 5.3　简单的供应链网络

本节介绍图与网络的基本概念和相关术语。其中图的矩阵表示、子图、图的连通性、树和各种链的概念对研究网络优化问题至关重要。基于这些概念和术语，本章将重点讨论最短路问题、最大流问题、最小树问题和最小费用最大流问题。

5.1.1　图的定义

所谓图就是顶点和边的集合。若顶点的集合为 V，边的集合为 E，则图 G 可表示为：$G=(V,E)$。顶点代表具有相同属性的事物，边代表事物之间属性相同的某种特定关系。边不能离开顶点而独立存在，每条边都有两个顶点。顶点和边的空间位置、顶点的符号表示、边的长度和形状均无关紧要，只要两个图的顶点及边对应相同，即具有相同的拓扑结构，那么两个图就完全相同。需要强调的是，顶点和边作为顶点集和边集中的元素，应该符合集合的定义，即具有相同的属性。

在图 5.4 中，$V=\{v_1,v_2,v_3,v_4,v_5,v_6\}$，$E=\{e_1,e_2,e_3,e_4,e_5,e_6,e_7,e_8,e_9\}$。其中：

$$e_1=[v_1,v_2]\ e_2=[v_1,v_2]\ e_3=[v_1,v_4]$$
$$e_4=[v_1,v_3]\ e_5=[v_1,v_3]\ e_6=[v_2,v_4]$$
$$e_7=[v_3,v_4]\ e_8=[v_4,v_4]\ e_9=[v_4,v_5]$$

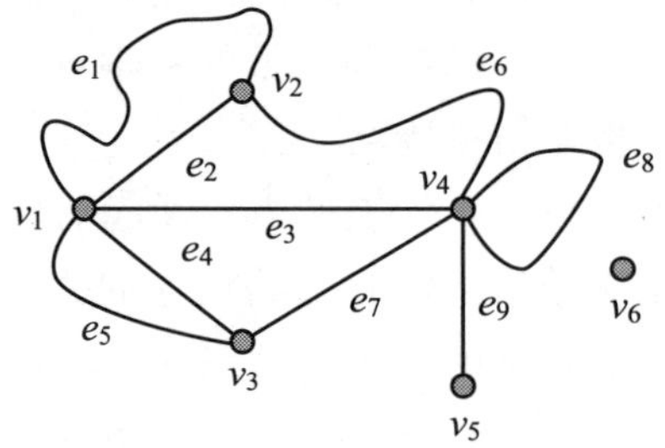

图 5.4　图的基本概念示意图

集合 V 所含元素的个数称为图 G 的顶点数，记作 $p(G)$ 或 p。集合 E 所含元素的个数称为图 G 的边数，记作 $q(G)$ 或 q。例如在图 5.4 中，$p(G)=6$，$q(G)=9$。

若 $e=[u,v]\in E$，则称顶点 u 和 v 是 e 的端点；而 e 称为顶点 u 和 v 的关联边。也称顶点 u 和 v 与 e 相关联。在图 5.4 中，顶点 v_1 和 v_2 是 e_1 的端点，e_1 和 e_2 为顶点 v_1 和 v_2

的关联边。

若顶点 u 和 v 与同一条边相关联，则称 u 和 v 为相邻点；若两条边 e_i 和 e_j 有一个共同的端点，则称边 e_i 和 e_j 为相邻边。例如在图 5.4 中，v_1 和 v_2 是相邻点，v_2 和 v_3 不相邻；e_4 和 e_7 为相邻边，e_1 和 e_7 不相邻。

若一条边的两个端点重合，则称该边为环。若连接两点之间的边多于 1 条，则称这两点之间的边为多重边。含有多重边的图称为多重图。无环也无多重边的图称为简单图。不含边的图称为空图。例如在图 5.4 中，e_8 是环，顶点 v_1 和 v_2 之间的边是两重边，顶点 v_1 和 v_3 之间的边也是两重边，因此该图是多重图。

以顶点 v 为端点的边的条数称为顶点 v 的度（degree）或次，记作 $d(v)$ 。例如在图 5.4 中，$d(v_1)=5$ ，$d(v_3)=3$ 。

度为 0 的点称为孤立点，度为 1 的点称为悬挂点，与悬挂点连接的边称为悬挂边；度为奇数的点称为奇点，度为偶数的点称为偶点。例如在图 5.4 中，顶点 v_6 是孤立点，顶点 v_5 是悬挂点，e_9 是悬挂边。若图 G 中所有点都是孤立点，则图 G 是空图。

定理 5.1 所有顶点的度的和，等于所有边数的 2 倍。即

$$\sum_{v\in V} d(v)=2q$$

由于在计算各顶点的度时，每条边都要计算两次，所以本定理显然成立。

定理 5.2 在任一图中，奇点的个数必为偶数。

若设 V_1 和 V_2 分别是图 G 中度为奇数和偶数的顶点集合，由定理 5.1 有：

$$\sum_{v\in V_1} d(v)+\sum_{v\in v_2} d(v)=\sum_{v\in V} d(v)=2q$$

由于式中左边第 2 项和右端项均为偶数，所以左边第 1 项也为偶数。因为只有偶数个奇数之和才能成为偶数，所以奇点的个数必为偶数。

5.1.2 图的连通性

在图 G 中，由两两相邻的点 v_0，v_1，…，v_n 及其相关联的边 e_1，e_2，…，e_n 构成的点边序列 v_0，e_1，v_1，e_2，v_2，…，v_{n-1}，e_n，v_n（其中 e_k 与 v_{k-1} ，v_k 关联）称为链。其中 v_0 称为链的起点，v_n 称为链的终点。若链的起点与终点重合，则称该链为闭链（或圈），否则为开链。

若链中所含的边均不相同，则称之为该链为简单链。若所含的点均不相同（反证法可证明边也必然均不相同），则称之为初等链或通路。除起点和终点外均不相同的闭链，称为初等回路或圈。例如在图 5.4 中，v_1，e_1，v_2，e_2，v_1，e_3，v_4，e_9，v_5 是一条开链，也是简单链，但不是初等链，因为顶点 v_1 出现了两次。v_1，e_2，v_2，e_6，v_4，e_3，v_1 是一个圈。

若在图 G 中的任意两点之间至少有一条链相连，称图 G 为连通图，否则为非连通图。连通图还可细分为强连通图、单侧连通图和弱连通图等。强连通要求图 G 中的任意两点之间至少有一条通路（初等链）相连；单侧连通指图 G 中的任意两点之间至少有一条单向通路相连；弱连通要求在图的任意两点之间有链相连即可。图 5.4 所示的图不是连通图，因为顶点 v_6 是孤立点。

连通性是图论中的重要概念，网络分析中研究的诸多典型问题，其研究对象都是连

通图。如果一个网络所对应的图是一个非连通图，则该网络就可以分解成互不相干的子网来研究，即可将非连通图分解成独立的子图来研究。

5.1.3 子图

设 $G_1=(V_1, E_1)$，$G_2=(V_2, E_2)$，如果 $V_1 \subseteq V_2$，$E_1 \subseteq E_2$，则称 G_1 为 G_2 的子图。例如图 5.5 中（b）就是（a）的子图。必须注意，并非从原图 G_2 中任选一些顶点和边放在一起就能组成 G_2 的子图 G_1，只有在 G_2 中的一条边及其连接该边的两个端点均选入 G_1 时，G_1 才是 G_2 的子图。例如图 5.5 中的（g）就不是（a）的子图。

若 $V_1 \subset V_2$，$E_1 \subset E_2$，即 G_1 中不包含 G_2 中所有的顶点和边，称 G_1 是 G_2 的真子图。图 5.5 中（c）就是（a）的真子图。

若 $V_1 = V_2$，$E_1 \subset E_2$，则称 G_1 是 G_2 的部分图。图 5.5 中（e）就是（a）的部分图。

若 $V_1 \subseteq V_2$，$E_1 = \{[u_i, v_j] \in E_2 \mid u_i \in V_1, v_j \in V_1\}$，则称 G_1 是 G_2 中关于 V_1 的导出子图。图 5.5 中（f）就是（a）的导出子图。

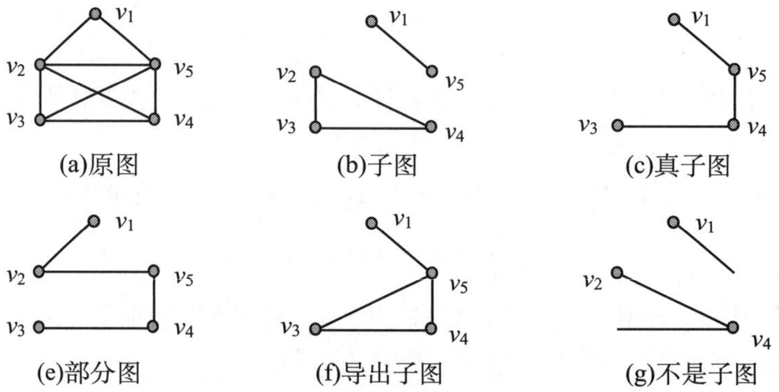

图 5.5 子图的概念

掌握子图的概念需要进行比较并找出概念之间的差别。真子图比子图的概念更苛刻，要求顶点集是原图顶点集的真子集，边集也是原图边集的真子集。部分图的顶点集与原图的顶点集相同，只是边集为原图边集的真子集。导出子图的顶点集不要求是原图顶点集的真子集，但边必须是端点均在其顶点集中的边。

5.1.4 有向图

现实中，许多网络的边是双向可达的，即 $[u, v]=[v, u]$，一般不用标明方向，这种网络称为无向网络，对应的图称为无向图。比如交通网络四通八达，互联网可相互联系，沟通网络可相互沟通等。但也有一些网络的连接关系是不对称的，例如父子关系、上下级关系、担保关系、债务关系等。当用图来描述这些网络时，得到的关联边是具有方向的，用带箭头的线来表示，称为有向边或弧。从顶点 u 指向 v 的弧 a，记为 $a=(u, v)$，此时 $(u, v) \neq (v, u)$，其中 u 称为 a 的起点，v 称为 a 的终点。顶点集 V 和弧集 A 的集合称为有向图 D，记为 $D=(V, A)$。

有向图在不考虑边的方向时，同样也可以定义链。若有向图 $D=(V, A)$ 中，P 是从

u 到 v 的链，且对 P 中每一条弧而言，在序列中位于该弧前面的点恰好是其起点，而位于该弧后面的点恰好是其终点，这个链 P 就称为是 D 中从 u 到 v 的一条路。当路的起点和终点重合时，称为回路。顶点均不相同的路称为初等路，除起点和终点外均不相同的回路称为初等回路。

图 5.6 是一个有向图，其中 v_1，a_1，v_2，a_3，v_3，a_6，v_5，a_9，v_6 是由 v_1 到 v_6 的链，但不是一条路，因为 a_3 的起点不是 v_2，终点不是 v_3。有向图中路的定义要求链中的每一条弧都首尾相接，以便形成从起点到终点的可达的通路。v_1，a_2，v_3，a_6，v_5，a_7，v_4，a_5，v_3，a_3，v_2 是一条从 v_1 到 v_2 的路，但不是初等路，因为 v_3 在序列中出现了两次。v_3，a_6，v_5，a_7，v_4，a_5，v_3 是一个回路，而且是初等回路。

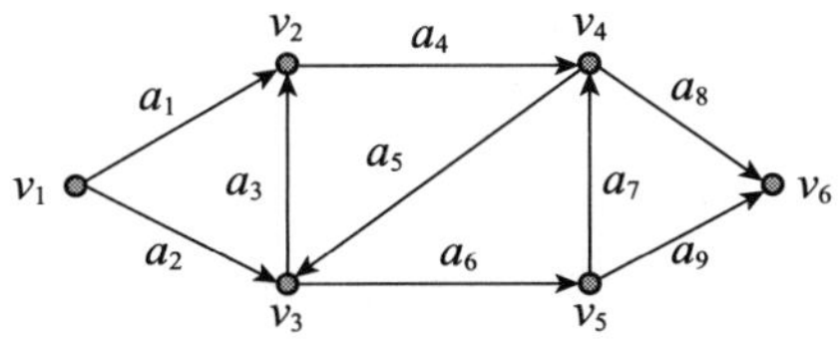

图 5.6　有向图中链的概念

若在有向图中，任意两点之间均存在一条链，则称 D 是连通图，否则称为不连通图。连通图分为强连通图、单侧连通图和弱连通图等。若有向图中任意两点之间均存在一条互通的路，则称 D 为强连通图；若任意两点之间仅有单向通路，则称为单侧连通图；若任意两点之间仅有链相连，则称为弱连通图。

5.1.5　树

不含圈的图称为林，无圈且连通的图称为树。一个林的每个连通子图都是一棵树。例如，图 5.7 中有两个连通子图，它们都是树，其整体又构成一个林。

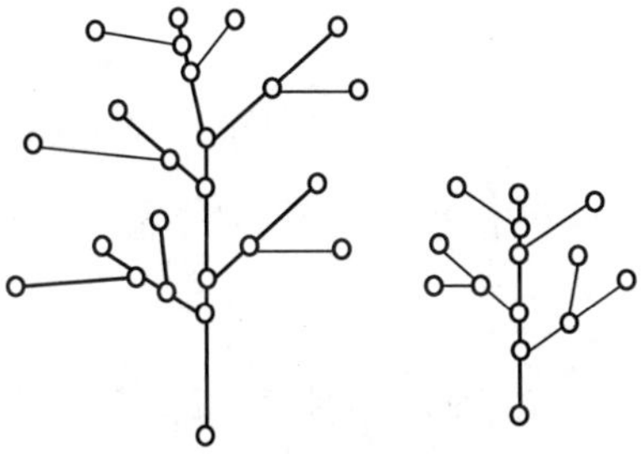

图 5.7　树与林的概念

定理 5.3　以下关于树的六个不同命题是等价的。

（1）无圈的连通图。

（2）无圈，$q=p-1$。

（3）连通，$q=p-1$。

（4）无圈，但增加一条边，可得一个且仅有一个圈。

（5）连通，但舍弃一条边后图就不连通。

（6）每一对顶点之间有且仅有一条初等链。

证明思路：

- 由命题（1）⇒命题（2）：

无圈自然成立，用数学归纳法可证明 $q=p-1$ 。

- 由命题（2）⇒命题（3）：

用反证法，假设不连通，则有 m 个子图，每个子图都是无圈连通图，因此可求得图的边数，与 $q=p-1$ 相矛盾。故命题（3）成立。

- 由命题（3）⇒命题（4）：

若图 G 无圈，有 $p-1$ 条边，则 G 无圈。

对 p 采用归纳法，$p=2$ 时无圈显然成立。设 $p=k-1$ 时无圈，证明 $p=k$ 时也无圈。

- 由命题（4）⇒命题（5）：

用反证法，假设 G 不连通，则存在顶点 u 和 v ，且 u 和 v 之间没有链。若加上一条边 $[u, v]$ 仍然不产生圈，则与条件矛盾，因此 G 连通。由于 G 无圈，则舍弃任一边，链就断开，图不再连通。

- 由命题（5）⇒命题（6）：

由连通性可知，每对顶点之间必有一条链。因为如果两点之间有多于一条链时，去掉其中一条边，图仍然连通，因而与条件矛盾。故每对顶点之间仅有一条链。

若树 T 是连通图 $G=(V, E)$ 的部分图，则称 T 为部分树（支撑树）。若 T 是图 G 的部分树，则从 G 中去掉 T 中所有的边，所得到的子图称为图 G 中 T 的余树。例如图 5.5（e）就是（a）的部分树（支撑树）。

§5.2　网络最短路问题

最短路问题就是在网络中的两个节点之间寻求一条通路 μ ，使得构成通路的边上的总权数最小。设 v_1 和 v_n 是网络的起点和终点，边 e_{ij} 的权为 l_{ij} ，则从 v_1 到 v_n 的最短路，即

$$\min L(\mu)=\sum_{e_{ij}\in\mu} l_{ij} \tag{5-1}$$

其中，$L(\mu)$ 是沿着通路 μ 从 v_1 到 v_n 的距离，l_{ij} 是 v_i 到 v_j 的弧的权。

在无向图中，通路相当于初等开链。但在有向图中，通路和链是两个不同的概念，通路中所有的弧是首尾相连的，但链不一定首尾相连。最短路问题的应用十分广泛，比如管道铺设、线路安排、厂区布局、设备更新等都可抽象成网络最短路问题。

5.2.1　狄克斯特拉算法

狄克斯特拉算法（D氏标号法）由狄克斯特拉（E. W. Dijkstra）于1959年提出，是最短路问题求解的最佳算法之一。其求解思路是从起点出发，逐步顺次向外探寻，要求每向外延伸一步都是最短的。使用条件是网络中所有弧上的权必须全部非负，

即 $w_{ij} \geqslant 0$ 。

算法选用了两种标号——P 标号和 T 标号。P 标号是永久标号，表示起点到标号点的最短距离。T 标号是临时标号，表示起点到标号点的最短距离的上界。

计算步骤如图 5.8 所示。

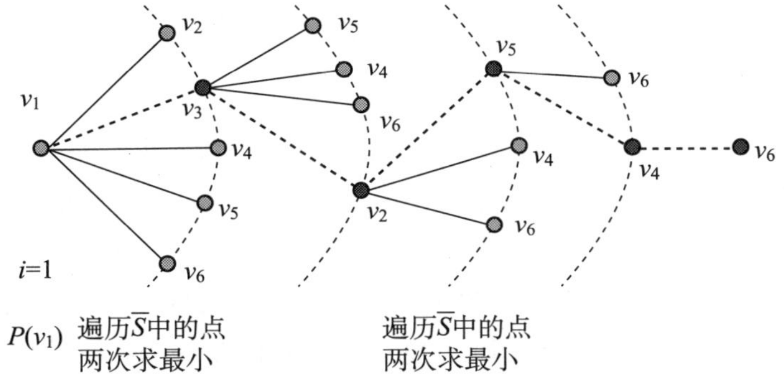

图 5.8　狄克斯特拉算法基本思想示意图

(1) 令 $S=\{v_1\}$，$i=1$，$\overline{S}=\{v_2, v_3, \cdots, v_n\}$。给永久标号和临时标号赋初值：

$$\begin{cases} P(v_1)=0 \\ T(v_j)=\infty, \quad v_j \in \overline{S} \end{cases}$$

(2) 设永久标号点已循环到 v_i，$P(v_i)$ 是从 v_1 到 v_i 的最短距离。考虑 $v_j \in \overline{S}$，比较 $T(v_j)$ 的初值和从 v_i 向前走一步的最短距离 $P(v_i)+l_{ij}$，将 $\min\{T(v_j), P(v_i)+l_{ij}\}$ 重新计入 $T(v_j)$，刷新结果。

(3) 在刷新后的 $T(v_j)$ 中，寻找 v_k 使得 $T(v_k)=\min\limits_{v_j \in \overline{S}}\{T(v_j)\}$。令 $P(v_k)=T(v_k)$，即将求得的最短距离计入永久标号 $P(v_k)$。

(4) 若 $v_k=v_n$，则已经找到从 v_1 到 v_n 的最短路；否则令 $i=k$，从 $\overline{S}$ 中删除 v_i，转到步骤 (2) 继续循环。

例 5.1　某个城市的消防站（用 v_1 表示）要为包括许多社区的大片地区提供服务。从消防站到任何一个社区都有很多条路线，消防队队长希望事先能够确定从消防站到其中一个大型社区（用 v_7 表示）的最短路。图 5.9 是连接消防站和该社区的道路系统，其中 v_2 — v_6 为途中的交叉路口，边上的数字为相邻点的距离。请用狄克斯特拉算法求解图 5.9 所示的从消防站 v_1 到大型社区 v_7 的最短路。

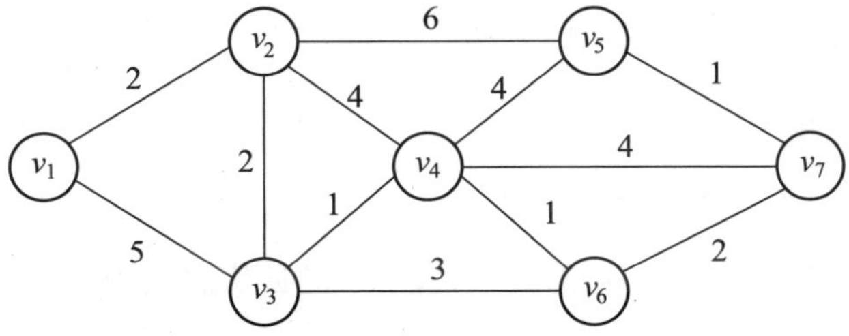

图 5.9　例 5.1 网络图

解：写出距离矩阵 D。

$$
D=\begin{matrix} v_1 \\ v_2 \\ v_3 \\ v_4 \\ v_5 \\ v_6 \\ v_7 \end{matrix}\begin{pmatrix}
0 & 2 & 5 & \infty & \infty & \infty & \infty \\
2 & 0 & 2 & 4 & 6 & \infty & \infty \\
5 & 2 & 0 & 1 & \infty & 3 & \infty \\
\infty & 4 & 1 & 0 & 4 & 1 & 4 \\
\infty & 6 & \infty & 4 & 0 & \infty & 1 \\
\infty & \infty & 3 & 1 & \infty & 0 & 2 \\
\infty & \infty & \infty & 4 & 1 & 2 & 0
\end{pmatrix}
$$

表 5.1 显示了狄克斯特拉算法迭代求解的具体计算过程。表中的考查点为刚刚得到永久性标号的点，三角形圈起的数字为永久性标号，其他数字为临时性标号。为书写简便，用短横线代替了∞，竖括号括起的两个数字是步骤（2）中式 $\min\{T(v_j), P(v_1)+l_{1j}\}$ 大括号中的两个数字。比较得到的较小数字就是修改后的临时性标号，写在竖括号下面，这个过程可称为“自身比较”过程，即自身比较得到修改后的临时性标号过程。然后对所有临时性标号进行“横向比较”，将最小数字用三角符号圈起成为永久性标号，进入下一次迭代。迭代进行到所有点（或所定义的终点）得到永久性标号为止。

表 5.1　用狄克斯特拉算法计算例 5.1 的步骤

步骤	考察点	T 标号点集 $\overline{S}$	标号（△表示 P 标号）v_1	v_2	v_3	v_4	v_5	v_6	v_7	最短路线
			△0	[— ; 0+2]	[— ; 0+5]	—	—	—	—	
1	v_1	$\{v_2, v_3, \cdots, v_7\}$		△2	[5 ; 2+2]	[— ; 2+4]	[— ; 2+6]	—	—	$v_1\to v_2$
2	v_2	$\{v_3, \cdots, v_7\}$			△4	[6 ; 4+1]	8	[— ; 4+3]	—	$v_2\to v_3$
3	v_3	$\{v_4, v_5, v_6, v_7\}$				△5	[8 ; 5+4]	[7 ; 5+1]	[— ; 5+4]	$v_3\to v_4$
4	v_4	$\{v_5, v_6, v_7\}$					8	△6	[9 ; 6+2]	$v_4\to v_6$
5	v_6	$\{v_5, v_6, v_7\}$					△8		[8 ; 8+1]	$v_6\to v_7$
6	v_5	$\{v_5, v_7\}$ $\{v_7\}$							△8	$v_6\to v_7$

反向追踪即可获得从消防站 v_1 到大型社区 v_7 的最优路线为：

$$v_1 \to v_2 \to v_3 \to v_4 \to v_6 \to v_7$$

应当注意的是：反向追踪时，从某个永久性标号点开始，必须追到上一个得到永久性标号的点，才能写出相应的最优路线。

该算法在得到从起点到终点的最短路线和最短路长的同时，还能得到从 v_1（起点）到各点的最短路线和最短路长。

当网络中有负权时，狄克斯特拉算法失效。请研究图 5.10 给出的例子，对于这样有负权的网络，若仍用狄克斯特拉算法求解从 v_1 到 v_3 的最短路，得到的结果是从 v_1 直接到 v_3，最短路权为 2。但实际上，从 v_1 经过 v_2 再到 v_3 的最短路权为−2。这就提示我们对有负权的网络必须寻求新的算法求解最短路问题。

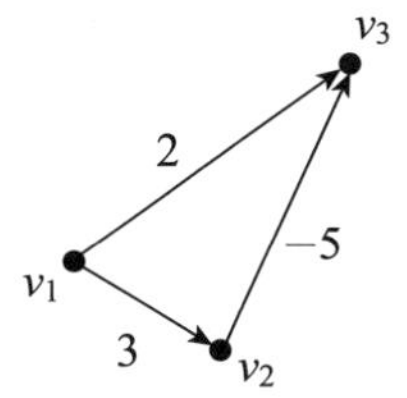

图 5.10　有负权的网络

5.2.2　列表法

列表法也称为 Ford 算法，由福特（L. R. Ford）于 1956 年提出，用以解决有负权但无负回路的网络最短路问题，可求出起点 v_1 到任意其他节点 v_j 的最短路。其步骤如下：

（1）赋初值：$d_j^{(1)} = w_{1j}(j = 2, 3, \cdots, n)$。$d_j^{(1)}$ 表示从起点 v_1 到 v_j 走一步的最短路。其中 w_{1j} 为弧（v_1，v_j）上的权。

（2）设 $d_j^{(k-1)}$ 是从 v_1 到 v_j 走（$k-1$）步的最短路，则迭代递推公式为：

$$d_j^{(k)} = \min_i \{d_j^{(k-1)} + w_{ij}\}(i = 1, 2, \cdots, n; \quad j = 2, 3, \cdots, n)$$

其中，$d_j^{(k)}$ 表示从 v_1 到 v_j 至多含 $k-1$ 个中间点的最短路。若 v_i 到 v_j 不可直接到达，则 w_{ij} 记为 ∞；若自连接，则 $w_{ii} = 0$。

（3）当有 $d_j^{(l)} = d_j^{(l-1)}$ 时，迭代收敛。$d_j^{(l)}$ 就是从 v_1 到各点的最短路。

（4）反向追踪求出最短路线。

列表法的基本思想见图 5.11。

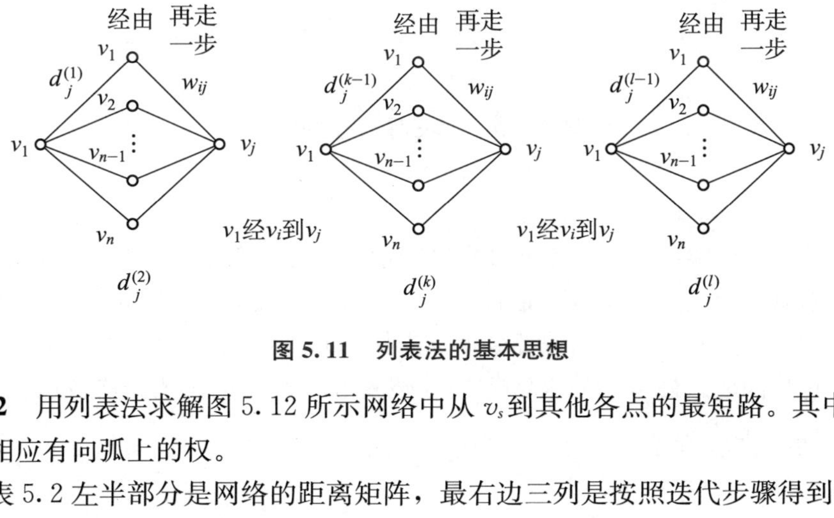

图 5.11　列表法的基本思想

例 5.2　用列表法求解图 5.12 所示网络中从 v_s 到其他各点的最短路。其中箭线边上的数字为相应有向弧上的权。

解： 表 5.2 左半部分是网络的距离矩阵，最右边三列是按照迭代步骤得到的结果：

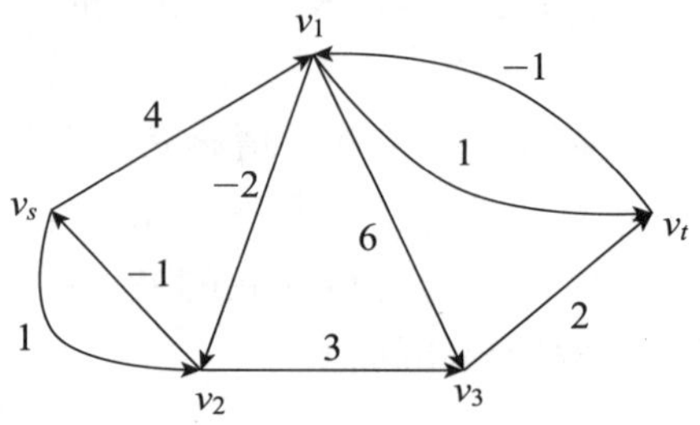

图 5.12 例 5.2 网络图

$$d_j^{(1)} = w_{1j}, \quad j = s,1,2,3,t$$

$$d_s^{(2)} = \min_i (d_i^{(1)} + w_{is}) = \min\ (0+0,\ 4+\infty,\ \underline{1+(-1)},\ \infty+\infty,\ \infty+\infty) = 0$$

$$d_1^{(2)} = \min_i (d_i^{(1)} + w_{i1}) = \min\ (\underline{0+4},\ 4+0,\ 1+\infty,\ \infty+\infty,\ \infty+(-1)) = 4$$

依此类推。

由于 $d_j^{(2)} = d_j^{(3)}$，停止迭代，$d_j^{(3)}$ 列旁边的箭线指示了反向追踪求得最优路线的过程。

表 5.2 例 5.2 表格法迭代过程

	v_s	v_1	v_2	v_3	v_t	$d_j^{(1)}$	$d_j^{(2)}$	$d_j^{(3)}$
v_s	0	4	1	—	—	0	0	0←
v_1	—	0	−2	6	1	4	4	4←
v_2	−1	—	0	3	—	1	1	1
v_3	—	—	—	0	2	—	4	4
v_t	—	−1	—	—	0	—	5	5

注：为了便于书写，用“—”代表了“∞”。

反向追踪过程：寻求一点 v_k，使 $d_k^{(l-1)} + w_{kt} = d_t^{(l)}$，本题中 v_k即为v_1，所以找到弧（v_1，v_s），再寻求一点 v_i，使 $d_i^{(l-1)} + w_{i1} = d_4^{(l)}$，这里，$v_i$ 即为 v_s，所以找到弧（v_s，v_1）；于是得到从 v_s到 v_t的最短路线：$v_s \to v_1 \to v_t$，最短路权为 5。读者可以自行写出从 v_s到其他各点的最短路线和最短路长。

§5.3 最小树问题

天然气管道、电缆以及城市地下管网等的铺设问题，其研究对象往往是无圈的连通图。我们要求管道或电缆是互相连通的，并且总希望铺设的距离尽可能短或费用尽可能低。最小树问题就是求取一个图的部分树（支撑树），使其总权数（总距离、总费用等）最小的一类优化问题。最常见的求解方法有破圈法和逐步生长法。前者适合手工计算，后者适用于计算机求解。

5.3.1　破圈法

破圈法的思想是：在保证网络连通的前提下，用削减较长边的方法减少圈的个数，直至网络图无圈为止。其实施步骤如下：

(1) 在网络图中寻找一个圈，若已不存在圈，转步骤 (3)；否则，转步骤 (2)；

(2) 在圈中选取权数最大的边，从网络图中去掉该边，形成新的网络图，转步骤 (1)；

(3) 若 $q=p-1$，则已找到最短树；否则，网络图不连通，不存在最短树。

例 5.3　某城镇有 7 个村庄由若干条路连接，每条路每年都需要一定的费用进行维护，村庄连接的路线以及其维护成本（万元）如图 5.13 所示。当地管理部门为了降低维护费用，决定去掉一些道路以节省开支，但要求各村庄之间仍然保持联通。应该保留哪些道路才能使得村庄之间的总维护费用最低？

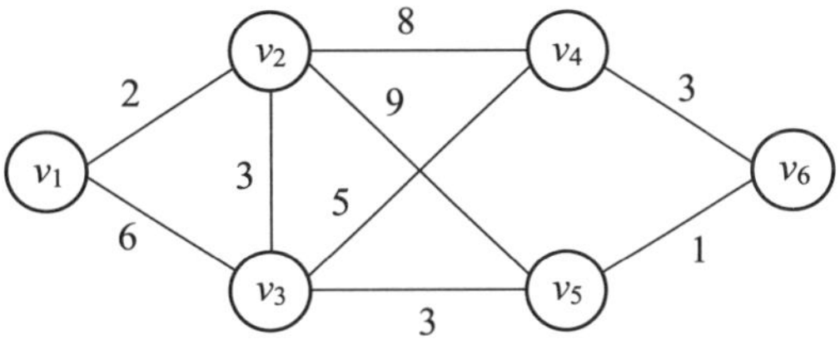

图 5.13　例 5.3 破圈法举例

解：现用破圈法求解图 5.13 所示网络的最小树，求解过程见表 5.3。该网络图的最短树见图 5.14 右图，最短树长为 12。

表 5.3　用破圈法求解例 5.3 的过程

迭代次数	寻找的圈	权数最大的边	权数	处理结果
1	$\{v_1, v_2, v_3, v_1\}$	(v_1, v_3)	6	去掉该边
2	$\{v_2, v_3, v_5, v_2\}$	(v_2, v_5)	9	去掉该边
3	$\{v_2, v_3, v_4, v_2\}$	(v_2, v_4)	8	去掉该边
4	$\{v_3, v_4, v_6, v_5, v_3\}$	(v_3, v_4)	5	去掉该边
5	已无圈			转步骤 (3)，因 $q=p-1$，已得最短树，最短树长为 12

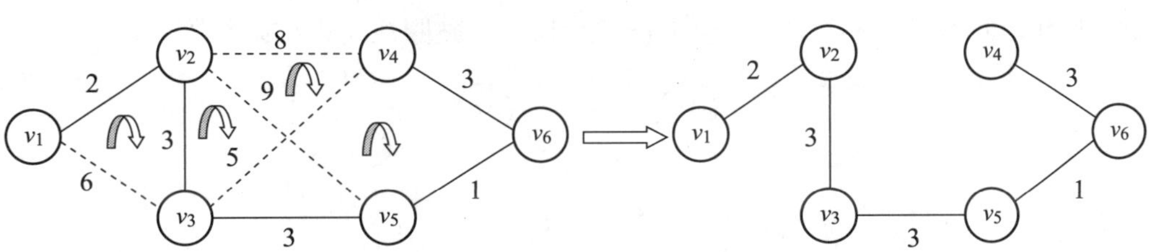

图 5.14　例 5.3 破圈法求解示意图

所以，应该保留的道路为 v_1-v_2、v_2-v_3、v_3-v_5、v_5-v_6、v_6-v_4 这 5 条道路，此

时总维护费用最低，为12万元。

5.3.2 逐步生长法

逐步生长法的思想是：从图中任意一点开始，按既连通又无圈的要求，逐次选择最短边，最终生长成最短树。实施算法时，设 V 是图的顶点集合，S_k 为已选入树的点组成的集合，$\overline{S}_k$ 为尚未入选的点组成的集合。具体步骤如下：

（1）令 $k=1$，从图中任选一点 v_i，$S_1=\{v_i\}$，$\overline{S}_1=V-S_1$。

（2）选择权数最小的边（v_i，v_j），要求 $v_i\in S_k$ 且 $v_j\in\overline{S}_k$。若不存在这样的边，则原图不连通，不存在最短树。

（3）令 $S_{k+1}=S_k+\{v_j\}$，$\overline{S}_{k+1}=\overline{S}_k-\{v_j\}$，即将 v_j 选入 S_k，并从 $\overline{S}_k$ 中删除。若 $\overline{S}_{k+1}$ 成为空集，则已找到最短树。否则，转步骤（2），经过 $n-1$ 次迭代即可得到最短树。

例 5.4 用逐步生长法求解例5.3。

解： 该例所给图的距离矩阵为：

$$D=\begin{pmatrix} 0 & 2 & 6 & - & - & - \\ 2 & 0 & 3 & 8 & 9 & - \\ 6 & 3 & 0 & 5 & 3 & - \\ - & 8 & 5 & 0 & - & 3 \\ - & 9 & 3 & - & 0 & 1 \\ - & - & - & 3 & 1 & 0 \end{pmatrix} \xrightarrow{\text{简易操作}} D=\begin{pmatrix} 0 & \textcircled{2} & 6 & - & - & - \\ 2 & 0 & \textcircled{3} & 8 & 9 & - \\ 6 & 3 & 0 & 5 & \textcircled{3} & - \\ - & 8 & 5 & 0 & - & 3 \\ - & 9 & 3 & - & 0 & \textcircled{1} \\ - & - & - & \textcircled{3} & 1 & 0 \end{pmatrix}$$

（1）选取顶点 v_1，划去 D 中的第一列，保留第一行，填入表中第一行。选择该行中最小者圈起，对应的点是 v_2，表明生长出一条边（v_1，v_2）；

（2）划去第二列，将剩余矩阵的第二行填入表中（保留第二行元素，表明可以考虑从点 v_2 往外生长）；

（3）两行相比择其小者构成第三行（就每个向外生长的点，比较所有可能的生长边），将该行最小者圈起（横向比较，确定生长点），对应的点是 v_3；

（4）依次计算比较，直至生成最小树。

表5.4是该例的迭代过程。用“{}”括起的数字是横向比较后得到的最小数，即生长边的长度，该数字所在列对应的点就是生长边的终点。表格中用圆圈圈起的数字表明该点在距离矩阵中所在的行数，对应该边生长的起始点。图5.15中粗实线边及相连顶点构成最小树，最小树长等于2+3+3+1+3=12，与破圈法所得结果相同。

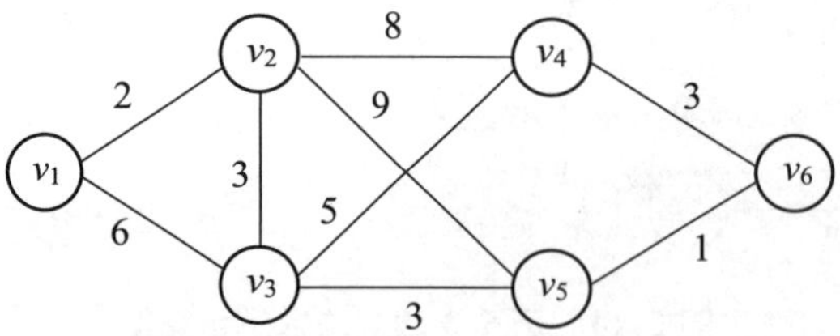

图 5.15 例 5.4 的最小树示例

表 5.4　用逐步生长法求解例 5.4 的过程

迭代次数		V_2	V_3	V_4	V_5	V_6
1	$S_1=\{v_1\}$	{2}	6	——	——	——
	V_2		3	8	9	——
2	$S_2=S_1+v_2$		{3} ②	8②	9②	——
	V_3			5	3	——
3	$S_3=S_2+v_3$			5③	{3} ③	——
	V_5			——		1
4	$S_4=S_3+v_5$			5③		{1} ⑤
	V_6			3		
5	$S_5=S_4+v_6$			{3}		
	V_4					

§5.4　最大流问题

最大流问题是指，在满足容量限制条件和中间点平衡条件下，求取流量值达到最大的可行流的一类优化问题。简言之，是求容量网络中具有最大流量值的可行流问题，所求出的可行流称为最大流。

5.4.1　基本概念

有向图中，每条弧上给出的最大通过能力（或加在每条弧上的最大可能负载）称为该弧的容量。弧 (v_i, v_j) 的容量记为 b_{ij} 。把所有的弧都给出了容量的有向网络称为容量网络，记为 $D=(V, A, B)$ 。其中，V 表示有向图的节点集合，A 表示有向边（弧）的集合，B 是所有弧上容量的集合。

网络中加在弧上的负载量称为弧上的流，记为 x_{ij} 。加在网络中各条弧上的一组负载量（即网络中各条弧上负载量的一组分配方案）称为图上的流，记为 $X=\{x_{ij}\}$ 。若网络中所有弧上的流均为 0，即对所有的 i 和 j，都有 $x_{ij}=0$ ，则称相应的图上的流为零流。

在容量网络上，满足容量限制条件和中间点平衡条件的图上的流称为可行流。中间点平衡条件是连续性定理的具体体现。

（1）容量限制条件：$0 \leqslant x_{ij} \leqslant b_{ij}$ 。

（2）中间平衡点条件：

$$\sum_{(i,\ j)\in A} x_{ij} - \sum_{(j,\ i)\in A} x_{ji} = \begin{cases} f, & i=s \\ 0, & i \neq s,t \\ -f, & i=t \end{cases}$$

其中，f 为网络中从起点 v_s 流出的流量，也是流入终点 v_t 的流量。通常设定流出为正，流入为负。对于中间点，流入的流量等于流出的流量，即净流量为0。

容量网络中的弧可从不同角度进行分类。

（1）在可行流 $X=\{x_{ij}\}$ 中，按流量特征分类：

1）饱和弧：弧上的流等于容量的弧（$x_{ij}=b_{ij}$）。

2）非饱和弧：弧上的流小于容量的弧（$x_{ij}<b_{ij}$）。

3）零流弧：弧上的流等于零的弧（$x_{ij}=0$）。

4）非零流弧：弧上的流大于零的弧（$x_{ij}>0$）。

（2）在容量网络中从起点 v_s 到终点 v_t 的一条链中，按弧的方向分类：

1）正向弧（前向弧）：与链的方向一致的弧，正向弧的全体记为 μ^+。

2）反向弧（后向弧）：与链的方向相反的弧，反向弧的全体记为 μ^-。

其中，链的方向规定为从起点 v_s 指向终点 v_t 。

（3）就节点 v_i 而言，流入的弧称为反向弧（后向弧），流出的弧称为正向弧（前向弧）。

设 X 是一可行流，μ 是从起点 v_s 到终点 v_t 的一条链，若 μ 满足以下两个条件，则称 μ 为关于可行流 X 的一条增广链（或流量修正路线）。这两个条件是：

1）在弧 $(v_i, v_j)\in\mu^+$ 上，$0\leqslant x_{ij}\leqslant b_{ij}$（即正向弧均为非饱和弧）；

2）在弧 $(v_i, v_j)\in\mu^-$ 上，$0\leqslant x_{ij}\leqslant b_{ij}$（即反向弧均为非零流弧）。

5.4.2 最大流最小割集定理

设 V 为网络中所有节点的集合，将 V 划分为两个子集 S 和 $\overline{S}$ 。若弧集 $(S,\overline{S})$ 满足：$S\cap\overline{S}=\varphi$，$S\cup\overline{S}=V(v_s\in S, v_t\in\overline{S})$，则称该弧集 $(S,\overline{S})$ 为分离起点 v_s 和终点 v_t 的割集，简称割集。构成割集的各条弧的容量之和称为割容量，所有割集中容量最小的割集称为最小割集（最小割）。

表5.5给出了图5.8所示网络的割集表（仅列出了16种可能情况中的4种情况）。其中，最小割集是 $\{(v_2, v_4), (v_2, v_5), (v_s, v_3)\}$ ，最小割容量是20。值得注意的是，对任何一种划分方法，只有起点在 S 中而终点在 $\overline{S}$ 中的弧才能作为割集中的弧，从 $\overline{S}$ 中出发到达 S 中的弧不能作为割集中的弧。例如图5.16中的第二种划分方法，其中弧 (v_3, v_2) 起点在 $\overline{S}$ 中而终点在 S 中，因此不能作为割集中的弧。不能简单地认为，凡是划分集合 V 的虚线涉及的弧都是割集中的弧。

表5.5 网络割集表

序	S	$\overline{S}$	割集	割容量
1	v_s	v_2, v_3, v_4, v_5, v_t	$(v_s, v_2), (v_s, v_3)$	24
2	v_s, v_2	v_3, v_4, v_5, v_t	$(v_2, v_4), (v_2, v_5), (v_s, v_3)$	20
3	v_s, v_2, v_3	v_4, v_5, v_t	$(v_2, v_4), (v_2, v_5), (v_3, v_4), (v_3, v_5)$	22
4	v_s, v_2, v_3, v_4, v_5	v_t	$(v_4, v_t), (v_5, v_t)$	21

最大流最小割集定理 在任一容量网络中，从起点到终点的最大流流量等于该网络

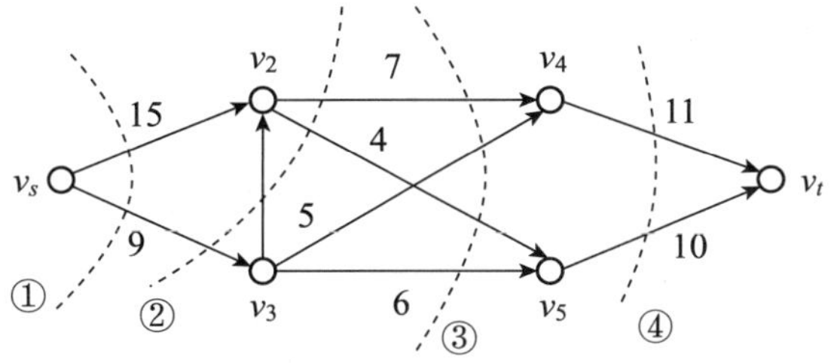

图 5.16　割集与最小割集

最小割集的割容量。它是最大流算法——Ford-Fulkerson 算法的理论基础。

5.4.3　Ford-Fulkerson 算法

Ford-Fulkerson 算法（简称标号法）分为三个步骤：

（1）确定初始可行流，若没有给定，也不易观察得出，可将零流作为初始可行流。

（2）进行标号，目的是寻求增广链。网络起点的标记符号（—,∞），表示未知源头的流，其流量可以无限大。其他点的标记符号 $v_i(v_j, \varepsilon_i)$，表示节点 v_i 的标号来自 v_j，流量修正量（可增加量）为 ε_i 。

（3）调整流量：计算调整量，修改可行流。

具体实施如下：

（1）起点标号为（—，∞），表示未知源头的流，其流量可以无限大。

（2）考察与起点相邻的所有未标号节点 v_j ：

1）检查正向弧 (v_s, v_j) 是否饱和。若不饱和，则加标记为 (v_s^+, ε_j)，$\varepsilon_j = b_{sj} - x_{sj}$ ；若饱和，则不加标记。

2）检查反向弧 (v_j, v_s) 是否为零流弧。若不是零流弧，则加标记为 (v_s^-, ε_j)，其中 $\varepsilon_j = x_{sj}$ ；若是零流弧，则不加标记。

（3）把 v_s 换成已得到标号的点 v_i ，重复步骤（2）中的标记工作。

（4）标号过程会出现两种结果：

1）标号过程被中断，终点无法得到标号。说明该网络中不存在增广链，现行的可行流就是最大流。

2）终点已得到标号。反向追踪，可找到一条从起点到终点的增广链，它由标号点及相应弧连接而成。

（5）修改可行流：

1）计算修正量 $\varepsilon = \min\limits_j\{\varepsilon_j\}$ ，其中 ε_j 指增广链上各弧的流量修正量，所以 ε 是整个增广链上每条弧都允许的流量修正量。

2）在增广链的正向弧上流量增加 ε ，反向弧上流量减少 ε ，其他弧上流量不变。

例 5.5　某油田（ v_s ）通过输油管道向港口（ v_t ）输送原油，中间有 5 个泵站，每段管道上的输送能力如图 5.17 所示，已知泵站没有储存能力，求这个系统的最大输送能力。

解：接下来用 Ford-Fulkerson 算法来求解该问题。首先确定初始可行流，然后进行标记化工作。

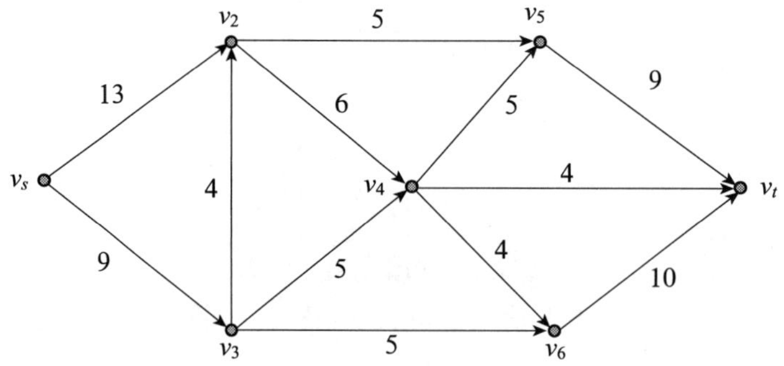

图 5.17　例 5.5 容量网络（一）

（1）在起点 v_s 处记上标记（$-,\infty$），如图 5.18 所示。

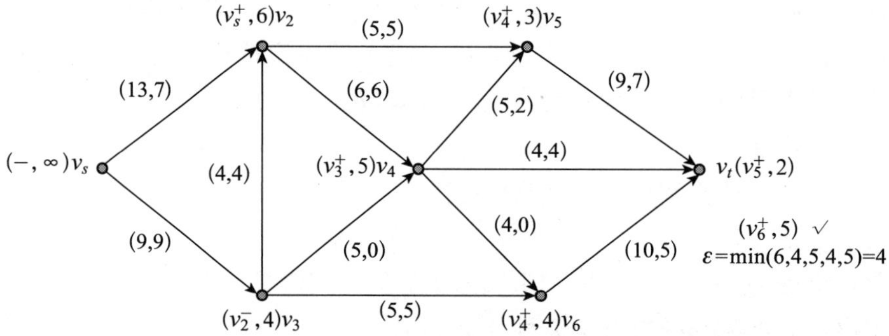

图 5.18　例 5.5 容量网络（二）

（2）确定其余各节点能否标记，并计算相应的流量修正量 ε_j ，记在有关的节点旁边。

1）顶点 v_2 的标记化：因 $x_{s2} < b_{s2}$ ，故可标记，$\varepsilon_2 = b_{s2} - x_{s2} = 13 - 7 = 6$ 。节点 v_2 可标记为（v_s^+，6）。

2）顶点 v_3 的标记化：因 $x_{s3} = b_{s3}$ ，所以 v_3 不能从 v_s 得到标号；但因 $x_{32} > 0$ ，故 v_3 可从 v_2 得到标号。由 $\varepsilon_3 = x_{32} - 0 = 4$ 得知，节点 v_3 可标记为（v_2^-，4）。

3）按上述方法依次进行标记，可得节点 v_4 的标记为（v_3^+，5），节点 v_5 的标记为（v_4^+，3），节点 v_6 可标记为（v_4^+，4）。

4）最后是顶点 v_t 的标记：（v_4，v_t）为饱和弧，但 $x_{5t} < b_{5t}$ ，所以 v_t 可以从 v_5 得到标记（v_5^+，2）；又 $x_{6t} < b_{6t}$ ，所以 v_t 也可以从 v_6 得到标记（v_6^+，5）；由于 max｛2，5｝=5，所以选择终点 v_t 的标记为（v_6^+，5）。

（3）反向追踪，可得流量修正路线，一般写成：

$$v_s \xrightarrow{+6} v_2 \xrightarrow{-4} v_3 \xrightarrow{+5} v_4 \xrightarrow{+4} v_6 \xrightarrow{+5} v_t$$

其中，“＋”“－”号分别代表相应的弧为正向弧、反向弧。

（4）最终的流量修正量 $\varepsilon = \min\{6, 4, 5, 4, 5\} = 4$ 。

图 5.19 所示为修正流量后的网络图。弧（v_6，v_t）上的流量值 $x_{6t} = 5$ ，则修正后的流量值为 $x_{6t} + \varepsilon = 5 + 4 = 9$ 。

（5）对修正流量后的网络图继续上述工作，直到终点 v_t 不能标记为止。此时已不存

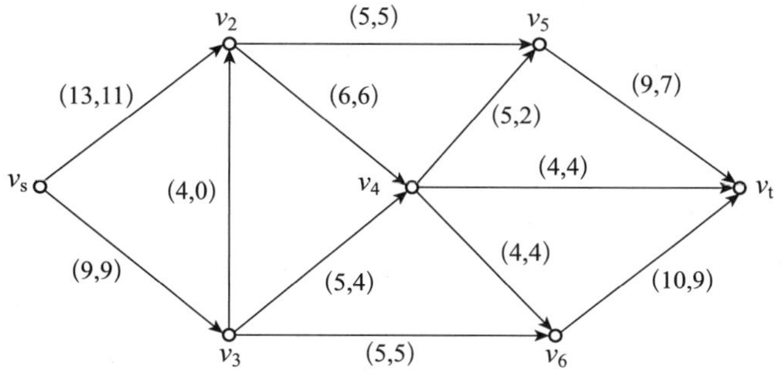

图 5.19　例 5.5 最大流图

在流量修正路线，流量修正工作结束。该容量网络的最大流量为 20。

5.4.4　最小割的确定

当标号过程终止后，将已标号点的集合作为 S，未能得到标号的点的集合作为 $\overline{S}$，则（S，$\overline{S}$）为最小割，这就是利用标号过程寻找最小割的方法。图 5.20 显示了修正后的各边流量和确定最小割集时对节点集的分割情况。

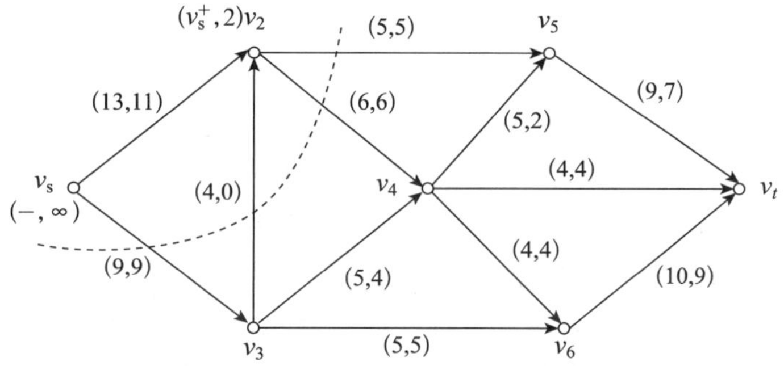

图 5.20　利用标号过程确定最小割

当标号过程终止后，已标号点为 v_s、v_2，其他均为未标号点。因此，$S=\{v_s, v_2\}$，$\overline{S}=\{v_3, v_4, v_5, v_6, v_t\}$，最小割 $(S, \overline{S})=\{(v_s, v_3), (v_2, v_4), (v_2, v_5)\}$。此时，最小割容量等于弧 (v_s, v_3)、(v_2, v_4)、(v_2, v_5) 的弧容量之和，即 $9+6+5=20$，与最大流的流量数值相等。

§5.5　最小费用最大流问题

5.5.1　基本概念

费用容量网络就是每条弧都给出了单位流量费用 c_{ij} 的容量网络，记为 $D=(V, A, B)$。其中，V 是容量网络的节点集，A 是有向弧的集合，B 表示所有弧上容量的集合。对于任一费用容量网络，能够使网络流量达到最大流量的可行流往往有多个，其输送相同流量所消耗的费用大小不同。最小费用最大流问题就是：求取最大流 X，使输送流量的总费用 $C(X)=\sum c_{ij}x_{ij}(x_{ij}\leqslant b_{ij})$ 为最小的一类优化问题。其中，b_{ij} 表示弧 (v_i, v_j) 上的容量，x_{ij} 表示弧 (v_i, v_j) 上的流量，c_{ij} 表示弧 (v_i, v_j) 上通过单位流量所消耗的费用。

对任一费用容量网络，在具有相同流量 f 的可行流中，总费用最小的可行流称为该费用容量网络关于流量 f 的最小费用流，简称流量为 f 的最小费用流。当沿着一条关于可行流 X 的增广链（流量修正路线）μ，以修正量 $\varepsilon=1$ 进行流量调整时，若得到新的可行流 $\widetilde{X}$，则称 $C(\widetilde{X})-C(X)$ 为增广链 μ 的费用。此时，$\widetilde{X}$ 的流量 $f(\widetilde{X})=f(X)+1$，增广链 μ 的费用就是可行流的流量调整一个单位时所需支付的费用。当修正量 $\varepsilon=1$ 时，有

$$C(\widetilde{X})-C(X)=\sum_{\mu^+}c_{ij}(\widetilde{x}_{ij}-x_{ij})+\sum_{\mu^-}c_{ij}(\widetilde{x}_{ij}-x_{ij})=\sum_{\mu^+}c_{ij}-\sum_{\mu^-}c_{ij}$$

5.5.2 对偶法求解最小费用最大流问题

对于最小费用最大流问题，有两种求解思路：（1）始终保持网络中的可行流是最小费用流，然后不断调整，使流量逐步增大，最终成为最小费用的最大流；（2）始终保持可行流是最大流，通过不断调整使费用逐步减小，最终成为最大流量的最小费用流。本小节将按照第一种思路研究该问题的求解方法。

定理 5.4 若 X 是流量为 $f(X)$ 的最小费用流，μ 是关于 X 的所有增广链中费用最小的增广链，那么沿着 μ 去调整 X 得到的新的可行流 $\widetilde{X}$ 就是流量为 $f(\widetilde{X})$ 的最小费用流。

根据定理 5.4，只要找到最小费用增广链，并在该链上调整流量，就可得到增加流量后的最小费用流。如此循环，使流量逐步增大，直到最大流量，即可求出最小费用最大流。寻找最小费用增广链，可以借助最短路算法。问题的关键是需要构造增广费用网络图（或称为扩展费用网络图），以便形成四通八达的“路”，使弧上的流量可增可减。

具体方法是将网络中的每一条弧 (v_i, v_j) 都变成一对方向相反的弧，且权数定义如下：

（1）对非饱和且非零流的弧（$0<x_{ij}<b_{ij}$）（见图 5.21（a））：流量可增可减，即

$$W_{ij}=\begin{cases}c_{ij} & \text{原有弧(流量可以增加)}\\ -c_{ij} & \text{后加弧(流量可以减少)}\end{cases}$$

（2）对零流弧（见图 5.21（b））：流量可以增加但无法减少，即

$$W_{ij}=\begin{cases}c_{ij} & \text{原有弧(流量可以增加)}\\ \infty & \text{后加弧(流量不能减少)}\end{cases}$$

（3）对饱和弧（见图 5.21（c））：流量只能减小而不能增加，即

$$W_{ij}=\begin{cases}\infty & \text{原有弧(流量不能增加)}\\ -c_{ij} & \text{后加弧(流量可以减少)}\end{cases}$$

构造增广费用网络图的方法可总结如下：零流弧，保持原弧不变，将单位费用作为权数；非饱和弧，原有弧以单位费用作权数，后加弧（虚线弧）以单位费用的负数作权数；饱和弧，去掉原有弧，添上后加弧（虚线弧），权数为单位费用的负数。

于是，在容量网络中寻找最小费用增广链的问题，就相当于在增广费用网络图（扩

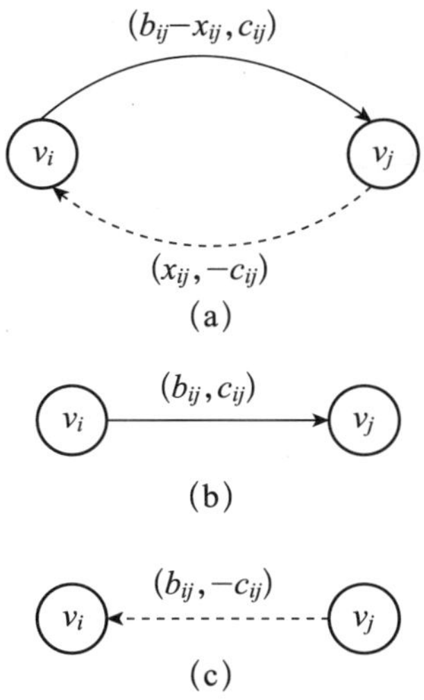

图 5.21　构造扩展费用网络的方法

展费用网络图）中寻找从起点到终点的最短路。找到最短路后，再还原到原网络图中（虚线弧改成原图中的反向弧）即可。

求解最小费用最大流问题的对偶方法，其实施步骤如下：

第 1 步：用 Ford-Fulkerson 算法求出该容量网络的最大流量 $f_{\max}$。

第 2 步：取初始可行流为零流，其必为流量为 0 的最小费用流。

第 3 步：一般为第 $k-1$ 次迭代，得到最小费用流 $X^{(k-1)}$，对当前可行流构造增广费用网络图 $W(X^{(k-1)})$，用最短路算法求出从起点到终点的最短路。（如果不存在最短路，则 $X^{(k-1)}$ 就是最小费用最大流，停止迭代。否则，转下一步。）

第 4 步：将最短路还原成原网络图中的最小费用增广链 μ，在 μ 上对可行流 $X^{(k-1)}$ 进行调整，得到新的可行流图。若其流量等于 $f_{\max}$，迭代结束。否则转入第 3 步，进入下一次迭代过程。

例 5.6　某物流公司负责从 v_s 地向 v_t 地运输设备，由于路程比较长，所以在两地之间设立了 3 个中转中心 A、B、C（图 5.22 中表示为 v_1, v_2, v_3）用于暂时储存与分拨设备，由于运输成本与各分拨中心运输能力的限制，目前该公司所制定的运输路线如图 5.22 所示，其中箭线边上的数字分别代表该条线路的运输能力（台）与单位货物的运输费用（千元/台），现公司需要利用该运输网络运送一批货物至 v_t 地，应该如何制订运输计划能够运送尽可能多的设备同时使得总运输费用最小？

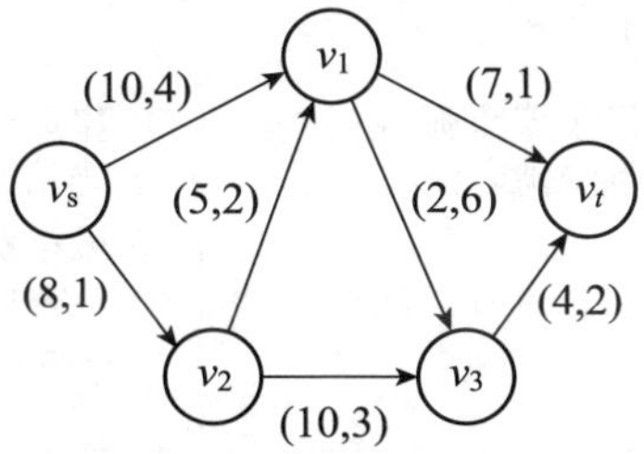

图 5.22　例 5.6 容量费用网络图

解：下面用 Ford-Fulkerson 算法求解求图 5.22 所给的容量费用网络的最小费用最大流。将按照对偶法求解的步骤列于表 5.6。

表 5.6　用对偶法求解例 5.6 最小费用最大流过程

<table>
<tr><th>K</th><th>增广费用网络图
（容量费用图，(b_{ij}, c_{ij})）</th><th>可行流图
（流量网络图，(b_{ij}, c_{ij}, x_{ij})）</th></tr>
<tr><td>0</td><td></td><td>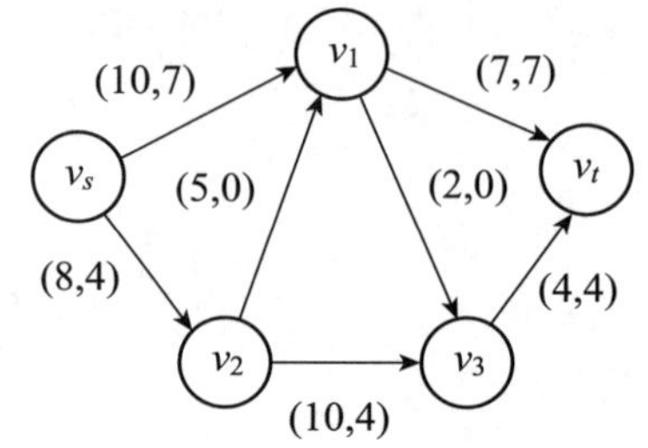

最大流图 $f_{max}=11$　　（未标费用）</td></tr>
<tr><td>1</td><td>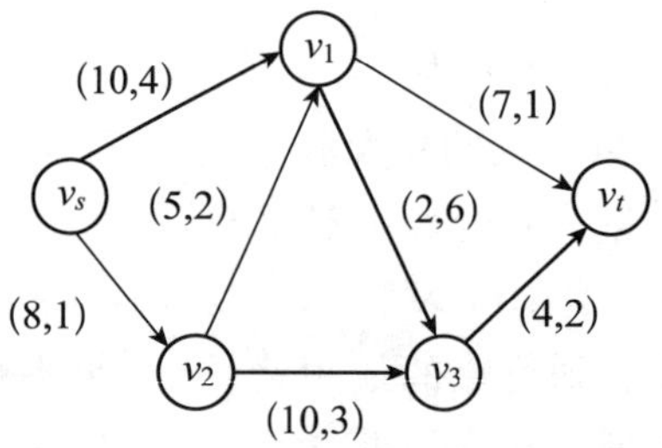

① 原图全部是零流弧，保持原边不变，单位费用为权；
② 所有的权均大于零，可用狄克斯特拉算法求出最短路 $v_s \to v_2 \to v_1 \to v_t$，即最小费用增广链</td><td>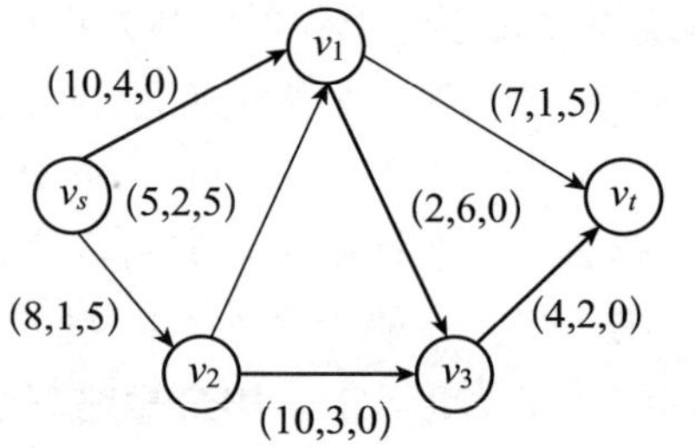

① 流量调整量 $\varepsilon_1=\min\{8-0, 5-0, 7-0\}=5$，总流量 $f_1=5$；
② 最小费用增广链的费用 $\sum c_{ij}=1+2+1=4$；
③ 总费用 $C_1=4\times5=20$</td></tr>
<tr><td>2</td><td>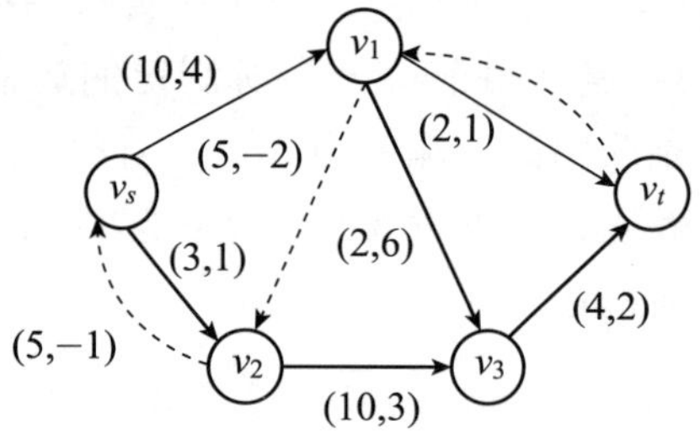

① 零流弧保持原边，非饱和非零流弧 (v_s, v_2) 和 (v_1, v_t) 增添后加弧，饱和弧 (v_2, v_1) 去掉原弧增添后加弧；
② 用列表法求出最短路 $v_s \to v_1 \to v_t$，即最小费用增广链</td><td>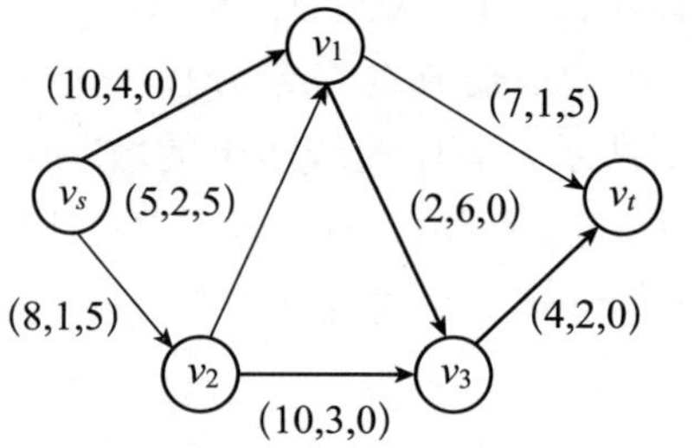

① 流量调整量 $\varepsilon_2=\min\{10-0, 2-0\}=2$，总流量＝原流量＋新增流量＝5＋2＝7；
② 最小费用增广链的费用 $\sum c_{ij}=4+1=5$；
③ 总费用 C_2＝原费用＋新增费用＝20＋5×2＝30</td></tr>
</table>

续表

<table>
<tr><th>K</th><th>增广费用网络图
（容量费用图，(b_{ij}, c_{ij})）</th><th>可行流图
（流量网络图，(b_{ij}, c_{ij}, x_{ij})）</th></tr>
<tr><td>3</td><td>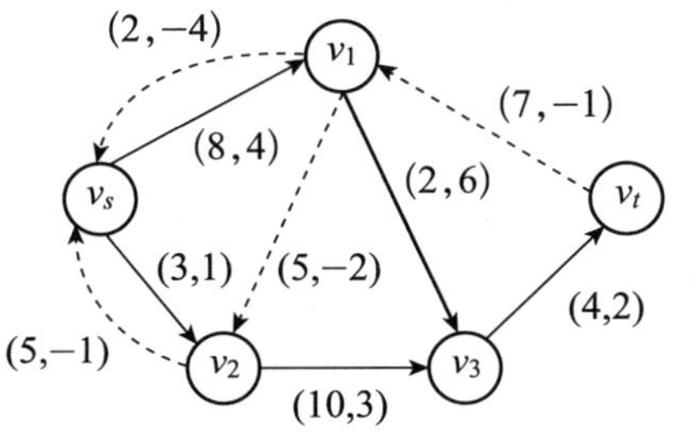

① 零流弧保持原边，此外的非饱和弧增添后加弧，饱和弧去掉原边增添反向虚线弧；
② 用列表法求得最短路 $v_s \to v_2 \to v_3 \to v_t$，即最小费用增广链</td><td>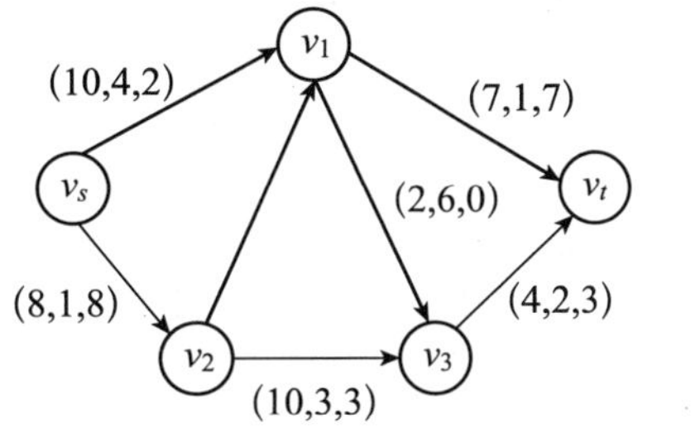

① 流量调整量 $\varepsilon_3 = \min\{3, 10, 4\} = 3$，总流量＝原流量＋新增流量＝7＋3＝10；
② 最小费用增广链的费用 $\sum c_{ij} = 1+3+2=6$；
③ 总费用 C_2＝原费用＋新增费用＝30＋6×3＝48</td></tr>
<tr><td>4</td><td>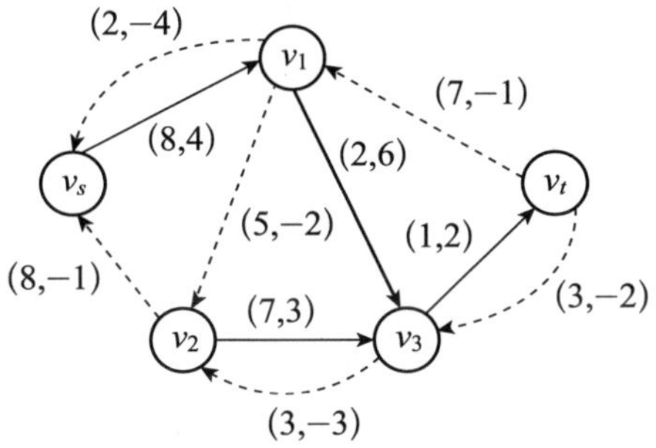

① 零流弧保持原边，此外的非饱和弧增添后加弧，饱和弧去掉原边增添反向虚线弧；
② 用列表法求得最短路 $v_s \to v_1 \to v_2 \to v_3 \to v_t$；
③ 对应的最小费用增广链是
$v_s \xrightarrow{+} v_1 \xrightarrow{-} v_2 \xrightarrow{+} v_3 \xrightarrow{+} v_t$</td><td>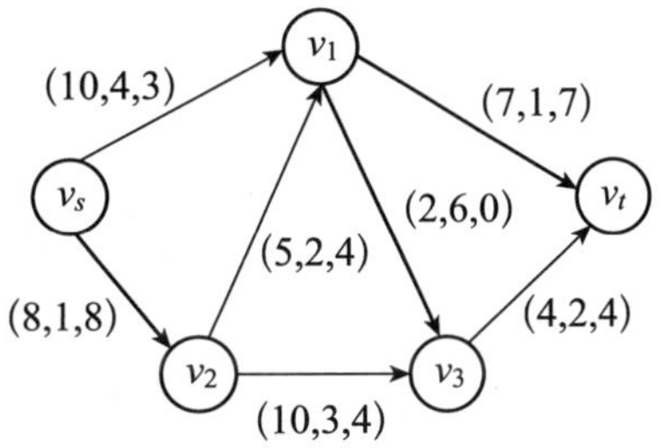

① 流量调整量 $\varepsilon_4 = \min\{8, 5, 7, 1\} = 1$，总流量＝原流量＋新增流量＝10＋1＝11；
② 最小费用增广链的费用 $\sum c_{ij} = 4-2+3+2=7$；
③ 总费用 C_2＝原费用＋新增费用＝48＋7×1＝55。由于总流量 11 已达到最大流量，故停止迭代，当前的可行流就是最小费用最大流</td></tr>
</table>

迭代到第 4 步所得的可行流就是最小费用最大流，此时的最小费用为 55，最大流量为 11。从迭代过程可以看到，每一步都包括两张图：一张是增广费用网络图，阐明了该图的构造过程、选用适当的方法求出的最短路以及对应的最小费用增广链；另一张图是可行流图，说明了流量调整量的计算过程与结果、调整以后的总流量、最小费用增广链的费用计算过程和结果以及当前可行流的总费用。对偶法综合运用了最大流算法和最短路算法，并巧妙地处理了两者的结合。

本章小结

本章重点讨论了网络最短路问题、最大流问题和最小费用最大流问题。网络最短路问题运用两次比较思想（自身比较与横向比较），保证了从起点开始每向前一步的探寻都是最短的。最大流问题以最大流最小割集定理为理论支撑，以寻找从起点到终点的增广链的标号过程为关键，阐述了 Ford-Fulkerson 算法的实施步骤。以增广费用网络图为纽带，将最短路算法和最大流算法巧妙结合，解决了最小费用最大流问题。这些应用问题都有广泛的实际背景，也是理论联系实际的绝好选题。

本章的理论框架如下：

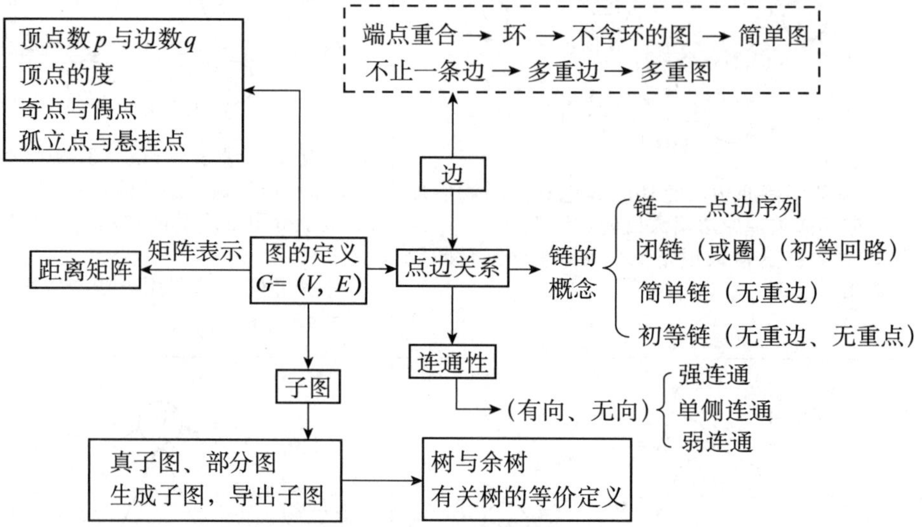

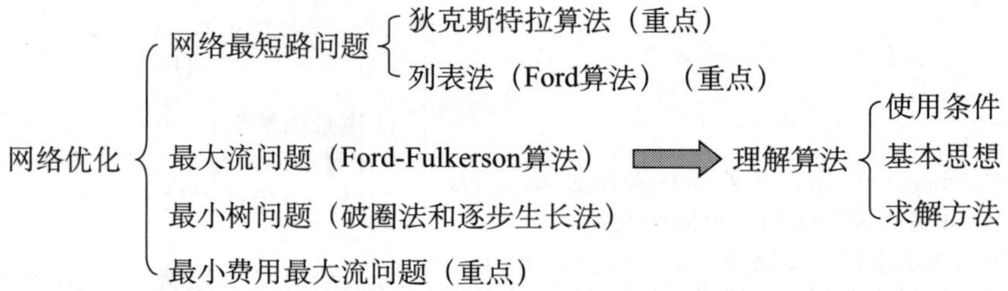

拓展阅读

管梅谷与中国邮递员问题

“一个邮递员从邮局出发，要走完他所管辖范围内的每一条街道至少一次，再返回邮局，如何选择一条尽可能短的路线?”这就是中国邮递员问题，中国数学家管梅谷在 1962 年首先提出了这个问题。

当年，管梅谷代表学校参加山东省委举办的“大搞科学研究动员大会”，省委出了三个题目，第一个题目就是关于运筹学、线性规划的。作为山东师范大学唯一参加过运筹学专业培训的教师，管梅谷成为省领导小组中最年轻的一员。管梅谷锁定邮政局，接下来的几个月，每个凌晨管梅谷都早早出门，骑着自行车，跟着一位资深邮递员跑遍济南的大街小巷。

他发现了一个有趣的问题：“邮递员每天从邮局出发，走遍该地区所有街道再返回邮局，他应如何安排送信的路线可以使所走的总路程最短？”他思考并给出了解法——“奇偶点图上作业法”。在数学家华罗庚和万哲先的推荐下，管梅谷有两篇论文发表在《中国数学学报》上。

在运筹学中，路线问题是很重要的一类问题。路线问题又可以分为两大类：点路线问题和弧路线问题。在管梅谷研究投递路线时，点路线问题已经被研究了一段时间，但是弧路线问题从来没有人研究过。中国邮递员问题是第一个被提出的弧路线问题。

2016 年管梅谷教授被中国运筹学会授予科学技术奖——终身成就奖。

习题 5

一、选择题

1. ______的图叫简单图，______的图叫树。

A. 无圈且流通　　B. 至少有一个悬挂点

C. 无环也无多重边　　D. 每对顶点之间有一条链

2. 已知图 5.23（a），则图 5.23（b）是其______，图 5.23（c）是其______，图 5.23（d）是其______。

A. 真子图　　B. 部分子图

C. 生成子图　　D. 部分树

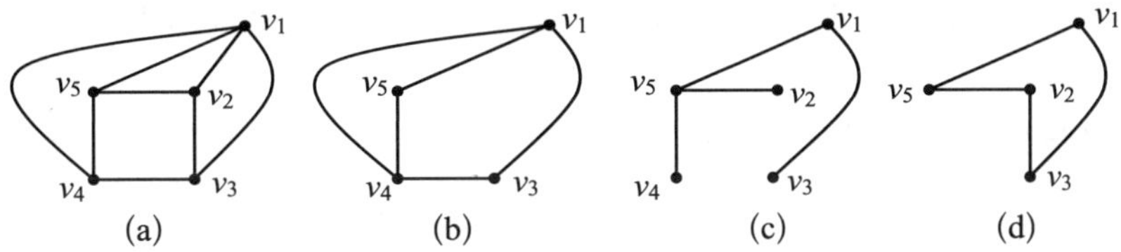

图 5.23　图与子图的概念

3. 某连通图 G 的各顶点的度分别为 4、1、1、2、2、2，则 G________。

A. 是树　　B. 不是树

C. 不一定是树　　D. 条件不够，无法判断

4. 用网络分析方法求最短路问题的狄克斯特拉算法的使用条件是______，Ford 算法的使用条件是______。

A. 无回路有向网络　　B. 无负回路

C. 任意网络　　D. 所有的权非负

5. 在网络最大流问题的求解过程中，每一次标号过程所寻找的流量修正路线______，最终求得的最大流______，最小割______。最大流量__________，最小割容量__________。

A. 是唯一确定的　　B. 不一定唯一

C. 一定不唯一

6. 用 Ford-Fulkerson 算法求网络最大流时，标号过程的目的是________，寻求的增广链中的弧一定满足________。

A. 标出节点序　　B. 寻找流量修正路线

C. 确定最小割　　D. 正向非饱和
E. 正向非零流　　F. 反向非饱和
G. 反向非零流

二、判断题

1. 最短树是网络中总权数最短的部分树，因此它既是部分图，又是无圈的流通图。（　）

2. 部分树的余树不一定是树，最短树问题是求总权数最小的图的部分树的问题。（　）

3. 如果一个图的支撑子图是一棵树，则这棵树就是该图的支撑树。（　）

4. 最短路算法中的狄克斯特拉算法的使用条件是无回路，列表法使用条件是无负权。（　）

5. 任意一个容量网络中，从起点 v_s 到终点 v_t 的最大流流量等于分离 v_s 和 v_t 的任意一个割集的容量。（　）

6. 容量网络中满足容量限制条件和中间点平衡条件的图上的流叫作可行流。（　）

7. 任意容量网络中，从起点到终点的最大流量等于分离起点和终点的任一割集的容量。（　）

8. 求解最小费用最大流问题的对偶法，其思想是：始终保持网络中的可行流是最小费用流，然后不断地在最小费用增广链上调整流量，使流量逐步增大，最终成为最小费用最大流。（　）

三、网络优化

1. 求图 5.24 的最小生成树。

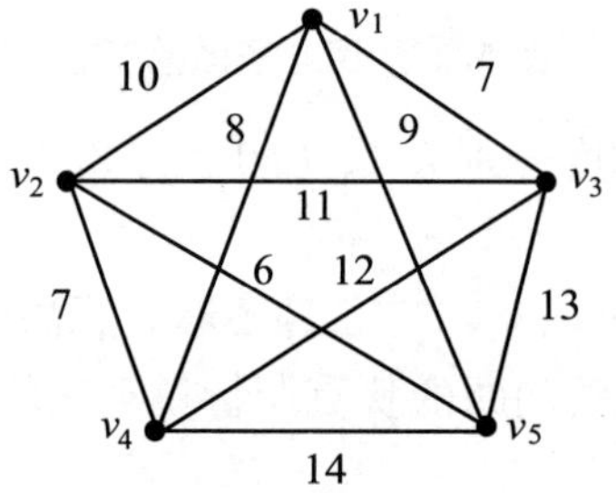

图 5.24　网络图

2. 图 5.25 是一个公路交通网，边上的数字表示走这条边所需的费用，有一批货物要从 v_s 运到 v_t，试问走哪一条路比较合算。

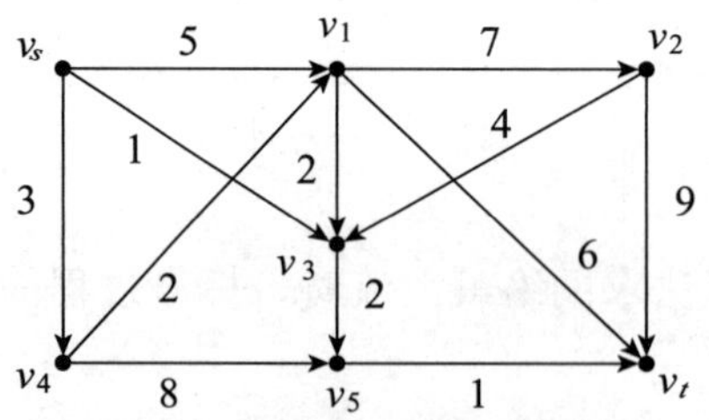

图 5.25　公路交通网络图

3. 试找出图 5.26 中从 v_1 到各点的最短路。

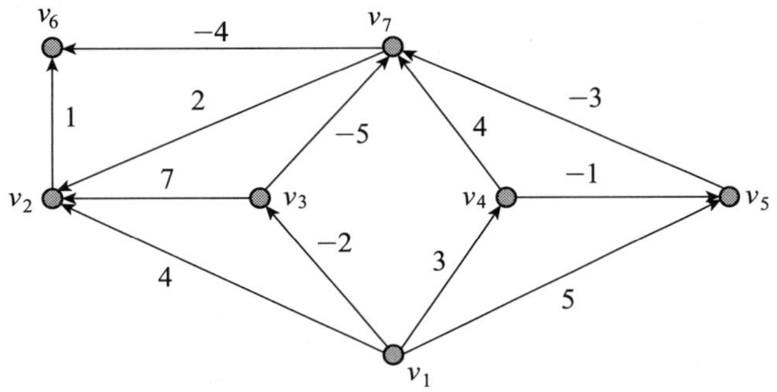

图 5.26　网络图

4. 在图 5.27 所示的容量网络中，v_s 为起点，v_t 为终点，弧旁的数字为容量。

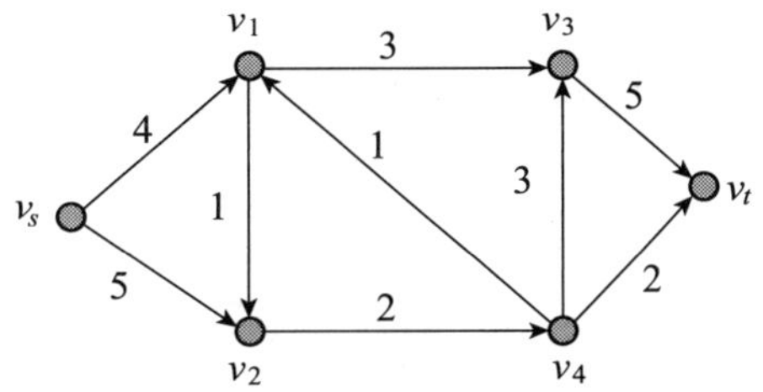

图 5.27　网络图

（1）求从 v_s 到 v_t 的最大流和最大流量（每一步均要求标出标号、流量修正路线及流量修正量）。

（2）利用上述标号求解过程求出最小割集及相应的最小割容量。

（3）根据求解结果说明（验证）最大流最小割定理。

5. 有 v_1 、v_2 两口油井经管道将油输送到脱水处理厂 v_{10} ，中间需要经过几个泵厂，如图 5.28 所示。箭线边的数字为相应的最大管道通过能力（吨/小时），求每小时从油井输送到脱水处理厂的最大流。

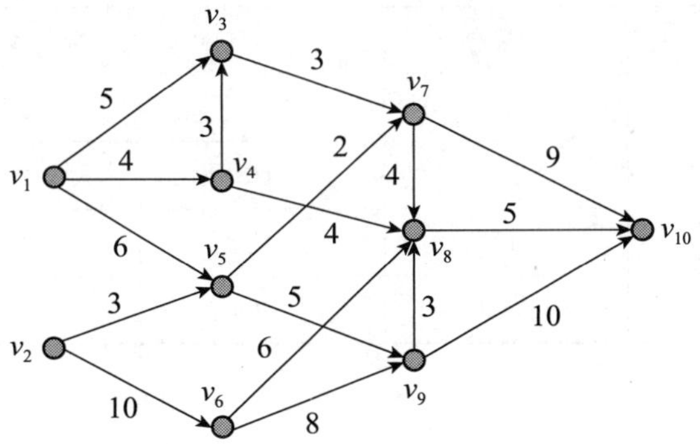

图 5.28　网络图

6. 已知有 6 台机床 x_1，x_2，…，x_6，6 个零件 y_1，y_2，…，y_6。机床 x_1 可加工零件 y_1 、x_2 可加工零件 y_1、y_2 ；x_3 可加工零件 y_1、y_2、y_3 ；x_4 可加工零件 y_2 ；x_5 可加工零件

y_2、y_3；x_6 可加工零件 y_2、y_5、y_6。现在要求制订一个加工方案，使一台机床只加工一个零件，一个零件只在一台机床上加工，要求尽可能多地安排零件的加工，试把这个问题转化为网络最大流问题，求出能满足上述条件的加工方案。

7. 试求图 5.29 所示网络的最小费用最大流，边上的数字为（b_{ij}，c_{ij}）。

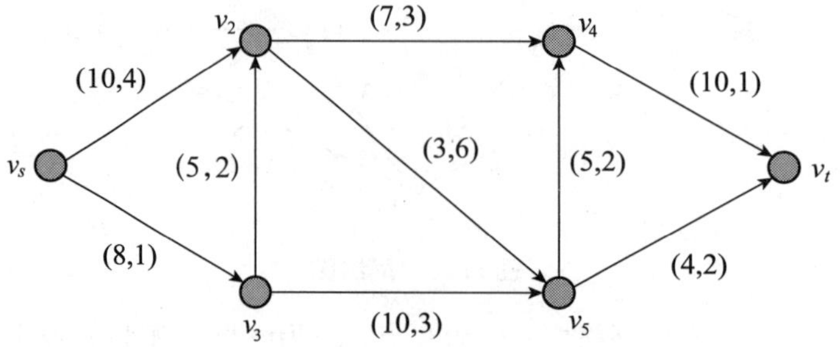

图 5.29　网络图

8. 求图 5.30 中从 v_s 到 v_t 的最小费用最大流，边上的数字为（b_{ij}，c_{ij}）。

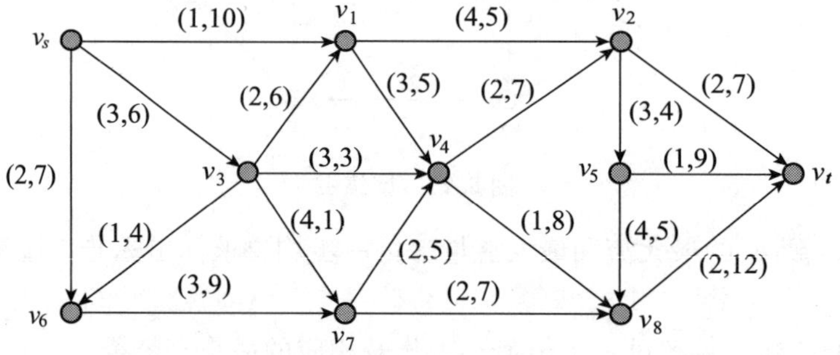

图 5.30　网络图

9. 表 5.7 给出了某运输问题的产销量表与单位运价表，试将此问题转化为最小费用最大流问题，画出网络图，并进行求解。

表 5.7　运输问题数据表

	1	2	3	4	产量
A	18	23	10	17	10
B	26	25	16	20	8
C	25	17	18	15	15
销量	6	8	8	5	

四、思考讨论题

1. 图 5.31 所示的无回路有向网络是否可用狄克斯特拉算法求解从起点 s 到终点 t 的最短路?

2. 某企业拥有一台生产设备，在每年年底企业都要决定下年度是购买一台新设备还是继续使用这台旧设备。若购买新的，就要支付一笔购置费；如果使用旧设备，就要支

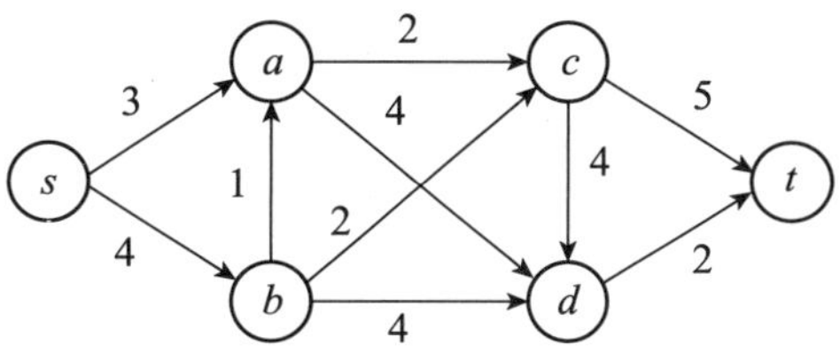

图 5.31 网络图

付一笔维修费，而维修费随着设备使用年限的延长而增加。现根据以往统计资料已经估算出设备在每年年初的价格和不同使用年限的年维修费，分别如表 5.8 和表 5.9 所示。怎样将此问题转化为最短路问题?

表 5.8 设备购置费

使用年限	1	2	3	4	5
购置费	11	11	11	12	13

表 5.9 设备维修费

使用年限	0～1	1～2	2～3	3～4	4～5
年维修费	5	6	9	11	18

3. 最小费用最大流问题的实质是当最大流不唯一时，在这些最大流中求一个费用最小的流。试问：

（1）能否判别最大流的唯一性?

（2）如果在所有的可行流中选择费用尽量小、流量尽量大的一个流，这就成了一个包含两个目标的多目标规划问题，试建立一个这样的多目标规划模型。

4. 最大流问题中，若将目标函数改成费用最小化函数，试考虑求最大流的方法是否同样适用。

第6章

非线性规划

| 本章要点 |

1. 非线性规划问题的基本概念
2. 凸函数与凸规划的定义与性质定理
3. 平稳点与极值点
4. 最速下降法与牛顿法
5. 拉格朗日条件与库恩-塔克条件

某证券公司投资组合风险决策问题

小赵是某证券公司的职业经理人，负责证券投资的管理工作，他在进行投资决策时不仅会关注项目能带来的预期回报，还会兼顾投资风险，通过给不同的项目分配不同比例的资金来尽可能达到收益与风险的最佳平衡。现公司准备投入一笔资金来购买市场上的三只股票A、B、C，投资部门对股票历史收益数据进行了调研与评估，获得了这三只股票的预期收益投资风险（标准差）以及每两支股票投资组合的交叉风险（协方差）。已知股票A的预期收益为21%，投资风险为25%；当投资组合为A与B时，其交叉风险为0.04；股票B的预期收益为30%，投资风险为45%；当投资组合为A与C时，交叉风险为−0.005，股票C的预期收益为8%，投资风险为5%；当投资组合为B与C时，交叉风险为0.01。

小赵根据调研数据初步判断股票A、B为高风险高回报的股票，而股票C为低风险低回报的股票，另外公司规定了该笔资金的最低可接受的预期收益为18%。请问小赵应该如何分配这笔资金可以使得在完成投资目标的前提下，投资风险尽可能小？（已知整个投资组合的风险 $\sigma_{ij}^2=\sum_{i=1}^{n}\sum_{j=1}^{n}\delta_{ij}x_ix_j$，$n$ 表示组合内股票种类总数，x_i（x_j）表示第 i（j）种股票在投资总额中的比例；δ_{ij} 表示第 i 种股票与第 j 种股票报酬率的协方差。）

§ 6.1　非线性规划概述

6.1.1　非线性规划问题的导出

在管理实践中，很多实际问题都可以归结为线性规划问题，其目标函数和约束条件可以表示为自变量的线性函数，但是还有一些问题的目标函数与约束条件难以用线性函数表示，下面举三个简单的例子，以导出非线性规划问题的定义。

1. 生产计划问题

某工厂生产两种产品 A、B，A 产品的出厂售价为 20 元/件，B 产品为 300 元/件，由于 A 产品的加工工艺较为简单，所以其生产加工时间较为稳定，生产一件 A 产品需要 0.2 小时，而 B 产品的加工工艺较为复杂，随着工人师傅熟练程度的提高，平均每件产品的生产时间缩减为（$1-0.002x_2$）小时（x_2 为产品 B 的生产量）。已知该工厂在这段时间的总加工时间为 600 小时，问应如何安排生产计划，使得该工厂在限定时间内的收益最大化？

首先建立该问题的数学模型。设该工厂计划生产 A 产品 x_1 件，B 产品 x_2 件，由题意可得该问题的目标为总收益最大化，约束条件为总加工时间的限制与生产数量的非负性，由此可以得到该问题的数学模型如下：

$$\max f(X) = 20x_1 + 300x_2$$

$$\text{s.t.}\begin{cases} 0.2x_1 + x_2 - 0.002x_2^2 \leqslant 600 \\ x_1 \geqslant 0,\ x_2 \geqslant 0 \end{cases}$$

2. 投资决策问题

某企业准备拿出一笔资金用于项目投资，现有 n 个项目可供选择，要求至少选择其中一个项目进行投资。已知该企业预备的资金为 A 元，投资第 i 个项目需要花费资金 a_i 元，预计收益为 b_i 元，问应如何设计最佳的投资方案，使得该工厂在限定资金下的总投资收益最大化？

设投资决策变量为：

$$x_i = \begin{cases} 1，\text{决定投资第 } i \text{ 个项目} \\ 0，\text{决定不投资 } i \text{ 第个项目} \end{cases},\quad i = 1, 2, \cdots, n$$

由此可得投资总额为 $\sum_{i=1}^{n} a_i x_i$，投资总收益为 $\sum_{i=1}^{n} b_i x_i$。因为该公司至少要对一个项目进行投资，且总的投资金额不能超过总资金 A，故有以下约束条件：

$$0 < \sum_{i=1}^{n} a_i x_i \leqslant A$$

另外，最佳的投资方案应满足投资额最小而总收益最大的方案，所以最佳投资决策问题可以归结于在总资金以及决策变量（取 0 或 1）的限制条件下，最大化总收益与总投资之比。因此该问题的数学模型可以表示为：

$$\max W=\frac{\sum_{i=1}^{n} b_i x_i}{\sum_{i=1}^{n} a_i x_i}$$

$$\text{s. t.}\begin{cases}0<\sum_{i=1}^{n} a_i x_i \leqslant A \\ x_i(1-x_i)=0, \quad i=1,2,\cdots,n\end{cases}$$

3. 物资供应问题

某公司有 6 个建筑工地要开工，工地 i 的位置（用坐标 (a_i, b_i) 表示，距离单位：千米）及混凝土日用量 d（吨）由表 6.1 给出，现有两个日储量为 30 吨的料场，分别位于 A（2，2）、B（4，2），向各个工地供料。假设从料场到工地均有直线道路，每吨混凝土每千米的运输成本为 40 元。请问应如何制订每天的供应计划，即从 A、B 2 个料场分别向各工地运输多少吨混凝土，才能使总的运输成本最低？

表 6.1　工地位置及混凝土日用量信息表

工地	1	2	3	4	5	6
(a_i, b_i)	（3，3）	（5，8）	（−2，3）	（−4，3）	（3，6）	（4，4）
d	8	12	6	10	8	12

设 (a_i, b_i) 为第 i 个工地的位置坐标，(x_j, y_j) 为第 j 个料场的位置坐标，d_i 为第 i 个工地的混凝土日用量，e_j 为第 j 个料场的混凝土日储存量，x_{ij} 为第 j 个料场运往第 i 个工地的混凝土日运量。

每个工地对混凝土的需求满足约束 $\sum_{j=1}^{2} x_{ij}=d_i$；每个料场也有日储量的约束，满足供给约束 $\sum_{i=1}^{6} x_{ij} \leqslant e_j(j=1,2)$，为了使得 2 个料场向 6 个工地运输混凝土的成本最低，可得成本函数为：$40\sum_{j=1}^{2}\sum_{i=1}^{6} x_{ij}\sqrt{(x_j-a_i)^2-(y_j-b_i)^2}$，因此该数学模型可以表示为以下形式：

$$\min f(X)=40\sum_{j=1}^{2}\sum_{i=1}^{6} x_{ij}\sqrt{(x_j-a_i)^2-(y_j-b_i)^2}$$

$$\text{s. t.}\begin{cases}\sum_{j=1}^{2} x_{ij}=d_i \\ \sum_{i=1}^{6} d_i \leqslant e_j, \quad i=1,2,\cdots,6;\ j=1,2 \\ x_{ij} \geqslant 0\end{cases}$$

从以上三个实例的数学模型中可以看出，第一个实例的目标函数为自变量的线性函数，但其第一个约束条件是自变量的二次函数；第二、三个实例的目标函数都是自变量的非线性函数，这就是本章将要介绍的非线性规划问题。

6.1.2　非线性规划的定义与数学描述

如果某一规划问题的目标函数或约束条件中至少有一个是非线性函数，就称这种问题为非线性规划问题（nonlinear programming），其数学模型常表示成以下形式：

$$
\begin{aligned}
&\min f(X),\quad X \in R^n \\
&\text{s.t.}\begin{cases} h_i(X)=0, & i=1,2,\cdots,m \\ g_j(X)\geqslant 0, & j=1,2,\cdots,l \end{cases}
\end{aligned}
\tag{6-1}
$$

其中，自变量 $X=(x_1, x_2, \cdots, x_n)^{\top}$ 是 n 维欧式空间 R^n 中的向量（点）；$f(X)$ 为目标函数，$h_i(X)=0$ 和 $g_j(X)\geqslant 0$ 为约束条件。由于 $\max f(X)$ 与 $-\min(-f(X))$ 等价，当目标函数为极大化时，只需令其相反数极小化即可，两者可以相互转化，并不影响该表达形式的一般性。

因为约束条件 $h_i(X)=0$ 也可以表示为 $g_j(X)\geqslant 0$ 的形式，如下：

$$
\begin{cases} h_i(X)\geqslant 0, & i=1,2,\cdots,m \\ -h_i(X)\geqslant 0, & i=1,2,\cdots,m \end{cases}
$$

所以非线性规划的数学模型（6－1）也可表示为以下形式：

$$
\begin{aligned}
&\min f(X),\quad X \in R^n \\
&\text{s.t.}\ g_j(X)\geqslant 0,\quad j=1,2,\cdots,l
\end{aligned}
\tag{6-2}
$$

6.1.3　非线性规划的图解法

当非线性规划问题只有一个或者两个自变量时，可以利用图解法进行求解。非线性规划的图解法就是用几何作图的方法分析并求出最优解的过程，其大致思路与线性规划图解法类似，下面用一个例子来讨论图解法的求解过程。

例 6.1　请用图解法求解以下非线性规划。

$$
\begin{aligned}
&\min f(X)=(x_1-3)^2+(x_2-4)^2 \\
&\text{s.t.}\ h(X)=x_1-8=0
\end{aligned}
$$

解：如图 6.1 所示，该非线性规划的可行域为一条垂直于水平轴的直线，圆形弧线为目标函数等值线，当目标函数等值线与直线相切时，可以得到相切点 (8, 4)，使得目标函数值最小，此时的最优解为 $X^*=(8, 4)^{\top}$，最优值为 $f(X^*)=25$。

若放宽约束条件，将 $h(X)=x_1-8=0$ 替换为 $h(X)=x_1-8\leqslant 0$，通过图解法可得该问题的最优解为 $X^*=(3, 4)^{\top}$，即在圆心处取得，对应的最优值为 $f(X^*)=0$。此时最优解位于可行域的内部，这与线性规划有较大的区别。由第 1 章内容可知，如果线性规划的最优解存在，其最优解只能在其可行域的边界上达到（特别是可行域的顶点），而非线性规划的最优解（若最优解存在）则可能在可行域内的任意一点达到。

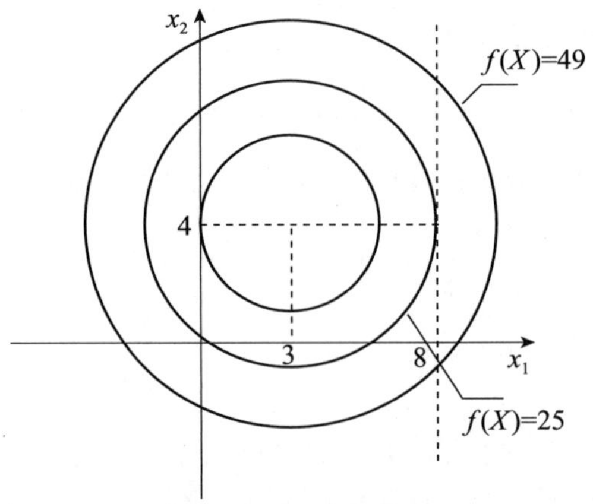

图 6.1　图解法求解非线性规划示意图

§6.2　局部极值与全局极值

本节先来回顾高等数学中极值问题的基本概念。

定义 6.1（局部极值）　设 $f(X)$ 是定义在 n 维欧式空间 R^n 的某一区域 D 上的实函数，其中自变量 $X=(x_1, x_2, \cdots, x_n)^\top$ 是 R^n 上的向量（点）：

（1）对于 $X^* \in R^n$，若存在 $\delta > 0$，使所有满足 $\| X-X^* \| < \delta$ 的 X 都有不等式 $f(X) \geqslant f(X^*)$ 成立，则称 X^* 是 $f(X)$ 的局部极小点，$f(X^*)$ 为局部极小值。

（2）对于 $X^* \in R^n$，若存在 $\delta > 0$，使所有满足 $0 < \| X-X^* \| < \delta$ 的 X 都有不等式 $f(X) > f(X^*)$ 成立，则称 X^* 是 $f(X)$ 的严格局部极小点，$f(X^*)$ 为严格局部极小值。

定义 6.2（全局极值）　设 $f(X)$ 是定义在 n 维欧式空间 R^n 的某一区域 D 上的实函数，其中自变量 $X=(x_1, x_2, \cdots, x_n)^\top$ 是 R^n 上的向量（点）：

（1）若 $X^* \in R^n$，对于任意 $X \in R^n$ 都有不等式 $f(X) \geqslant f(X^*)$ 成立，则称 X^* 是 $f(X)$ 的全局极小点，$f(X^*)$ 为全局极小值。

（2）若 $X^* \in R^n$，对于任意 $X \in R^n$ 且 $X \neq X^*$ 的点，都有不等式 $f(X) > f(X^*)$ 成立，则称 X^* 是 $f(X)$ 的严格全局极小点，$f(X^*)$ 为严格全局极小值。

将以上不等式反向，便可得到相应的极大点与极大值的定义。

某一函数可能在其定义域内有多个局部极值点，如图 6.2 所示，点 x_2、x_4、x_6 分别是其邻域 $[x_1, x_3]$、$[x_3, x_5]$、$[x_5, x_7]$ 内的极小点，但是在整个定义域内，这些点并非都为全局极小点，通过对各极小值的比较，推得仅有 x_2 为全局极小点，$f(x_2)$ 为全局极小值。

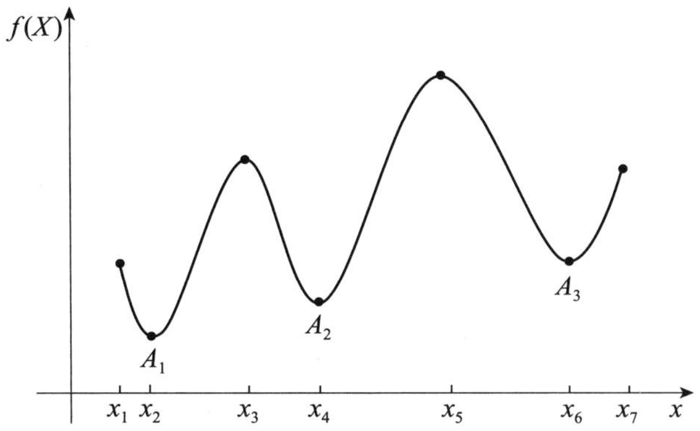

图 6.2　局部极值与全局极值示意图

§ 6.3　凸函数与凸规划

凸集与凸函数是非线性规划问题研究中较为重要的内容，凸集的概念在第 1 章已经进行了介绍，本节将对凸函数的有关概念与性质及凸规划的相关内容进行介绍。

定义 6.3　设 $f(X)$ 是定义在 n 维欧式空间 R^n 的某一区域 D 上的实函数，若 $f(X)$ 在区域 D 存在一阶连续偏导数，则该函数在点 X 处的梯度表达式为：

$$\nabla f(X)=\left[\frac{\partial f(X)}{\partial x_1},\frac{\partial f(X)}{\partial x_2},\cdots,\frac{\partial f(X)}{\partial x_n}\right]^{\mathrm{T}}$$

定义 6.4　设 $f(X)$ 是定义在 n 维欧式空间 R^n 的某一区域 D 上的实函数，若 $f(X)$ 在区域 D 存在二阶连续偏导数，则 $f(X)$ 在点 X 处的海赛矩阵 $H(X)$ 表达式为：

$$H(X)=\nabla^2 f(X)=\left(\frac{\partial^2 f(X)}{\partial x_i\,\partial x_j}\right)_{n\times n}=\begin{pmatrix}\frac{\partial^2 f(X)}{\partial^2 x_1} & \frac{\partial^2 f(X)}{\partial x_1\,\partial x_2} & \cdots & \frac{\partial^2 f(X)}{\partial x_1\,\partial x_n}\\ \frac{\partial^2 f(X)}{\partial x_2\,\partial x_1} & \frac{\partial^2 f(X)}{\partial^2 x_2} & \cdots & \frac{\partial^2 f(X)}{\partial x_2\,\partial x_n}\\ \vdots & \vdots & & \vdots\\ \frac{\partial^2 f(X)}{\partial x_n\,\partial x_1} & \frac{\partial^2 f(X)}{\partial x_n\,\partial x_2} & \cdots & \frac{\partial^2 f(X)}{\partial^2 x_n}\end{pmatrix}$$

值得注意的是，由于 $\frac{\partial^2 f(X)}{\partial x_i\,\partial x_j}=\frac{\partial^2 f(X)}{\partial x_j\,\partial x_i}$，所以海赛矩阵 $H(X)$ 为对称矩阵。

由线性代数知识可知，对称矩阵 $H(X)$ 为正定的充要条件是：$H(X)$ 的各阶主子式都为正（用 h_{ij} 表示矩阵 $H(X)$ 中的各个元素），即

$$h_{11}>0;\ \begin{vmatrix}h_{11} & h_{12}\\ h_{21} & h_{22}\end{vmatrix}>0;\ \cdots;\ \begin{vmatrix}h_{11} & h_{12} & \cdots & h_{1n}\\ h_{21} & h_{22} & \cdots & h_{2n}\\ \vdots & \vdots & & \vdots\\ h_{n1} & h_{n2} & \cdots & h_{nn}\end{vmatrix}>0$$

对称矩阵 $H(X)$ 为负定的充要条件是：奇数阶主子式都为负，偶数阶主子式为正，即

$$(-1)^r\begin{vmatrix}h_{11} & h_{12} & \cdots & h_{1n}\\ h_{21} & h_{22} & \cdots & h_{2n}\\ \vdots & \vdots & & \vdots\\ h_{n1} & h_{n2} & \cdots & h_{nn}\end{vmatrix}>0,\quad r=1,2,\cdots,n$$

而半正定和半负定的判定仅需将以上表达式中的“$>$”变为“$\geqslant$”即可。

6.3.1 凸函数的定义

定义 6.5 设 $f(X)$ 是定义在 n 维欧式空间 R^n 的某一凸集 D 上的实函数，若对于任意实数 $\theta(0<\theta<1)$ 以及 D 中的任意两点 X_1、X_2，恒有

$$f(\theta X_1+(1-\theta)X_2)\leqslant \theta f(X_1)+(1-\theta)f(X_2)$$

则称 $f(X)$ 是凸集 D 上的凸函数。

若对于任意 $\theta(0<\theta<1)$ 且 $X_1\neq X_2$，恒有 $f(\theta X_1+(1-\theta)X_2)<\theta f(X_1)+(1-\theta)f(X_2)$，则称 $f(X)$ 是凸集 D 上的严格凸函数。

凹函数和严格凹函数的定义则只需将凸函数定义中的不等号反向便可得到。

函数的凹凸性是描述函数图像弯曲方向的一个重要性质，从凸函数和凹函数的几个图形上看，若函数图像上的任意两点的连线始终在两点之间函数图像的上方，此时函数是凸函数，也是下凸的，如图 6.3（a）所示。若函数图像上的任意两点的连线始终在两点之间函数图像的下方，此时函数是凹函数，也是上凹的，如图 6.3（b）所示。需要说明的是，线性函数既可以看作凸函数，也可以看作凹函数。

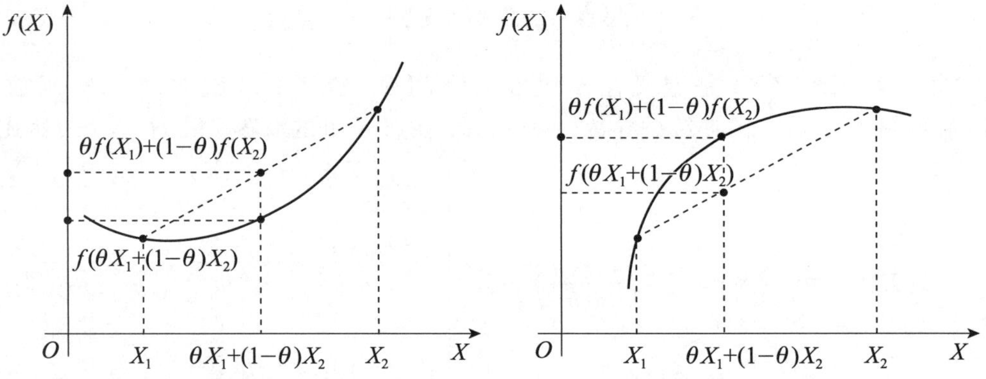

(a) 凸函数图像　　图（b）凹函数图像

图 6.3

思考：一元函数 $f(x)=|x|$ 是否是一维空间 R^1 上的凸函数？如何根据凸函数的定义来判断呢？

6.3.2 凸函数的性质

定理 6.1 设 $f(X)$ 是定义在 n 维欧式空间 R^n 的某一凸集 D 上的凸函数，对于任意实数 $\lambda\geqslant 0$，函数 $\lambda f(X)$ 也是定义在凸集 D 上的凸函数。

定理 6.2 设 $f_1(X)$ 和 $f_2(X)$ 为定义在凸集 D 上的两个凸函数，则 $f(X)=f_1(X)+f_2(X)$ 仍是定义在 D 上的凸函数。

证明：因为 $f_1(X)$ 和 $f_2(X)$ 为定义在凸集 D 上的两个凸函数，对于凸集 D 上的任意两点 X_1、X_2，由凸函数的定义可得以下关系式：

$$f_1(\theta X_1+(1-\theta)X_2)\leqslant \theta f_1(X_1)+(1-\theta)f_1(X_2)$$

$$f_2(\theta X_1+(1-\theta)X_2)\leqslant \theta f_2(X_1)+(1-\theta)f_2(X_2)$$

将以上两式相加得：

$$f(\theta X_1+(1-\theta)X_2)\leqslant \theta f(X_1)+(1-\theta)f(X_2)$$

因此 $f(X)$ 也是定义在凸集 D 上的凸函数，该性质得证。

定理 6.3　若 D 是非空凸集，设 $f(X)$ 也是定义在凸集 D 上的凸函数，则对于任意实数 β，水平集 $D_\beta=\{X\mid f(X)\leqslant\beta,\ X\in D\}$ 是凸集。

证明：只需根据凸函数 $f(X)$ 与凸集 D 的定义，证明对任意 X_1，$X_2\in D_\beta$，任意实数 $\theta(0<\theta<1)$，都有 $\theta X_1+(1-\theta)X_2\in D_\beta$ 即可。

例 6.2　请判定以下函数是否为凸函数。

$$f(x)=2x^2+x+8,\quad x\in R$$

解：设 x_1、x_2 是定义域 R 中的任意两点，θ 为区间 (0，1) 上的任意实数，由 R 为凸集可知点 $x_3=\theta x_1+(1-\theta)(x_2\in R)$，将以上三个点代入原函数中可得：

$$f(x_1)=2x_1^2+x_1+8$$

$$f(x_2)=2x_2^2+x_2+8$$

$$f(x_3)=f(\theta x_1+(1-\theta)x_2)=2\left[\theta x_1+(1-\theta)x_2\right]^2+\theta x_1+(1-\theta)x_2+8$$

根据凸函数的定义需要判断以下表达式的正负：

$$\begin{aligned}\Delta&=f(\theta x_1+(1-\theta)x_2)-\left[\theta f(x_1)+(1-\theta)f(x_2)\right]\\&=2\left[\theta x_1+(1-\theta)x_2\right]^2+\theta x_1+(1-\theta)x_2+8-\theta(2x_1^2+x_1+8)\\&\quad-(1-\theta)(2x_1^2+x_1+8)\end{aligned}$$

整理上式可得

$$\Delta=2\theta(\theta-1)(x_1-x_2)^2<0$$

所以 $f(\theta x_1+(1-\theta)x_2)<\theta f(x_1)+(1-\theta)f(x_2)$，函数 $f(x)$ 是 R 上的凸函数。

6.3.3　凸函数的判定

在判定一个函数是否为凸函数时，可以根据定义进行判断，这种方法较为直观且适用于各种类型的函数，但对于较为复杂的函数使用这种方法往往需要深入的数学分析，判定过程较为烦琐。如果某一函数是可导函数时，则可以利用函数的导数信息进行判断。

定义 6.6　设 $f(X)$ 是定义在 n 维欧式空间 R^n 的某一区域 D 上的实函数，若函数 $f(X)$ 在 X_0 处 n 阶可导，那么存在 X_0 的一个邻域，对于该邻域内的任意一点 X，都有

$$\begin{aligned}f(X)=f(X_0)+\nabla f(X)(X-X_0)+\frac{1}{2!}(X-X_0)^{\top}\nabla^2 f(X_0)(X-X_0)+\cdots\\+o(\|X-X_0\|^n),\end{aligned}$$

其中，

$$\lim_{\|X-X_0\|\to 0}o(\|X-X_0\|^n)=0$$

这就是泰勒公式，其几何意义是利用多项式函数来逼近原函数，由于多项式函数在某点处具有 n 阶偏导数，易于计算，且便于求解极值或者判断函数的性质，因此可以通

过泰勒公式获取函数的信息。

定理 6.4（一阶条件） 设 $f(X)$ 是定义在 n 维欧式空间 R^n 的某一开凸集 D 上的实函数，$f(X)$ 在 D 上具有一阶连续偏导数，则 $f(X)$ 为 D 上的凸函数的充要条件为：对于任意 X_1，$X_2 \in D$，恒有

$$f(X_2) \geqslant f(X_1) + \nabla f(X_1)^{\top}(X_2 - X_1)$$

证明：首先证明其必要性：

设 $f(X)$ 为 R 上的凸函数，对于任意实数 $\theta(0 < \theta < 1)$，都有

$$f(\theta X_1 + (1-\theta)X_2) \leqslant \theta f(X_1) + (1-\theta)f(X_2)$$

将上式变形为：

$$\frac{f(X_2 + \theta(X_1 - X_2)) - f(X_2)}{\theta} \leqslant f(X_1) - f(X_2)$$

由泰勒公式可知：

$$f(X_2 + \theta(X_1 - X_2)) - f(X_2) = \theta \nabla f(X_2)(X_1 - X_2) + o(\theta \| X_1 - X_2 \|)$$

将其代入上式得

$$\nabla f(X_2)(X_1 - X_2) + \frac{o(\theta \| X_1 - X_2 \|)}{\theta} \leqslant f(X_1) - f(X_2)$$

两边关于 $\theta \to 0$ 取极限，有 $f(X_2) \geqslant f(X_1) + \nabla f(X_1)^{\top}(X_2 - X_1)$，必要性得证。

然后证明充分性：设

$$f(X_2) \geqslant f(X_1) + \nabla f(X_1)^{\top}(X_2 - X_1)$$

对于任意 X_1，$X_2 \in D$，取 $\overline{X} = \theta X_1 + (1-\theta)X_2$，由于 D 是凸集，故 $\overline{X} \in D$。由 $X_1(\overline{X} \in D)$，$X_2(\overline{X} \in D)$，分别有：

$$f(\overline{X}) + \nabla f(\overline{X})^{\top}(X_1 - \overline{X}) \leqslant f(X_1)$$

$$f(\overline{X}) + \nabla f(\overline{X})^{\top}(X_2 - \overline{X}) \leqslant f(X_2)$$

将第一个式子乘以 θ，将第二个式子乘以（$1-\theta$），相加得

$$f(\overline{X}) + \nabla f(\overline{X})^{\top}[\theta X_1 + (1-\theta)X_2 - \overline{X}] \leqslant \theta f(X_1) + (1-\theta)f(X_2)$$

将 $\overline{X} = \theta X_1 + (1-\theta)X_2$ 代入上式，得

$$f(\overline{X}) \leqslant \theta f(X_1) + (1-\theta)f(X_2)$$

即 $f(\theta X_1 + (1-\theta)X_2) \leqslant \theta f(X_1) + (1-\theta)f(X_2)$ 对于任意 $\theta \in (0, 1)$ 都成立，故由凸函数的定义知 $f(X)$ 为 D 上的凸函数。

凸函数的定义实质上说明凸函数上两点之间的线性插值不低于两点之间函数的值，而定理 6.4 说明函数上某点导数的线性近似不大于这个点的函数值。

定理 6.5（二阶条件） 设 $f(X)$ 是定义在 n 维欧式空间 R^n 的某一开凸集 D 上的实函数，$f(X)$ 在 D 上具有二阶连续偏导数，则 $f(X)$ 为 D 上的凸函数的充要条件是：$f(X)$ 的海赛矩阵 $H(X)$ 在 D 上处处半正定。

证明：略。

如果对于任意 $X \in D$，如果 $f(X)$ 的海赛矩阵 $H(X)$ 在 D 上处处正定，则 $f(X)$ 是 D 上的严格凸函数。对于凹函数亦可以得到以上类似的结果。

但是值得注意的是，由 $f(X)$ 为 D 上的严格凸函数不能推出海赛矩阵 $H(X)$ 在 D 上是正定矩阵，例如一元函数 $f(x) = x^4$ 是严格凸函数，$f''(x) = 12x^2$，但 $f''(0) = 0$，即 $f''(x)$ 在 $x = 0$ 处不是正定的。

例 6.3　请判断以下二次函数的凹凸性。

$$f(X)=2x_1^2+x_2^2-2x_1x_2+x_1+x_2$$

解：本题可利用凸函数的二阶条件进行判定。首先求得该函数的海赛矩阵如下：

$$H(X)=\nabla^2 f(X)=\begin{pmatrix}4 & -2\\ -2 & 2\end{pmatrix}$$

计算可得以上海赛矩阵为正定矩阵，由此判定函数 $f(X)$ 为严格凸函数。

定理 6.6　若 $f(X)$ 是定义在非空凸集 D 上的凸函数，则 $f(X)$ 在 D 上的局部极小点就是全局极小点，且所有极小点的集合为凸集。

证明：可以设 X^* 为极小点，$\overline{X}$ 为集合 D 上的任意一点，$N_\delta(X^*)$ 为 X^* 的某一领域。首先根据局部极小点的定义与凸集定义证明对于充分小的 $0<\theta<1$，有 $(1-\theta)X^*+\theta\overline{X}\in N_\delta(X^*)$，所以 $f((1-\theta)X^*+\theta\overline{X})\geqslant f(X^*)$，再结合凸函数的定义，证明 $f(\overline{X})\geqslant f(X^*)$，即 X^* 为全局极小点。由定理 6.3，可证明所有极小点的集合为凸集。

凸函数的根本重要性就在于定理 6.6 的这个基本性质。

6.3.4　凸规划

对于非线性规划：

$$\begin{aligned}&\min f(X)\\&\text{s.t. } g_j(X)\geqslant 0,\quad j=1,2,\cdots,l\end{aligned}\tag{6-3}$$

其中，自变量 $X=(x_1, x_2, \cdots, x_n)^\top$ 是 n 维欧式空间 R^n 中的向量（点）。

定义 6.7　若某一非线性规划的目标函数为凸函数，可行域为凸集，则称该非线性规划为凸规划。

若式（6-3）的约束函数 $g_j(X)$ 是凹函数，则 $-g_j(X)$ 为凸函数，其可行域可表示为：

$$\begin{aligned}D&=\{X\mid g_j(X)\geqslant 0,\ j=1,2,\cdots,l\}\\&=\{X\mid -g_j(X)\leqslant 0,\ j=1,2,\cdots,l\}=D_\beta\end{aligned}$$

根据定理 6.3，可推得该问题的可行域 D 为凸集，所以也可通过判定某非线性规划目标函数为凸函数，约束函数 $g_j(X)$ 为凹函数来判定其是否为凸规划。对于凸规划问题，由定理 6.6 可知其局部最优解必定是全局最优解，且最优解构成的集合是一个凸集。如果凸规划的目标函数是严格凸函数，又存在局部最优解，则该问题的全局最优解必定是唯一的。

凸规划是一类比较简单且具有重要意义的非线性规划，如果某个问题是凸规划问题或能将其描述为凸规划问题，对于求解将会大有裨益。

例 6.4　请判定以下非线性规划问题是否为凸规划问题。

$$\begin{aligned}&\min f(X)=x_1^2+2x_2^2\\&\text{s.t.}\begin{cases}g_1(X)=x_1-x_2+2\geqslant 0\\h_1(X)=-x_1^2-x_2^2+4=0\end{cases}\end{aligned}$$

解：首先可以求得函数 $f(X)$ 和 $g_2(X)$ 的海赛矩阵分别为：

$$H_1(X)=\begin{pmatrix}2 & 0\\0 & 4\end{pmatrix},\quad H_2(X)=\begin{pmatrix}-2 & 0\\0 & -2\end{pmatrix}$$

由矩阵的性质可判断矩阵 $H_1(X)$ 为正定矩阵，$H_2(X)$ 为负定矩阵，由此可知目标函数 $f(X)$ 为严格凸函数，约束函数 $g_2(X)$ 为严格凹函数，由于其他约束条件均为线性函数，也都可以看作凹函数，所以可判定该问题为严格凸规划问题，若该问题存在最优解，则其必定是唯一的。

例 6.5 请判定以下非线性规划问题是否是凸规划问题。

$$\min f(X)=2x_1^2+x_2^2+x_3^2-x_1x_2+2x_1x_3+8$$

$$\text{s. t.}\begin{cases}g_1(X)=4-x_1^2-x_2^2\geqslant 0\\g_2(X)=5x_1^2+x_3-10\geqslant 0\end{cases}$$

解： 首先可以求得函数 $f(X)$、$g_1(X)$、$g_2(X)$ 的海赛矩阵分别为：

$$H_1(X)=\begin{pmatrix}4 & -1 & 2\\-1 & 2 & 0\\2 & 0 & 2\end{pmatrix},\quad H_2(X)=\begin{pmatrix}-2 & 0 & 0\\0 & -2 & 0\\0 & 0 & 0\end{pmatrix},\quad H_3(X)=\begin{pmatrix}10 & 0 & 0\\0 & 0 & 0\\0 & 0 & 0\end{pmatrix}$$

通过计算可得以上海赛矩阵中，$H_1(X)$ 为正定矩阵，$H_2(X)$ 为半负定矩阵，$H_3(X)$ 为半正定矩阵，由此可知目标函数 $f(X)$ 为凸函数，约束函数 $g_1(X)$ 为凹函数，$g_2(X)$ 为凸函数，所以可行域不是凸集，该问题不是凸规划问题。

§ 6.4 无约束非线性规划问题

本节考虑如下无约束非线性规划问题：

$$\min f(X),\quad X\in R^n \tag{6-4}$$

其中，$f(X)$ 是定义在 n 维欧式空间 R^n 上的非线性函数，$X=(x_1, x_2, \cdots, x_n)^{\top}$，且 $f(X)$ 在 R^n 上存在一阶或二阶连续偏导数。

6.4.1 无约束问题极值点存在的条件

由于以上无约束规划的目标函数 $f(X)$ 不一定为凸函数，求得的某个极值点也可能只是局部极小点而非全局极小点。而在优化问题中，通常的目标是寻找全局最优解，因为其代表了问题的最佳解决方案，为此必须将所求得的所有局部极小值进行比较，以从中获得全局最小者。因此，下文所指的求解，通常是指求局部最优解。

接下来介绍无约束问题极值点存在的必要条件与充分条件。

定理 6.7（极值点存在的必要条件） 设 $f(X)$ 是定义在 n 维欧式空间 R^n 上的实函数，若 $f(X)$ 在 R^n 上存在一阶连续偏导数，且在 X^* 处取得局部极值，则必有

$$\frac{\partial f(X^*)}{\partial x_1}=\frac{\partial f(X^*)}{\partial x_2}=\cdots=\frac{\partial f(X^*)}{\partial x_n}=0 \tag{6-5}$$

式（6-5）也可表示为 $\nabla f(X^*)=0$，其中 $\nabla f(X^*)=\dfrac{\partial f(X^*)}{\partial x_1}, \dfrac{\partial f(X^*)}{\partial x_2},\cdots,$

$\left.\frac{\partial f(X^*)}{\partial x_n}\right]^\top$ 为函数 $f(X)$ 在点 X^* 处的梯度。由高等数学的知识可知，梯度的方向为 $f(X)$ 等值面（线）在点 X 处的法线方向，表示某一函数在该点处的方向导数沿着该方向可以取得最大值，即函数在该点处沿着该方向（此梯度的方向）变化最快，变化率最大。

我们将满足条件 $\nabla f(X^*)=0$ 的点称为平稳点或驻点，在区域 R 内部，极值点必为驻点，但驻点不一定是极值点，例如函数 $f(x)=x^3$，$f'(0)=0$，此时 $x=0$ 是驻点，但不是极值点，这个点也称为鞍点。鞍点的数学含义是目标函数在此点上的梯度为 0，但从该点出发的一个方向是函数的极大点，而在另一个方向是函数的极小点。

定理 6.8（极值点存在的充分条件） 设 $f(X)$ 是定义在 n 维欧式空间 R^n 的某一开集 D 上的实函数，$f(X)$ 在 D 上存在二阶连续偏导数（$X^*\in D$），若 $\nabla f(X^*)=0$，且海赛矩阵 $H(X^*)$ 是正定的，则 X^* 是 $f(X)$ 在 D 上的严格局部极小点。

证明：可将函数 $f(X)$ 在点 X^* 处二阶展开，结合局部极小点的性质，利用反证法进行证明。

例 6.6 求出下列函数 $f(X)$ 的极值点。

$$f(X)=x_1^2+2x_1x_2+4x_2^2-8x_1-8x_2-2x_2^3,\quad X\in R^2$$

解： 该问题的求解通常可以分为两步，首先是求出目标函数的所有驻点，然后再分别判定其是否为极值点。

先求得该目标函数的梯度为：

$$\nabla f(X)=(2x_1+2x_2-8,\ 2x_1+8x_2-6x_2^2-8)^\top$$

令梯度 $\nabla f(X)=0$，可解得两个驻点分别为：

$$X_1=(4,\ 0)^\top,\quad X_2=(3,\ 1)^\top$$

然后我们根据定理 6.8 来判断两个驻点是否为极值点，首先求得该目标函数的海赛矩阵如下：

$$H(X)=\begin{pmatrix}2 & 2\\ 2 & 8-12x_2\end{pmatrix}$$

将这两个驻点代入海赛矩阵中，得

$$H(X_1)=\begin{pmatrix}2 & 2\\ 2 & 8\end{pmatrix},\quad H(X_2)=\begin{pmatrix}2 & 2\\ 2 & -4\end{pmatrix}$$

由计算可知 $H(X_1)$ 为正定矩阵，而 $H(X_2)$ 为不定矩阵，根据定理 6.8 可得仅有 $X_1=(4,\ 0)^\top$ 为局部极小点。

例 6.7 求解以下无约束问题。

$$\min f(X)=x_1^2+x_2^2-8x_2+8,\quad X\in R^2$$

解： 首先令目标函数的梯度 $\nabla f(X)=0$，求得驻点，即

$$\nabla f(X)=(2x_1, 2x_2-8)^\top=0$$

解得驻点为 $X_1=(0,\ 4)^\top$，然后求得该目标函数的海赛矩阵如下：

$$H(X)=\begin{pmatrix}2 & 0\\ 0 & 2\end{pmatrix}$$

可判定 $H(X)$ 在 $X\in R^2$ 上正定，该目标函数为凸函数，根据定理 6.8 可判定驻点

$X_1=(0,4)^{\top}$ 为极值点。另外由于该问题的可行域为整个二维空间（凸集），所以该问题为凸规划问题，该极值点 $X_1=(0,4)^{\top}$ 同时也是全局极小点。

6.4.2 下降迭代算法

在解决简单的无约束问题时，可以令目标函数的梯度 $\nabla f(X)=0$，通过解该方程求得驻点，但是对于复杂的 n 元函数而言，求解过程十分困难，所以我们将介绍另一种求解方法——迭代法。迭代法可大致分成两类：一类是解析法，在迭代过程中需要用到函数的一阶导数或二阶导数等解析性质；另一类是直接法，在迭代过程中仅需用到函数值，而不要求函数的解析性质。迭代法的基本思想是根据特定的规则或算法对当前的解进行更新，找出比初始值 X_1 更好的解 X_2，并继续迭代以找到比 X_2 更好的解 X_3，…，直至满足所定义的终止准则，常用的终止准则如见表 6.2。

表 6.2 常用终止准则信息表

判断类型	常用终止准则	说明
根据两次连续迭代结果的绝对误差进行判断	$\lVert X_{k+1}-X_k\rVert<\delta_1$	δ_i（$i=1,2,\cdots,5$）是预先设定的足够小的正数
	$\lvert f(X_{k+1})-f(X_k)\rvert<\delta_2$	
根据两次连续迭代结果的相对误差进行判断	$\dfrac{\lVert X_{k+1}-X_k\rVert}{\lVert X_k\rVert}<\delta_3$	
	$\dfrac{\lvert f(X_{k+1})-f(X_k)\rvert}{\lvert f(X_k)\rvert}<\delta_4$	
根据目标函数梯度的模进行判断	$\lVert\nabla f(X_k)\rVert<\delta_5$	

若某特定算法所产生的解使目标函数值 $f(X_k)$ 逐步下降，就称这种算法为下降迭代算法，常用于求解极小化问题。

现假定已迭代到点 X_k（见图 6.4），若从当前点 X_k 出发沿任何方向移动都不能使目标函数值下降，则 X_k 是一个局部极小点，迭代停止。若从 X_k 出发至少存在一个方向可使目标函数值有所下降，则可选定能使目标函数值下降的某个方向 d^k，沿这个方向迈进适当的一步，得到下一个迭代点 X_{k+1}，使得 $f(X_{k+1})\leqslant f(X_k)$。该算法相当于在射线 $X=X_k+\alpha d^k$ 上选定一个新的更优的点 $X_{k+1}=X_k+\alpha_k d^k$，其中 d^k 为搜索方向，α_k 为步长。

下降迭代算法的基本步骤可归纳如下：

步骤 1：选择一个初始点 X_1 作为迭代的起点，令 $k:=1$；确定搜索方向 d^k。

步骤 2：从当前点 X_k 出发，沿搜索方向 d^k 求步长 α_k，获得下一个迭代点 X_{k+1}。

步骤 3：检查得到的新点 X_{k+1} 是否满足终止准则（极小点或近似极小点），若满足，则停止迭代，输出点 X_{k+1} 作为问题的近似解；否则，令 $k:=k+1$，转回步骤 2 继续迭代。

另外，收敛性与收敛速度是评估一个优化算法的两个重要指标，它们描述了算法在迭代过程中逐渐接近最优解的特性。收敛性指的是优化算法是否能够最终达到最优解或

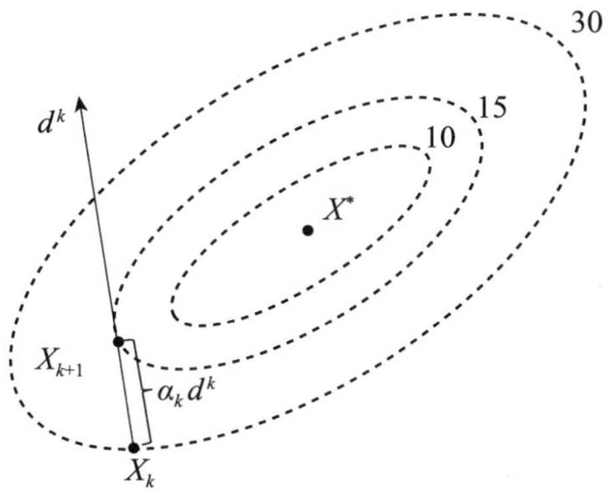

图 6.4　下降迭代过程示意图

者在可接受范围内找到一个近似最优解。收敛速度则指的是优化算法在迭代过程中逐渐接近最优解的速度。算法的收敛速度越快，表示算法越能够更快地找到或接近最优解。对于一个好的算法，不仅要求它产生的点列能收敛到问题的最优解，还要求它具有较快的收敛速度。

若算法迭代过程中产生的解序列 $\{X_k\}$ 收敛于 X^* ，即

$$\lim_{k\to\infty}\| X_k - X^* \| = 0$$

设相邻两个迭代点 X_{k+1} ，X_k ，存在实数 $q>0$ ，满足

$$\lim_{k\to\infty}\frac{\| X_{k+1} - X^* \|}{\| X_k - X^* \|^r} = q$$

当 $r \geqslant 1$ ，$0 \leqslant q < \infty$ 时，则称算法 r 阶收敛。当 $r=2$ 时，称算法二阶收敛；当 $1<r<2$ 时，称算法超线性收敛；当 $r=1$ 且 $0<q<1$ 时，称算法一阶收敛。一般而言，阶数越高，收敛速度越快，若一个算法具有超线性或更高的收敛速度，则说明这个算法有着更好的性能。

在下降迭代算法应用过程中，确定搜索方向 d^k 往往是第一步需要做的工作，也是最为关键的步骤，不同算法的主要区别就在于确定搜索方向的方法不同，而确定步长 α_k 也可以选择不同的方法。所以，为了使算法切实可行，必须解决以下两个问题：

（1）如何确定某点处的搜索方向？

（2）如何基于搜索方向确定搜索步长？

下面将围绕这两个问题进行讨论和深入分析。

6.4.3　一维搜索

在 6.4.2 小节中已经提到，下降迭代算法需要先确定搜索方向，再基于搜索方向确定搜索步长，其中常用的确定步长的方法主要有三种：最简单的一种是令步长等于某一常数（如令 $\alpha_k=1$ 或 $\frac{1}{2}$ ）。第二种称为可接受点算法，即只要能使目标函数值下降，可任意选取步长 α_k 。第三种方法是基于搜索方向 d^k 求使目标函数值下降最多的步长（最优步长），即沿射线 $X_{k+1}=X_k+\alpha d^k$ 求目标函数 $f(X_{k+1})$ 的极小点，可以将目标函数 $f(X_k+\alpha d^k)$ 中的步长 α 作为变量求极小点 α_k ，即

$$\alpha_k = arg\ \min_{\alpha} f(X_k + \alpha d^k) \tag{6-6}$$

我们将这种通过求目标函数 $f(X_k + \alpha d^k)$ 极小点 α_k 的过程称为一维搜索，通过一维搜索确定的步长称为最优步长。

由极值点存在的必要条件可知，若 $f(X)$ 存在一阶连续偏导数，则最优步长 α_k 是方程的非负解，即 α_k 满足以下条件：

$$\frac{df(X_k + \alpha d^k)}{d\alpha}\Big|_{\alpha=\alpha_k} = (d^k)^T \nabla f(X_{k+1}) = 0 \tag{6-7}$$

这种方法也称为精确一维搜索。然而求函数 $f(X_k + \alpha d^k)$ 的全局极小点通常是非常困难的，故往往取方程的最小正根作为函数关于 α 的极小点 α_k，这就是 Curry 准则，即

$$\alpha_k = \min\{\alpha \mid (d^k)^T \nabla f(X_{k+1}) = 0,\ \alpha > 0\}$$

需要说明的是，当函数比较复杂时基本不可能在有限步内求得方程（6-7）的精确解，只能得到满足一定精度的近似解。所以下面介绍一种直接搜索方法——黄金分割法，用于确定函数的极小点。该方法没有利用函数的导数信息，所以对于一些非光滑函数或导数表达式复杂的函数也同样适用。

1. 搜索区间与单峰函数

在介绍黄金分割法之前，需要先了解搜索区间和单峰函数的相关概念。

定义 6.8 设 α^* 是函数 $f(\alpha)$ 的极小点，若存在区间 $[a, b]$，使得 $\alpha^* \in [a, b]$，则称 $[a, b]$ 是函数 $f(\alpha)$ 的搜索区间。

一般可以通过进退法确定搜索区间，进退法的主要思想是：从一点出发，按照一定的步长，确定函数值呈“高—低—高”的 3 个点，如果一个方向不成功，就退回来，再沿相反的方向寻找，即逐步确定 3 个点 $a < c < b$，使得 $f(a) > f(c) < f(b)$。

定义 6.9 设 $\alpha^* \in [a, b]$ 是函数 $f(\alpha)$ 在区间 $[a, b]$ 的极小点，如果对任意的 α_1，$\alpha_2 \in [a, b]$，满足：

（1）当 $\alpha_1 < \alpha_2 \leqslant \alpha^*$ 时，有 $f(\alpha_1) > f(\alpha_2)$；

（2）当 $\alpha^* \leqslant \alpha_1 < \alpha_2$ 时，有 $f(\alpha_1) < f(\alpha_2)$，

则称函数 $f(\alpha)$ 在区间 $[a, b]$ 上是单峰函数。

设函数 $f(\alpha)$ 是区间 $[a, b]$ 的单峰函数，且在此区间内它有唯一极小点 α^*。若在此区间内任取两点 α_1 和 α_2（$\alpha_1 < \alpha_2$），并计算函数值 $f(\alpha_1)$ 和 $f(\alpha_2)$，可能出现以下两种情形：若 $f(\alpha_1) < f(\alpha_2)$，如图 6.5（a）所示，此时极小点 α^* 一定在区间 $[a, \alpha_2]$ 内，若 $f(\alpha_1) \geqslant f(\alpha_2)$，此时极小点 α^* 一定在区间 $[\alpha_1, b]$ 内，如图 6.5（b）所示。

所以通过在搜索区间内取不同的点，并比较这些点的函数值便可缩小搜索区间，使得缩小后的区间仍包含极小点。只要满足缩小后的区间包含极小点 α^*，则区间越小，就越接近函数的极小点，也意味着计算函数值的次数越多。

2. 黄金分割法——0.618 法

黄金分割法是一种等速对称进行试探的方法，其基本思想是通过取试探点和进行函数值比较，使包含极小点的搜索区间 $[a_k, b_k]$ 不断缩小，当区间长度缩短到一定程度时

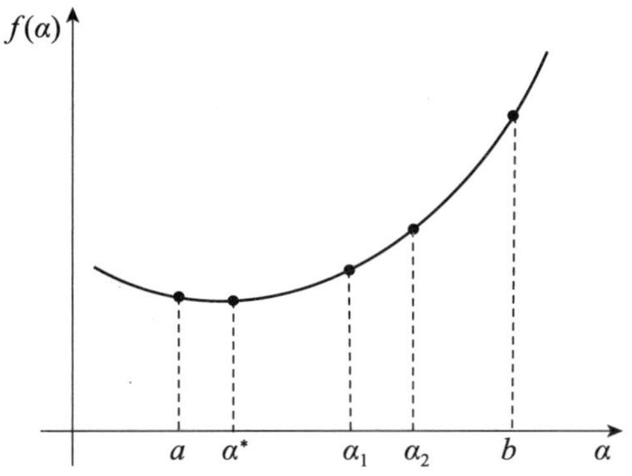

(a)

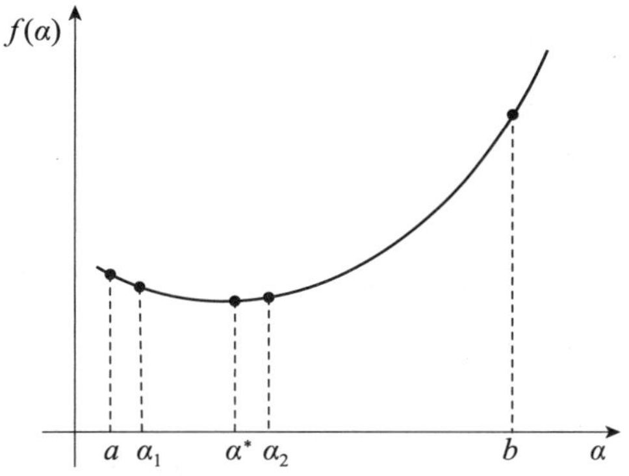

(b)

图 6.5 单峰函数图像

（即满足精度要求 $|b_k - a_k| \leqslant \delta$），就得到函数极小点的近似值。0.618 是一元二次方程 $\tau^2 + \tau - 1 = 0$ 的根，也是 $\tau = \dfrac{\sqrt{5}-1}{2}$ 的近似值。

该方法的主要步骤如下：

步骤 1：给定初始搜索区间 $[a_1, b_1]$ 与设置精度要求 δ，令 $k:=1$，选取左试探点和右试探点分别为：

$$\lambda_k = a_k + (1-\tau)(b_k - a_k), \quad \mu_k = a_k + \tau(b_k - a_k) \tag{6-8}$$

其中，$\tau = \dfrac{\sqrt{5}-1}{2}$，分别计算 $f(\lambda_k)$ 和 $f(\mu_k)$。

步骤 2：若 $f(\lambda_k) < f(\mu_k)$，此时极小点 α^* 一定在区间 $[a, f(\mu_k)]$ 内，令 $a_{k+1} = a_k$，$b_{k+1} = \mu_k$，得到新的搜索区间 $[a_{k+1}, b_{k+1}]$；否则，令 $a_{k+1} = \lambda_k$，$b_{k+1} = b_k$，得到新的搜索区间 $[a_{k+1}, b_{k+1}]$。

步骤 3：若 $|b_{k+1} - a_{k+1}| \leqslant \delta$，且目标值 $f(a_{k+1}) < f(b_{k+1})$，则近似极小点 $\alpha^* = a_{k+1}$；否则，近似极小点 $\alpha^* = b_{k+1}$，停止迭代，输出 α^*。否则，令 $k:=k+1$，转步骤 1。

需要说明的是，在步骤 2 中，若 $f(\lambda_k) < f(\mu_k)$，此时得到新的搜索区间 $[a_{k+1}, b_{k+1}]$，即 $[a_k, \mu_k]$，当进行下一步迭代求试探点的时候，右试探点可以表示为以下形式：

$$\mu_{k+1} = a_{k+1} + \tau(b_{k+1} - a_{k+1}) = a_k + \tau(\mu_k - a_k) = a_k + \tau^2(b_k - a_k) \tag{6-9}$$

因为 $\tau^2 + \tau - 1 = 0$，所以式（6-9）可表示为：

$$\mu_{k+1} = a_k + (1-\tau)(b_k - a_k) = \lambda_k$$

同理，若 $f(\lambda_k) > f(\mu_k)$，此时新的搜索区间 $[a_{k+1}, b_{k+1}]$ 为 $[\lambda_k, b_k]$ 的左试探点为：

$$\lambda_{k+1} = \mu_k$$

所以在每次计算左右试探点的函数值时，实际上只需计算一个试探点处的函数值。

例 6.8 某公司在年初需要为生产部门制订这一年度的投资计划，已知根据财务部门对于历史生产数据的分析与测算，发现如果在上一年度经费的基础上削减经费、节约开支，或者增加经费以提升效率都有可能降低该部门的生产成本，并给出了总生产成本变化量（10 万元）与经费调整量（万元）之间的关系表达式如下：

$$f(x)=x^2-x$$

已知该公司最多削减或增加经费 1 万元，那么该公司应如何确定对生产部门的投资预算调整量，以最大限度地降低生产成本。试用黄金分割法求解，要求缩短后的区间长度不大于区间 $[-1, 1]$ 的 0.125 倍（$\tau=0.618$）。

解：由题意可知，精度要求 $\delta=0.25$，利用黄金分割法求解该问题的过程如表 6.3 所示。

表 6.3 求解过程

k	$[a_k, b_k]$	$\lvert b_k-a_k\rvert$	λ_k	$f(\lambda_k)$	μ_k	$f(\mu_k)$
1	$[-1, 1]$	$2>0.25$	-0.236	0.291 7	0.236	$-0.180\ 3$
2	$[-0.236, 1]$	$1.236\ 2>0.25$	0.236	$-0.180\ 3$	0.527 9	$-0.249\ 2$
3	$[0.236, 1]$	$0.764\ 2>0.25$	0.527 9	$-0.249\ 2$	0.721 4	-0.201
4	$[0.236, 0.721\ 4]$	$0.485\ 42>0.25$	0.421 4	$-0.243\ 8$	0.527 9	$-0.249\ 2$
5	$[0.421\ 4, 0.721\ 4]$	$0.32>0.25$	0.527 9	$-0.249\ 2$	0.606 8	$-0.238\ 6$
6	$[0.421\ 4, 0.606\ 8]$	$0.185\ 4<0.25$				

缩短后的区间长度满足 $b_6-a_6=0.185\ 4<0.25$，此时 $f(b_6)>f(a_6)$，所以可将 $x^*=a_6=0.421\ 4$ 作为原函数的近似极小点，极小值为 $f(x^*)=-0.243\ 8$。因此，该公司应增加 0.421 4 万元的经费，此时降低的成本最多，降后的成本为 2.438 万元。

6.4.4 无约束非线性规划的解法

6.4.3 小节已经介绍了基于搜索方向求最优步长的方法，而如何选择搜索方向才是求解无约束问题的核心，搜索方向不同，形成不同的求解算法。接下来重点介绍解析法中的最速下降法与牛顿法这两种经典的下降迭代算法。

1. 最速下降法

最速下降法（steepest descent method），也称作梯度下降法，是一种用于求解无约束优化问题的迭代算法，它的迭代过程简单，易于理解，且具有较强的启发性，许多求解无约束问题的现代方法都是在这种方法的基础上或在其启发下建立起来的，所以本小节首先介绍这种算法。

考虑无约束规划问题：

$$\min f(X),\quad X\in R^n \tag{6-10}$$

其中，$f(X)$ 在 R^n 上具有一阶连续偏导数。

设 X_k 是极小点的第 k 次近似，目标函数 $f(X)$ 在 X_k 处连续可微，且 $\nabla f(X_k)\neq 0$。将 $f(X)$ 在 X_k 处进行一阶泰勒展开得

$$f(X)=f(X_k)+\nabla f(X_k)^\top(X-X_k)+o(\| X-X_k \|) \tag{6-11}$$

由于 $X_{k+1}=X_k+\alpha d^k$，可得式（6－11）中的 $(X-X_k)$ 可以表示为 αd^k，其中步长 $\alpha>0$，d^k 是一个确定的方向向量，所以式（6－11）可以变为：

$$f(X_k+\alpha d^k)=f(X_k)+\alpha d^k \nabla f(X_k)^\top+o(\alpha)$$

其中，$\lim\limits_{\alpha\to 0}\dfrac{o(\alpha)}{\alpha}=0$。对于充分小的 $\alpha>0$，如果 d^k 满足 $\alpha d^k \nabla f(X_k)^\top<0$，即 $d^k \nabla f(X_k)^\top<0$，则 d^k 是函数 $f(X)$ 在 X_k 的下降方向，并且 $d^k \nabla f(X_k)^\top<0$ 越小，$f(X)$ 的下降幅度越大，又因为：

$$d^k \nabla f(X_k)^\top=\|d^k\|\cdot\|\nabla f(X_k)^\top\|\cdot\cos\theta_k$$

其中，θ_k 是 $\nabla f(X_k)^\top$ 与 d^k 之间的夹角，当 $\theta_k=180^\circ$ 时，$\cos\theta_k=-1$，$d^k \nabla f(X_k)^\top$ 取得最小值 $-\|d^k\|\cdot\|\nabla f(X_k)^\top\|$，此时 $f(X)$ 在 X_k 处下降的幅度最大，故该点的搜索方向为 $d^k=-\nabla f(X_k)$。

接下来的迭代便是在 X_k 点沿方向 d^k 即负梯度方向做射线 $X_{k+1}=X_k+\alpha d^k$，同时根据一维搜索确定最佳步长 α_k。

这种方法即为最速下降法，其计算步骤如下：

步骤 1：选取初始点 X_1 并给定精度要求 $\delta>0$，令 $k=1$。

步骤 2：若 $\|\nabla f(X_k)\|^2\leqslant\delta$，则停止迭代，输出近似极小点 $X^*=X_k$；否则，令 $d^k=-\nabla f(X_k)$。

步骤 3：在 X^k 点沿方向 d^k 做一维搜索求最优步长 α_k，得 $X_{k+1}=X_k+\alpha_k d^k$，令 $k:=k+1$，转步骤 2。

在步骤 3 中，若采用一维搜索，即 $\alpha_k=\underset{\alpha}{\operatorname{argmin}} f(X_k+\alpha d^k)$，就有

$$\frac{\mathrm{d}f(X_k+\alpha d^k)}{\mathrm{d}\alpha}\Big|_{\alpha=\alpha_k}=(d^k)^\top\nabla f(X_{k+1})=0 \tag{6-12}$$

由式（6－12）可以看出使用最速下降法所计算出来的两个相邻迭代点的搜索方向 d^k 与 d^{k+1} 是正交的。

例 6.9　某物流公司主要负责城区几个纺织工厂原材料与产成品的配送与仓储业务，当前公司所在位置离这些工厂较远，导致物流成本长期居高不下，所以公司领导层决定重新选定一个地点建立仓储中心以节约物流成本。运输部门初步选择了几处厂址（位置坐标 (x_1, x_2)），并进行了物流成本的初步核算如表 6.4 所示，请问应该如何利用现有的数据为公司选择一处最佳的厂址，使得物流成本最低？

表 6.4　选址坐标与物流成本信息表

坐标	成本（万元）
(−2，−3)	50
(−1，−2)	31
(0，0)	20
(1，2)	29
(2，4)	58
(3，3)	65
(4，6)	134

技术部门利用曲线拟合方法得到了运输成本关于位置坐标的近似表达式如下，请用最速下降法求解该问题：

$$\min f(X) = x_1 - x_2 + 2x_1^2 + 2x_1x_2 + x_2^2 + 20, \quad X \in R^2$$

给定初始点 $X_1 = (0, 0)^{\top}$，精度 $\delta = 0.3$。

解： 目标函数在初始点的梯度与海赛矩阵分别为：

$$\nabla f(X) = (1 + 4x_1 + 2x_2, -1 + 2x_1 + 2x_2)^{\top}, H(X) = \begin{pmatrix} 4 & 2 \\ 2 & 2 \end{pmatrix}$$

可知该海赛矩阵为正定矩阵，所以目标函数为凸函数，该非线性规划为凸规划。

求解过程如表 6.5 所示。

表 6.5 例 6.9 求解过程

k	X_k	$f(X_k)$	$\nabla f(X_k)$	$\Vert \nabla f(X_k) \Vert^2$	$d^k = -\nabla f(X_k)$	α_k	$X_{k+1} = X_k + \alpha_k d^k$
1	$(0, 0)^{\top}$	20	$(1, -1)^{\top}$	$2 > \delta$	$(-1, 1)^{\top}$	1	$(-1, 1)^{\top}$
2	$(-1, 1)^{\top}$	19	$(-1, -1)^{\top}$	$2 > \delta$	$(1, 1)^{\top}$	$\frac{1}{5}$	$\left(-\frac{4}{5}, \frac{6}{5}\right)^{\top}$
3	$\left(-\frac{4}{5}, \frac{6}{5}\right)^{\top}$	18.8	$\left(\frac{1}{5}, -\frac{1}{5}\right)^{\top}$	$0.28 < \delta$			

故本题的近似极小点为 $X^* = X_3 = \left(-\frac{4}{5}, \frac{6}{5}\right)^{\top}$，近似极小值 $f(X^*) = 18.8$，又因为该无约束问题为凸规划，所以求得的极小点 X^* 即为全局极小点。

最速下降法有几个优点：首先是算法简单易实现，计算量小，不需要求解函数的二阶导数；也适用于一般的凸优化问题或非凸优化问题，不对目标函数有额外的假设要求，因此可以广泛用于解决各种类型的优化问题；在一些特定条件下，最速下降法能够收敛到全局最优解。例如当目标函数的等值线为一族同心圆（或同心球面）时，此时从任何一初始点出发，沿最速下降方向只需一步即可达到极小点。

然而，最速下降法也存在缺点。在函数等值线图呈现出弯曲、狭长或扁平的情况下，该算法可能会出现震荡现象，并导致收敛速度变慢或无法收敛。另外，X 点处的负梯度方向 $-\nabla f(X)$ 仅在 X 点附近才具有这种“最速下降”的性质，但是对于整个极小化过程来说则不一定如此。

2. 牛顿法

牛顿法（Newton's method）也是一种用于求解无约束问题的迭代算法，不同于最速下降法中利用当前点的负梯度方向作为搜索方向，牛顿法是通过使用二阶泰勒展开式来逼近（拟合）原目标函数，并利用泰勒展开式中的一阶和二阶导数信息来确定搜索方向，从而较为快速地找到原目标函数的极值点。

本小节考虑无约束问题：

$$\min f(X), \quad X \in R^n \tag{6-13}$$

其中，$f(X)$ 在 R^n 上具有二阶连续偏导数。

设点 X^* 是无约束问题的极值点，则 X^* 满足：

$$\nabla f(X^*)=0 \tag{6-14}$$

式（6-14）一般为非线性方程组，求解起来十分困难。所以此时选取初始点 X_1 作为 X^* 的第一次近似，将函数 $f(X)$ 在 X_1 处进行二阶泰勒展开，得二次近似多项式：

$$f(X)\approx f(X_1)+\nabla f(X_1)^{\top}(X-X_1)+\frac{1}{2}(X-X_1)^{\top}\nabla^2 f(X_1)(X-X_1)$$

即

$$f(X)\approx f(X_1)+\nabla f(X_1)^{\top}(X-X_1)+\frac{1}{2}(X-X_1)^{\top}H(X_1)(X-X_1) \tag{6-15}$$

其中，$H(X_1)$ 是函数 $f(X)$ 在 X_1 处的海赛矩阵。对式（6-15）中的 X 进行求导，令结果 $\nabla f(X)=0$，可得

$$\nabla f(X_1)+H(X_1)(X-X_1)=0$$

当 $H(X_1)$ 是非奇异矩阵时，即 $\|H(X_1)\|\neq 0$，求解上式方程得：$X_2=X_1-[H(X_1)]^{-1}\nabla f(X_1)$，此时可将 X_2 作为 X^* 的第二次近似。

需要说明的是，该方法只有当 $f(X)$ 在展开点处的海赛矩阵 $H(X_1)$ 非奇异时才可以使用。如果 X_2 不满足终止条件，可以重复以上步骤，当迭代至点 X_k 时，该点同样满足迭代公式：

$$X_{k+1}=X_k-[H(X_1)]^{-1}\nabla f(X_k) \tag{6-16}$$

为了计算方便，可以将式（6-16）表示为：

$$X_{k+1}=X_k+d^k$$

其中，$d^k=-[H(X_1)]^{-1}\nabla f(X_k)$，是方程 $H(X_k)d=-\nabla f(X_k)$ 的解，该方程可称为牛顿方程。根据以上分析，可总结牛顿法的主要步骤如下：

步骤 1：取初始点 X_1，设置精度要求 $\delta>0$，令 $k=1$。

步骤 2：若 $\|\nabla f(X_k)\|^2\leqslant\delta$，则停止计算，输出近似极小点 $X^*=X_k$；否则，令 $d^k=-[H(X_k)]^{-1}\nabla f(X_k)$。

步骤 3：求得下一个迭代点 $X_{k+1}=X_k+d^k$，令 $k:=k+1$，转步骤 2。

例 6.10　用牛顿法求解例 6.9。

$$\min f(X)=x_1-x_2+2x_1^2+2x_1x_2+x_2^2+20,\quad X\in R^2$$

解：目标函数的梯度和海赛矩阵分别为：

$$\nabla f(X)=(1+4x_1+2x_2,\ -1+2x_1+2x_2)^{\top},\quad H(X)=\begin{pmatrix}4&2\\2&2\end{pmatrix}$$

可知该海赛矩阵为正定矩阵，所以目标函数为严格凸函数，该非线性规划为严格凸规划。牛顿法的求解过程如表 6.6 所示。

表 6.6　例 6.10 求解过程

k	X_k	$f(X_k)$	$\nabla f(X_k)$	$\|\nabla f(X_k)\|^2$	$d^k=-[H(X_1)]^{-1}\nabla f(X_k)$	$X_{k+1}=X_k+d^k$
1	$(0,0)^{\top}$	20	$(1,-1)^{\top}$	$2>\delta$	$\left(-1,\frac{3}{2}\right)^{\top}$	$\left(-1,\frac{3}{2}\right)^{\top}$
2	$\left(-1,\frac{3}{2}\right)^{\top}$	18.75	$(0,0)^{\top}$	$0<\delta$		

所以极小点 $X^* = X_2 = \left(-1, \frac{3}{2}\right)^\top$ 是原无约束问题的唯一最优解，此时最优值 $f(X^*) = 18.75 < 18.8$ 。

将最速下降法与牛顿法进行对比，可知在求解无约束问题时，用牛顿法求解更加简单与高效。

利用牛顿法求解最优化问题的优点是收敛速度快，此外，由于利用了目标函数的二阶导数信息，因此选择的搜索方向会更准确，也能够更快速地接近极小点。然而，牛顿法也存在一些问题。首先，计算二阶导数（海赛矩阵）可能带来较大的计算量或不可行。此外，初始点的选择对结果影响较大，当初始点选择不当或目标函数不具备二次可导性时，牛顿法可能会出现发散或收敛到局部最优解的问题，所以还要有其他相关的改进算法，如拟牛顿法、共轭梯度法等，这些改进算法的稳定性和收敛性能更强，在实际应用中也得到了更为广泛的应用。

表 6.7 是最速下降法与牛顿法两种算法的对比结果。

表 6.7　最速下降法与牛顿法对比

	最速下降法	牛顿法
搜索方向	$-\nabla f(X_k)$	$-[H(X_k)]^{-1}\nabla f(X_k)$
计算量	仅需计算一阶导数，计算量相对较小	需要计算海赛矩阵，计算量相对较大
收敛速度	较慢	较快

§6.5　约束非线性规划问题

§6.4 介绍了无约束非线性规划的极值问题及求解方法，该类问题没有约束条件，只需要根据目标函数的自身性质进行分析，因此可以在全局范围内搜索最优解，自由度较高。本节我们将要进一步介绍约束非线性规划问题，因为在日常实践与研究中大多遇到的规划问题的变量会受到一定条件的限制，如投资组合问题中的资金约束，生产计划问题中的生产时间与物料约束等。

一般来说，求解约束问题要比求解无约束问题困难得多，为了简化优化工作，可采用以下方法：将约束问题转化为无约束问题；将非线性规划问题转化为线性规划问题，以及将复杂问题转化为较简单问题，本节也是本章的重点。

本节考虑约束非线性规划问题，即

$$
\begin{aligned}
&\min f(X), \quad X \in R^n \\
&\text{s.t.} \begin{cases} h_i(X) = 0, & i = 1,2,\cdots,m \\ g_j(X) \geqslant 0, & j = 1,2,\cdots,l \end{cases}
\end{aligned} \tag{6-17}
$$

其中，$f(X)$，$(h_i(X) = 0(i = 1, 2, \cdots, m)$，$g_j(X)(j = 1, 2, \cdots, l)$ 在可行域 D 上均具有一阶或二阶连续偏导数。

根据约束条件类型，我们首先介绍只具有等式约束的非线性规划这种特殊情形。

6.5.1 等式约束非线性规划问题

考虑只具有等式约束的非线性规划问题：

$$\min f(X), \quad X \in R^n$$

$$\text{s.t. } h_i(X)=0, \quad i=1,2,3,\cdots,m \tag{6-18}$$

定理 6.9（必要条件） 考虑问题（6－18），$f(X)$，$h_i(X)=0(i=1, 2, \cdots, m)$ 在可行域 D 上均具有一阶连续偏导数，令

$$L(X,\lambda)=f(X)-\sum_{i=1}^{m}\lambda_i h_i(X)$$

若 $X^* \in D$ 是局部极小点，则必存在 $\lambda^*=(\lambda_1^*, \lambda_2^*, \cdots, \lambda_m^*)^{\top}$，使得以下条件成立：

$$\begin{cases}\nabla_X L(X^*,\lambda^*)=\nabla f(X^*)-\sum_{i=1}^{m}\lambda_i^* \nabla h_i(X^*)=0 \\ h_i(X^*)=0, \quad i=1,2,3,\cdots,m\end{cases} \tag{6-19}$$

证明：略。

其中，函数 $L(X, \lambda)$ 为拉格朗日函数，$\lambda=(\lambda_1, \lambda_2, \cdots, \lambda_m)^{\top}$ 为拉格朗日乘子，方程组为拉格朗日条件，也是原约束规划极值问题的必要条件，通过该条件可以将求问题（6－18）最优解的问题转化为求方程组（6－19）的解。

定理 6.10（充分条件） 考虑问题（6－18），$f(X)$，$h_i(X)=0(i=1, 2, \cdots, m)$ 在可行域 D 上均具有二阶连续偏导数，若存在 X^*，λ^* 满足拉格朗日条件，即

$$\begin{cases}\nabla_X L(X^*,\lambda^*)=\nabla f(X^*)-\sum_{i=1}^{m}\lambda_i^* \nabla h_i(X^*)=0 \\ h_i(X^*)=0, \quad i=1,2,3,\cdots,m\end{cases} \tag{6-20}$$

且 $L(X, \lambda^*)$ 关于变量 X 的海赛矩阵 $H(X)$ 为正定矩阵，则 X^* 是问题（6－18）的唯一最优解。

证明：略。

需要说明的是，在非线性规划问题中，拉格朗日乘子也具有对应的经济含义，我们接下来利用例 6.11 进行简要说明。

例 6.11 若某机械加工厂本月需要完成 t 单位产品的生产任务，已知该公司的生产函数为 $h(X)$，完成规定任务的生产成本为 $f(X)$，请问工厂应该如何安排生产，使得在完成规定任务的前提下，总生产成本最小。请写出该问题的数学模型并写出其拉格朗日条件。（注：经济学中，生产函数 $h(X)$ 表示在既定的生产技术水平下，现有的生产要素组合 $X=(x_1, x_2, \cdots, x_n)^{\top}$ 在该时期所能生产的最大产量。）

解： 由题意可建立该问题的数学模型如下：

$$\min f(X)$$

$$\text{s.t. } h(X)=t \tag{6-21}$$

根据定理 6.9，若问题（6－21）存在局部极小点 X^*，该点必定满足以下拉格朗日条件，即

$$\begin{cases}\nabla_X L(X^*,\lambda^*)=\nabla f(X^*)-\lambda^* \nabla h(X^*)=0 \\ h(X^*)-t=0\end{cases} \tag{6-22}$$

接下来我们对以上的优化问题进行分析。在实际生产中，总生产成本一般与产量密切相关，不妨将最小成本值表示为产量 t 的函数，即 $\min f(X)=F(t)$ 。另外，若对于给定的产量（生产任务）t ，该问题存在最优解，显然最优生产要素组合与产量也存在一定的关联，将最优解 X^* 表示为产量 t 的函数，即 $X^*=X(t)=(x_1(t), x_2(t), \cdots, x_n(t))$ ，所以问题（6-21）的拉格朗日条件（6-22）可表示为：

$$\begin{cases}\nabla_X L(X(t),\lambda)=\nabla f(X(\alpha))-\lambda\nabla h(X(t))=0\\ h(X(t))-t=0\end{cases}$$

即

$$\begin{cases}\dfrac{\partial L(X(t),\lambda)}{\partial x_j}=\dfrac{\partial f(X(t))}{\partial x_j}-\lambda\dfrac{\partial h(X(t))}{\partial x_j}=0,\quad j=1,2,\cdots,n\\ h(X(t))-t=0\end{cases}$$

根据复合函数链式求导法则，有

$$\begin{aligned}\frac{\mathrm{d}F(t)}{\mathrm{d}t}&=\frac{\partial f(X(t))}{\partial t}=\sum_{j=1}^{n}\frac{\partial f(X(t))}{\partial x_j}\cdot\frac{\mathrm{d}X(t)}{\mathrm{d}t}\\ &=\lambda\sum_{j=1}^{n}\frac{\partial h(X(t))}{\partial x_j}\cdot\frac{\mathrm{d}X(t)}{\mathrm{d}t}\end{aligned}\tag{6-23}$$

对约束方程 $h(X(t))-t=0$ 的两边关于 t 求导得

$$\sum_{j=1}^{n}\frac{\partial h(X(t))}{\partial x_j}\cdot\frac{\mathrm{d}X(t)}{\mathrm{d}t}=1$$

所以式（6-23）可以表示为：

$$\frac{\mathrm{d}F(t)}{\mathrm{d}t}=\lambda$$

此时，拉格朗日乘子表示资源约束对于目标函数值的边际贡献，为产量的边际生产成本，即第 2 章所介绍的影子价格。

例 6.12 仍以例 6.11 为例，若该机械加工厂本月需要完成 2 吨产品的生产任务，生产该产品需要用到甲、乙 2 种原料，已知该厂的生产函数为 $h(X)=x_1+x_2$ ，即利用 x_1 单位（吨）的原料甲与 x_2 单位的乙可以达到的最大产量为 $h(X)$ ，生产成本（万元）为 $f(X)=x_1^2+x_2^2+5$ ，请问工厂应该如何制订生产方案（即两种原料的使用量），使得在完成规定任务的前提下，总生产成本最小？

解： 首先建立该问题的数学模型如下：

$$\min f(X)=x_1^2+x_2^2+5$$
$$\text{s. t.}\ h(X)=x_1+x_2-2=0$$

令拉格朗日函数为：

$$L(X,\lambda)=x_1^2+x_2^2+5-\lambda(x_1+x_2-2)$$

可得该问题的拉格朗日条件如下：

$$\begin{cases}\dfrac{\partial L(X,\lambda)}{\partial x_1}=2x_1-\lambda=0\\ \dfrac{\partial L(X,\lambda)}{\partial x_2}=2x_2-\lambda=0\\ \dfrac{\partial L(X,\lambda)}{\partial \lambda}=-x_1-x_2+2=0\end{cases}$$

求解以上方程组，得 $X^{*}=(1,1)^{\top}$，$\lambda^{*}=2$。另外，拉格朗日函数的海赛矩阵为：

$$H(X)=\begin{pmatrix}2 & 0\\ 0 & 2\end{pmatrix}$$

可判定 $H(X)$ 为正定矩阵，根据定理 6.10 可得点 $X^{*}=(1,1)^{\top}$ 为唯一全局最优解。所以当使用 1 吨的原料甲与 1 吨的原料乙生产 2 吨产品时，总生产成本最小，为 7 万元。

6.5.2　不等式约束非线性规划问题

考虑具有不等式约束的非线性规划问题，即

$$\begin{aligned}&\min f(X),\quad X\in R^{n}\\&\text{s.t. } g_j(X)\geqslant 0,\quad j=1,2,\cdots,l\end{aligned}\tag{6-24}$$

其中，$f(X)$ 和 $g_j(X)(j=1,2,\cdots,l)$ 具有一阶连续偏导数，$D=\{X\mid g_j(X)\geqslant 0, j=1,2,\cdots,l\}$ 为该问题的可行域。

考虑问题（6-24），其约束条件在可行点 X_k 处存在两种情形，一类是等式约束（它们的下标集用 E 来表示），即

$$g_j(X)=0,\quad j\in E\tag{6-25}$$

另一类是严格不等式约束，即

$$g_j(X)>0,\quad j\notin E\tag{6-26}$$

如果点 X_k 满足约束（6-25），则可以判定这一点在可行域的边界上，此时称该约束条件是点 X_k 的有效约束，因为该约束对点 X_k 的微小摄动起到了极大的限制作用，等式约束对规划问题所有的可行点来说都是有效约束；如果点 X_k 满足约束（6-26），则可以判定这一点在可行域的内部，该约束对点 X_k 的微小摄动没有起到限制作用，此时称该约束条件是点 X^{*} 的非有效约束。如图 6.6 所示，在 X_k 处，$g_1(X)\geqslant 0$、$g_3(X)\geqslant 0$ 是有效约束，$g_2(X)\geqslant 0$ 是非有效约束。

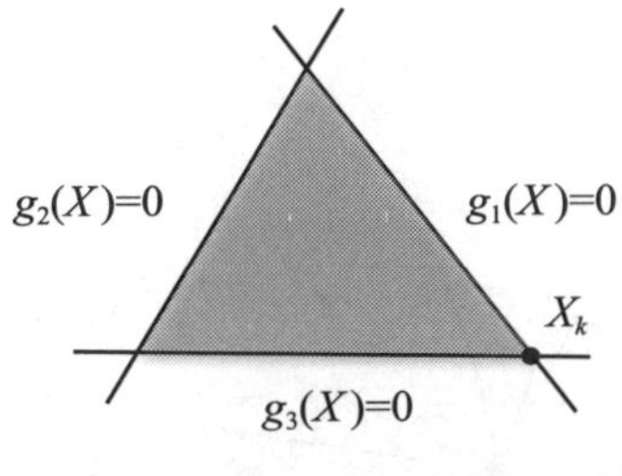

图 6.6　有效约束与非有效约束示意图

1. 可行方向与下降方向

对于问题（6-24），若可行点 $X_k\in D$，d 是非零向量：

定义 6.10（下降方向）　若存在正数 δ，对任意 $\alpha\in[0,\delta]$，都有：

$$f(X_k+\alpha d)<f(X_k)$$

则称 d 为函数 $f(X)$ 在 X_k 处的下降方向。

由前文可知，将目标函数 $f(X_k+\alpha d)$ 在点 X_k 处做一阶泰勒展开，如果满足

$\nabla f(X_k)^{\top}d<0$，则方向 d 必为 $f(X)$ 在点 X_k 处的下降方向，其下降方向集记作：

$$DD=\{d \mid \nabla f(X_k)^{\top}d<0\}$$

定义 6.11（可行方向） 若存在正数 δ'，对任意 $\alpha\in[0,\delta']$，都有

$$X_k+\alpha d\in D$$

则称方向 d 为 $f(X)$ 在 X_k 处的可行方向，其可行方向集记作：

$$FD=\{d \mid X_k+\alpha d\in D,X_k\in D,\quad \alpha\in[0,\delta'],d\neq 0\}$$

接下来考虑可行方向的性质。若方向 d 是在可行点 X_k 处的一个可行方向，要使在该方向移动后的新点 $X_k+\alpha d\in D$，则必定需要满足：

$$g_j(X_k+\alpha d)\geqslant 0 \tag{6-27}$$

由泰勒公式，有：

$$g_j(X_k+\alpha d)=g_j(X_k)+\alpha\nabla g_j(X_k)^{\top}d+o(\alpha)$$

对于该点的所有有效约束 $g_j(X_k)=0$，$j\in E$，当 $\alpha>0$ 足够小时，只要满足

$$\nabla g_j(X_k)^{\top}d\geqslant 0,\quad j\in E \tag{6-28}$$

则有式（6-27）成立；而对于其余的非有效约束，由于约束函数的连续性，当 $\alpha>0$ 足够小时，仍有式（6-27）成立。所以只要方向 d 满足式（6-28），则方向 d 一定是可行点 X_k 处的一个可行方向，可以用集合 FD_0 来表示可行方向集，即

$$FD_0=\{d \mid \nabla g_j(X_k)^{\top}d\geqslant 0,i\in E\}$$

如果方向 d 既是点 X_k 处的可行方向，又是下降方向，则称 d 为该点处的可行下降方向。需要说明的是，如果点 X_k 是非线性规划的局部极小点，则在这一点不存在可行下降方向，否则还可以沿该可行下降方向继续迭代获得更好的点，这与点 X_k 是极小点的假设相矛盾。

从几何角度来解释，在点 X_k 处的某一可行下降方向 d，应该与目标函数负梯度方向（$-\nabla f(X_k)$）的夹角为锐角，与点 X_k 处有效约束梯度方向（$\nabla g_j(X_k)$）的夹角也为锐角，如图 6.7 所示。

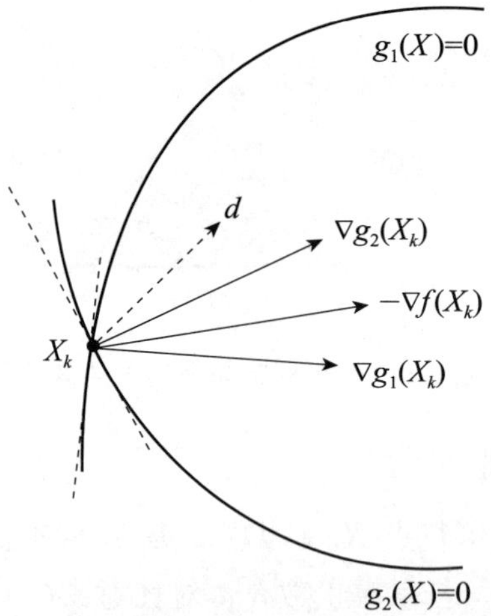

图 6.7 可行方向示意图

2. 库恩-塔克条件

假定 X^* 是问题（6－24）的极小点，可知该点既可能位于可行域的内部，也可能位于可行域的边界上，如果在内部，X^* 若为极小点，则 X^* 必定满足 $\nabla f(X^*)=0$，若在边界上，则问题更为复杂。接下来进行后一种情况的分析。

若 X^* 为极小点且位于可行域边界上，假如此时约束条件中只有一个有效约束为 $g_1(X^*)=0$，此时目标函数的负梯度方向（$-\nabla f(X^*)$）与有效约束函数梯度方向（$\nabla g_1(X^*)$）必定在一条直线上，且方向相反，否则必定存在可行下降方向 d 满足：

$$\nabla f(X^*)^{\top}d<0,\quad \nabla g_1(X^*)^{\top}d>0$$

由此可知存在实数 $\lambda_1\geqslant 0$，使得

$$\nabla f(X^*)-\lambda_1\nabla g_1(X^*)=0$$

假如有两个有效约束分别为 $g_1(X^*)=0$，$g_2(X^*)=0$，则此时 $\nabla f(X^*)$ 必定处于 $\nabla g_1(X^*)$ 与 $\nabla g_2(X^*)$ 的夹角内，且 $\nabla g_1(X^*)$ 与 $\nabla g_2(X^*)$ 线性无关，既存在 $\lambda_1\geqslant 0$ 和 $\lambda_2\geqslant 0$ 使得

$$\nabla f(X^*)-\lambda_1\nabla g_1(X^*)-\lambda_2\nabla g_2(X^*)=0$$

由此可以类推得，当存在 k 个有效约束时，存在 k 个非负实数 $\lambda_1,\lambda_2,\cdots,\lambda_k$ 使得 $\nabla f(X^*)-\sum_{j=1}^{k}\lambda_j\nabla g_j(X^*)=0$。对于非有效约束 $g_j(X^*)>0$，可以通过以下形式与上式一起表示，即

$$\begin{cases}\lambda_j g_j(X^*)=0\\ \lambda_j\geqslant 0\end{cases},\quad j=1,2,\cdots,l$$

其中，等式 $\lambda_j g_j(X^*)=0$ 称为互补松弛条件，当 $g_j(X^*)>0$，必有 $\lambda_j=0$；当 $g_1(X^*)=0$ 时，$\lambda_j\geqslant 0$。

定理 6.11（库恩-塔克条件）　设问题（6－24）中的 $f(X)$，$g_j(X)$（$j=1,2,\cdots,l$，）在可行域 D 上存在一阶连续偏导数，若 X^* 是该问题的极小点，且在 X^* 处有效约束函数的梯度 $\{\nabla g_j(X^*)\mid j\in E\}$ 线性无关，令

$$L(X,\lambda)=f(X)-\sum_{j=1}^{l}\lambda_j g_j(X)$$

则存在非负实数 $\lambda_1^*,\lambda_2^*,\cdots,\lambda_l^*$，使得以下条件成立：

$$\begin{cases}\nabla_X L(X^*,\lambda^*)=\nabla f(X^*)-\sum_{j=1}^{l}\lambda_j^*\nabla g_j(X^*)=0\\ \lambda_j^* g_j(X^*)=0\\ \lambda_j^*\geqslant 0\end{cases},\quad j=1,2,\cdots,l \tag{6-25}$$

证明：略。

由于这一定理是由库恩（Kuhn）和塔克（Tucker）提出的，因此称条件（6－25）为库恩-塔克条件，也称为 K-T 条件，满足该条件的点称为 K-T 点。库恩-塔克条件是确定某点为极值点的必要条件，只要是极值点，就必须满足这个条件，但满足这个条件的点不一定就是极值点。然而，对于凸规划，K-T 条件则是极值点存在的充要条件，且得到的一定还是全局最优解，以下仅针对凸规划的极值问题进行讨论。

例 6.13 某公司为了满足生产需要，准备新建一个厂房以增加产能，通过第三方评估机构的成本测算与评估，利用曲线拟合方法得到了建设成本（单位：1 000 万元）和建设之后每年的物流成本（单位：10 万元）关于各拟定厂址位置坐标（x_1，x_2）（原厂址坐标为（0，0）；单位：公里）的近似表达式如下：

$$f(X)=2x_1^2+x_2^2+2x_1x_2-10x_1-10x_2+30,\ g(X)=3x_1+x_2$$

公司要求建成后每年的物流成本不高于 60 万元。请问应该如何为公司选择一处最佳的厂址，使得在满足公司要求的前提下，建设成本最小？（为了简化运算，要求坐标值 x_1，$x_2 \geqslant 0$。）

解： 首先根据题中的建设成本最小化的目标与物流成本约束，建立该问题的数学模型如下：

$$\min f(X)=2x_1^2+x_2^2+2x_1x_2-10x_1-10x_2+30$$

$$\text{s. t.}\begin{cases}3x_1+x_2\leqslant 6\\ x_1,x_2\geqslant 0\end{cases}$$

将该问题转化为以下形式：

$$\min f(X)=2x_1^2+x_2^2+2x_1x_2-10x_1-10x_2+30$$

$$\text{s. t.}\begin{cases}g_1(X)=6-3x_1-x_2\geqslant 0\\ g_2(X)=x_1\geqslant 0\\ g_3(X)=x_2\geqslant 0\end{cases}$$

由于本题的目标函数二阶可导，且其海赛矩阵 $H(X)=\begin{pmatrix}4&2\\2&2\end{pmatrix}$ 为正定矩阵，所以该函数为凸函数。$g_1(X)$、$g_2(X)$、$g_3(X)$ 为线性函数也可以看作凹函数，可判定该问题的可行域为凸集，该问题是凸规划问题。

设该问题的 K-T 点为 $X^*=(x_1^*,x_2^*)^{\top}$，可求得各函数的梯度如下：

$$\nabla f(X^*)=\begin{pmatrix}4x_1^*+2x_2^*-10\\2x_1^*+2x_2^*-10\end{pmatrix},\quad \nabla g_1(X^*)=\begin{pmatrix}-3\\-1\end{pmatrix}$$

$$g_2(X^*)=\begin{pmatrix}1\\0\end{pmatrix},\quad g_3(X^*)=\begin{pmatrix}0\\1\end{pmatrix}$$

引入拉格朗日乘子 λ_1^*，则该问题的 K-T 条件为：

$$\text{s. t.}\begin{cases}4x_1^*+2x_2^*-10+3\lambda_1^*-\lambda_2^*=0\\ 2x_1^*+2x_2^*-10+\lambda_1^*-\lambda_3^*=0\\ \lambda_1^*(6-3x_1^*-x_2^*)=0\\ \lambda_2^*x_1=0\\ \lambda_3^*x_2=0\\ \lambda_1^*,\lambda_2^*,\lambda_3^*\geqslant 0\end{cases}$$

求解以上方程组，得到满足以上方程的解为：$x_1^*=0$，$x_2^*=5$，$\lambda_1^*=0$，$\lambda_2^*=\lambda_3^*=0$，所以该问题的 K-T 点为 $X^*=(0,5)^{\top}$，根据凸规划的特殊性质，可判定该点也是全局极小点。所以当选定新建工厂的位置坐标为（0，5）时，该工厂的建设成本最小，为 5 000 万元。

例 6.14　试分析求解本章开篇的应用案例。

解： 首先建立该问题的数学模型，设 x_1 、x_2 、x_3 分别表示购买股票 A、B、C 的所用资金占总投资的比例，根据题意可知该问题的目标为投资组合的总风险最小，另外约束条件主要有三个，分别是该笔资金总预期收益、各项投资比例的总和为 1 以及各项投资的非负性，由此可建立该问题的数学模型如下：

$$\min Z=(0.25x_1)^2+(0.45x_2)^2+(0.05x_3)^2+2\times 0.04x_1x_2$$
$$+2\times(-0.005)x_1x_3+2\times(-0.01)x_2x_3$$

$$\text{s.t.}\begin{cases}0.21x_1+0.3x_2+0.08x_3\geqslant 0.18\\ x_1+x_2+x_3=1\\ x_1,x_2,x_3\geqslant 0\end{cases}$$

根据前面介绍的凸函数的二阶条件，首先写出该目标函数的海赛矩阵如下：

$$H(X)=\begin{pmatrix}0.5 & 0.08 & -0.01\\ 0.08 & 0.9 & -0.02\\ -0.01 & -0.02 & 0.1\end{pmatrix}$$

计算可得各阶主子式都大于零，可判定该矩阵为正定矩阵，该目标函数为（严格）凸函数，而约束函数都是线性函数，也可以看作凸函数，所以由此可判定该问题为凸规划问题。现将该问题转化为以下形式：

$$\min f(X)=(0.25x_1)^2+(0.45x_2)^2+(0.05x_3)^2+2\times 0.04x_1x_2$$
$$+2\times(-0.005)x_1x_3+2\times(-0.01)x_2x_3$$

$$\text{s.t.}\begin{cases}g_1(X)=0.21x_1+0.30x_2+0.08x_3-0.18\geqslant 0\\ g_2(X)=x_1+x_2+x_3-1=0\\ g_3(X)=x_1\geqslant 0\\ g_4(X)=x_2\geqslant 0\\ g_5(X)=x_3\geqslant 0\end{cases}$$

各函数的梯度分别为：

$$\nabla f(X)=\begin{pmatrix}0.125x_1+0.08x_2-0.01x_3\\ 0.08x_1+0.405x_2-0.02x_3\\ -0.01x_1-0.02x_2+0.005x_3\end{pmatrix}$$

$$\nabla g_1(X)=\begin{pmatrix}0.21\\ 0.30\\ 0.08\end{pmatrix},\quad \nabla g_2(X)=\begin{pmatrix}1\\ 1\\ 1\end{pmatrix}$$

$$\nabla g_3(X)=\begin{pmatrix}1\\ 0\\ 0\end{pmatrix},\quad \nabla g_4(X)=\begin{pmatrix}0\\ 1\\ 0\end{pmatrix},\quad \nabla g_5(X)=\begin{pmatrix}0\\ 0\\ 1\end{pmatrix}$$

对两个约束条件分别引入广义拉格朗日乘子 λ_1^* ，λ_2^* ，λ_3^* ，λ_4^* ，λ_5^* ，假设 K-T 点为 X^* ，则该问题的 K-T 条件为：

$$
\begin{cases}
0.125x_1 + 0.08x_2 - 0.01x_3 - 0.21\lambda_1^* - \lambda_2^* - \lambda_3^* = 0 \\
0.08x_1 + 0.405x_2 - 0.02x_3 - 0.30\lambda_1^* - \lambda_2^* - \lambda_4^* = 0 \\
-0.01x_1 - 0.02x_2 + 0.005x_3 - 0.08\lambda_1^* - \lambda_2^* - \lambda_5^* = 0 \\
\lambda_1^*(0.21x_1 + 0.30x_2 + 0.08x_3 - 0.18) = 0 \\
\lambda_2^*(x_1 + x_2 + x_3 - 1) = 0 \\
\lambda_3^* x_1 = 0 \\
\lambda_4^* x_2 = 0 \\
\lambda_5^* x_3 = 0 \\
\lambda_j^* \geqslant 0, \quad i = 1,2,3,4,5
\end{cases}
$$

求解以上方程组，得满足以上方程的最优解为：$x_1^* = 0.402$，$x_2^* = 0.217$，$x_3^* = 0.381$，$\lambda_1^* = 0.54$，$\lambda_2^* = \lambda_3^* = \lambda_4^* = \lambda_5^* = 0$，由于该非线性规划问题为凸规划问题，所以 K-T 点 $X^* = (0.402, 0.217, 0.381)^{\mathrm{T}}$ 也是全局极小点。当购买股票 A、B、C 的所用资金占总投资的比例分别为 40.2%、21.7%和 38.1%时，该公司的投资组合的总风险最小。

本章小结

本章重点介绍了非线性规划问题的基本概念与求解算法。非线性规划问题是指目标函数或约束条件中至少有一个是非线性的规划问题。与线性规划、整数规划、动态规划等问题不同，非线性规划问题的解法更加复杂，但是也更贴近实际情况，常用于确定投资组合、曲线拟合以及生产调度等多个领域。

本章首先对非线性规划的基本概念包括定义、数学描述与极值问题等进行了介绍，接着指出凸规划作为非线性规划问题中一类比较简单且有重要意义的问题，有局部最优解必定是全局最优解的特性，所以本章重点讨论了这类特殊问题。另外本章也重点介绍了凸函数的定义、性质与判定条件，以便读者能够更好地识别与判定凸规划问题。

其次本章就无约束非线性规划与约束非线性规划的极值问题进行了重点介绍。对于无约束问题，本章介绍了其极值点存在的必要条件和充分条件，以及利用下降迭代算法求解极值点的基本思想与步骤，即先确定搜索方向，再基于搜索方向确定搜索步长，并围绕着如何确定某点处的搜索方向以及如何基于搜索方向确定搜索步长这两个问题展开，进一步介绍了确定搜索步长的一维搜索方法，确定搜索方向的最速下降法与牛顿法。

约束非线性规划相较于无约束非线性规划往往比较复杂且求解难度较大。本章介绍了等式约束非线性规划问题与不等式约束非线性规划问题的相关定理与条件，如拉格朗日条件、库恩-塔克条件（K-T 条件）等。其中，库恩-塔克条件在约束问题的求解中起到了重要作用，是确定某点为极值点的必要条件，但不一定是充分条件，仅当约束问题为凸规划时，K-T 条件才是极值点存在的充要条件，且得到的极值点一定还是全局最优解。

本章的理论框架如下：

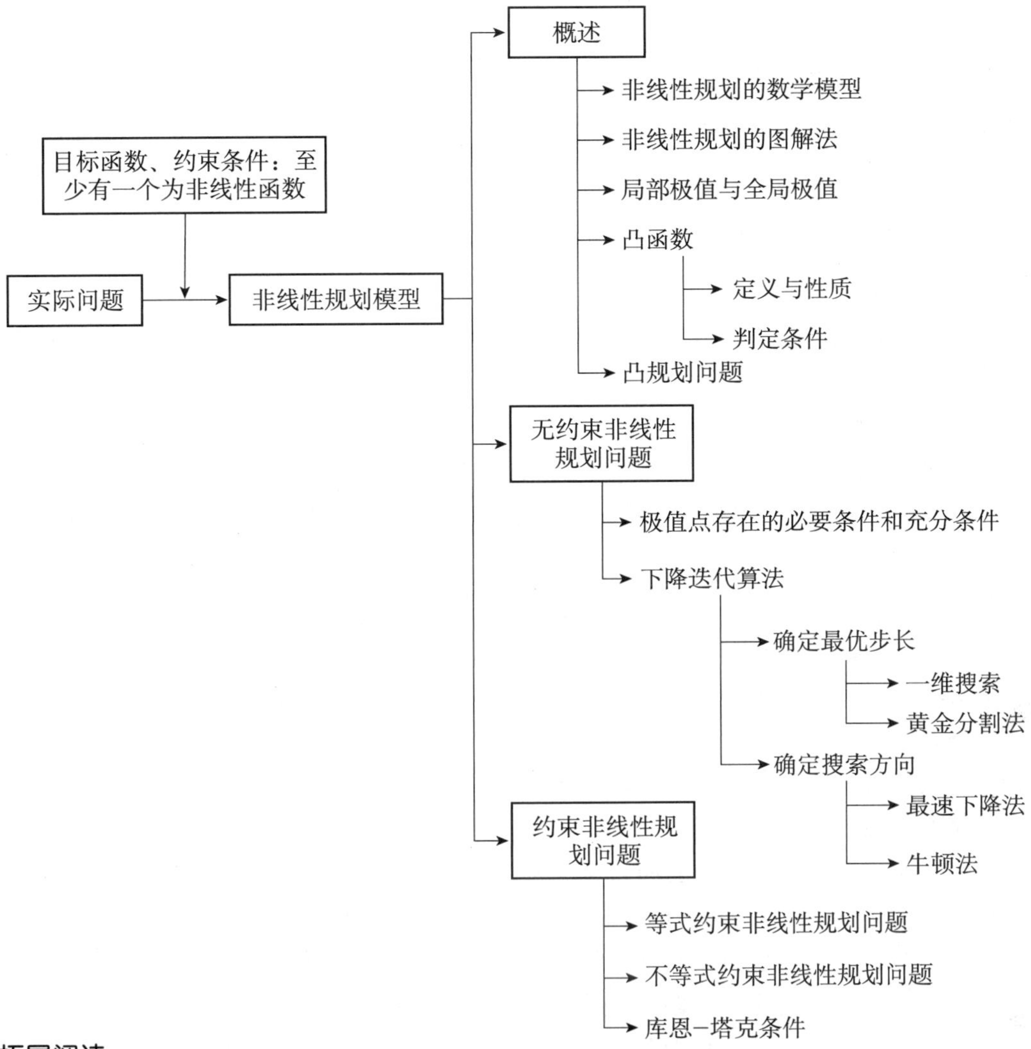

拓展阅读

袁亚湘院士的科研精神与家国情怀

袁亚湘是中国科学院院士，他长期从事计算数学、应用数学、运筹学等领域的研究工作，在信赖域法、拟牛顿法、非线性共轭梯度法等方面做出了重要贡献，极大地推动了应用数学特别是优化领域的发展。

1982 年 11 月，袁亚湘到英国剑桥大学攻读博士学位。袁亚湘所在的应用数学与理论物理系留下了牛顿等许多科学家的足迹，大师们严谨的治学态度、对科学的痴迷、纯粹的热爱与激情，深深地影响了袁亚湘。在科研事业蒸蒸日上时，1988 年 8 月，袁亚湘回国，到中国科学院计算中心工作。还不到 29 岁的他，成了中科院当时最年轻的研究员。在中科院，袁亚湘在信赖域法领域取得的成就，被国内外专家称为基石性的成果，对最优化领域至关重要；他和学生戴彧虹合作提出的“戴-袁方法”被认为是非线性共轭梯度法的四个主要方法之一；给出了双球信赖域子问题的最优性条件，证明了截断共轭梯度法的“1/2 猜想”；首创性地提出了将信赖域法和传统的线搜索方法结合来构造新的计算方法；开创了利用非二次模型信息构造二次模型子问题的方法，提出了非拟牛顿方法；最早系统研究优化的子空间方法……

“层层深入，抽丝剥茧，抓住问题的本质。”袁亚湘履职与从事数学研究的态度是“要带着批判的眼光看世界，不被条条框框束缚，通过不断实践，最终找到解决问题的好方法”。

习题6

一、选择题

1. 如果某规划问题的约束条件中包含两个变量的乘积 x_1x_2，该问题最有可能是（　　）。

A. 线性规划　　B. 非线性规划

C. 整数规划　　D. 动态规划

2. 如果一个函数在某个点上的梯度为0，那么这个点可能是（　　）。

A. 极小点　　B. 极大点

C. 鞍点　　D. 都有可能

3. （　　）是拉格朗日松弛方法的核心思想。

A. 通过引入拉格朗日乘子将约束条件转化为目标函数的一部分

B. 使用牛顿法进行优化

C. 通过构建一个新的凸规划问题来近似原问题

D. 利用梯度下降算法求解最优解

4. 什么是非线性规划问题的局部最优解？（　　）

A. 在局部范围内，该解无法通过调整变量得到更优的结果

B. 在全局范围内，该解无法通过调整变量得到更优的结果

C. 在所有可能的解中，该解是最优的

D. 在所有可能的解中，该解是次优的

二、判断题

1. 非线性规划中的约束条件可以是等式也可以是不等式。（　　）

2. 非线性规划的目标函数可以是凸函数也可以是非凸函数。（　　）

3. 非线性规划问题的最优解可能有多个。（　　）

4. 非线性规划问题的最优解可能在边界上，也可能在可行域内部。（　　）

5. 非线性规划问题的局部最优解一定是全局最优解。（　　）

6. 非线性规划问题的最优解可能需要使用迭代方法求解。（　　）

三、请判定下列非线性规划是否为凸规划

1. $\min f(X)=x_1^2+x_2^2+8$

$$\text{s. t.}\begin{cases}2x_1^2+x_2\leqslant 10\\15-x_1^2-5x_2=0\\x_1,x_2\geqslant 0\end{cases}$$

2. $\min f(X)=2x_1^2+x_2^2-2x_3^2+x_1x_2$

$$\text{s.t.}\begin{cases}2x_1^2+x_2^2\leqslant 10\\2x_1^2-5x_2=6\\x_1,x_2,x_3\geqslant 0\end{cases}$$

四、非线性规划问题求解

1. 试用图解法求解以下非线性规划问题。

$$\max f(X)=x_1+2x_2$$
$$\text{s.t. } x_1^2+x_2^2-1=0$$

2. 某公司在年初需要为生产部门制订这一年度的投资计划，已知根据财务部门对历史生产数据的分析与测算，发现如果在上一年度经费的基础上削减经费、节约开支，或者增加经费以提升效率都有可能降低该部门的生产成本，并给出了总生产成本变化量（单位：10 万元）与经费调整量（单位：万元）之间的关系表达式如下：

$$f(x)=e^x-x-1$$

已知该公司最多可削减或增加经费 1 万元，那么该公司应如何确定对生产部门的投资预算调整量，以最大限度地降低生产成本。试用黄金分割法求解，要求缩短后的区间长度不大于区间 $[-1,1]$ 的 0.1 倍（$\tau=0.618$）。

3. 给定函数

$$f(X)=100\,(x_2-x_1)^2+(1-x_1)^2\,,\quad X\in R^2$$

（1）求出函数 $f(X)$ 在以下各点处的最速下降方向：

$$X_1=(-1,2)^{\top},\ X_2=(2,1)^{\top}$$

（2）求出函数 $f(X)$ 的平稳点，并判断平稳点的最优性。

4. 某物流公司主要负责城区几个纺织工厂原材料与产成品的配送与仓储业务，当前公司所在位置离这些工厂较远，导致物流成本长期居高不下，所以公司领导层决定重新选定一个地点建立仓储中心以节约物流成本。运输部门初步选择了几处厂址（位置坐标 (x_1,x_2)）并进行了物流成本的初步核算，并利用曲线拟合方法得到了运输成本关于位置坐标的近似表达式如下：

$$\min f(X)=x_1-x_2+2x_1^2+2x_1x_2+x_2^2+20,\quad X\in R^2$$

请问公司应该如何利用现有信息选择一处最佳的厂址，使得物流成本最小？

请用最速下降法求解该问题。给定初始点 $X_1=(0,0)^{\top}$，精度 $\delta=0.3$。

5. 试用牛顿法求解上题中的无约束问题。

6. 若某机械加工厂本月需要完成 5 吨产品的生产任务，生产该产品需要用到 2 种原料甲、乙，已知该厂的生产函数为 $h(X)=2x_1+4x_2$，即利用 $2x_1$（单位：吨）的原料甲与 $4x_2$（单位：吨）的乙可以达到的最大产量为 $h(X)$，生产成本（单位：万元）为 $f(X)=2x_1^2+3x_2^2+5$，请问工厂应该如何制订生产方案（即确定两种原料的使用量），使得在完成规定任务的前提下，总生产成本最小？

7. 试求以下非线性规划问题的 K-T 点。

（1）$\min f(X)=2x_1^2+x_2^2+2x_1x_2-10x_1-10x_2$

$$\text{s.t.}\begin{cases}x_1^2+x_2\leqslant 5\\2x_1+x_2\leqslant 6\\x_1,x_2\geqslant 0\end{cases}$$

（2）$\min f(X)=(x_1+x_2)^2+2x_1^2+x_2^2$

$$\text{s. t.}\begin{cases}x_1+3x_2\leqslant 5\\2x_1+x_2\leqslant 4\\x_1,x_2\geqslant 0\end{cases}$$

8. 某公司准备投入一笔资金来购买市场上的三只股票A、B、C，投资部门对股票历史收益数据进行了调研与评估，获得了这三只股票的预期收益投资风险（标准差）以及每两只股票投资组合的交叉风险（协方差）。已知股票A的预期收益为20%，投资风险为30%，当投资组合为A与B时，其交叉风险为0.06；股票B的预期收益为20%，投资风险为45%，当投资组合为A与C时，交叉风险为－0.01；股票C的预期收益为10%，投资风险为6%，当投资组合为B与C时，交叉风险为0.02。另外公司规定了该笔资金的最低可接受的预期收益为20%，请问应该如何分配这笔投资资金可以使得在完成投资目标的前提下，投资风险尽可能小？

第7章 排队论概述

| 本章要点 |

1. 排队系统的构成
2. 排队论研究的问题
3. 常见的理论分布
4. 生灭过程与状态概率平衡方程

某医院急诊室的排队优化问题

急诊患者的病情通常较为紧急，需要及时的医疗干预。然而，由于医疗资源有限，急诊室可能存在患者排队等待治疗的情况。假设某医院急诊室在工作日早晨 7：00 到下午 5：00 期间，安排了三名医生值班。患者的到达时间服从泊松分布，平均每小时有 10 位患者需要急诊就医。医生的治疗时间服从指数分布，平均治疗每位患者的时间为 20 分钟。在这样的排队系统中，患者的平均等待时间是多少？已知高峰时段为早晨 7：00 到上午 9：00，患者到达速率为 15 人/小时。在此条件下，增加一名医生值班是否足以应对高峰时段？该值班医生对急诊医疗系统性能的实际改善效果如何？

在日常生活和生产实践中，拥挤现象或者说需要排队的现象比比皆是。无论是就餐、购物、缴费、取款，还是乘车、购票、面试和找工作，往往都需要排队等待。生产实践中，汽车加油、电话呼叫、机床修理等等也需要排队等待。排队论就是一门研究这种拥挤现象的科学，其目的是研究排队系统的概率规律性，以解决排队系统的最优设计、最优控制和最佳运营问题。

排队系统的共同特征是：

- 有请求服务的人或物，这些人或物在排队系统中统称为“顾客”。如到银行存（取）款的顾客、加油站等待加油的汽车等。
- 有为顾客服务的人或物，这些人或物在排队系统中统称为“服务台”。如医院的医生、火车站售票厅的售票员、停靠列车的站台、供飞机起降的跑道等。
- 顾客的到达具有随机性，无法确切得知顾客相继到达的间隔时间，也无法预知每一位顾客接受服务的时间。因而排队系统也称为“随机服务系统”，排队论也叫“随机服务系统理论”。

排队论是运筹学的一个重要分支。在研究排队系统概率规律性的基础上，排队论用于解决有关排队系统的最优设计（静态）和最优控制（动态）问题。排队论的开创性成果，源于 1909 年丹麦哥本哈根电子公司工程师的杰出工作，其论文《概率论和电话通信理论》奠定了排队论研究的基础。排队论在通信、交通、医疗、作战指挥等领域，甚至在我们的日常生活中都具有十分广阔的应用前景。

§ 7.1　排队系统的构成

任何排队系统都有请求服务的顾客和提供服务的服务台，而且顾客到达的间隔时间与接受服务的时间都具有随机性。排队系统的基本构成包括输入过程、排队规则和服务机构，如图 7.1 所示。

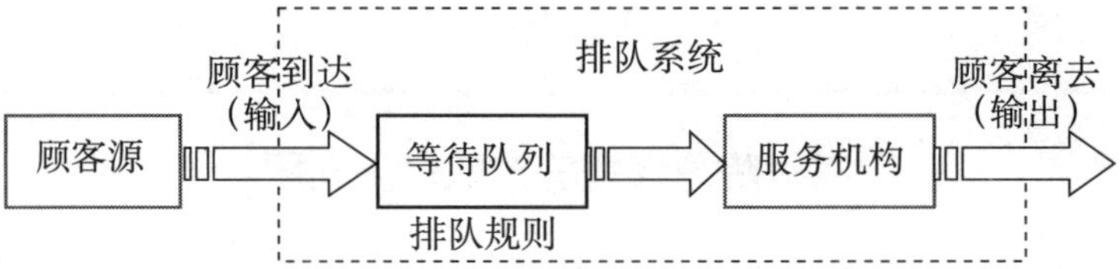

图 7.1　排队系统的构成

输入过程描述顾客到达的规律性，包括顾客源、到达方式和到达间隔时间的概率分布。

（1）顾客源：顾客的总体数，分为有限源和无限源两种情况。

1）有限源指顾客的总体数是有限的，如车间等待修理的机床台数，其数量是有限的。

2）无限源即顾客的总体数量是无限的，如需要加油的车辆、需要理发的顾客、去食堂就餐的学生等。作为研究总体，这类顾客的数量可以看成是无限大。

（2）顾客到达的方式：可以是单个到达，也可以是成批到达。

（3）到达间隔时间的概率分布：顾客相继到达，其到达的间隔时间在统计学意义上服从某种概率分布，如泊松分布等。

排队规则描述顾客到达排队系统后接受服务的先后次序，一般分为损失制、等待制和混合制三种类型。

（1）损失制（losing system）：当顾客到达排队系统时，若所有服务台均被占用（正在进行服务），则离开系统，永不再来。如电话拨号后若为忙音，则挂断，顾客重新拨号时视为一个新的顾客到达。

(2) 等待制 (waiting system)：顾客到达系统时，若所有服务台均被占用，顾客就加入排队行列等待服务，直至接受服务后离去。服务台可按下面的规则提供排序服务：

1) 先到先服务 (first come first served，FCFS)：如银行的取号机规定的顺序；

2) 后到先服务 (last come first served，LCFS)：如从仓库中抽取要加工的钢板；

3) 随机服务 (service in random order，SIRO)：如抓阄决定服务顺序；

4) 有优先权的服务 (PR-priority)：如火车站规定的军人等买票优先。

(3) 混合制 (losing system and waiting system)：损失制与等待制的结合，主要有以下两种情况：

1) 队长有限制：鉴于空间的限制，排队系统的容量有限。当排队等待服务的顾客达到一定数量时，后到达的顾客自动离去，另求服务。如汽车修理店最多仅能容纳三辆待修汽车，则后来的第四辆汽车会因无法进站而自动离去，另求服务。

2) 等待时间有限制：顾客排队等待的时间超过一定限度时，就自动离去。如易损电子元器件的库存，过期报废。

服务机构 (服务台) 主要描述其数量和服务规律。

(1) 服务台的数量及布置形式：分为单队单台、单队多台、多队多台、串联多服务台和混合服务台等多种形式，如图 7.2 所示。

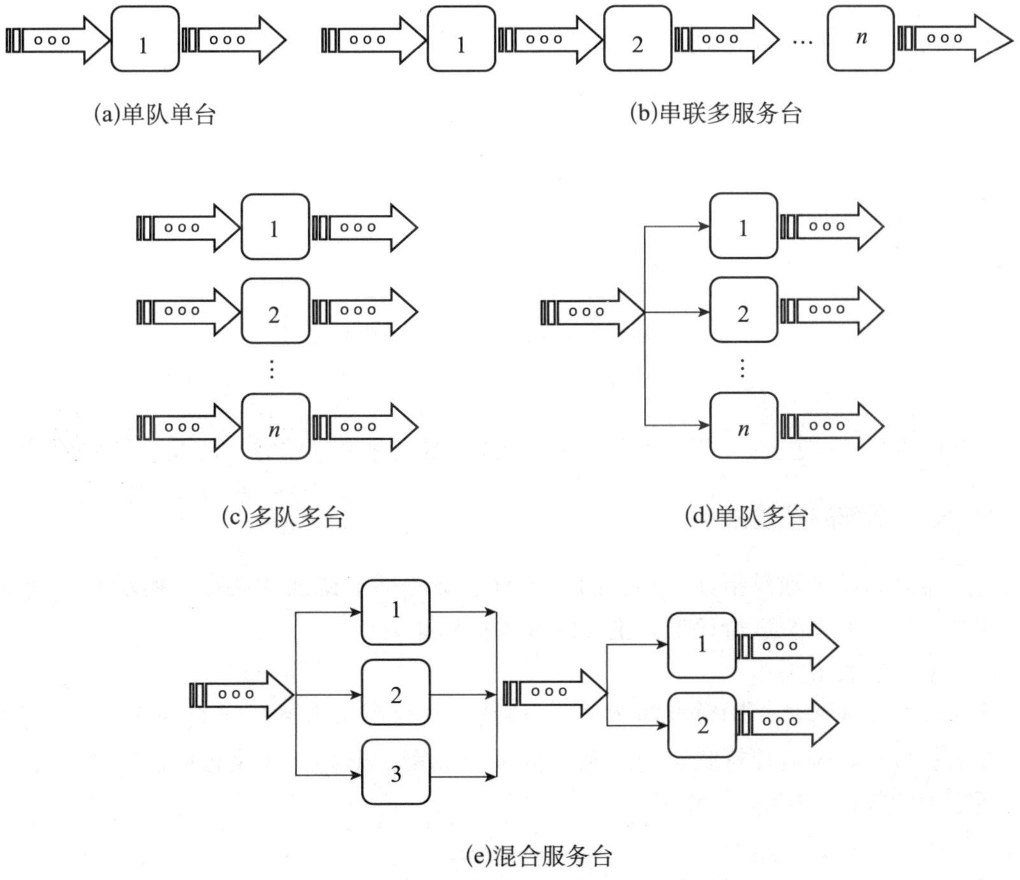

图 7.2　排队系统服务台的数量及布置形式

(2) 某时刻接受服务的顾客数：逐个服务或成批服务。

(3) 服务时间的概率分布：服务时间与顾客到达时间一样，均是随机变量。它所遵循的常见分布有定常分布、负指数分布、k 阶爱尔朗分布、一般分布等。

为便于讨论，排队模型通常采用肯道尔（D. G. Kendall）的分类方法进行符号表示。排队系统通常表示为 $A/B/C/D/E/F$，各字母含义分别为：

A——输入过程，即顾客相继到达的间隔时间分布；

B——服务时间服从的分布；

C——服务台个数；

D——系统容量；

E——顾客源中的顾客总数；

F——服务规则。

例如，$M/M/1/\infty/\infty/FCFS$ 表示泊松输入、服务时间服从负指数分布、1 个服务台、系统容量无限制、顾客源无限、先到先服务的排队系统。$GI/E_k/1/N/\infty/FCFS$ 表示一般独立随机输入、服务时间服从 k 阶爱尔朗分布、1 个服务台、系统容量为 N、顾客源无限、先到先服务的排队系统。

在讨论问题时，有时也仅写出前面 3 个或 4 个符号，而将顾客源和服务规则用语言进行描述。其他教材也有采用［$A/B/C$］：［$d/e/f$］的形式表示排队模型。若略去符号后三项，通常是指 $A/B/C/\infty/\infty/FCFS$ 排队系统。常用的各种分布符号有：

M——负指数分布（兼指泊松输入）；

D——定长分布；

E_k—— k 阶爱尔朗分布；

GI——一般独立随机分布；

G——一般随机分布。

§7.2　排队论研究的问题

排队论研究的问题包括：排队系统的数量指标、统计推断问题的研究和排队系统的优化。

7.2.1　排队系统的数量指标

研究排队系统的数量指标，其目的是了解系统的基本特征和性态，揭示其呈现的概率规律性，以便对系统进行评价。主要的数量指标如下：

(1) 平均队长 L_s 。

排队系统中顾客的平均数（期望值），包括正在接受服务和等待接受服务的顾客数。若已知队长分布，则可计算队长超过某个数量的概率，据此考虑是否应改变服务方式或设计更合理的等待空间等。

(2) 平均队列长 L_q 。

系统中排队等待接受服务的顾客数的期望值，不包括正在接受服务的顾客数。

(3) 平均逗留时间 W_s 。

顾客在系统内停留时间的期望值（包括排队等待时间和接受服务时间）。

(4) 平均等待时间 W_q 。

从顾客到达系统的时刻算起，到开始接受服务的时刻为止，该时间段的期望值。

(5) 忙期和闲期。

忙期指从有顾客到达空闲服务台开始接受服务，到服务台再度空闲为止的这段时间，即服务台连续工作的时间。它是一个随机变量，可以反映服务台的工作强度。闲期是指服务台连续保持空闲的时间长度。在排队系统中忙期和闲期是交替出现的。

(6) 服务设备利用率。

服务设备工作时间在总时间中所占的比重，该指标可以衡量服务设备的工作强度，或者说服务设备的磨损和疲劳程度。

(7) 顾客损失率。

由于服务能力不足而造成顾客流失的概率。该指标过高会造成服务系统的利润减少，因此在损失制和混合制排队系统中都要重视对这一指标的研究。

7.2.2　统计推断问题的研究

在针对实际问题建立排队模型时，首先必须采集和整理实际数据，研究顾客相继到达的间隔时间是否服从独立分布，若服从独立分布则确定其分布类型和有关参数。其次，研究服务时间与相继到达的间隔时间之间的独立性，并确定服务时间服从的分布类型和有关参数。最后判断该系统适合建立何种排队模型，并在此基础上运用排队理论进行深入分析。

7.2.3　排队系统的优化

排队系统的优化包括系统的最优设计（静态优化）和系统的最优控制（动态优化）。最优设计是在给定输入和服务参数的条件下，确定系统的设计参数（如服务台数），以求系统的运行指标达到最优。最优控制是在系统的运行参数可随时间或状态而变化的情况下（如服务率随顾客数的变化而改变），根据系统的实际情况提出一个合理可行的控制策略，然后分析确定系统运行的最佳参数或者对一个具体系统研究一个最佳的控制策略。

研究排队系统的目的是通过对系统概率规律的研究，实现系统的最优设计和最优控制，以最少的费用实现系统最大的效益，使服务系统既能在一定程度上满足顾客需求，又能使费用达到最小，如图 7.3 所示。

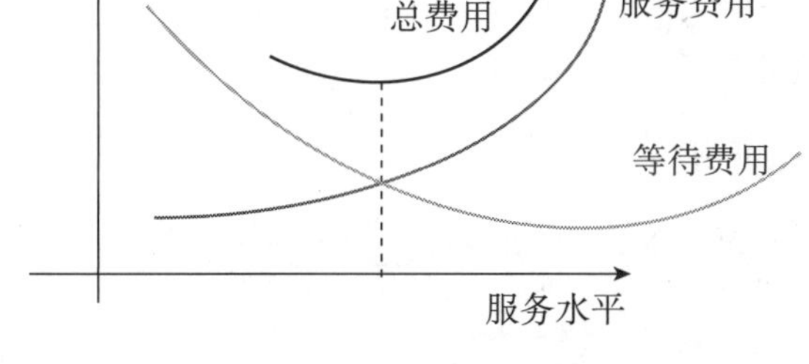

图 7.3　费用优化示意图

横轴的“服务水平”反映了系统整体服务能力，包括服务台数量、服务率等。曲线“服务费用”表示达到相应服务水平所付出的费用，包括增加服务台、提高服务率、组织动态服务台服务，以及其他管理需支出的总费用。服务费用随服务水平的提高而上升。曲线“等待费用”是指在相应的服务水平下，由于顾客等待服务而产生的与顾客或系统相关的费用，包括顾客由于等待服务而造成的损失、部分顾客的离去对系统造成的机会损失等费用总和，等待费用随服务水平的提高而减少。因此，总费用的变化存在一个极小值。

§7.3 常见的理论分布

排队系统中常见的几种典型理论分布有泊松分布、负指数分布和爱尔朗分布。

7.3.1 泊松分布

泊松分布也称为泊松流，在排队论中也称为最简单流，它具有四个基本性质。

（1）平稳性。

在时间段 t 内，恰有 n 个顾客到达系统的概率 $P\{N(t)=n\}$ 仅与 t 的长短有关，而与该时间段的起止时刻无关。

（2）无后效性。

在不相交的两个时间段间内到达的顾客数是相互独立的，如在 $[a,a+t]$ 时段内到达 n 个顾客的概率与 a 时刻之前到达多少顾客无关。

（3）普通性。

在充分小的时间段内到达至少两个顾客的概率 $\psi(\Delta t)=o(t)$，$(t\to 0)$，即

$$\lim_{\Delta t\to 0}\frac{\psi(\Delta t)}{\Delta t}=0$$

该性质表明，只要时间间隔充分小，顾客是逐个到达系统的。

（4）有限性。

在任意有限的时间段 t 内，到达有限个顾客的概率为 1，即

$$\sum_{k=1}^{\infty}P\{N(t)=k\}=1$$

泊松分布的概率分布函数是：

$$P\{N(t)=k\}=\frac{(\lambda t)^k}{k!}\mathrm{e}^{-\lambda t},\quad k=0,1,\cdots,n$$

其中，$\lambda>0$ 为一常数，$t\geqslant 0$。

求 $N(t)$ 的数学期望可得：

$$E[N(t)]=\sum_{k=1}^{\infty}kP\{N(t)=k\}=\sum_{k=1}^{\infty}k\frac{(\lambda t)^k}{k!}\mathrm{e}^{-\lambda t}$$

$$=\lambda t\,\mathrm{e}^{-\lambda t}\left[\sum_{k=1}^{\infty}\frac{(\lambda t)^{k-1}}{(k-1)!}\right]$$

$$
\begin{aligned}
&= \lambda t\, \mathrm{e}^{-\lambda t}\left[1+\frac{\lambda t}{1!}+\frac{(\lambda t)^2}{2!}+\cdots+\frac{(\lambda t)^{k-1}}{(k-1)!}\right] \\
&= \lambda t\, \mathrm{e}^{-\lambda t} \times \mathrm{e}^{\lambda t} \\
&= \lambda t
\end{aligned}
$$

所以，$\lambda = E[N(t)]/t$ 。因此，λ 表示单位时间内到达系统的顾客平均数，又称为平均到达率。

泊松流在排队论中具有重要地位，这是因为它在实际当中最常见，而且数字处理简单。当实际流与泊松流有较大出入时，经过适当变换，也可使结果达到一定精度。

7.3.2　负指数分布

负指数分布的密度函数和分布函数分别是：

$$
p(t)=\begin{cases}\mu\, \mathrm{e}^{-\mu t}, & t\geqslant 0\\ 0, & t<0\end{cases},\quad F(t)=\begin{cases}1-\mathrm{e}^{-\mu t}, & t\geqslant 0\\ 0, & t<0\end{cases}
$$

相应的数学期望和方差分别为：

$$
E(t)=\frac{1}{\mu},\quad D(t)=\frac{1}{\mu^2}
$$

在排队系统中，若对每个顾客的服务时间相互独立且均服从参数 $\mu>0$ 的负指数分布（简称为“负指数服务”），此时参数 μ 表示单位时间内完成服务的顾客平均数，又称为平均服务率。

定理 7.1　顾客到达服从参数为 λ 的泊松分布等价于顾客相继到达的间隔时间是独立的且同为负指数分布。

该定理表明了泊松流的一个重要特征，在处理实际问题中有重要作用。

7.3.3　爱尔朗分布

若顾客在系统内所接受的服务可以分成 k 个阶段，每个阶段的服务时间 t_1，t_2，…，t_k 为服从同一分布 $f(t)=k\mu \mathrm{e}^{-k\mu t}$（参数为 $k\mu$ 的负指数分布）的 k 个相互独立的随机变量，且在顾客完成全部服务内容并离开系统后，另一个顾客才能进入服务系统，则顾客在系统内接受服务的时间总和 $t=t_1+t_2+\cdots+t_k$ 服从 k 阶爱尔朗分布 E_k ，其分布密度函数为：

$$
f_k(t)=\frac{(k\mu)^k t^{k-1}}{(k-1)!}\mathrm{e}^{-k\mu t},\quad t\geqslant 0;k\geqslant 1;\mu\geqslant 0
$$

相应的数学期望和方差为：

$$
E(t)=\frac{1}{\mu},\quad D(t)=\frac{1}{k\mu^2}
$$

当 $k=1$ 时，爱尔朗分布可归结为负指数分布。

当 k 增大时，图形逐渐趋于对称，当 $k\geqslant 30$ 时，近似于正态分布。

当 $k\to\infty$ 时，由 $D(t)=0$ 知，爱尔朗分布可归结为定长分布。

如图 7.4 所示，爱尔朗分布族可以看成完全随机与完全确定的中间过渡类型，因而能为现实问题提供更广泛的模型类。

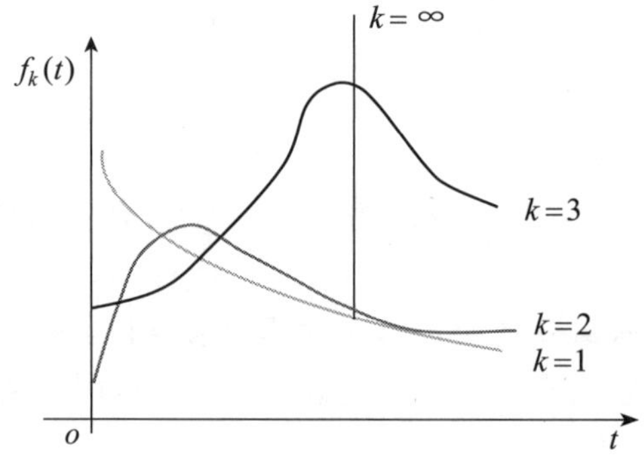

图 7.4　爱尔朗分布族

§7.4　生灭过程与状态概率平衡方程

生灭过程是一类简单而具有广泛应用的随机过程。在排队系统中，顾客到达和顾客离去可看成“生”和“灭”的过程。如果用 t 时刻系统中的顾客数 $N(t)$ 表示系统的状态，则 $N(t)$ 随 t 变化所形成的一系列状态构成随机过程 $\{N(t),\ t\geqslant 0\}$ 。

对于随机过程 $\{N(t),\ t\geqslant 0\}$ ，若 $N(t)$ 的概率分布满足如下假设，则称 $\{N(t),\ t\geqslant 0\}$ 为一个生灭过程。

(1) 给定 $N(t)=n$ ，则从 t 时刻起到下一个顾客到达的时刻止，其间隔时间服从参数为 λ_n 的负指数分布，$n=0,1,\cdots$ 。

(2) 给定 $N(t)=n$ ，则从 t 时刻起到下一个顾客离去的时刻止，其间隔时间服从参数为 μ_n 的负指数分布，$n=1,2,\cdots$ 。

(3) 同一时刻仅有一个顾客到达或者离去，即在充分小的间隔时间内，仅有一次“生”或“灭”发生，系统状态只能转移到相邻状态。

对于顾客输入为泊松流、服务时间为负指数分布的排队系统，符合上述生灭定义的过程，都可用生灭随机过程进行描述。

设时刻为 t ，系统中有 n 个顾客的概率为 $p_n(t)$ ，相应的顾客到达率为 λ_n ，服务率为 μ_n 。当 Δt 充分小时，在间隔时间 $(t,\ t+\Delta t]$ 内有一个顾客到达的概率为 $\lambda_n\Delta t$ ，有一个顾客离去的概率为 $\mu_n\Delta t$ 。泊松流所具有的平稳性和普通性，使得在 Δt 内有两个或两个以上顾客到达（或离去）的概率是 Δt 的高阶无穷小量，因而可以忽略不计。在间隔时间 $(t,\ t+\Delta t]$ 内，保持 $(t+\Delta t)$ 时刻系统内仍有 n 个顾客的状态，有如下四种可能：

(1) 在时刻 t ，系统内有 n 个顾客，随后在 Δt 内既没有顾客到达，也没有顾客离去。

(2) 在时刻 t ，系统内有 $n-1$ 个顾客，随后在 Δt 内有一个顾客到达，但没有顾客离去。

(3) 在时刻 t 系统内有 $n+1$ 个顾客，随后在 Δt 内有一个顾客离去，但没有顾客到达。

(4) 在时刻 t 系统内有 n 个顾客，随后在 Δt 内有一个顾客到达，同时有一个顾客离去。

四种可能出现的概率如表 7.1 所示。

表 7.1　四种可能出现的概率表

序	状态 $N(t)$	出现的概率	Δt 内发生的事件	发生的概率
1	n	$p_n(t)$	无到达，无离去	$(1-\lambda_n\Delta t)\times(1-\mu_n\Delta t)$
2	$n-1$	$p_{n-1}(t)$	到达一个，无离去	$\lambda_{n-1}\Delta t\times(1-\mu_n\Delta t)$
3	$n+1$	$p_{n+1}(t)$	离去一个，无到达	$(1-\lambda_n\Delta t)\times\mu_{n+1}\Delta t$
4	n	$p_n(t)$	到达一个，离去一个	$\lambda_n\Delta t\times\mu_n\Delta t$

这四种可能互不相容，故由全概率公式得

$$\begin{aligned}p_n(t+\Delta t)=&\ p_n(t)(1-\lambda_n\Delta t)(1-\mu_n\Delta t)+p_{n-1}(t)\lambda_{n-1}\Delta t(1-\mu_n\Delta t)\\&+p_{n+1}(t)(1-\lambda_n\Delta t)\mu_{n+1}\Delta t+p_n(t)\lambda_n\Delta t\mu_n\Delta t\end{aligned}$$

$$\begin{aligned}\frac{\mathrm{d}\,p_n(t)}{\mathrm{d}t}&=\lim_{\Delta t\to 0}\frac{p_n(t+\Delta t)-p_n(t)}{\Delta t}\\&=\lim_{\Delta t\to 0}\{\frac{p_n(t)(1-\lambda_n\Delta t)(1-\mu_n\Delta t)+p_n(t)\lambda_n\Delta t\mu_n\Delta t-p_n(t)}{\Delta t}\\&\quad+\frac{p_{n-1}(t)\lambda_{n-1}\Delta t(1-\mu_n\Delta t)}{\Delta t}+\frac{p_{n+1}(t)(1-\lambda_n\Delta t)\mu_{n+1}\Delta t}{\Delta t}\}\\&=\lambda_{n-1}\,p_{n-1}(t)+\mu_{n+1}\,p_{n+1}(t)-(\lambda_n+\mu_n)\,p_n(t)(n>0)\end{aligned}$$

当 $n=0$ 时，仅有（1）和（4）两种可能出现，则

$$\frac{\mathrm{d}\,p_0(t)}{\mathrm{d}t}=-\lambda_0 p_0(t)+\mu_1 p_1(t)$$

故得：

$$\begin{cases}\dfrac{\mathrm{d}\,p_0(t)}{\mathrm{d}t}=-\lambda_0 p_0(t)+\mu_1 p_1(t)\\[2ex]\dfrac{\mathrm{d}\,p_n(t)}{\mathrm{d}t}=\lambda_{n-1}p_{n-1}(t)+\mu_{n+1}p_{n+1}(t)-(\lambda_n+\mu_n)p_n(t)\end{cases}\tag{7-1}$$

这是一组差分微分方程，这种方程的解称为瞬态解。但求瞬态解比较复杂，而且所得的解也不便于应用，因此只研究稳态解。所谓稳态解指系统运行的时间足够长时所得到的解。此时系统状态的概率分布已不随时间而变化，达到了统计平衡，即在系统运行足够长的时间后，任意时刻系统处于状态 $N(t)=n$ 的概率为常数。换句话讲，对任一状态 n，单位时间内进入该状态的平均次数等于单位时间内离开该状态的平均次数。此时在统计学意义上达到了动态平衡，“流入等于流出”，系统状态达到稳定。

由于状态稳定时，$p_n(t)$ 与 t 无关，可简记为 p_n，故得方程组（仅有 $n+1$ 个状态时）：

$$\begin{cases}-\lambda_0 p_0+\mu_0 p_1=0\\\lambda_0 p_0-(\lambda_1+\mu_1)p_1+\mu_2 p_2=0\\\lambda_1 p_1-(\lambda_2+\mu_2)p_2+\mu_3 p_3=0\\\vdots\\\lambda_{n-2}p_{n-2}-(\lambda_{n-1}+\mu_{n-1})p_{n-1}+\mu_n p_n=0\\\lambda_{n-1}p_{n-1}-\mu_n p_n=0\end{cases}\tag{7-2}$$

令行向量 $P=(p_0, p_1, p_2, \cdots, p_n)$，状态转移速度矩阵 Λ 为：

$$\Lambda=\begin{pmatrix} -\lambda_0 & \lambda_0 & & & & & & \\ \mu_1 & -(\lambda_1+\mu_1) & \lambda_1 & & & & & \\ & \mu_2 & -(\lambda_2+\mu_2) & \lambda_2 & & & & \\ & & \mu_3 & -(\lambda_3+\mu_3) & & & & \\ & & & \cdots & \cdots & \cdots & & \\ & & & & -(\lambda_{n-3}+\mu_{n-3}) & \lambda_{n-3} & & \\ & & & & \mu_{n-2} & -(\lambda_{n-2}+\mu_{n-2}) & \lambda_{n-2} & \\ & & & & & \mu_{n-1} & -(\lambda_{n-1}+\mu_{n-1}) & \lambda_{n-1} \\ & & & & & & \mu_n & -\mu_n \end{pmatrix}$$

则系统稳态条件下的状态概率平衡方程（简称状态概率方程）为：

$$P\Lambda=0 \tag{7-3}$$

状态转移速度矩阵的特点是每一行的元素之和等于零。求解式方程组（7－2）或者状态概率方程（7－3），并利用 $\sum_{k=0}^{n} p_k=1$，可求出系统稳态条件下的基本概率指标。

图 7.5 是系统稳态时的状态转移速度图（此图是系统仅有 $n+1$ 个状态的情形），也可据此写出方程组（7－2），并求出系统稳态条件下的基本概率指标。

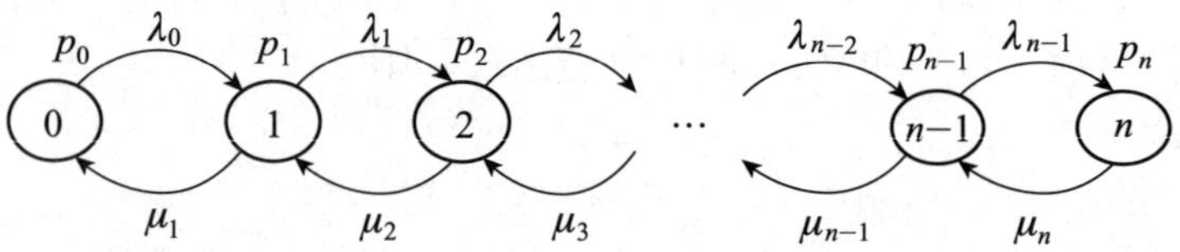

图 7.5　生灭过程状态转移速度图（系统容量有限）

若系统具有无穷多个状态，则状态转移速度如图 7.6 所示，方程组将会有无穷多个方程：

$$\begin{cases} \lambda_0 p_0+\mu_2 p_2=(\lambda_1+\mu_1)p_1 \\ \lambda_1 p_1+\mu_3 p_3=(\lambda_2+\mu_2)p_2 \\ \vdots \\ \lambda_{n-1}p_{n-1}+\mu_{n+1}p_{n+1}=(\lambda_n+\mu_n)p_n \\ \vdots \end{cases} \tag{7-4}$$

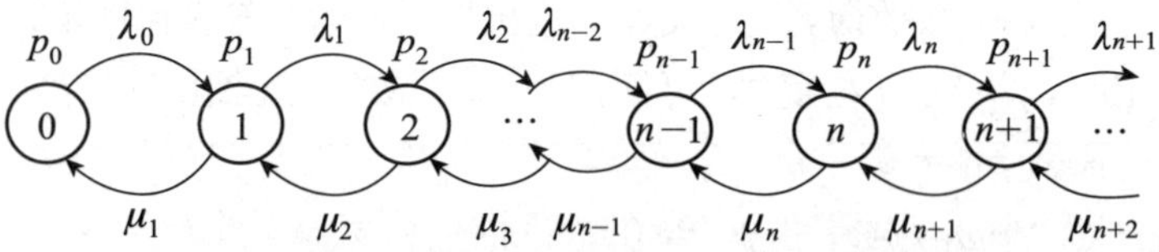

图 7.6　生灭过程状态转移速度图（系统容量无限）

求解可得递推关系：

$$
\begin{cases}
p_1 = (\dfrac{\lambda_0}{\mu_1}) p_0 \\
p_2 = (\dfrac{\lambda_1}{\mu_2})\ p_1 = (\dfrac{\lambda_0\ \lambda_1}{\mu_1\ \mu_2})\ p_0 \\
\vdots \\
p_n = \left(\dfrac{\lambda_{n-1}}{\mu_n}\right) p_{n-1} = \left(\dfrac{\lambda_0\ \lambda_1 \cdots \lambda_{n-1}}{\mu_1\ \mu_2 \cdots \mu_n}\right) p_0 \\
\vdots
\end{cases}
\tag{7-5}
$$

令 $C_n = \dfrac{\lambda_{n-1}\ \lambda_{n-2} \cdots \lambda_0}{\mu_n\ \mu_{n-1} \cdots \mu_0}(n=1,2,\cdots)$，由 $\sum\limits_{n=0}^{\infty} P_n = 1$ 得：

$$
(1+\sum_{n=0}^{\infty} C_n)\ p_0 = 1 \Rightarrow p_0 = (1+\sum_{n=0}^{\infty} C_n\ )^{-1} \tag{7-6}
$$

通过式（7－5）的递推关系，可求出系统稳态条件下的基本概率指标。需要注意的是，式（7－5）和式（7－6）只有当级数 $\sum\limits_{n=0}^{\infty} C_n$ 收敛时才有意义。

本章小结

排队现象随处可见，排队论作为运筹学的重要分支，应用十分广泛。本章概述了排队系统的构成、分类以及符号表示，并介绍了常见的三种理论分布：泊松分布、负指数分布和爱尔朗分布。排队论研究的问题包括计算排队系统的数量指标、进行统计推断问题的研究和排队系统的优化。排队论的研究思路是求解生灭随机过程的稳态解，其核心是状态概率平衡方程。对于不同的排队模型，画出状态转移速度图，得出状态转移速度矩阵，是求解排队系统在稳态条件下基本概率指标的关键。

习题 7

一、选择题

1. 排队系统由________几部分组成，系统状态是指________。

A. 系统中的顾客数　　B. 服务台
C. 排队规则　　D. C 个服务台
E. 等待制　　F. N 个服务台
G. 输入过程　　H. 状态转移速度

2. $M/M/C/N$ 指的是________的排队系统。

A. 系统中的顾客数　　B. 泊松到达
C. 排队规则　　D. 服务时间服从正态分布
E. 服务时间服从负指数分布　　F. C 个服务台
G. 等待制　　H. N 个服务台
I. 客源总数为 N　　J. 系统容量为 N
K. 混合制　　L. 顾客总数

二、判断题

1. 若到达排队系统的顾客流为泊松流，则依次到达的两名顾客之间的间隔时间服从

负指数分布。 (　　)

2. 假如到达排队系统的顾客来自两方面，分别服从泊松分布，则这两部分顾客合起来的顾客流仍服从泊松分布。 (　　)

3. 对 $M/M/1$ 或 $M/M/C$ 的排队系统，服务完毕离开系统的顾客流也为泊松流。 (　　)

4. 一个排队系统，不管顾客到达和服务时间的情况如何，只要运行足够长的时间后，系统将进入稳定状态。 (　　)

5. 排队系统中，顾客等待时间的分布不受排队服务规则的影响。 (　　)

6. 在顾客到达和机构服务时间分布相同的情况下，容量有限的排队系统，顾客的平均等待时间将少于容量无限的系统。 (　　)

7. 在机器发生故障的概率及工人修复一台机器的时间分布不变的条件下，由 1 名工人看管 5 台机器，或由 3 名工人联合看管 15 台机器，机器因故障等待工人维修的平均时间不变。 (　　)

8. 排队系统的状态转移速度矩阵中，每一行的元素之和等于 0。 (　　)

第8章

典型的排队模型分析

| 本章要点 |

1. 熟悉并掌握排队系统的研究方法
2. 典型排队系统的特征和数量指标
3. 各类排队系统的比较。

某电动汽车充电站的排队问题

随着电动汽车的普及，充电站成为绿色出行不可或缺的基础设施。然而，面对日益增长的用户需求，电动汽车充电站在高峰时段可能面临众多电动汽车主人同时到达的情况，而有限的充电桩数量可能导致长时间的等待。某电动汽车充电站平均每小时有 10 辆电动汽车到达，而每辆电动汽车平均需要 0.4 小时完成充电。该充电站目前有 3 个充电桩提供服务。考虑到充电时间的随机性和到达时间的随机性，系统的稳态概率，即不同数量充电桩处于忙碌状态的概率是多少？系统的平均等待时间，即一个到达充电站的电动汽车平均需要等待多久才能开始充电？如果充电站希望有 80%的时间处于充电状态，应该增加多少个充电桩?

---

§8.1 客源无限的排队系统

8.1.1 单服务台指数分布排队系统

1. $M/M/1$ 混合制排队系统

单服务台排队系统 $M/M/1/N/\infty/\text{FCFS}$ 是最基本、最简单的排队系统。该系统的意义是：顾客按泊松流输入且平均到达率为 λ，服务时间服从负指数分布且平均服务率为 μ，1 个服务台，系统容量为 N，顾客源无限，服务规则为先到先服务。当顾客来到系统时，若系统中的顾客数等于 N，则自动离去，另求服务。

用系统中的顾客数来描述系统状态，圆圈圈起的数字表示系统状态，箭头表示系统从一种状态到另一种状态的转移，则可画出该排队系统的状态转移速度图，如图 8.1 所示。

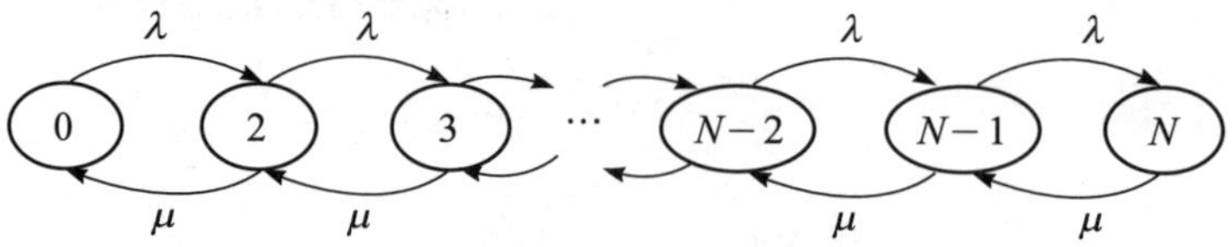

图 8.1　M/M/1/N/∞/FCFS　系统的状态转移速度图

根据状态转移速度图写出状态转移速度矩阵 Λ，进而写出系统稳态条件下的状态概率平衡方程（简称状态概率方程），见式（8－1）。

$$P\Lambda = 0 \tag{8-1}$$

其中：

$$P = (p_0, p_1, p_2, \cdots, p_N)$$

$$\Lambda = \begin{pmatrix} -\lambda & \lambda & & & & \\ \mu & -(\lambda+\mu) & \lambda & & & \\ & \mu & -(\lambda+\mu) & \lambda & & \\ & & \cdots & \cdots & & \cdots \\ & & & & \mu & -(\lambda+\mu) \\ & & & & \mu & -\mu \end{pmatrix}$$

该状态转移速度矩阵 Λ 的特点是各行元素之和等于 0。

求解系统稳态条件下的基本概率指标，有两种思路：

1）把状态概率方程（8－1）展开，写成状态概率方程组，即可求出系统处于稳态时的基本概率指标。

2）当系统处于稳态时，对每个状态而言，转入率应等于转出率。结合状态转移速度图，写出状态概率方程组，求出稳态条件下的基本概率指标。

（1）求解基本概率指标。

思路 1：展开式（8－1）得：

$$-\lambda p_0 + \mu p_1 = 0 \Rightarrow p_1 = \frac{\lambda}{\mu} p_0$$

$$\lambda p_0 - (\lambda+\mu) p_1 + \mu p_2 = 0 \Rightarrow p_2 = \left(\frac{\lambda}{\mu}\right)^2 p_0$$

$$\vdots$$

根据数学归纳法可以证明：

$$p_n = \left(\frac{\lambda}{\mu}\right)^n p_0, \quad 1 \leqslant n \leqslant N \tag{8-2}$$

由 $\sum_{n=0}^{N} p_n = 1 \Rightarrow \sum_{n=0}^{N} \left(\frac{\lambda}{\mu}\right)^n p_0 = 1$，得

$$p_0 = [\sum_{n=0}^{N}(\frac{\lambda}{\mu})^n]^{-1} = \begin{cases} \frac{1}{N+1}, & \lambda = \mu \\ \frac{1-\lambda/\mu}{1-(\lambda/\mu)^{N+1}}, & \lambda \neq \mu \end{cases} \tag{8-3}$$

$$p_n = \begin{cases} \frac{1}{N+1}, & \lambda = \mu \\ \frac{\left(1-\frac{\lambda}{\mu}\right)\left(\frac{\lambda}{\mu}\right)^n}{1-\left(\frac{\lambda}{\mu}\right)^{N+1}}, & \lambda \neq \mu\ (0 \leqslant n \leqslant N) \end{cases} \tag{8-4}$$

思路 2：当系统处于稳态时，对每一状态而言，转入率应等于转出率。故

1）当系统状态为 0 时，有 $\lambda p_0 = \mu p_1 \Rightarrow p_1 = (\frac{\lambda}{\mu}) p_0$；

2）当系统状态 $n \geqslant 1$ 时，有 $\lambda p_{n-1} + \mu p_{n+1} = (\lambda + \mu) p_n$；

3）当系统状态 $n = N$ 时，有 $\lambda p_{N-1} = \mu p_N$。

由稳态概率方程得：$p_n = (\frac{\lambda}{\mu})^n p_0\ (0 \leqslant n \leqslant N)$。利用 $\sum_{n=0}^{N} p_n = 1$，可得出 p_0、p_n 的表达式，与式（8－3）和式（8－4）相同。

p_0 是系统中没有顾客的概率，即系统空闲的概率。因此，系统不空闲的概率（服务台忙的概率）为：

$$p_{忙} = 1 - p_0 \tag{8-5}$$

p_N 为系统中有 N 个顾客的概率，即系统满的概率。由于此时后来的顾客会自动离去，另求服务，因此 p_N 也称为系统的损失概率。

（2）求平均队长 L_s 和平均队列长 L_q。

$$L_s = \sum_{n=0}^{N} np_n = \sum_{n=1}^{N} np_n \tag{8-6}$$

$$L_q = \sum_{n>0}^{N}(n-1)p_n = \sum_{n=2}^{N}(n-1)p_n \tag{8-7}$$

（3）有效到达率 λ_e 和有效离去率 μ_e。

有效到达率是指平均每单位时间进入系统的顾客数。同理，有效离去率 μ_e 指平均每单位时间离开系统的顾客数。在稳态条件下，二者相等。故

$$\lambda_e = \sum_{n=0}^{N-1} \lambda_n p_n = \mu_e = \sum_{n=1}^{N} \mu_n p_n \tag{8-8}$$

λ_e 和 μ_e 也可用另一种思路求解：

当系统不满时，顾客以 λ 速度进入系统；但系统满时，顾客不再进入。

$$\lambda_e = 0 \times p_N + \lambda(1 - p_N) = \lambda(1 - p_N)$$

同理，当系统不空闲时，顾客以 μ 速度离开系统；但系统空闲时，没有顾客离去。

$$\mu_e = 0 \times p_0 + \mu(1 - p_0) = \mu(1 - p_0)$$

在稳态条件下，有

$$\lambda_e = \lambda(1 - p_N) = \mu_e = \mu(1 - p_0)$$

（4）平均逗留时间 W_s 和平均等待时间 W_q 。

直接计算这两个参数比较困难，通常利用 Little 公式求解。利特尔（Little）证明：在很宽的条件下，排队系统数量指标之间有以下关系式成立。

$$\begin{cases} W_s = \dfrac{L_s}{\lambda_e} \\ W_q = \dfrac{L_q}{\lambda_e} \\ L_s = W_s \lambda_e \\ L_q = W_q \lambda_e \end{cases} \tag{8-9}$$

另外，由平均服务率 μ 的定义可知，每个顾客的平均服务时间为 $1/\mu$ 。故

$$W_s = W_q + \frac{1}{\mu} \tag{8-10}$$

（5）其他数量指标。

1）系统每单位时间损失的顾客平均数：$\lambda_{损} = \lambda - \lambda_e = \lambda p_N$ 。

2）闲期和忙期：当顾客到达为泊松流时，根据负指数分布的无后效性，以及顾客到达与系统服务相互独立的假设，容易证明从系统空闲时刻起到下一个顾客到达为止的时间间隔（即闲期）仍服从参数为 λ 的负指数分布，且与到达时间间隔相互独立。故平均闲期长为：

$$T_{闲} = 1/\lambda$$

由于忙期和闲期交替出现，平均忙期长与平均闲期长之比：

$$\frac{T_{忙}}{T_{闲}} = \frac{p_{忙}}{p_{闲}} = \frac{1-p_0}{p_0} \tag{8-11}$$

由式（8-11）得：

$$T_{忙} = T_{闲}\frac{1-p_0}{p_0} = \frac{1-p_0}{\lambda p_0} \tag{8-12}$$

例 8.1 某汽车加油站有一台油泵为汽车加油，站内可容纳 4 辆汽车，当站内停满车时，后来的汽车只能到别处加油。若需加油的汽车按泊松流到达，平均每小时 4 辆。每辆车加油所需时间服从负指数分布，平均每辆需 12 分钟，试求系统有关运行指标。

解： 据题意，此为 $M/M/1/4/\infty/FCFS$ 排队系统。$\lambda=4$ 辆/小时，$\mu=5$ 辆/小时。

（1）$p_0 = \dfrac{1-\dfrac{\lambda}{\mu}}{1-(\dfrac{\lambda}{\mu})^{N+1}} = \dfrac{1-\dfrac{4}{5}}{1-(\dfrac{4}{5})^{4+1}} \approx \dfrac{0.2}{0.672\ 3} \approx 0.297\ 5$

$p_1 \approx 0.238\ 0$ ，$p_2 \approx 0.190\ 4$ ，$p_3 \approx 0.152\ 3$ ，$p_4 \approx 0.121\ 8$

（2）$L_s = p_1 + 2p_2 + 3p_3 + 4p_4 = 1.562\ 9$

（3）$\lambda_e = \lambda(1-p_4) = 4\times(1-0.121\ 8) = 3.512\ 8$

（4）$W_s = \dfrac{L_s}{\lambda_e} = \dfrac{1.562\ 9}{3.512\ 8} = 0.444\ 9$（小时）

（5）$W_q = W_s - \dfrac{1}{\mu} = 0.244\ 9$（小时）

(6) $L_q = W_q \times \lambda_e = 0.8603$

(7) $\lambda_{损} = \lambda - \lambda_e = 0.4872$

(8) $T_{忙} = \dfrac{1-p_0}{\lambda_e p_0} = 0.6722$（小时）

对于 $M/M/1/N/\infty/FCFS$ 模型，如果系统容量 $N \to \infty$，则该模型转化为等待制系统；反之，如果 $N=1$，则转化为损失制系统。

2. M/M/1 损失制排队系统

该系统的意义是：顾客按泊松流输入，平均到达率为 λ，服务时间服从负指数分布，平均服务率为 μ，1 个服务台，系统容量为 1，顾客源无限，排队规则为先到先服务。当顾客到达系统时，若服务台忙，则自动离去，另求服务。

对 $M/M/1$ 客源无限的损失制排队系统，其状态转移速度图和状态转移速度矩阵 Λ 如图 8.2 所示。稳态条件下的状态概率方程为：

$$P\Lambda = 0 \quad 或 \quad (p_0, p_1)\begin{pmatrix} -\lambda & \lambda \\ \mu & -\mu \end{pmatrix} = 0$$

解得该系统的基本概率指标为：

$$p_0 = \frac{1}{1+\dfrac{\lambda}{\mu}} = \frac{\mu}{\mu+\lambda}$$

$$p_1 = 1 - p_0 = \frac{\lambda}{\mu+\lambda}$$

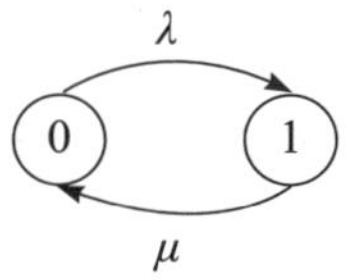

(a) 状态转移速度图

$$\Lambda = \begin{pmatrix} -\lambda & \lambda \\ \mu & -\mu \end{pmatrix}$$

(b) 状态转移速度矩阵

图 8.2　M/M/1 客源无限的损失制系统

由于 $M/M/1$ 损失制系统是 $M/M/1/N$ 混合制系统在 $N=1$ 时的特例，因此根据混合制系统的数量指标公式，可求得 $M/M/1$ 损失制系统的数量指标。计算结果见式（8－13）。

$$\begin{cases} p_0 = \dfrac{\mu}{\mu+\lambda} \\ p_1 = \dfrac{\lambda}{\mu+\lambda} \\ p_{损} = p_{忙} = p_1 = \dfrac{\lambda}{\mu+\lambda} \\ \lambda_e = \lambda p_0 = \dfrac{\mu\lambda}{\mu+\lambda} \\ L_s = p_1 \\ L_q = 0 \\ W_s = \dfrac{1}{\mu} \\ W_q = 0 \end{cases} \tag{8-13}$$

例 8.2 将例 8.1 中的 N 改为 1，则问题转化为 $M/M/1$ 损失制系统，即加油站中只能停放 1 辆汽车，若加油站中有车正在加油，后来的车辆均离去，另求服务。

解： 已知 $\lambda=4$ 辆/小时，$\mu=5$ 辆/小时。则

$$p_0=\frac{\mu}{\mu-\lambda}=\frac{5}{5+4}\approx 0.56$$

$$p_1=\frac{\lambda}{\mu-\lambda}=\frac{4}{5+4}\approx 0.44$$

每小时接待的顾客数为：$\lambda_e=\mu\lambda/(\mu+\lambda)=2.2$（辆）。

每小时损失的顾客数为：$\lambda_{损}=\lambda-\lambda_e=4-2.2=1.8$（辆）。

显然系统容量过小时，会损失过多的顾客。

3. *M/M/*1 等待制排队系统

该系统的意义是：顾客按泊松流输入，平均到达率为 λ，服务时间服从负指数分布，平均服务率为 μ，1 个服务台，系统容量和顾客源均为无限，服务规则为先到先服务。当顾客到达系统时，若服务台忙，则排队等待服务，直至接受服务后离去。

该系统的状态转移速度图如图 8.3 所示。

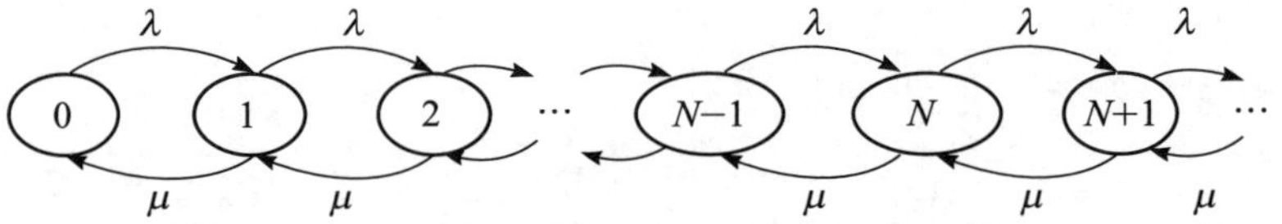

图 8.3 *M/M/*1 等待制排队系统的状态转移速度图

状态转移速度矩阵为：

$$\Lambda=\begin{pmatrix}-\lambda & \lambda & & & & \\ \mu & -(\lambda+\mu) & \lambda & & & \\ & \mu & -(\lambda+\mu) & \lambda & & \\ & & \mu & -(\lambda+\mu) & \lambda & \\ & & & & & \ddots\end{pmatrix}$$

稳态条件下的状态概率方程：$P\Lambda=0$，即

$$(p_0,p_1,\cdots)\begin{pmatrix}-\lambda & \lambda & & & & \\ \mu & -(\lambda+\mu) & \lambda & & & \\ & \mu & -(\lambda+\mu) & \lambda & & \\ & & \mu & -(\lambda+\mu) & \lambda & \\ & & & & & \ddots\end{pmatrix}=0 \qquad (8-14)$$

注意，在等待制系统中要求 $\lambda/\mu<1$，否则无穷级数不收敛。系统将由于超负荷而

不能达到稳态，无法讨论。由于等待制系统是混合制系统当 $N\to\infty$ 时的极限情形，因而可将混合制系统中的数量指标公式取极限，得到 $M/M/1$ 等待制系统相应的各项数量指标。计算结果如式（8－15）所示。

$$
\begin{cases}
p_0 = \left[\sum_{n=0}^{\infty}(\dfrac{\lambda}{\mu})^n\right]^{-1} = 1-\dfrac{\lambda}{\mu} \\
p_n = (\dfrac{\lambda}{\mu})^n p_0 = (\dfrac{\lambda}{\mu})^n(1-\dfrac{\lambda}{\mu}),\quad n=0,1,\cdots \\
L_s = \dfrac{\lambda}{\mu-\lambda} = W_s\lambda_e \\
\lambda_e = \mu(1-p_0) = \lambda \\
W_s = \dfrac{L_s}{\lambda_e} = \dfrac{1}{\mu-\lambda} \\
W_q = W_s - \dfrac{1}{\mu} = \dfrac{\lambda}{\mu(\mu-\lambda)} \\
L_q = W_q\lambda_e = \dfrac{\lambda^2}{\mu(\mu-\lambda)}
\end{cases}
\tag{8-15}
$$

例 8.3　将例 8.1 中的 $N=4$ 改为没有容量限制，则问题转化为 $M/M/1$ 等待制系统。试求系统有关运行指标。

解： $\lambda=4$ 辆/小时，$\mu=5$ 辆/小时。

根据式（8－15），解得相应的数量指标为：

$$
\begin{cases}
p_0 = 1-\dfrac{\lambda}{\mu} = 0.2 \\
L_s = \dfrac{\lambda}{\mu-\lambda} = \dfrac{4}{5-4} = 4 \\
\lambda_e = \lambda = 4 \\
W_s = \dfrac{L_s}{\lambda_e} = \dfrac{4}{4} = 1 \\
W_q = W_s - \dfrac{1}{\mu} = 1-\dfrac{1}{5} = 0.8 \\
L_q = W_q\lambda_e = 0.8\times 4 = 3.2
\end{cases}
$$

8.1.2　多服务台指数分布排队系统

多服务台排队系统的研究可以仿照单服务台排队系统的讨论思路进行，首先从最基本的 $M/M/C/N/\infty/FCFS$ 混合制排队系统开始讨论。

1. $M/M/C/N/\infty/FCFS$ 混合制排队系统

该系统的意义是：顾客按泊松流输入，平均到达率为 λ，服务时间服从负指数分布，平均服务率为 μ，有 C 个服务台，系统容量为 $N(N>C)$，顾客源无限，服务规则为先到先服务。顾客到达系统时，若系统中当前的顾客数为 N，则顾客自动离去，另求服务。

该系统的状态转移速度图如图 8.4 所示。

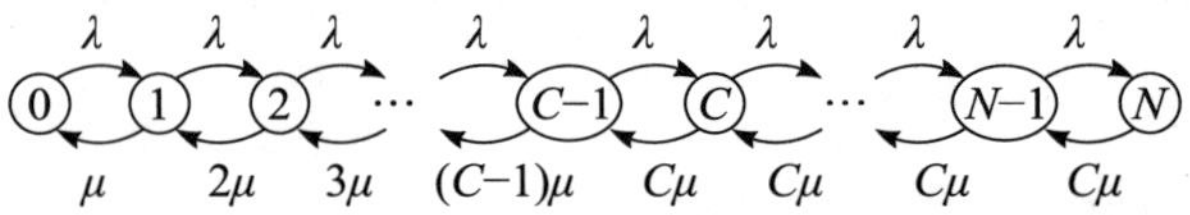

图 8.4　*M/M/C/N/∞/FCFS* 混合制系统的状态转移速度图

状态转移速度矩阵为如下 $N+1$ 阶方阵：

$$\Lambda=\begin{pmatrix}
-\lambda & \lambda & & & & & \\
\mu & -(\lambda+\mu) & \lambda & & & & \\
 & 2\mu & -(\lambda+2\mu) & \lambda & & & \\
 & & 3\mu & -(\lambda+3\mu) & \lambda & & \\
 & & & & \ddots & & \\
 & & & & C\mu & -(\lambda+C\mu) & \lambda \\
 & & & & & \ddots & \\
 & & & & & C\mu & -C\mu
\end{pmatrix}$$

稳态条件下的状态概率方程为：

$$P\Lambda=(p_0,\ p_1,\ \cdots,\ p_C,\ p_{C+1},\ \cdots,\ p_N)\Lambda=0$$

由此，可得稳态概率应满足的关系。

（1）当 $n\leqslant C$（系统中的顾客数不超过 C 个）时：

$$-\lambda p_0+\mu p_1=0\Rightarrow p_1=\frac{\lambda}{\mu}p_0$$

$$\lambda p_0-(\lambda+\mu)p_1+2\mu p_2=0$$

$$\Rightarrow 2\mu p_2=-\lambda p_0+(\lambda+\mu)p_1=-\lambda p_0+(\lambda+\mu)\frac{\lambda}{\mu}p_0$$

$$\Rightarrow p_2=\frac{\lambda^2}{2\mu^2}p_0$$

$$\vdots$$

令 $\rho=\frac{\lambda}{C\mu}$，称为系统负荷强度，可得 p_n 的一般表达式：

$$p_n=\frac{\lambda}{n\mu}p_{n-1}=\frac{C}{n}\rho p_{n-1}$$

$$\Rightarrow p_n=\frac{1}{n!}\left(\frac{\lambda}{\mu}\right)^n p_0=\frac{C^n}{n!}\rho^n p_0$$

（2）当 $C<n\leqslant N$ 时，有

$$\lambda p_{n-1}+C\mu p_{n+1}=(\lambda+C\mu)p_n$$

$$\Rightarrow p_n=\frac{C^C}{C!}\rho^n p_0$$

也可根据“系统处于稳态时，每个状态的转入率等于转出率”求得 p_n 的一般表达式。通过计算推导，得出系统基本数量指标如下：

$$\begin{cases} p_0=\left[\sum_{n=0}^{C}\dfrac{(C\rho)^n}{n!}+\dfrac{C^C\rho(\rho^C-\rho^N)}{C!(1-\rho)}\right]^{-1} \\ p_n=\begin{cases}\dfrac{C^n}{n!}\rho^n p_0, & 1\leqslant n\leqslant C \\ \dfrac{C^C}{C!}\rho^n p_0, & C<n\leqslant N\end{cases} \\ L_s=L_q+\dfrac{\lambda_e}{\mu}=L_q+C\rho(1-p_N) \\ \lambda_e=\sum_{n=0}^{N}\lambda_n p_n=\sum_{n=0}^{N-1}\lambda p_n+0\times p_N=\lambda(1-p_N) \\ L_q=\dfrac{C^C\cdot\rho^{C+1}p_0}{C!(1-\rho)^2}[1-\rho^{N-C}-(N-C)\rho^{N-C}(1-\rho)] \\ W_q=\dfrac{L_q}{\lambda_e}=\dfrac{L_q}{\lambda(1-p_N)} \\ W_s=W_q+\dfrac{1}{\mu} \end{cases} \tag{8-16}$$

例 8.4　某汽车加油站有 2 台油泵为汽车加油，站内可容纳 4 辆汽车，当加油站内停满车时，后来的汽车只能到别处加油。若需加油的汽车按泊松流到达，平均每小时 4 辆。每辆车加油所需时间服从负指数分布，平均每辆需 12 分钟，试求系统有关运行指标。

解：该系统是 $M/M/2/4$ 混合制排队系统，其中 $\lambda=4$（辆/小时），$\mu=5$（辆/小时），$C=2$，$\rho=\lambda/(C\mu)=0.4$。

根据式（8－16）计算各基本数量指标如下：

$$p_0=\left[1+2\rho+\frac{(2\rho)^2}{2!}+\frac{2^2\rho(\rho^2-\rho^4)}{2!(1-\rho)}\right]^{-1}$$

$$=\left[1+0.8+0.32+2\cdot\frac{0.4^3-0.4^5}{1-0.4}\right]^{-1}$$

$$\approx 0.4349$$

$$p_1=2\rho p_0\approx 0.3479$$

$$p_2=\rho p_1\approx 0.1392$$

$$p_3=\rho p_2\approx 0.0556$$

$$p_4=\rho p_3\approx 0.0224$$

$$L_q=\frac{2^2}{2!(1-0.4)^2}0.4^3\times 0.4349\times[1-0.4^{4-2}-(4-2)\times 0.4^{4-2}\times(1-0.4)]$$

$$=0.1002$$

$$\lambda_e=\lambda(1-p_4)=4\times(1-0.0224)=3.9104(\text{辆}/\text{小时})$$

$$W_q=\frac{L_q}{\lambda_e}=0.0256(\text{小时})=1.536(\text{分钟})$$

$$W_s=W_q+\frac{1}{\mu}=0.2256(\text{小时})=13.536(\text{分钟})$$

$$L_s=W_s\cdot\lambda_e=0.8822(\text{辆})$$

对于 $M/M/C/N/\infty/FCFS$ 模型，当 $N\rightarrow\infty$ 时，就转化为 $M/M/C$ 等待制系统（顾客源无限、等待空间无限）；当 $N=C$ 时，则转化为 $M/M/C$ 损失制系统（顾客源无限、容量为 C）。

2. *M/M/C* 等待制排队系统

该系统的意义是：顾客按泊松流输入，平均到达率为 λ，服务时间服从负指数分布，平均服务率为 μ，有 C 个服务台，系统容量和顾客源均无限，服务规则为先到先服务。顾客到达系统时，若无空闲服务台，则排队等待，直至接受服务后离去。

该系统的状态转移速度图如图 8.5 所示。

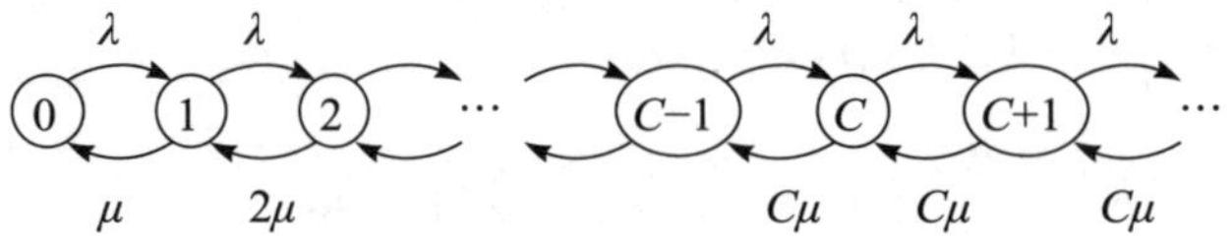

图 8.5　*M/M/C* 等待制系统的状态转移速度图

状态转移速度矩阵为：

$$\Lambda=\begin{pmatrix} -\lambda & \lambda & & & & & & \\ \mu & -(\lambda+\mu) & \lambda & & & & & \\ & 2\mu & -(\lambda+2\mu) & \lambda & & & & \\ & & 3\mu & -(\lambda+3\mu) & \lambda & & & \\ & & & & \ddots & & & \\ & & & & C\mu & -(\lambda+C\mu) & \lambda & \\ & & & & & C\mu & -(\lambda+C\mu) & \\ & & & & & & & \ddots \end{pmatrix}$$

状态概率方程为：$P\Lambda=(p_0,p_1,\cdots)\Lambda=0$。

由于等待制系统是 $M/M/C/N$ 混合制排队系统当 $N\to\infty$ 时的极限情况，故可利用混合制系统式（8-16）中的各项数量指标计算公式取极限 $N\to\infty$ 得到相应的各项数量指标。这里略去推导过程，只列出最终计算公式，如式（8-17）所示。

注意，在多服务台等待制系统中，要求 $\rho=\lambda/(C\mu)<1$，并称其为系统负荷强度，它反映了顾客需求强度与系统服务能力的比值。若 $\rho\geqslant 1$，无穷级数就不能收敛，系统将因超负荷而不能达到稳态。

$$\begin{cases} p_0=\left[\sum\limits_{n=0}^{C-1}\dfrac{C^n}{n!}\rho^n+\dfrac{C^C}{C!}\cdot\dfrac{\rho^C}{(1-\rho)}\right]^{-1} \\ p_n=\begin{cases}\dfrac{C^n}{n!}\rho^n p_0, & 1\leqslant n\leqslant C \\ \dfrac{C^C}{C!}\rho^n p_0, & n>C\end{cases} \\ L_q=\dfrac{C^C\cdot\rho^{C+1}p_0}{C!(1-\rho)^2} \\ L_s=L_q+\dfrac{\lambda}{\mu} \\ \lambda_e=\lambda \\ W_q=\dfrac{L_q}{\lambda} \\ W_s=W_q+\dfrac{1}{\mu} \end{cases} \tag{8-17}$$

例 8.5　将例 8.4 改为容量没有限制的情况，则该系统转化为 $M/M/2$ 等待制系统。

解： 已知 $\lambda=4$（辆/小时），$\mu=5$（辆/小时），$C=2$，$\rho=\lambda/(C\mu)=0.4$。

根据式（8－17）计算有关数量指标如下：

$$p_0=\left[1+2\rho+\frac{2^2}{2!}\times\frac{\rho^2}{1-\rho}\right]^{-1}$$

$$=\left[1+2\times0.4+2\times\frac{0.4^2}{1-0.4}\right]^{-1}\approx0.4286$$

$$p_1=2\rho p_0=0.3429$$

$$p_2\approx0.1372$$

$$p_3\approx0.0549$$

$$p_4\approx0.0220$$

$$L_q=\frac{2^2\times0.4^3\times0.4286}{2!(1-0.4)^2}=1.524(\text{辆})$$

$$\lambda_e=4$$

$$W_q=\frac{L_q}{\lambda_e}=\frac{1.524}{4}=0.381(\text{小时})$$

$$W_s=W_q+\frac{1}{\mu}=0.381+0.2=0.581(\text{小时})$$

$$L_s=W_s\cdot\lambda_e=0.581\times4=2.324(\text{辆})$$

3. *M/M/C* 损失制排队系统

该系统的意义是：顾客按泊松流输入，平均到达率为 λ，服务时间服从负指数分布，平均服务率为 μ，有 C 个服务台，系统容量为 C，顾客源无限，服务规则为先到先服务的排队系统。顾客到达系统时，若无空闲服务台，则自动离开，另求服务。

该系统状态转移速度图如图 8.6 所示。

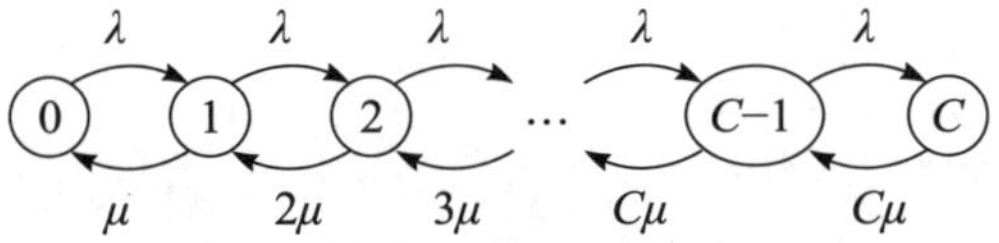

图 8.6　*M/M/C* 损失制系统的状态转移速度图

状态转移速度矩阵 Λ 为如下 $C+1$ 阶方阵：

$$\Lambda=\begin{pmatrix}-\lambda & \lambda & & & & & \\ \mu & -(\lambda+\mu) & \lambda & & & & \\ & 2\mu & -(\lambda+2\mu) & \lambda & & & \\ & & 3\mu & -(\lambda+3\mu) & \lambda & & \\ & & & \ddots & \ddots & \ddots & \\ & & & & (C-1)\mu & -(\lambda+(C-1)\mu) & \lambda \\ & & & & & C\mu & -C\mu\end{pmatrix}$$

稳态下的状态概率方程为：$P\Lambda=(p_0,p_1,\cdots,p_C)\Lambda=0$。

由于 $M/M/C$ 损失制系统是 $M/M/C/N$ 混合制系统当 $N=C$ 时的特例，因而可将混合制系统式（8-16）中各项数量指标公式取 $N=C$，得到损失制系统的各项数量指标。这里略去推导过程，只列出最终计算公式。

$$\begin{cases} p_0=\left[\sum\limits_{n=0}^{C}\dfrac{(C\rho)^n}{n!}\right]^{-1} \\ p_n=\dfrac{C^n}{n!}\rho^n p_0,\ 1\leqslant n\leqslant C \\ \lambda_e=\lambda(1-p_C) \\ \lambda_{损}=\lambda-\lambda_e=\lambda p_C \\ L_s=\dfrac{\lambda_e}{\mu} \\ W_s=\dfrac{1}{\mu} \\ L_q=W_q=0 \end{cases}$$

例 8.6 某电话总机系统有 5 条中继线，电话呼叫服从参数 λ 为 1.5 的泊松分布，通话时间为负指数分布，平均每次通话为 2.5 分钟。试求：

（1）系统空闲的概率；

（2）一条线被占用的概率；

（3）顾客损失的概率。

解： 该系统是 $M/M/5$ 损失制排队系统。顾客为电话呼叫，输入为泊松流，平均到达率 $\lambda=1.5$(次／分)；服务台为 5 条中继线，即 $C=5$，平均服务率 $\mu=0.4$(次／分)$=0.4$(次／分)。

$$\rho=\lambda/(C\mu)=1.5/(5\times0.4)=0.75$$

系统的基本数量指标计算如下：

（1）系统空闲的概率为：

$$p_0=\left[\sum_{n=0}^{5}\frac{1}{n!}\left(\frac{\lambda}{\mu}\right)^n\right]^{-1}$$
$$=\left[1+3.75+\frac{1}{2!}(3.75)^2+\frac{1}{3!}(3.75)^3+\frac{1}{4!}(3.75)^4+\frac{1}{5!}(3.75)^5\right]^{-1}$$
$$=(1+3.75+7.031+8.789+8.240+06.180)^{-1}\approx0.029$$

（2）一条线被占用的概率为：

$$p_1=\frac{\lambda}{\mu}p_0=3.75\times0.029\approx0.109$$

（3）顾客损失的概率，即 5 条线全部被占用的概率为：

$$p_{损}=p_5=\frac{1}{5!}\left(\frac{\lambda}{\mu}\right)^5p_0=\frac{1}{5!}\times3.75^5\times0.029\approx0.179$$

例 8.7 某织布车间有两个织布机维修组，分别负责该车间的两个织布组的织布机维修工作。设每组平均每天有 4 台织布机需要维修，每个维修组每天平均可修复 5 台织布机。试问维持现状，还是将两个维修组合并，共同负责全车间的织布机维修工作效率高？

解： 维持现状，则排队系统为 2 个单队单服务台等待制系统；进行合并，则成为单队 2 个服务台的等待制排队系统。两种方案孰优孰劣，关键在于比较平均队列长、平均等待时间以及平均逗留时间等数量指标的大小。

(1) 维持现状：考虑 2 个单队单服务台的等待制系统。

$$\lambda = 4(台/天)$$

$$\mu = 5(台/天)$$

$$p_0 = 1-\lambda/\mu = 1-4/5 = 0.2$$

$$\lambda_e = \mu(1-p_0) = \lambda = 4(台/天)$$

$$W_s = \frac{L_s}{\lambda_e} = \frac{1}{\mu-\lambda} = \frac{1}{5-4} = 1(天)$$

$$W_q = W_s - \frac{1}{\mu} = \frac{\lambda}{\mu(\mu-\lambda)} = \frac{4}{5(5-4)} = 0.8(天)$$

$$L_q = W_q\lambda_e = \frac{\lambda^2}{\mu(\mu-\lambda)} = \frac{4^2}{5} = 3.2(台)$$

$$L_s = \frac{\lambda}{\mu-\lambda} = \frac{4}{5-4} = 4(台)$$

(2) 进行合并：考虑单队 2 个服务台的等待制排队系统。

$$\lambda = 8(台/天)$$

$$\rho = \frac{\lambda}{c\mu} = \frac{8}{2\times 5} = 0.8 < 1$$

$$p_0 = \left[\sum_{n=0}^{C-1}\frac{C^n}{n!}\rho^n + \frac{C^C}{C!}\cdot\frac{\rho^C}{(1-\rho)}\right]^{-1} = \left[1+2\times 0.8+\frac{2^2}{2!}\cdot\frac{0.8^2}{1-0.8}\right]^{-1} \approx 0.111$$

$$L_q = \frac{C^C\cdot\rho^{C+1}p_0}{C!(1-\rho)^2} = \frac{2^2\times 0.8^3\times 0.111}{2\times 0.2^2} = 2.848(台)$$

$$L_s = L_q + \frac{\lambda}{\mu} = 2.848 + 8/5 = 4.448(台)$$

$$W_q = \frac{L_q}{\lambda} = 2.848/8 = 0.356(天)$$

$$W_s = W_q + \frac{1}{\mu} = 0.356 + 0.2 = 0.556(天)$$

两者相比，单队 2 个服务台系统的效率要明显高于 2 个单队单服务台系统。因为前者的平均队列长、平均等待时间及平均逗留时间三个指标的数值都明显更小。

§8.2 客源有限的排队系统

客源有限的排队系统指的是顾客总数有限，且每个顾客对系统的服务需求是独立且同分布的系统。本节以等待制系统为例进行讨论。

8.2.1 *M/M/1/m/m* 排队系统

该系统的意义是：顾客到达为泊松流，服务时间服从负指数分布，1 个服务台，顾

客总数为 m，服务规则是先到先服务。由于系统容量可视为无限大，该系统也可写成 $M/M/1/\infty/m$ 排队系统。因为 m 个顾客不会同时到达，所以不会有顾客因系统满而自动离去。

在有限源排队系统的讨论中，有以下两点需要特别注意：

（1）不同状态下顾客到达的概率是变化的。

因顾客源有限，当系统中已有顾客到达时，再有顾客到达的概率就会减小。特别地，若所有 m 个顾客已全部到达系统，则下一个顾客到达的概率为 0。

（2）顾客到达率 λ 是就单个顾客而言的，不再是无限源时就总体而言的平均到达率。

在有限源排队系统中，顾客到达率 λ 指单位时间内一个顾客来到系统请求服务的次数。若系统中已有 $k(1 \leqslant k < m)$ 个顾客到达，则系统外剩余 $(m-k)$ 个顾客，此时顾客到达率为 $(m-k)\lambda$ 。以车间里机床维修为例，每台机床每天都有可能出现故障。若一台机床在单位时间内出现故障（需要维修）的次数为 λ，顾客平均到达率（平均维修率）已知，则 m 台机床在单位时间内的故障率即为 $m\lambda$ 。

在讨论无限源排队系统时，由于顾客源是无限的，即便系统中已有有限个顾客到达，顾客源还是无限的。因此，就总体来讨论顾客到达率是可行的。然而，在讨论有限源排队系统时，顾客到系统来一个，系统外就会少一个。只有就个体来讨论顾客到达率才方便、可行。

具体地，系统的状态转移速度图如图 8.7 所示。

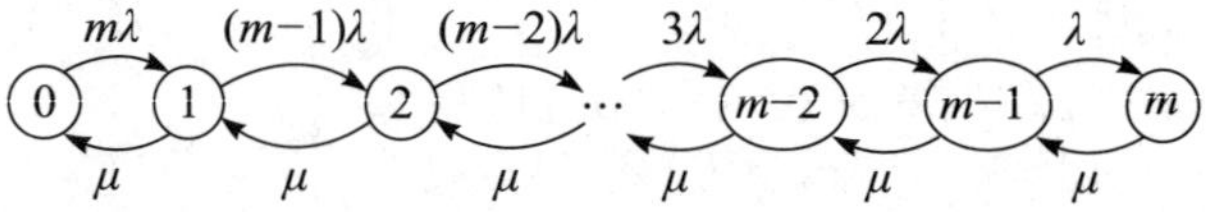

图 8.7　M/M/1/m/m 等待制系统的状态转移速度图

相应的状态转移速度矩阵为：

$$\Lambda=\begin{pmatrix}-m\lambda & m\lambda & & & & & \\ \mu & -[(m-1)\lambda+\mu] & (m-1)\lambda & & & & \\ & \mu & -[(m-2)\lambda+\mu] & (m-2)\lambda & & & \\ & & & \ddots & & & \\ & & & \mu & -(2\lambda+\mu) & 2\lambda & \\ & & & & \mu & -(\lambda+\mu) & \lambda \\ & & & & & \mu & -\mu\end{pmatrix}$$

稳态条件下的状态概率方程为 $P\Lambda=0$ ，其中，$P=(p_0,p_1,\cdots,p_m)$ 。

系统的基本数量指标可计算如下：

（1）基本概率指标。

由状态概率方程可得

$$-m\lambda p_0+\mu p_1=0 \Rightarrow p_1=m\left(\frac{\lambda}{\mu}\right)p_0$$

$$m\lambda p_0-[(m-1)\lambda+\mu]p_1+\mu p_2=0$$

$$\Rightarrow p_2=\frac{1}{\mu}\left\{-m\lambda+[(m-1)\lambda+\mu]m\left(\frac{\lambda}{\mu}\right)\right\}p_0$$

$$=\frac{m(m-1)}{\mu^2}\lambda^2 p_0=\frac{m!}{(m-2)!}(\frac{\lambda}{\mu})^2 p_0$$

利用数学归纳法可以证明：

$$p_k=\frac{m!}{(m-k)!}(\frac{\lambda}{\mu})^k p_0,\ 1\leqslant k\leqslant m$$

由 $\sum_{k=0}^{m} p_k=1\Rightarrow\sum_{k=0}^{m}\frac{m!}{(m-k)!}\left(\frac{\lambda}{\mu}\right)^m p_0=1$，得

$$\begin{cases} p_0=\left[\sum_{k=0}^{m}\frac{m!}{(m-k)!}\left(\frac{\lambda}{\mu}\right)^k\right]^{-1} \\ p_k=\frac{m!}{(m-k)!}\left(\frac{\lambda}{\mu}\right)^k p_0 \\ \quad=\frac{m!}{(m-k)!}\left(\frac{\lambda}{\mu}\right)^m\left[\sum_{k=0}^{m}\frac{m!}{(m-k)!}\left(\frac{\lambda}{\mu}\right)^k\right]^{-1},\ 0<k\leqslant m \end{cases}$$

（2）平均队长 L_s 与平均队列长 L_q 。

1）可以证明，正在接受服务的顾客平均数为 $1-p_0$ 。

证明 1：由于正在接受服务的顾客平均数等于平均占用的服务台数，所以根据期望的定义，平均占用的服务台数为：

$$0\times p_0+1\times(1-p_0)=1-p_0$$

证明 2：根据平均队长、平均队列长的定义以及它们之间的关系，得

$$\sum_{k=0}^{m} p_k=p_0+\sum_{k=1}^{m} p_k=1\Rightarrow\sum_{k=1}^{m} p_k=1-p_0$$

$$L_q=\sum_{k=1}^{m}(k-1)p_k=\sum_{k=1}^{m}k\,p_k-\sum_{k=1}^{m}p_k=L_s-(1-p_0)$$

即 $L_s=L_q+(1-p_0)$ 。故正在接受服务的顾客平均数为 $1-p_0$ 。

2）由 Little 公式知：

$$\begin{cases} W_s=\frac{L_s}{\lambda_e} \\ W_q=\frac{L_q}{\lambda_e} \qquad\Rightarrow\frac{L_s}{\lambda_e}=\frac{L_q}{\lambda_e}+\frac{1}{\mu}\Rightarrow L_s=L_q+\frac{\lambda_e}{\mu} \\ W_s=W+\frac{1}{\mu_q} \end{cases}$$

因此，正在接受服务的顾客平均数也等于 $\frac{\lambda_e}{\mu}$ 。于是，$1-p_0=\frac{\lambda_e}{\mu}\Rightarrow\lambda_e=\mu(1-p_0)$ 。也可直接利用 $\lambda_e=\mu_e=\mu(1-p_0)$ 得出上述结论，即当系统无空闲时，顾客以 μ 的速度离开系统。

3）由于 L_s 是系统中的平均顾客数，系统外的平均顾客数为（$m-L_s$）。于是，有效到达率为 $\lambda_e=\lambda(m-L_s)$ 。

结合 2）和 3）可得

$$\lambda_e=\mu(1-p_0)=\lambda(m-L_s)$$

平均队长为：

$$L_s=m-\frac{\mu}{\lambda}(1-p_0)$$

4）平均队列长为：

$$L_q = L_s - \frac{\lambda_e}{\mu} = L_s - (1-p_0) = m - \frac{\lambda+\mu}{\lambda}(1-p_0)$$

（3）平均逗留时间 W_s 和平均等待时间 W_q 。

$$W_s = \frac{L_s}{\lambda_e} = \frac{L_s}{\lambda(m-L_s)} = \frac{L_s}{\mu(1-p_0)} = \frac{m}{\mu(1-p_0)} - \frac{1}{\lambda}$$

$$W_q = W_s - \frac{1}{\mu} = \frac{L_q}{\lambda_e} = \frac{L_q}{\lambda(m-L_s)}$$

（4）其他数量指标。

1）对于机器故障问题，L_s 就是平均故障台数，而系统外的平均顾客数 K 就是正常运转的机器数。故 $K = m - L_s = \frac{\mu}{\lambda}(1-p_0)$ 。

2）设备利用率 $\tau = \frac{m-L_s}{m}$ 。

8.2.2 M/M/C/m/m 排队系统

该系统的意义是：顾客到达为泊松流，服务时间服从负指数分布，有 C 个服务台，顾客总数为 m（$C<m$），服务规则是先到先服务的等待制排队系统。也可写为 M/M/C/∞/m 排队系统，即系统容量可视为无穷大。

该系统的状态转移速度图如 8.8 所示。

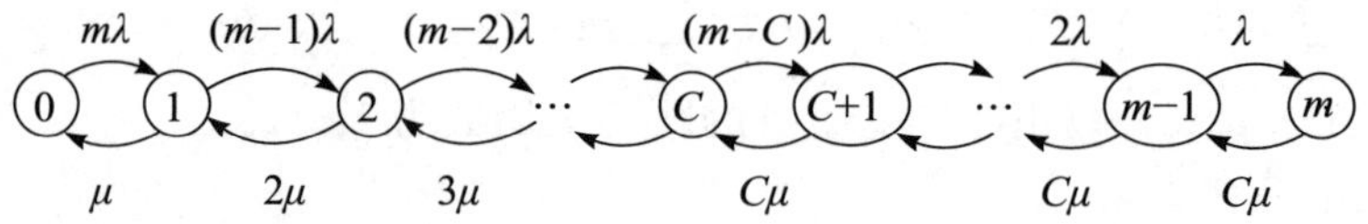

图 8.8 M/M/C/m/m 等待制系统的状态转移速度图

相应的状态转移速度矩阵为：

$$\Lambda = \begin{pmatrix} -m\lambda & m\lambda & & & & & \\ \mu & -[(m-1)\lambda+\mu] & (m-1)\lambda & & & & \\ & 2\mu & -[(m-2)\lambda+\mu] & (m-2)\lambda & & & \\ & & & \ddots & & & \\ & & & C\mu & -(2\lambda+C\mu) & 2\lambda & \\ & & & & C\mu & -(\lambda+C\mu) & \lambda \\ & & & & & C\mu & -C\mu \end{pmatrix}$$

稳态条件下的状态概率方程为：$P\Lambda = 0$ ，其中 $P = (p_0, p_1, \cdots, p_m)$ 。

系统的基本数量指标计算如下：

（1）基本概率指标。

由状态概率方程，可得

$$-m\lambda p_0 + \mu p_1 = 0 \Rightarrow p_1 = m\left(\frac{\lambda}{\mu}\right) p_0$$

$$m\lambda p_0 - [(m-1)\lambda+\mu]p_1 + 2\mu p_2 = 0$$

$$\Rightarrow p_2 = \frac{1}{2\mu}\left\{-m\lambda + [(m-1)\lambda + \mu]m\left(\frac{\lambda}{\mu}\right)\right\}p_0$$

$$= \frac{m(m-1)}{2\mu^2}\lambda^2 p_0 = \frac{m!}{2!(m-2)!}(\frac{\lambda}{\mu})^2 p_0$$

利用数学归纳法可以证明：

$$当 0 < k \leqslant C 时，p_k = \frac{1}{k!}\frac{m!}{(m-k)!}(\frac{\lambda}{\mu})^k p_0$$

$$当 C < k \leqslant m 时，p_k = \frac{m!}{C!C^{k-C}(m-k)!}(\frac{\lambda}{\mu})^k p_0$$

由 $\sum\limits_{k=0}^{m} p_k = 1$，可得

$$\left[\sum_{k=0}^{C}\frac{m!}{k!(m-k)!}\left(\frac{\lambda}{\mu}\right)^k + \sum_{k=C+1}^{m}\frac{m!}{C!C^{k-C}(m-k)!}\left(\frac{\lambda}{\mu}\right)^k\right]p_0 = 1$$

于是，有

$$p_0 = \left[\sum_{k=0}^{C}\frac{m!}{k!(m-k)!}\left(\frac{\lambda}{\mu}\right)^k + \sum_{k=C+1}^{m}\frac{m!}{C!C^{k-C}(m-k)!}\left(\frac{\lambda}{\mu}\right)^k\right]^{-1}$$

（2）平均队长 L_s 与平均队列长 L_q

$$\begin{cases} L_s = \sum\limits_{k=0}^{m} k\,p_k \\ L_q = \sum\limits_{k=C+1}^{m}(k-C)\,p_k = L_s - \dfrac{\lambda_e}{\mu} \end{cases}$$

正在接受服务的顾客平均数也等于 $\frac{\lambda_e}{\mu}$ 。

（3）平均逗留时间 W_s 和平均等待时间 W_q 。

$$\begin{cases} W_s = \dfrac{L_s}{\lambda_e} = \dfrac{L_q}{\lambda_e} + \dfrac{1}{\mu} \\ W_q = \dfrac{L_q}{\lambda_e} \end{cases}$$

（4）其他数量指标。

1）在机器故障问题中，L_s 就是平均故障台数。系统外的顾客数，即正常运转的机器数 $K = m - L_s$ 。

2）设备利用率 $\tau = \frac{m - L_s}{m}$ 。

3）有效到达率 $\lambda_e = \lambda(m - L_s)$ 。

由上面的基本公式还可以推出其他不同形式的公式，如：

$$L_s = L_q + \frac{\lambda_e}{\mu} = L_q + \frac{\lambda(m-L_s)}{\mu} \Rightarrow L_s = \frac{L_q + \frac{\lambda}{\mu}m}{1 + \frac{\lambda}{\mu}}$$

$$W_s = \frac{L_s}{\lambda_e} = \frac{L_s}{\lambda(m-L_s)}$$

该公式揭示了平均队长、平均队列长、平均到达率及平均服务率之间的关系，避开了有

效到达率的表达式。

例 8.8 有一个修理小组负责修理 3 台同类设备，每台设备的故障发生时间服从负指数分布，故障率为每周 1 次，修理所需时间服从负指数分布，修复率为每周 4 台次，试计算该修理组的有关运行指标。若再组建一个修理组共同负责修理任务，有关运行指标有何变化？

解：（1）依题意，该系统是一个 $M/M/1/3/3$（或 $M/M/1/\infty/3$）的单队单服务台等待制排队系统，排队规则为先到先服务。其中 $m=3$，$\lambda=1$（台次/周），$\mu=4$ 台次/周）。

有关运行指标计算如下：

1）基本概率指标：

$$p_0=\left[\sum_{k=0}^{m}\frac{m!}{(m-k)!}\left(\frac{\lambda}{\mu}\right)^k\right]^{-1}=\left[\sum_{k=0}^{3}\frac{3!}{(3-k)!}\left(\frac{1}{4}\right)^k\right]^{-1}$$
$$=\left[\frac{3!}{3!}\left(\frac{1}{4}\right)^0+\frac{3!}{2!}\left(\frac{1}{4}\right)^1+\frac{3!}{1!}\left(\frac{1}{4}\right)^2+\frac{3!}{0!}\left(\frac{1}{4}\right)^3\right]^{-1}$$
$$=0.451$$

$$p_1=m\left(\frac{\lambda}{\mu}\right)p_0=\frac{3}{4}\,p_0=0.338$$

$$p_2=\frac{m!}{(m-2)!}\left(\frac{\lambda}{\mu}\right)^2 p_0=\frac{3!}{(3-2)!}\left(\frac{1}{4}\right)^2\times 0.451=0.169$$

$$p_3=m!\left(\frac{\lambda}{\mu}\right)^3 p_0=6\times\left(\frac{1}{4}\right)^3\times 0.451=0.042$$

2）有效到达率 $\lambda_e=\lambda(m-L_s)=\mu(1-p_0)=4\times(1-0.451)=2.197$

3）平均队长 L_s 和平均队列长 L_q：

$$L_s=m-\frac{\mu}{\lambda}(1-p_0)=3-\frac{4}{1}(1-0.451)=0.803(\text{台})$$

$$L_q=L_s-\frac{\lambda_e}{\mu}=L_s-(1-p_0)=0.803-(1-0.451)=0.254\,(\text{台})$$

4）平均逗留时间 W_s 和平均等待时间 W_q：

$$W_s=\frac{L_s}{\lambda_e}=\frac{0.803}{2.197}=0.365(\text{周})$$

$$W_q=W_s-\frac{1}{\mu}=0.365-\frac{1}{4}=0.115\,(\text{周})$$

5）正常运转的机器数 $K=m-L_s=3-0.803=2.197$。

6）设备利用率 $\tau=\dfrac{m-L_s}{m}=\dfrac{K}{m}=\dfrac{2.197}{3}=0.7324=73.24\%$。

（2）若再组建一个修理组共同负责修理任务，则系统就变成 $M/M/2/3/3$（或 $M/M/2/\infty/3$）系统。

有关运行指标计算如下：

1）基本概率指标。

$$p_0=\left[\sum_{k=0}^{C}\frac{m!}{k!(m-k)!}\left(\frac{\lambda}{\mu}\right)^k+\sum_{k=C+1}^{m}\frac{m!}{C!C^{k-C}(m-k)!}\left(\frac{\lambda}{\mu}\right)^k\right]^{-1}$$
$$=\left[1+\frac{3!}{1!2!}\left(\frac{\lambda}{\mu}\right)+\frac{3!}{2!1!}\left(\frac{\lambda}{\mu}\right)^2+\frac{3!}{2!\cdot 2(3-3)!}\left(\frac{\lambda}{\mu}\right)^3\right]^{-1}$$

$$= \left[1+3\times\frac{1}{4}+3\times\left(\frac{1}{4}\right)^2+\frac{3}{2}\times\left(\frac{1}{4}\right)^3\right]^{-1} = 0.510$$

$$p_1 = \frac{1}{1!}\frac{m!}{(m-1)!}\left(\frac{\lambda}{\mu}\right)p_0 = \frac{3}{4}p_0 = 0.383$$

$$p_2 = \frac{m!}{2!(m-2)!}\left(\frac{\lambda}{\mu}\right)^2 p_0 = \frac{3!}{2!(3-2)!}\left(\frac{1}{4}\right)^2 p_0 = \frac{3}{16}p_0 = 0.096$$

$$p_3 = \frac{1}{2!}\frac{m!}{2^{m-2}}\left(\frac{\lambda}{\mu}\right)^m p_0 = \frac{3}{2}\times\left(\frac{1}{4}\right)^3\times 0.51 = 0.012$$

2）平均队长 L_s 和平均队列长 L_q：

$$L_q = \sum_{k=C+1}^{m}(k-C)p_k = \sum_{k=2+1}^{3}(k-2)p_k = 1\times p_3 = 0.012$$

$$L_s = \frac{L_q+\frac{\lambda}{\mu}m}{1+\frac{\lambda}{\mu}} = \frac{0.012+\frac{1}{4}\times 3}{1+\frac{1}{4}} = 0.610$$

3）有效到达率 $\lambda_e = \lambda(m-L_s) = 1\times(3-0.610) = 2.390$。

4）平均逗留时间 W_s 和平均等待时间 W_q：

$$W_s = \frac{L_s}{\lambda_e} = \frac{0.610}{2.390} = 0.255(\text{周})$$

$$W_q = W_s - \frac{1}{\mu} = 0.255 - \frac{1}{4} = 0.005(\text{周})$$

5）正常运转的机器数 $K = m - L_s = 3 - 0.610 = 2.390$。

6）设备利用率 $\tau = \frac{m-L_s}{m} = \frac{2.390}{3} = 0.7967 = 79.67\%$。

根据以上分析，若再组建一个修理组，形成 2 个服务台的排队系统，则系统空闲的概率会增大，平均队长、平均队列长、平均逗留时间和平均等待时间都会大大降低，而且正常运转的机器数会增加，设备利用率也会提高。

§ 8.3　排队论模型的综合应用

8.3.1　排队系统的建模分析

排队论问题的建模无须从最基本的生灭随机过程开始，完全可以在排队模型的基础上建模。事实上，只需判断我们研究的问题是否可以归结为某种典型的排队模型即可。需要特别注意的是：

（1）必须对背景资料进行认真推敲，明确所研究的系统可归结为哪种类型的排队模型。分析客源是否有限，几个服务台，系统容量是否有限；注意模型属于等待制、损失制，还是混合制的排队系统。

（2）通常顾客到达为泊松流，服务时间服从负指数分布，但也有例外的情况，在建模时必须进行确认。如果属于例外情况，则要基于问题的实际背景，重新研究排队模型，而不能简单地套用已有的排队模型。

（3）注意问题的求解最终可以归结为排队系统中的哪个特征量或数量指标的计算。

（4）倘若顾客到达的间隔时间和接受服务的时间所服从的概率分布未知，则应进行实际调查和统计分析，验证其所服从的分布，并确定相关的参数。

例 8.9 假设光顾康桥苑图书超市的顾客按泊松流到达，平均每小时到达 20 人，图书超市只有 1 个收款台，收款开发票的时间服从负指数分布，平均每位顾客需花费 2.5 分钟。试问：若要分析该图书超市的运营情况，基于上述背景，系统可以抽象成哪种排队模型？为什么？

解： 顾客有两种：一种是购买者，另一种是只看不买的浏览者。浏览者虽然不买，但了解图书信息有助于其今后购买。这里需要根据实际背景将问题进行简化：只将购买者作为“顾客”，近似假定“光顾者”都是购买者；服务机构就是收款台，购买者付款后才能离去。因此，在将“光顾者”均理解为购买者的前提下，该超市的购书付款系统可抽象为 $M/M/1$ 等待制排队系统。

平均到达率：$\lambda = 20$ 人 / 小时 。

平均服务率：$\mu = 1/2.5$ 人 / 分 $=24$ 人 / 小时 。

康桥苑图书超市的购书系统可以描述为：购买者按泊松流到达且平均到达率为 $\lambda = 20$(人 / 小时)，收款台服务时间服从负指数分布且平均服务率为 $\mu = 24$(人 / 小时)，1 个服务台，系统容量无限，排队规则为先到先服务的 $M/M/1$ 等待制排队系统。当需要交付书款的顾客到达收款台时，如果收款台正忙，则顾客排队等待服务。计算系统的基本数量指标后，即可评价该图书超市的运营情况。

例 8.10 某汽车加油站有两台油泵为汽车加油，站内最多能容纳 6 辆汽车。已知待加油车辆相继到达的间隔时间服从负指数分布，平均每小时到达 18 辆。若加油站中已有 k 辆汽车，当 $k \geqslant 2$ 时，有 $k/6$ 的待加油车辆将离去，另求服务。加油时间服从负指数分布，平均每辆车需要 5 分钟。现在要求解以下问题：

（1）加油站空闲的概率；

（2）两台加油泵全忙的概率；

（3）加油站客满的概率；

（4）若每服务 1 辆车，加油站可获得 10 元利润，则平均每小时可获利多少？

（5）每小时平均损失多少顾客？

（6）平均等待加油的车辆数是多少？

（7）平均有多少车位被占用？

（8）进入加油站的车辆，平均等待多长时间才能开始加油？共需多长时间才能离开？

解： 这是 $M/M/2/6/\infty/FCFS$ 混合制排队系统。根据定理 6.1，车辆相继到达的间隔时间服从负指数分布等价于顾客到达服从参数为 λ 的泊松分布。模型参数为：

服务台数：$C = 2$ 。

平均到达率：$\lambda = 18$ 辆 / 小时 。

平均服务率：$\mu = 1/5$ 辆 / 分 $= 12$ 辆 / 小时 ，$\lambda/\mu = 3/2$ 。

当 $k \geqslant 2$ 时，有 $k/6$ 的待加油车辆将离去。因此系统在不同状态下的实际到达率 λ_k

和实际服务率 μ_k 是随 k 变化的。因系统容量为 6，故 $k=0, 1, 2, 3, 4, 5, 6$ 。

当 $0 \leqslant k < 2$ ，站内仅有 1 辆车或没有车，$\mu_k = k\mu$ ；当 $2 \leqslant k \leqslant 6$ ，站内至少有 2 辆车，两个服务台同时工作，$\mu_k = 2\mu$ 。因此，

$$\mu_k = \begin{cases} k\mu, & 0 \leqslant k < 2 \\ 2\mu, & 2 \leqslant k \leqslant 6 \end{cases}$$

当 $0 \leqslant k < 2$ ，站内仅有 1 辆车或没有车时，新来的车辆不会离去，$\lambda_k = \lambda$ ；

当 $2 \leqslant k \leqslant 6$ ，站内至少有 2 辆车时，一方面以 λ 的速度来车，同时到来的车辆又有 $k/6$ 离去，实际达到率 $\lambda_k = (1-k/6)\lambda$ 。故

$$\lambda_k = \begin{cases} \lambda, & 0 \leqslant k < 2 \\ (1-k/6)\lambda, & 2 \leqslant k \leqslant 6 \end{cases}$$

其状态转移速度图如图 8.9 所示。

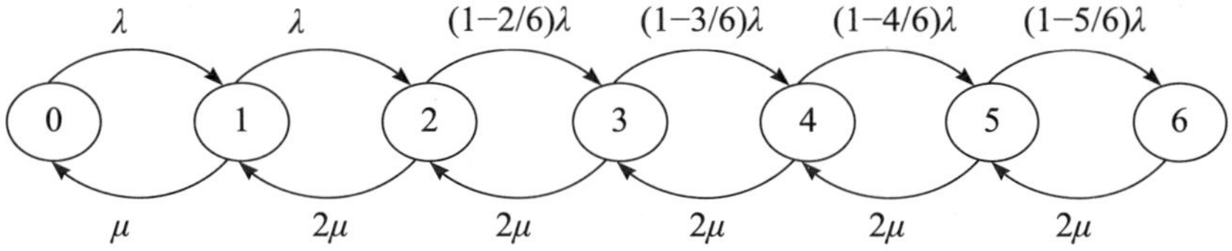

图 8.9　例 8.10 的状态转移速度图

根据每个状态的转入率等于转出率，可写出状态概率方程：

$$\lambda p_0 = \mu p_1 \Rightarrow p_1 = \frac{\lambda}{\mu} p_0 = \frac{3}{2} p_0$$

$$\lambda p_0 + 2\mu p_2 = (\lambda + \mu) p_1 \Rightarrow p_2 = \frac{1}{2\mu}\{(\lambda+\mu)p_1 - \lambda p_0\}$$

$$= \frac{\lambda^2}{2\mu^2} p_0 = \frac{9}{8} p_0$$

$$\lambda p_1 + 2\mu p_3 = \left(\frac{2}{3}\lambda + 2\mu\right) p_2 \Rightarrow p_3 = \frac{1}{2\mu}\left\{\left(\frac{2}{3}\lambda + 2\mu\right)p_2 - \lambda p_1\right\}$$

$$= \frac{1}{2\mu}\left\{\left(\frac{2}{3}\lambda + 2\mu\right)\frac{9}{8} - \frac{3\lambda}{2}\right\} p_0 = \frac{9}{16} p_0$$

$$p_4 = \frac{\lambda}{4\mu} p_3 = \frac{27}{128} p_0$$

$$p_5 = \frac{\lambda}{6\mu} p_4 = \frac{27}{512} p_0$$

$$p_6 = \frac{\lambda}{12\mu} p_5 = \frac{27}{4\,096} p_0$$

根据 $\sum_{k=0}^{6} p_k = 1$ ，可得

$$p_0 + \frac{3}{2} p_0 + \frac{9}{8} p_0 + \frac{9}{16} p_0 + \frac{27}{128} p_0 + \frac{27}{512} p_0 + \frac{27}{4\,096} p_0 = 1$$

解出：

$$p_0 = 0.224, \quad p_1 = 0.336, \quad p_2 = 0.252, \quad p_3 = 126$$

$$p_4 = 0.047, \quad p_5 = 0.012, \quad p_6 = 0.001$$

（1）加油站空闲的概率，即 $p_0=0.224$。

（2）两台加油泵全忙的概率：$p_{忙}=p_2+p_3+p_4+p_5+p_6=0.438$ 。

（3）加油站客满的概率，即 $p_6=0.001$ 。

（4）每小时可服务的顾客数为：

$$\mu_e=\lambda_e=0\cdot p_0+\mu p_1+2\mu\sum_{k=2}^{6}p_k$$
$$=14.544(\text{辆}/\text{小时})$$

故每小时可获利 $R=10\mu_e=145.44$ 元。

（5）每小时平均损失的顾客数：

$$\lambda_{损}=\lambda-\lambda_e=18-14.544=3.456(\text{辆}/\text{小时})$$

（6）平均等待加油的车辆数，即平均队列长：

$$L_q=\sum_{k=3}^{6}(k-2)p_k$$
$$=0.126+2\times0.047+3\times0.012+4\times0.001$$
$$=0.260(\text{辆})$$

（7）平均被占用车位数，即平均队长：

$$L_s=L_q+\frac{\lambda_e}{\mu}$$
$$=0.260+\frac{14.544}{12}$$
$$=1.472(\text{辆})$$

（8）进入加油站车辆的平均等待时间：

$$W_q=\frac{L_q}{\lambda_e}=\frac{0.260}{14.544}=0.018(\text{小时})=1.08(\text{分钟})$$

总共需要时间，即平均逗留时间：

$$W_s=W_q+\frac{1}{\mu}=0.101(\text{小时})=6.06(\text{分钟})$$

例 8.11 某汽修部有 3 个修理组，对外提供修车服务，共有 6 个停车位，当所有车位被占满时，新到达的车辆将自动离去，另求服务。已知每天前来修理的车辆服从泊松分布，平均每天 4 辆；每个修理组修理 1 辆车所用时间服从负指数分布，平均每天修理 2 辆。当待修车辆不足 3 辆时，空闲的修理组会协助修理。若 3 个组同修 2 辆车，则修理速度提高到每天 5 辆；若 3 个组同修 1 辆车，修理速度提高到每天 4 辆。经核算，每修理一辆车可盈利 2 000 元。

试问：

（1）该系统可建立何种类型的排队模型进行分析？试画出状态转移速度图，并写出状态转移速度矩阵。

（2）该汽修部每天盈利多少？

（3）待修车辆从到达汽修部到修理离去为止，共需要多长时间？

（4）平均每天有多少车位被占用？

（5）平均每天有多少辆车得不到修理而离去？

解:

(1) 该系统可归结为 $M/M/3/6/\infty/FCFS$ 混合制排队系统，$\lambda = 4$ 辆/天，$\mu = 2$ 辆/天。

实际服务率是变化的，即

$$\mu_k = \begin{cases} 3\mu, & k \geqslant 3 \\ 5, & k = 2 \\ 4, & k = 1 \end{cases}$$

其状态转移速度图如图 8.10 所示。

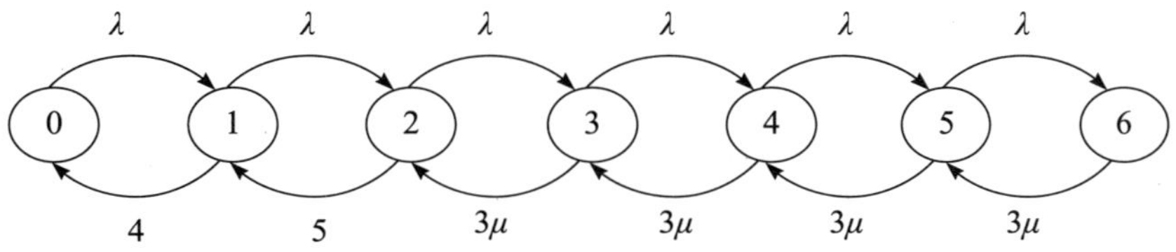

图 8.10　例 8.11 的状态转移速度图

状态转移速度矩阵为：

$$\Lambda = \begin{pmatrix} -4 & 4 & & & & & \\ 4 & -8 & 4 & & & & \\ & 5 & -9 & 4 & & & \\ & & 6 & -10 & 4 & & \\ & & & 6 & -10 & 4 & \\ & & & & 6 & -10 & 4 \\ & & & & & 6 & -6 \end{pmatrix}$$

状态概率方程为 $P\Lambda = 0$，其中，$P = (p_0, p_1, p_2, p_3, p_4, p_5, p_6)$。

打开状态概率方程，得如下方程组：

$$\begin{cases} -4p_0 + 4p_1 = 0 \\ 4p_0 - 8p_1 + 5p_2 = 0 \\ 4p_1 - 9p_2 + 6p_3 = 0 \\ 4p_2 - 10p_3 + 6p_4 = 0 \\ 4p_3 - 10p_4 + 6p_5 = 0 \\ 4p_4 - 10p_5 + 6p_6 = 0 \\ 4p_5 - 6p_6 = 0 \end{cases} \Rightarrow \begin{cases} p_1 = p_0 \\ p_2 = \frac{1}{5}(8p_1 - 4p_0) = \frac{1}{5} \times 4p_0 = \frac{4}{5}p_0 \\ p_3 = \frac{1}{6}(9p_2 - 4p_1) = \frac{1}{6}(\frac{36}{5} - 4)p_0 = \frac{8}{15}p_0 \\ p_4 = \frac{1}{6}(10p_3 - 4p_2) = \frac{1}{6}(\frac{80}{15} - \frac{16}{5})p_0 = \frac{16}{45}p_0 \\ p_5 = \frac{1}{6}(10p_4 - 4p_3) = \frac{1}{6}(\frac{160}{45} - \frac{32}{15})p_0 = \frac{32}{135}p_0 \\ p_6 = \frac{1}{6}(10p_5 - 4p_4) = \frac{1}{6}\left(\frac{320}{135} - \frac{4 \times 16}{45}\right)p_0 = \frac{64}{405}p_0 \\ p_6 = \frac{4}{6}p_5 = \frac{4 \times 32}{6 \times 135}p_0 = \frac{64}{405}p_0 \end{cases}$$

根据 $\sum_{k=0}^{6} p_k = 1$，得基本概率指标如下：

$$p_0 = \frac{1}{1+1+\frac{4}{5}+\frac{8}{15}+\frac{16}{45}+\frac{32}{135}+\frac{64}{405}} = \frac{405}{1\,654} = 0.245$$

$p_1 = 0.245$， $p_2 = 0.196$， $p_3 = 0.131$

$p_4 = 0.087$， $p_5 = 0.058$， $p_6 = 0.039$

（2）修理部每天盈利为：

$$\begin{aligned} 2000\,\mu_e &= 2\,000 \times (0 \times p_0 + 4\,p_1 + 5\,p_2 + 6\,p_3 + 6\,p_4 + 6\,p_5 + 6\,p_6) \\ &= 2\,000 \times (0 + 0.980 + 0.980 + 6 \times 0.315) \\ &= 2\,000 \times 3.850 \\ &= 7\,700(\text{元}) \end{aligned}$$

或者（因舍入误差，结果略有差异）

$$\begin{aligned} \mu_e &= \lambda_e = \lambda(1-p_6) \\ &= 4 \times (1-0.039) = 3.844 \Rightarrow 2\,000\,\mu_e = 7\,688(\text{元}) \end{aligned}$$

（3）待修车辆从到达汽修部到修好离去为止共需时间，即平均逗留时间 $W_s = W_q + 1/\mu$。

（4）平均每天被占用车位数量，即平均队长 $L_s = W_s\,\mu_e$。

（5）平均每天得不到修理而离去的车辆数 $\lambda_{\text{损}} = \lambda - \lambda_e$。

最后的具体运算，请读者根据给出的公式自行完成。

8.3.2 排队系统的优化

例 8.12 现计划兴建一座码头，只有1个泊位装卸船只，要求设计其装卸能力（每日装卸的船只数量），使每天的总支出最少。已知数据资料如下：

单位装卸能力每天平均耗费生产费用 $a = 2$ 千元；

船只到港后如不能及时装卸，每滞留1天的损失费为 $b = 1.5$ 千元；

预计船只的平均到港率为 $\lambda = 3$ 只/日；

船只到达的间隔时间和装卸时间均服从负指数分布。

解： 服务台就是装卸船只的泊位，到港装卸的船只就是请求服务的顾客，船只到达等价于泊松流，装卸时间服从负指数分布，该系统可视为 $M/M/1$ 等待制排队系统。需要设计的装卸能力是服务率 μ，目标要求是每天的总支出最少。

每天的费用有两项：一项与装卸能力（服务率 μ）成正比，表示为 $a\mu$；另一项与每天平均滞留的船只数 L_s 成正比，表示为 bL_s。总费用 F 可表示为服务率 μ 的函数：

$$F = a\mu + bL_s = a\mu + b \cdot \frac{\lambda}{\mu - \lambda}$$

$$\frac{\mathrm{d}F}{\mathrm{d}\mu} = a + \frac{-b\lambda}{(\mu-\lambda)^2} = 0 \Rightarrow (\mu-\lambda)^2 = \frac{b\lambda}{a}$$

$$\mu_1 = \lambda + \sqrt{\frac{b\lambda}{a}}\quad \mu_2 = \lambda - \sqrt{\frac{b\lambda}{a}}$$

由于 $M/M/1$ 等待制系统只有当 $\lambda < \mu$ 时才有意义（无穷级数收敛条件），故舍去

μ_2 。则

$$\mu=\lambda+\sqrt{\frac{b\lambda}{a}}=3+\sqrt{\frac{1.5\times 3}{2}}=4.5\text{（只/日）}$$

如果已知每个泊位每天可装卸 2 只船，每天耗费生产费用 $a=2$（千元），其他数据资料同上，现要求设计装卸船只的泊位数，使每天的总费用最少。此时该系统成为 $M/M/C$ 等待制排队系统，要求对服务台进行优化设计，即求最佳服务台数 C。目标要求仍是总费用最少。

总费用等于生产费用与滞留损失费用之和，生产费用与服务台数成正比，滞留损失费用与每天平均滞留的船只数成正比。

$$F=aC+bL_s=2C+1.5L_s$$

由于服务台数 C 只能是整数，因此费用函数不连续。由负荷强度 $\rho<1$ 知：

$$\rho=\frac{\lambda}{C\mu}<1\Rightarrow C>\frac{\lambda}{\mu}=\frac{3}{2}\Rightarrow C=2,3,\cdots$$

根据 $M/M/C$ 等待制系统的数量指标公式，系统的基本数量指标，如表 8.1 所示。

表 8.1　排队系统的基本数量指标

C	p_0	L_q	L_s	F
2	1/7	27/14	24/7	9.143
3	4/19	9/38	33/19	8.605
4	40/181	81/1 810	1 398/905	10.317

查表可知，最佳服务台数 $C=3$，此时总费用最少，约为 8.6 千元。

本章小结

本章详细介绍了 8 个典型的排队模型。其研究步骤是：首先明确系统的意义，画出状态转移速度图，写出状态概率方程；然后推导相应的数量指标公式，包括基本概率指标、与队长有关的指标以及与时间有关的指标；最后，利用这些数量指标对排队系统进行评价，或者对排队系统进行优化设计。

排队模型综合应用的前提是深刻理解各类排队模型。首先必须对问题背景进行仔细分析，选择并建立恰当的排队模型；其次，明确要求解的问题可归结为对哪个模型特征量的优化分析。静态优化一般可归结为对某个特征量的设计，动态优化过程则要对现行运营情况进行评价，提出改进措施，再重新计算并进行调整。

实际上，排队论模型还有很多类型，如 $M/G/1$ 排队模型、$GI/M/1$ 排队模型、$M/E_K/1$ 排队模型、$E_K/M/1$ 模型、$M/D/1$ 排队模型、$D/M/1$ 排队模型等等。重要的是掌握研究排队论问题的一般思路和方法，其核心是状态概率方程和各种数量指标的基本定义。在经典排队模型的基础上，读者可举一反三，扩展自己的研究范围。

本章内容框架如下：

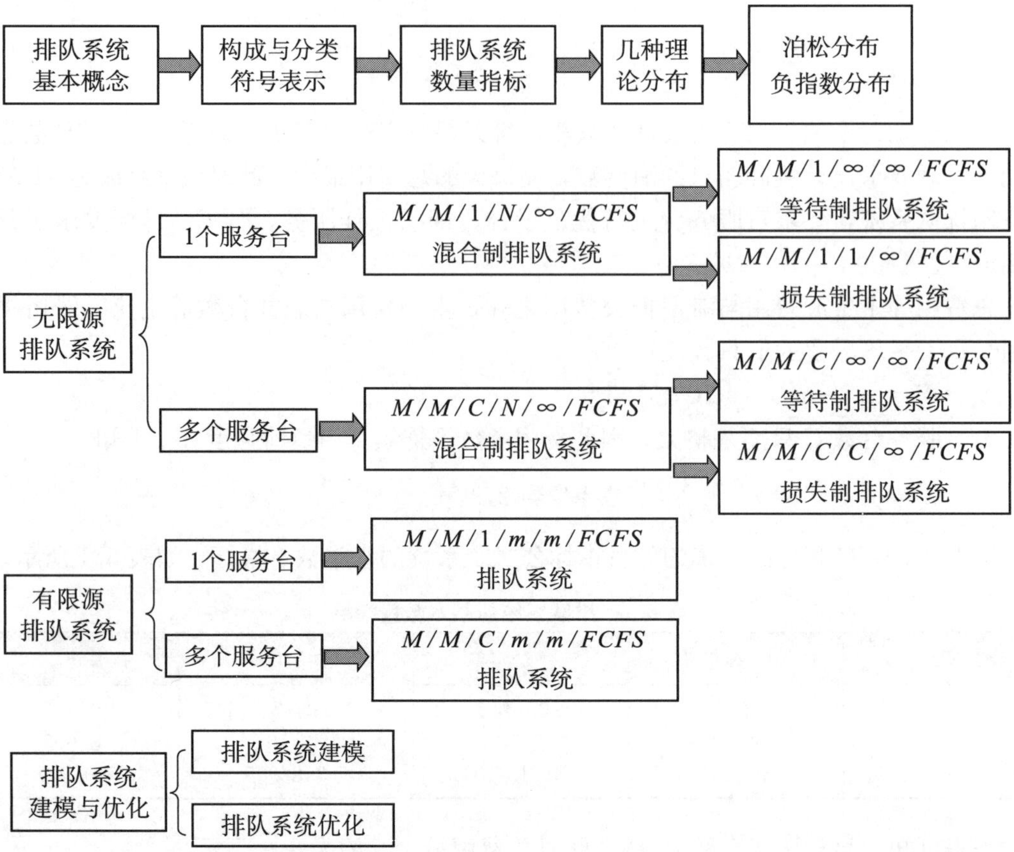

习题 8

一、排队模型

1. 某理发店只有一名理发师，来理发的顾客人数服从泊松分布，平均每小时 4 人，理发时间服从负指数分布，平均需 6 分钟。

（1）判断排队系统类型，画出系统的状态转移速度图；

（2）试求理发店空闲的概率，店内有 3 个顾客的概率，店内至少有 1 个顾客的概率；

（3）试求店内顾客平均数、顾客在店内平均逗留的时间；

（4）试求等待服务的顾客平均数、顾客在平均等待服务的时间。

2. 某银行有三个出纳员，顾客以平均速度为 4 人/分钟的泊松流到达，所有的顾客排成一队，出纳员与顾客的交易时间服从平均数为 1/2 分钟的负指数分布，试求：

（1）银行空闲的概率；

（2）银行内顾客数为 n 时的稳态概率；

（3）平均队列长 L_q；

（4）银行内的顾客平均数 L_s；

（5）顾客在银行内的平均逗留时间 W_s；

（6）等待服务的平均时间 W_q。

3. 某加油站有一台油泵。来加油的汽车按泊松流到达，平均每小时 20 辆，但当加油站已有 n 辆汽车时，新来汽车中将有一部分车主因不愿意等待而驾车离去，离去概率

为 $n/4(n=0,1,2,3,4)$ 。油泵给一辆汽车加油所需要的时间服从均值为 3 分钟的负指数分布。

（1）画出排队系统的状态转移数度图；

（2）导出其平衡方程式；

（3）求出系统的运行参数 L_s、L_q、λ_e、W_s、W_q 。

4. 某停车场有 10 个停车位置，车辆按泊松流到达，平均每小时 10 辆。每辆车在该停车场平均存放时间为 10 分钟，存放时间服从负指数分布。试求：

（1）停车场平均空闲的车位；

（2）一辆车到达后找不到空闲车位的概率；

（3）车辆到达停车场的有效到达率；

（4）若该停车场每天营业 10 小时，则平均有多少台车因找不到车位而离去？

5. 在有一部电话的公用电话亭打电话的顾客服从 $\lambda=6$（个/小时）的泊松分布，平均每人打电话时间为 3 分钟，服从负指数分布。试求：

（1）到达者在开始打电话前需等待 10 分钟以上的概率；

（2）顾客从到达时算起到打完电话离开超过 10 分钟的概率；

（3）管理部门决定当打电话顾客平均等待时间超过 3 分钟时，安装第二部电话，问 λ 值为多大时需安装第二部电话？

6. 设一个维修组负责修理 3 台相同的设备。每台设备连续正常运转的时间的长度相互独立且服从平均值为 9 小时的负指数分布，设备当且仅当出现故障时停止运转，维修组每次只能修理 1 台设备，故障修理时间服从平均值为 2 小时的负指数分布。

（1）指出该排队系统的类型及参数，画出排队系统的状态转移数度图；

（2）求出稳定状态的概率分布，以及设备平均每次停止运行的时间长度；

（3）设每台设备每运行一小时可创造净产值的平均值为 200 元，每停止运行一小时可造成平均值为 100 元的损失。试求这 3 台设备平均每天的净产值（每天按 24 小时计算）。

7. 某排队系统顾客按参数为 λ 的泊松分布到达。当系统只有一名顾客时，由一名服务员为其服务，平均服务率为 μ ；当系统中有两名以上顾客时，增加一名助手，并由服务员和助手一起为每名顾客依次服务，其平均服务率为 $m(m>\mu)$ 。上述情况下，服务时间服从负指数分布。该系统客源无限，等待空间无限，服务规则为 $FCFS$，试求：

（1）系统中无顾客的概率；

（2）服务员及助手的平均忙期；

（3）当 $\lambda=15$、$\mu=20$、$m=30$ 时，求（1）（2）的数值解。

8. 高射炮阵地有三个瞄准系统，每一瞄准系统在每时刻只能对一架来犯敌机进行瞄准。假定敌机按泊松流到达，平均每分钟到达 1.2 架。瞄准时间服从负指数分布，平均瞄准时间为 2.5 分钟。当三个瞄准系统分别对三架敌机进行瞄准时，后来的敌机就会闯入后方进行轰炸。

（1）试求该高射炮阵地属于哪一种服务系统；

（2）试画出系统状态概率速度图；

（3）建立系统状态概率关系；

（4）试求系统空闲的概率；

（5）试求敌机没有遭到瞄准射击而串入阵地后方进行轰炸的概率；

（6）若要求未遭至瞄准射击的概率小于0.05，则应设置多少瞄准系统为宜？

9. 某汽车修理部有4个修理工，每个修理工可以单独修理汽车，也可以和其他修理工共同修理汽车。已知前来修理部待修理的汽车按泊松流到达，平均每天到达2辆。当修理部内有4辆汽车时，后来的汽车将离去。修理1辆汽车所需时间服从负指数分布，若1个修理工修理1辆汽车，则平均需3天；若2个修理工修理1辆汽车，则平均需2天；若3或4个修理工修理1辆汽车，则平均需1.5天。

（1）画出系统状态转移图；

（2）求系统状态概率；

（3）求系统损失率；

（4）求系统中平均的汽车数量；

（5）求每辆汽车在系统中逗留的时间。

二、排队系统优化

1. 今有两名工人同时负责修理6台同类设备，若设备故障按泊松流发生且$\lambda=1$（台/天），修复时间服从负指数分布，每个工人每天可修理3台设备。

（1）试求p_0、L_s、L_q、λ_e、W_s及设备完好率；

（2）若每一修理工人负责修理3台同类设备，试与上述合在一起的系统进行比较分析。

2. 某检验中心为各工厂服务，要求做检验工厂的到来服从泊松流，$\lambda=48$次/天，每次来检验由于停工等原因损失6万元。服务时间服从负指数分布，$\mu=25$次/天，每设置一个检验员成本为400元/天。其他条件符合标准的$M/M/C$模型，应设几个检验员才能使总费用期望值最小？

3. 某厂有一机修组专门修理某种类型的设备。已知该设备的损坏率服从泊松流，平均每天2台。修理时间服从负指数分布，平均每台的修理时间为$1/\mu$天。但μ是一个与机修人员多少及维修设备机械化程度（即修理组织年开支费用K）等有关的函数。已知$\mu(K)=0.1+0.001K(K\geqslant 1\,900$元)，又已知设备损坏后，每台每天的停产损失为400元，试决定最经济的K值及μ值（提示：以一个月为期限进行计算）。

4. 设一套卸货设备，每次只能给一只船卸货，每周到达船数服从参数为λ的泊松分布，卸货时间服从参数为μ的负指数分布。设卸货费用与卸货速度成正比，其值为$k\mu$，船停在码头上的费用W与时间呈正比，其值为cW，k和c均为常数，求使费用最小的卸货速度。

三、思考讨论题

1. 是否所有的排队模型都必须满足$\rho<1$的条件？为什么？分不同情况进行讨论。

2. 怎样证明排队论中的公式？能归纳出一些主要方法或证明思路吗？模型和公式很多，怎样归纳整理？能总结一些记忆规则吗？

附　录

M/M/C/N/∞/FCFS 混合制排队系统中 p_0 计算公式的证明

证明：$p_n=\dfrac{C^n}{n!}\rho^n p_0$，$1\leqslant n\leqslant C$；$p_n=\dfrac{C^C}{C!}\rho^n p_0$，$C<n\leqslant N$。

$$\sum_{n=0}^{C}p_n=\sum_{n=0}^{C}\frac{C^n}{n!}\rho^n p_0=\sum_{n=0}^{C}\frac{(C\rho)^n}{n!}p_0$$

$$\begin{aligned}\sum_{n=C+1}^{N}p_n&=\sum_{n=C+1}^{N}\frac{C^C}{C!}\rho^n p_0=\frac{C^C}{C!}p_0\sum_{n=C+1}^{N}\rho^n\\&=\frac{C^C}{C!}p_0\left(\sum_{n=0}^{N}\rho^n-\sum_{n=0}^{C}\rho^n\right)\\&=\frac{C^C}{C!}p_0\left(\frac{1-\rho^{N+1}}{1-\rho}-\frac{1-\rho^{C+1}}{1-\rho}\right)\\&=\frac{C^C}{C!}p_0\frac{\rho(\rho^C-\rho^N)}{1-\rho}\end{aligned}$$

$$\begin{aligned}\therefore\sum_{n=0}^{N}p_n&=\sum_{n=0}^{C}p_n+\sum_{n=C+1}^{N}p_n\\&=\left[\sum_{n=0}^{C}\frac{(C\rho)^n}{n!}p_0+\frac{C^C}{C!}p_0\frac{\rho(\rho^C-\rho^N)}{1-\rho}\right]\\&=1\end{aligned}$$

$$\therefore p_0=\left[\sum_{n=0}^{C}\frac{(C\rho)^n}{n!}+\frac{C^C}{C!}\frac{\rho(\rho^C-\rho^N)}{1-\rho}\right]^{-1}$$

M/M/1/∞/∞单服务台等待制无限源排队系统的平均队长公式推导

证明：系统为无限源排队系统，故系统容量 $N\rightarrow\infty$，令 $\rho=\lambda/\mu<1$，有

$$\begin{aligned}L_s&=\sum_{n=0}^{\infty}np_n=\sum_{n=0}^{\infty}n\left(\frac{\lambda}{\mu}\right)^n\left(1-\frac{\lambda}{\mu}\right)\\&=\sum_{n=0}^{\infty}n(\rho)^n(1-\rho)=\rho(1-\rho)\sum_{n=1}^{\infty}n\rho^{n-1}\\&=\rho(1-\rho)(1+2\rho+3\rho^2+4\rho^3+\cdots+n\rho^{n-1}+\cdots)\end{aligned}$$

令 $f(\rho)=\rho+\rho^2+\rho^3+\cdots+\rho^n+\cdots$，则

$$f'(\rho)=1+2\rho+3\rho^2+4\rho^3+\cdots+n\rho^{n-1}+\cdots$$

$$f(\rho)=\rho\sum_{n=0}^{\infty}\rho^{n-1}=\frac{\rho}{1-\rho}$$

故

$$f'(\rho)=\frac{1}{(1-\rho)^2}$$

$$\begin{aligned}\therefore L_s&=\rho(1-\rho)\times\frac{1}{(1-\rho)^2}=\frac{\rho}{(1-\rho)}\\&=\frac{\lambda/\mu}{1-\lambda/\mu}=\frac{\lambda}{\mu-\lambda}\end{aligned}$$

M/M/C/等待制排队系统中p_0计算公式的证明

证明：已知 $M/M/C/N/\infty/FCFS$ 混合制排队系统中 p_0 计算公式为：

$$p_0 = \Big[\sum_{n=0}^{C} \frac{(C\rho)^n}{n!} + \frac{C^C}{C!}\frac{\rho(\rho^C - \rho^N)}{1-\rho}\Big]^{-1}$$

$$= \Big[\sum_{n=0}^{C-1} \frac{C^n}{n!}\rho^n + \frac{C^C}{C!}\rho^C + \frac{C^C}{C!}\frac{\rho(\rho^C - \rho^N)}{1-\rho}\Big]^{-1}$$

$$= \Big[\sum_{n=0}^{C-1} \frac{C^n}{n!}\rho^n + \frac{C^C}{C!}\frac{\rho^C - \rho^{C+1} + \rho^{C+1} - \rho^{N+1}}{1-\rho}\Big]^{-1}$$

$$= \Big[\sum_{n=0}^{C-1} \frac{C^n}{n!}\rho^n + \frac{C^C}{C!}\frac{\rho^C - \rho^{N+1}}{1-\rho}\Big]^{-1}$$

$$\therefore \lim_{N\to\infty} p_0 = \lim_{N\to\infty}\Big[\sum_{n=0}^{C-1} \frac{C^n}{n!}\rho^n + \frac{C^C}{C!}\frac{\rho^C - \rho^{N+1}}{1-\rho}\Big]^{-1}$$

$$= \Big[\sum_{n=0}^{C-1} \frac{C^n}{n!}\rho^n + \frac{C^C\rho^C}{C!(1-\rho)}\Big]^{-1}$$

用数学归纳法证明：M/M/1/m/m 排队系统中p_k的递推公式

$$p_k = \frac{m!}{(m-k)!}(\frac{\lambda}{\mu})^k p_0 (0 < k \leqslant m)$$

证明：(1) 当 $k=1$ 时，$p_1 = \frac{m!}{(m-k)!}\left(\frac{\lambda}{\mu}\right)^k p_0 = m\left(\frac{\lambda}{\mu}\right)p_0$，显然成立。

(2) 设 $p_k = \frac{m!}{(m-k)!}\left(\frac{\lambda}{\mu}\right)^k p_0$ 成立，由状态概率方程知：

$$(m-k+1)\lambda p_{k-1} + \mu p_{k+1} = [(m-k)\lambda + \mu] p_k$$

$$(m-k+1)\lambda \frac{m!}{(m-k+1)!}\left(\frac{\lambda}{\mu}\right)^{k-1} p_0 + \mu p_{k+1} = [(m-k)\lambda + \mu]\frac{m!}{(m-k)!}\left(\frac{\lambda}{\mu}\right)^k p_0$$

$$\frac{m!}{(m-k)!}\left(\frac{\lambda}{\mu}\right)^k \mu p_0 + \mu p_{k+1} = \frac{m!}{(m-k-1)!}\left(\frac{\lambda}{\mu}\right)^{k+1}\mu p_0 + \frac{m!}{(m-k)!}\left(\frac{\lambda}{\mu}\right)^k \mu p_0$$

$$p_{k+1} = \frac{m!}{(m-k-1)!}\left(\frac{\lambda}{\mu}\right)^{k+1} p_0$$

即当 $k+1$ 时也成立，由数学归纳法知，命题得证。

关于 $M/M/C/m/m$ 排队系统中 $p_k(0 < k \leqslant C)$ 的递推公式，同样可用数学归纳法证明。

第9章

库存模型

| 本章要点 |

1. 库存系统与库存的基本策略
2. 经济批量订货模型及其扩展形式
3. 单时期库存模型及其应用
4. 多时期库存模型及其应用

报童问题

在日常生活中，经常会碰到一些具有季节性强、更新快、不易保存等特点的商品，如海产、山货、生鲜食品和报纸等。商店购进这些商品时，如果订货量过多，出现过剩，会造成损失；如果订货量少，又可能丧失销售机会，影响利润。考虑这样一个类似的问题：报童每天从邮局购进一定数量的报纸，每售出一份报纸获利 0.3 元，如果卖不出去退回邮局，每份报纸损失 0.1 元，假设该地区每天对报纸的需求量为 1，2，…，100 份的概率都是 0.01，则报童每天购进多少份报纸才能使平均收入最高，最高收入是多少？

库存系统（见图 9.1）有输入、库存和输出三个基本组成部分。输入无论是订货还是生产，都会补充库存，使库存量增加；输出是对库存量的消耗，以满足市场需求。库存是为了平衡生产与消费之间的动态需求，是生产与消费之间的缓冲环节。过低的库存量无法满足消费的动态需求，会导致缺货；但过高的库存量会造成高昂的库存费用。因此，库存管理的根本目的就是既要满足生产和消费两方面的动态需求，又要设法降低库存费用、节约库存投资。

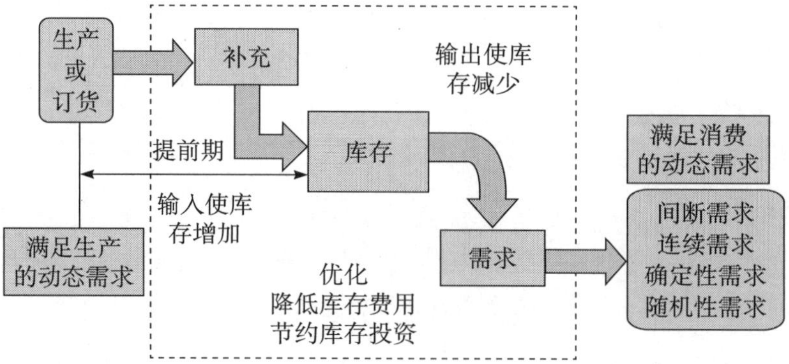

图 9.1　库存系统

研究库存补充和库存消耗与库存周期之间的关系是库存问题建模的关键。明确货物从生产或订货到入库所花费的各种费用，估算货物的库存费用及损毁情况对构造库存问题的目标函数非常重要。在补充速度和消耗速度均为常数的理想状态下，库存问题的建模与求解都比较简单。然而现实中的很多库存问题并非如此，只有理解库存问题的根本目的才能更好地建立具体情境下的库存模型。

库存模型包括确定性库存模型和随机性库存模型。在确定性库存模型中，经济批量订货（economic ordering quantity，EOQ）模型是传统而经典的库存模型，也是本章的核心内容，要求大家能够掌握 EOQ 模型及其扩展模型。随机性库存模型分为单时期库存模型和多时期库存模型。单时期库存模型将一个库存周期作为时间的最小单位，若货物销完并不补充，若销不完对下一周期也无用。多时期库存模型与单时期库存模型的区别是每个周期末的库存货物对下一周期仍然有用。

§9.1　库存系统的基本概念

9.1.1　补充

通过订货或生产使库存量增加就是对库存的补充（输入）过程。随着市场需求的不断满足，库存量会逐渐下降，只有适时地进行补充，才能满足后续的市场需求。在库存系统的输入中，有些因素是可控的，一般控制的是补充量（每次订购量或生产量）和补充时机（订货的时间或生产循环时间）。

从开始生产或订货到货物入库需要一段时间，相对入库时刻而言，这段时间称为提前期；相对生产或订货时刻而言，称为滞后期。滞后期和提前期可能很长，也可能较短。或者是随机性的，或者是确定性的。如果库存是在很短的时间里一次补充完毕，称为瞬时补充；如果是在满足市场需求的情况下逐渐补充完毕，则称为逐渐补充。

9.1.2　需求

库存的目的是满足未来的需求。随着需求的满足，库存量会逐渐减少。需求可能是间断发生的，也可能是连续发生的。图 9.2 和图 9.3 分别表示需求量随时间变化的情况，需求量均从 S 变为 W，但两者的变化方式不同。前者是间断变化的，后者是连续变化的。

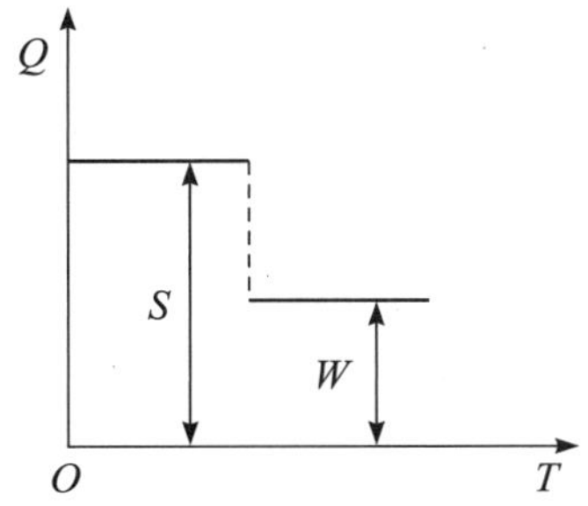

图 9.2　需求量随时间的间断变化

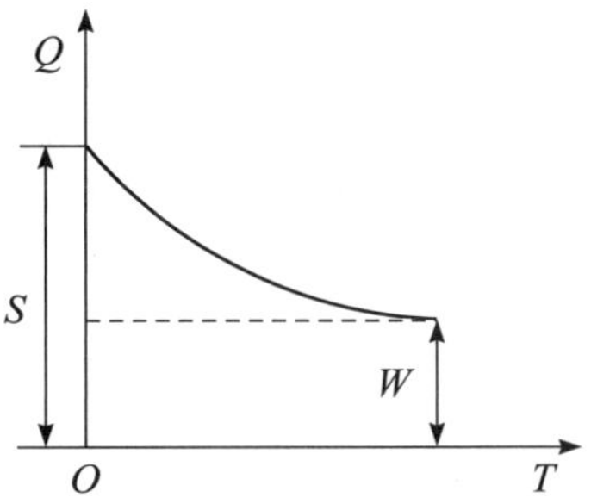

图 9.3　需求量随时间的连续变化

需求量可以是确定性的，如某厂成品车间约定每天向厂内运输部门请调空车 20 辆；需求量也可以是随机性的，如某纺织品批发部，每天批发的商品品种和数量都不尽相同，但经过大量统计后，可能会发现批发商品的品种和数量呈现一定的统计规律，这称为有一定随机分布规律的需求，即随机需求。

9.1.3　库存系统的基本策略

库存策略是指何时对库存系统进行补充以及补充多少的策略。常见的库存策略有周期性库存策略与连续性库存策略。前者主要包括 T 循环策略、(T, S) 策略，以及 (T, s, S) 策略；后者主要包括 (s, Q) 策略和 (s, S) 策略。本书主要介绍周期性库存策略。

(1) T 循环策略。

该策略中库存系统每隔时间 T 补充一次，每次补充量 $Q_i = Q$，且补充可瞬间完成，补充时间可以忽略不计。假定 $t = 0$ 时，库存量 $Y = Q$，则

$$Q_i = \begin{cases} Q, & \text{若 } i = T,\ 2T,\ \cdots,\ nT \\ 0, & \text{若 } i \neq T,\ 2T,\ \cdots,\ nT \end{cases} (nT \leqslant T_0)$$

其中，i 代表循环周期 T 整数倍的时刻，T_0 为计划期，Q_i 为补充量。若已知需求速度或需求率（需求量对时间的变化率）是固定不变的，库存可如此安排，即当库存量下降为 0 时正好补充下一批物品，其库存量 Y 随时间 t 的变化关系如图 9.4 所示。

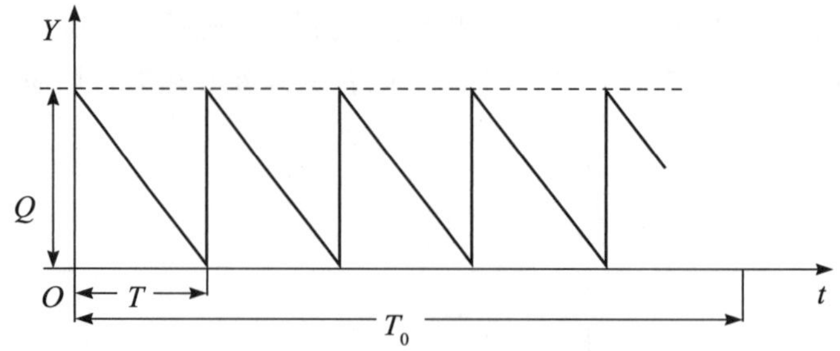

图 9.4　T 循环策略库存状态图

(2) (T，S) 策略。

每隔时间 T 盘点一次，并将库存量补充为 S 。每次的补充量 $Q_i = S - Y_i$ ，其中 Y_i 是补充前的库存量。这种类型的库存策略的库存状态图如图 9.5 所示。

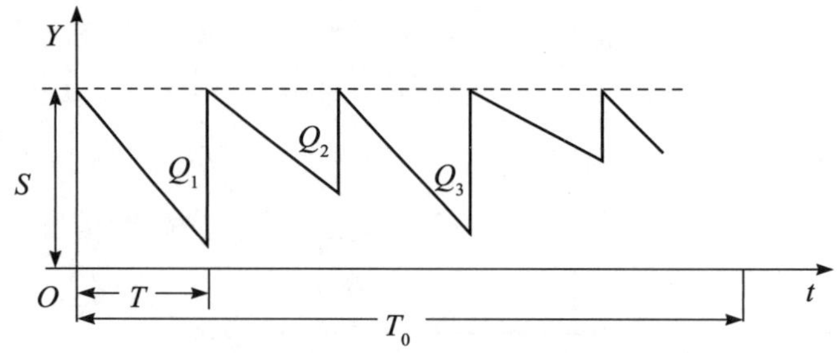

图 9.5　(T, S) 策略库存状态图

(3) (T，s，S) 策略。

每隔时间 T 盘点一次，当发现库存量 Y_i 小于保险库存量 s 时，就补充到库存水平 S ，否则不进行补充，因此补充量 Q_i 为：

$$Q_i = \begin{cases} S - Y_i, & Y_i < s \\ 0, & Y_i \geqslant s \end{cases}$$

其库存状态图如图 9.6 所示。

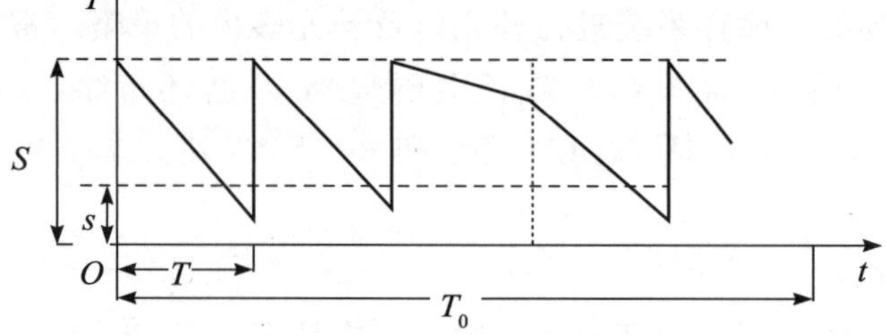

图 9.6　(T, s, S) 策略库存状态图

9.1.4　库存建模中的各种费用

研究库存系统的运作过程，并合理估算每个环节的费用情况是研究库存问题的关键所在，因为库存问题优化的目的是使库存系统所耗费的平均费用达到最小。具体的费用估算要视问题的具体情况而定，需要进行大量的、耐心细致的调研。一般情况下，库存

系统中发生的费用主要包括订货费、生产费、库存费和缺货损失费等。

（1）订货费。

订货费指企业向外采购物资的费用，由两项费用构成。其一是仅与订货次数有关而与订货数量无关的费用，如每次订货的手续费、交通费、拟定合同及与供应商联系的办公费和人工费等。其二是和订购量有关的可变费用，如货物的成本和运费等。

（2）生产费。

生产费指企业自行生产库存物品的费用，由两部分构成。其一是仅与生产次数有关，而与生产批量无关的装备费用（生产准备费），如启动生产流水线前进行设备检修、更换模具、进行调试等发生的费用。其二是与生产批量有关的费用，即生产消耗性费用。

（3）库存费。

库存费包括仓库保管费、占用流动资金产生的利息以及货物损坏变质等造成的损失费用。这些费用的大小随库存物品数量的增加而增加，也与库存物品的性质有关。仓库保管费包括仓库的租金、场地占用费、保管员的工资、设施维修费和保险费用，还包括因防火、防盗、防虫、防腐等发生的费用。库存积压会占用资金，造成利息损失并带来相关的机会成本。库存物品的损耗、变质和报废与库存物品的具体特性有关，如对蔬菜瓜果等易腐品的保存，需要视具体问题而论。

（4）缺货损失费。

缺货损失费指因缺货不能及时满足客户需求所造成的相关损失。如停工待料的损失、合同违约的赔偿等直接损失；另外还有潜在客户的流失、客户延期付款造成的收益损失，客户抱怨和服务满意度低带来的间接损失。缺货损失费与缺货数量及缺货时间有关，不同情景会有不同的估算标准。在不允许缺货的情况下，可以认为缺货损失费无穷大。

9.1.5　库存问题的目标函数

在库存问题中，通常把目标函数取为平均费用函数或平均利润函数，所选策略应使平均费用达到最小或使平均利润达到最大。

研究库存问题的基本方法是：将实际问题进行适当简化，抓住问题的本质，建立数学模型，通过模型求解得出最佳库存策略。库存模型包括确定性库存模型（模型中的数据都是确定的数值）和随机性库存模型（模型中含有随机变量，而不是确定的数值）。本章仅介绍一些经典的库存模型，并从中得出相应的库存策略。

§9.2　确定性库存模型

确定性库存模型适用于库存物资的需求率已知的情况。

9.2.1　经济订货批量模型

1. 模型假设

最简单的经济订货批量模型是瞬时补充，且不允许缺货的模型。为使模型易于理解且便于计算，作如下假设：

（1）需求是连续均匀的，需求速度为常数 R，则 T 时间内的需求量 $Q_1 = RT$。

（2）当库存量降至零时，可立即补充，不会造成缺货。

（3）每次订购费为 C_3，单位库存费为 C_1，两者都为常数。

（4）每次订购量相同，均为 Q_1。

（5）缺货损失费 C_2 无穷大。

库存状态变化图如图 9.7 所示。

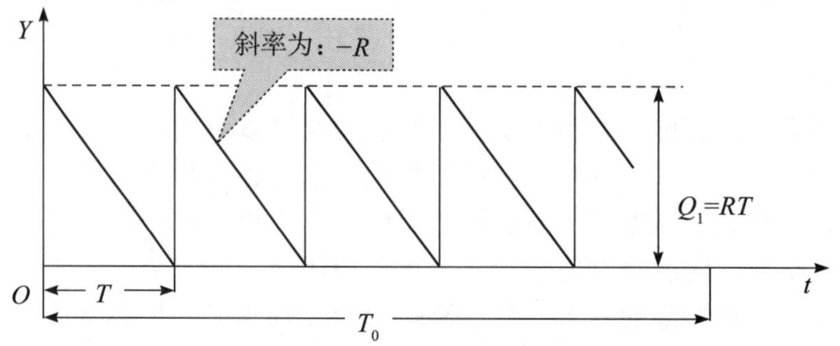

图 9.7　经济订货批量模型库存状态变化图

2. 建立模型

最优库存策略是：求使总费用最小的订货批量 Q^* 和订货周期 T^*（T 循环策略）。模型的费用函数包括如下内容：

$$\text{总费用}\begin{cases}\text{一次订购费：}C_3\\\text{购买货物的费用：}KRT\\T\text{ 时间段内的平均库存费：}C_1RT/2\end{cases}$$

其中，K 为货物单价，订购量 $Q^* = RT$。由于 T 时间段内的平均库存量是最大库存量 Q_1 的一半，因此平均库存费为 $C_1RT/2$。将订购和购买货物的费用 $C_3 + KRT$ 平摊到 T 时间段，在没有缺货损失费的情况下，T 时间内总费用为：

$$C(T) = \frac{1}{2}C_1RT + \frac{(C_3 + KRT)}{T}$$

$$\frac{\mathrm{d}C(T)}{\mathrm{d}T} = \frac{1}{2}C_1R - \frac{C_3}{T^2}$$

令 $\frac{\mathrm{d}C(T)}{\mathrm{d}T} = 0$，解得：

$$T^* = \sqrt{\frac{2C_3}{C_1R}} \tag{9-1}$$

$$Q^* = RT^* = \sqrt{\frac{2C_3R}{C_1}} \tag{9-2}$$

式（9－2）就是库存论中著名的经济订货批量公式。

由于货物单价 K 与 Q^*、T^* 无关，若不考虑购买货物的费用 KRT，则 T 时间内总的平均费用为：

$$C(T)=\frac{1}{2}C_1RT+\frac{C_3}{T} \tag{9-3}$$

得最低总费用：

$$C(T^*)=\frac{1}{2}C_1R\sqrt{\frac{2C_3}{C_1R}}+C_3\sqrt{\frac{C_1R}{2C_3}}=\frac{1}{2}\sqrt{2C_1C_3R}+\frac{1}{2}\sqrt{2C_1C_3R}$$
$$=\sqrt{2C_1C_3R} \tag{9-4}$$

库存策略的费用曲线如图 9.8 所示。

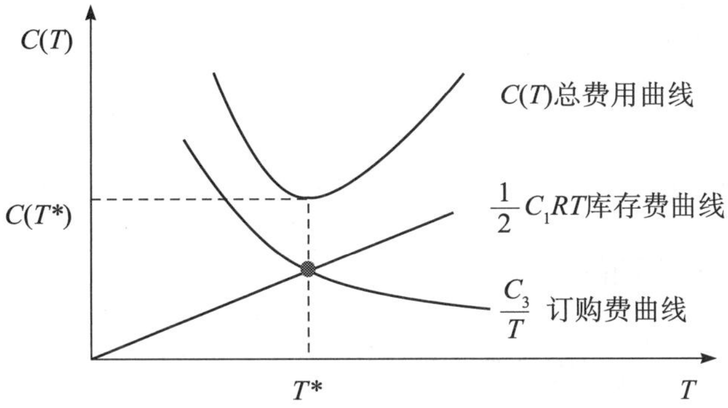

图 9.8　库存策略的费用曲线

若已知全年需求量为 D，每次订货量为 Q，则年订货次数为 D/Q，订货周期为 Q/D。参照式（9－2）、（9－3）和（9－4），可推得：

$$Q^*=\sqrt{\frac{2C_3D}{C_1}} \tag{9-5}$$

$$C(Q)=\frac{C_3D}{Q}+\frac{C_1Q}{2} \tag{9-6}$$

$$C(Q^*)=C_3D\sqrt{\frac{C_1}{2C_3D}}+\frac{C_1}{2}\sqrt{\frac{2C_3D}{C_1}}=\sqrt{2C_1C_3D} \tag{9-7}$$

最佳订货周期为：

$$T^*=\frac{Q^*}{D}=\sqrt{\frac{2C_3}{C_1D}} \tag{9-8}$$

讨论：若全年的需求量提高到原来需求量的 n 倍，是否订货批量也应该是原来的 n 倍呢？订货周期呢？

由式（9－5）和（9－8）可知：

$$Q^*=\sqrt{\frac{2C_3Dn}{C_1}}=\sqrt{n}\sqrt{\frac{2C_3D}{C_1}},\ n\geqslant 1$$

$$T^*=\sqrt{\frac{2C_3}{C_1Dn}}=\frac{1}{\sqrt{n}}\sqrt{\frac{2C_3}{C_1D}}$$

例 9.1　某厂对某种材料的全年需求量为 1 040 吨，其单价为 1 200 元/吨，每次采购该种材料的订购费为 2 040 元，每年的保管费为 170 元/吨。试求工厂对该种材料的最佳订货批量、每年订货次数及全年的费用。

解：由于全年需求量为常数，且不考虑缺货损失费，可用经济订货批量模型来求解。

已知 $D = 1\ 040$，$C_1 = 170$，$C_3 = 2\ 040$，由式（9－5）得

$$\text{最优订货批量 } Q^* = \sqrt{\frac{2 \times 2\ 040 \times 1\ 040}{170}} = 157.987(\text{吨})$$

$$\text{每年订货次数} = \frac{1\ 040}{158} = 6.582(\text{次})$$

若订货 6 次，总费用为：

$$6 \times (2\ 040 + \frac{1\ 040}{6} \times 1\ 200 + \frac{1}{2} \times \frac{1\ 040}{6} \times 170) = 1\ 348\ 640(\text{元})$$

若订货 7 次，总费用为：

$$7 \times (2\ 040 + \frac{1\ 040}{7} \times 1\ 200 + \frac{1}{2} \times \frac{1\ 040}{7} \times 170) = 1\ 350\ 680(\text{元})$$

因此，最佳订货批量为 157.987 万吨，订货 6 次更合算，全年的费用为 1 348 640 元。

9.2.2 经济订货批量模型的扩展

1. 逐渐补充且不允许缺货的模型

（1）模型假设。

在瞬时补充且不允许缺货的模型中，将瞬时补充的假设放宽为逐渐补充。补充是需要时间的，在补充过程中，还要同时满足市场需求。假设在时间 t_P 内生产批量为 Q_1，则生产速率 $P = Q_1 / t_P$。库存状态的变化图如图 9.9 所示。

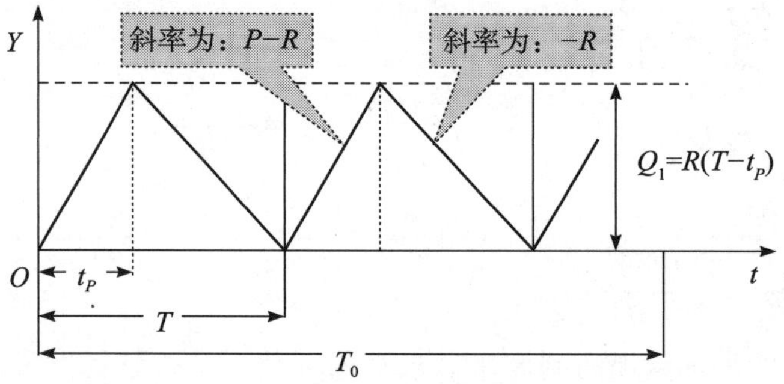

图 9.9 逐渐补充且不允许缺货模型库存状态变化图

（2）建立模型。

由于在 t_P 时间段内，每单位时间将生产 P 件产品，且必须销售 R 件来满足市场需求，因此单位时间内库存量的净增量为 $P - R$，即图 9.9 中 t_P 时间段内库存量变化曲线的斜率为 $P - R$。

由模型假设知，t_P 时间段内的产量等于 T 时间段内的全部需求量 RT，故有：

$$P t_P = RT \Rightarrow t_P = \frac{RT}{P}$$

T 时间段内的平均库存量为：

$$\frac{1}{2}(P-R)\,t_P=\frac{(P-R)}{2P}RT$$

则单位时间的平均总费用为：

$$C(T)=\frac{C_3}{T}+\frac{(P-R)}{2P}RTC_1$$

令 $\frac{\mathrm{d}C(T)}{\mathrm{d}T}=0$，得

$$最佳周期\ T^*=\sqrt{\frac{2C_3}{C_1R}}\sqrt{\frac{P}{P-R}}$$

$$最佳生产批量\ Q^*=RT^*=\sqrt{\frac{2C_3R}{C_1}}\sqrt{\frac{P}{P-R}}$$

$$最佳生产时间\ t_P=\frac{RT^*}{P}=\sqrt{\frac{2C_3R}{C_1}}\sqrt{\frac{1}{P(P-R)}}$$

$$最小平均总费用\ C(Q^*)=\sqrt{2C_1C_3R}\sqrt{\frac{P-R}{P}}$$

显然当生产速率 $P\to\infty$ 时，$t_P\approx 0$，该模型就变为瞬时补充且不允许缺货的模型。

例 9.2 某电视机厂自行生产扬声器用来装配本厂生产的电视机，每台电视机装一个扬声器。该厂每天生产 100 台电视机，而扬声器生产车间每天可以生产 5 000 个扬声器。已知该厂装配每批电视机的生产准备费为 5 000 元，而每个扬声器每天的库存费用为 0.02 元。试确定该厂扬声器的最佳生产批量、生产时间和电视机的安装周期。

解：该问题符合逐渐补充且不允许缺货的模型。已知需求率 $R=100$ 台/天，生产率 $P=5\ 000$ 台/天；生产准备费 $C_3=5\ 000$ 元，库存费 $C_1=0.02$ 元/天。

$$\begin{aligned}最佳安装周期\ T^*&=\sqrt{\frac{2C_3}{C_1R}}\sqrt{\frac{P}{P-R}}\\&=\sqrt{\frac{2\times5\ 000}{0.02\times100}}\sqrt{\frac{5\ 000}{5\ 000-100}}=71\ (天)\end{aligned}$$

$$\begin{aligned}最佳生产批量\ Q^*&=\sqrt{\frac{2C_3R}{C_1}}\sqrt{\frac{P}{P-R}}\\&=\sqrt{\frac{2\times5\ 000\times100}{0.02}}\sqrt{\frac{5\ 000}{5\ 000-100}}\\&=7\ 143\ (个)\end{aligned}$$

$$最佳生产时间\ t_P=\frac{Q^*}{P}=\frac{7\ 143}{5\ 000}=1.43\ (天)$$

2. 瞬时补充且允许缺货的模型

（1）模型假设。

设单位物品的缺货损失费为 C_2，缺货时库存量为零，存在需求缺口。其余假设条件与瞬时补充且不允许缺货的模型相同。允许缺货，一方面可以减少订货费用和库存费用；但另一方面会造成直接和间接的经济损失，因此需要权衡得失，寻找最优库存策略，使总费用最小。瞬时补充且允许缺货模型库存状态变化图如图 9.10 所示。

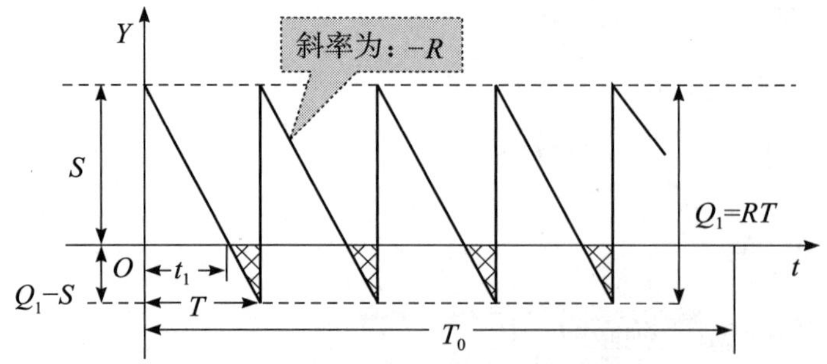

图 9.10　瞬时补充且允许缺货模型库存状态变化图

（2）建立模型。

设初始库存量为 S，可满足 t_1 时间段内的需求，需求缺口为 Q_1-S，订货量 $Q_1=RT$。t_1 时间段内的平均库存量为 $St_1/2$，库存周期 T 内的最大缺货量为 Q_1-S，平均缺货量为 $(Q_1-S)(T-t_1)/2$。因 S 仅能满足 t_1 时间段内的需求，故 $t_1=S/R$。

平均库存量：$\frac{1}{2}St_1=\frac{1}{2}\times\frac{S^2}{R}$

平均缺货量：$\frac{1}{2}(RT-S)(T-t_1)=\frac{1}{2}\times\frac{(RT-S)^2}{R}$

平均总费用函数：$C(T,S)=\frac{1}{T}\left[\frac{1}{2}\frac{C_1S^2}{R}+\frac{1}{2}\frac{C_2(RT-S)^2}{R}+C_3\right]$　　(9-9)

令 $\frac{\partial C(T,S)}{\partial T}=0$，$\frac{\partial C(T,S)}{\partial S}=0$，得

$$T^*=\sqrt{\frac{2C_3}{C_1R}}\times\sqrt{\frac{C_1+C_2}{C_2}} \tag{9-10}$$

$$S^*=\sqrt{\frac{2RC_3}{C_1}}\times\sqrt{\frac{C_2}{C_1+C_2}} \tag{9-11}$$

$$Q^*=RT^*=\sqrt{\frac{2RC_3}{C_1}}\times\sqrt{\frac{C_1+C_2}{C_2}} \tag{9-12}$$

$$C^*=\min C(T,S)=C(T^*,S^*)=\sqrt{2C_1C_3R}\times\sqrt{\frac{C_2}{C_1+C_2}} \tag{9-13}$$

显然当 $C_2\to\infty$ 时，$\sqrt{\frac{C_2}{C_1+C_2}}\to 1$。模型变为瞬时补充且不允许缺货的模型。最大缺货量为：

$$S'=Q^*-S^*=\sqrt{\frac{2C_1C_3R}{C_2(C_1+C_2)}} \tag{9-14}$$

综上所述，在允许缺货条件下的最佳库存策略是：每隔 T^* 订货一次，订货量为 Q^*，但库存只需达到 S^*。允许缺货时的最佳订货周期是不允许缺货时的 $\sqrt{\frac{C_1+C_2}{C_2}}$ 倍，所以两次订货间隔的时间延长了，订货次数也就减少了。

例 9.3　某批发站每月需某种产品 100 件，每次订购费为 5 元。若每次货物送到后存入仓库，每件产品每月的库存费为 0.4 元。假定允许缺货，缺货损失费为每件 0.15 元。

求最佳初始库存量 S^* 和最小库存总费用 $C^*(T^*, S^*)$。

解： 已知需求率 $R=100$，库存费用 $C_1=0.4$，缺货损失费 $C_2=0.15$，订购费 $C_3=5$。

$$T^* = \sqrt{\frac{2\times 5}{0.4\times 100}}\times\sqrt{\frac{0.4+0.15}{0.15}} = 0.96（月）$$

$$S^* = \sqrt{\frac{2\times 5\times 100}{0.4}}\times\sqrt{\frac{0.15}{0.4+0.15}} \approx 26.11（件）$$

$$C^*(T^*, S^*) = \sqrt{2\times 0.4\times 5\times 100}\times\sqrt{\frac{0.15}{0.4+0.15}} = 10.44（元）$$

3. 逐渐补充且允许缺货的模型

（1）模型假设。

假设允许缺货且库存补充需要一定的时间，其余假设与瞬时补充且不允许缺货的模型相同。逐渐补充且允许缺货模型是前面介绍的三个模型的综合，其库存状态变化图如图 9.11 所示。

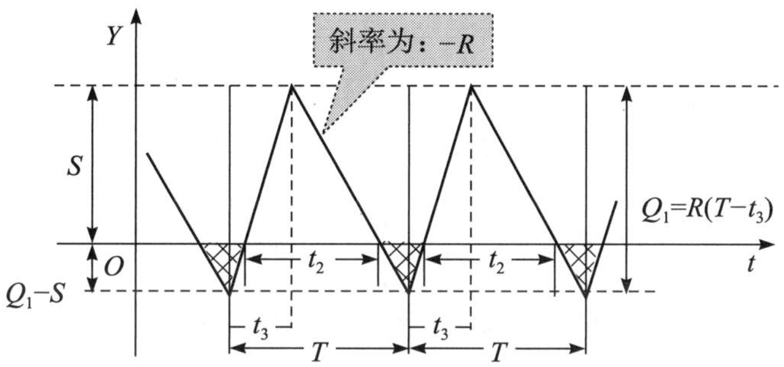

图 9.11　逐渐补充且允许缺货模型库存状态变化图

设生产速率为 P，需求速度为 $R(P>R)$。当库存达到最大库存量 S 时停止生产，循环周期为 T。在周期 T 中，生产时间为 t_3，库里有产品的时间是 t_2，库里无产品的时间是 $T-t_2$。最大库存量与最大缺货量之和为 $Q_1=R(T-t_3)$，最大缺货量是 $R(T-t_3)-S$。

（2）建立模型。

设当达到最大缺货量 Q_1-S 时开始组织生产，每天生产的 P 件产品中，有 R 件产品满足当天的市场需求，其余的 $(P-R)$ 件产品用于补充上期的缺货，多余的产品补充库存。经过时间段 t_3 后库存达到最大库存量 S，则停止生产。

周期 T 内的平均装配费用（相当于订购费）为 C_3/T。

周期 T 内的平均库存费用为 $\frac{1}{T}[\frac{S}{2}\times t_2\times C_1]=\frac{1}{2}C_1S\times\frac{t_2}{T}$。

周期 T 内的平均缺货费为 $\frac{1}{T}[\frac{1}{2}(Q_1-S)\times(T-t_2)\times C_2]=\frac{1}{2T}\times C_2(Q_1-S)(T-t_2)$。

因此，平均总费用函数为：

$$C(T,S)=\frac{C_1S}{2T}t_2+\frac{1}{2T}C_2(Q_1-S)(T-t_2)+\frac{C_3}{T} \tag{9-15}$$

利用下面的三个关系式，将 $C(T, S)$ 转化为不包含 Q_1 和 t_2 的函数：

1）t_3 时间段内的产量满足了周期 T 内的全部需求，即

$$Pt_3 = RT \Rightarrow T = \frac{P}{R} t_3 \tag{9-16}$$

2）t_3 时间段内的产量既满足了 t_3 时间段内的需求，又补足了上一期的缺货（$Q_1 - S$），同时也使库存达到最大库存量 S。故有：

$$Pt_3 = Rt_3 + (Q_1 - S) + S \Rightarrow t_3 = \frac{Q_1}{P-R} \tag{9-17}$$

将式（9-16）代入式（9-17），得

$$T = \frac{P}{R} \frac{Q_1}{P-R} \tag{9-18}$$

由相似三角形的比例关系知，$\frac{t_2}{T} = \frac{S}{Q_1}$（底边之比等于相应的高之比）。

$$t_2 = \frac{S}{Q_1} \frac{P}{R} \frac{Q_1}{P-R} = \frac{PS}{R(P-R)} \tag{9-19}$$

因此，有

$$\begin{aligned} C(T, S) &= \frac{C_1 S}{2T} \frac{PS}{R(P-R)} + \frac{1}{2T} C_2 \left[\frac{RT(P-R)}{P} - S\right]\left[T - \frac{PS}{R(P-R)}\right] + \frac{C_3}{T} \\ &= \frac{C_1 S^2}{2RT} \frac{P}{(P-R)} + \frac{C_2 [RT(P-R) - PS]^2}{2RT \cdot P(P-R)} + \frac{C_3}{T} \end{aligned} \tag{9-20}$$

令 $\alpha = C_2/(C_1 + C_2)$，$\beta = (P-R)/P$，化简后，得

$$C(S, T) = \frac{C_1}{2R\beta} \frac{S^2}{T} + \frac{C_2 R\beta}{2} T - C_2 S + \frac{C_2 S^2}{2R\beta} \frac{1}{T} + \frac{C_3}{T}$$

$$\begin{cases} \dfrac{\partial C(S, T)}{\partial S} = \dfrac{C_1}{R\beta} \dfrac{S}{T} - C_2 + \dfrac{C_2}{R\beta} \dfrac{S}{T} = 0 \\ \dfrac{\partial C(S, T)}{\partial T} = -\left(\dfrac{C_1 S^2}{2R\beta} + \dfrac{C_2 S^2}{2R\beta} + C_3\right) \dfrac{1}{T^2} + \dfrac{C_2 R\beta}{2} = 0 \end{cases}$$

解得

$$\begin{cases} S = \alpha\beta RT \\ \dfrac{1}{T^2}\left(\dfrac{C_1 S^2}{R\beta} + \dfrac{C_2 S^2}{R\beta} + 2C_3\right) = C_2 R\beta \end{cases} \Rightarrow T^2 = \frac{2C_3(C_1 + C_2)}{R\beta C_1 C_2}$$

最佳订货周期 $$T^* = \sqrt{\frac{2C_3}{C_1 R}} \sqrt{\frac{C_1 + C_2}{C_2}} \sqrt{\frac{P}{P-R}} \tag{9-21}$$

求得最大库存水平 $$S^* = \sqrt{\frac{2RC_3}{C_1}} \sqrt{\frac{C_2}{C_1 + C_2}} \sqrt{\frac{P-R}{P}} \tag{9-22}$$

最小平均总费用 $$C(T^*, S^*) = \sqrt{2C_1 C_3 R} \sqrt{\frac{C_2}{C_1 + C_2}} \sqrt{\frac{P-R}{P}} \tag{9-23}$$

最佳订货批量 $$Q^* = RT^* = \sqrt{\frac{2RC_3}{C_1}} \sqrt{\frac{C_1 + C_2}{C_2}} \sqrt{\frac{P}{P-R}} \tag{9-24}$$

最大缺货量 $$Q^* - S^* = \sqrt{\frac{2C_1 C_3 R}{(C_1 + C_2) C_2}} \sqrt{\frac{P-R}{P}} \tag{9-25}$$

该模型是上述三个模型的综合形式。当 $C_2 \to \infty$，$P \to \infty$ 时，模型变为瞬时补充且不允许缺货的模型；当 $C_2 \to \infty$ 时，模型变为逐渐补充且不允许缺货的模型；当 $P \to \infty$

时，模型变为瞬时补充且允许缺货的模型。

例 9.4　某企业生产某种产品的速度是 300 件/月，销售速度是 200 件/月，库存费用每月每件为 4 元，每次生产准备费为 80 元，允许缺货，每件产品的缺货损失费为 14 元，试求最佳订货周期、最佳订货批量、最大库存量及最小平均总费用。

解： 已知 $R=200$ 件/月，$P=300$ 件/月，生产准备费 $C_3=80$ 元，单位产品每月每件的库存费 $C_1=4$ 元，缺货损失费 $C_2=14$ 元。

$$\text{最佳订货周期 } T^*=\sqrt{\frac{2\times 80}{4\times 200}}\sqrt{\frac{4+14}{14}}\sqrt{\frac{300}{300-200}}=0.88\,(\text{月})$$

$$\text{最佳订货批量 } Q^*=\sqrt{\frac{2\times 80\times 200}{4}}\sqrt{\frac{4+14}{14}}\sqrt{\frac{300}{300-200}}=175.66\,(\text{件})$$

$$\text{最小平均总费用 } C^*(T^*,S^*)=\sqrt{2\times 80\times 4\times 200}\sqrt{\frac{14}{4+14}}\sqrt{\frac{300-200}{300}}=182.17\,(\text{元})$$

$$\text{最佳最大库存量 } S^*=\sqrt{\frac{2\times 80\times 200}{4}}\sqrt{\frac{14}{4+14}}\sqrt{\frac{300-200}{300}}=45.54\,(\text{件})$$

4. 价格折扣率

为刺激需求或扩大市场占有率，商家常对客户的大批量订货实行价格优惠。一般情况下，购买数量越多，单价就越低（见图 9.12）。若其他假设条件与瞬时补充且不允许缺货的模型相同，那么当单价随订购量变化时，应如何确定相应的库存策略？

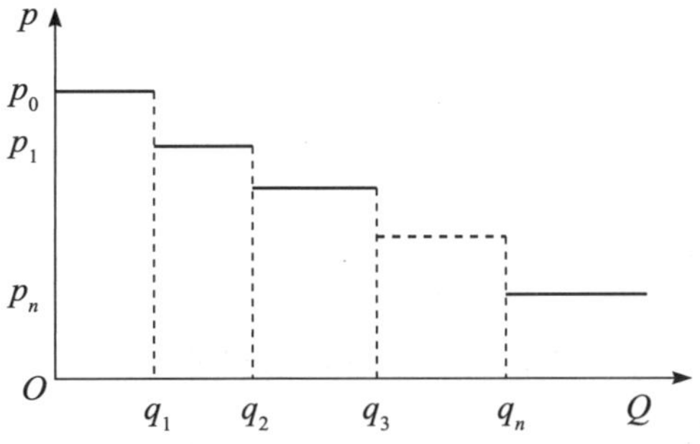

图 9.12　价格折扣示意图

设货物单价 $p_i(i=0,1,\cdots,n)$ 与订货量 Q 之间的关系如下：

$$\begin{cases} p_0, & 0\leqslant Q<q_1 \\ p_1, & q_1\leqslant Q<q_2 \\ \vdots & \\ p_n, & Q\geqslant q_n \end{cases}$$

其中，$q_j(j=1,2,\cdots,n)$ 为价格折扣的分界点，$p_0>p_1\cdots>p_n$。

该问题的平均总费用函数为：

$$f_i(Q)=\frac{1}{2}C_1Q+\frac{C_3R}{Q}+Rp_i \tag{9-26}$$

求解步骤是：

（1）先不考虑价格折扣因素，用EOQ模型求出最佳订货批量Q^*，并确定Q^*落在哪个区间。如果落在$[q_i, q_{i+1}]$内，则最小平均总费用为：

$$f_i(Q^*) = \sqrt{2C_1C_3R} + Rp_i \tag{9-27}$$

（2）考虑价格折扣因素。因$p_{i-1} > p_i$，当$Q < Q^*$时不仅会导致费用增加，而且无法享受价格折扣；当$Q > Q^*$时，虽然平均总费用会增加，但享受价格折扣后又会节约很多费用。因此，需要将不享受价格折扣的总费用$f_i(Q^*)$与享受价格折扣后的总费用$f_i(q_{i+1})$，$f_i(q_{i+2})$，…，$f_i(q_n)$进行比较，取总费用最小的订购量为最佳订购量。

例9.5 某医院药房每年需要某种药1 000瓶，每次订购费为5元，每瓶药每年的保管费为0.4元，每瓶药单价为2.5元。制药厂提出的价格折扣条件为：

（1）订购100瓶时，价格折扣率为0.05；

（2）订购300瓶时，价格折扣率为0.1。

问：（1）该医院是否愿意接受有折扣率的条件？

（2）若医院每年对这种药的需求量为100瓶，其他条件不变，医院应采取什么库存策略？

解：（1）若不考虑价格折扣，则

$$\text{最佳订货批量 } Q^* = \sqrt{\frac{2\times5\times1\,000}{0.4}} = 158\,(\text{瓶})$$

$$\text{总费用 } f_i(Q^*) = \sqrt{2\times1\,000\times5\times0.4} + 1\,000\times2.5\times0.95 = 2\,438\,(\text{元})$$

若要享受价格折扣，取$Q=300$瓶，则

$$f_i(Q) = \frac{1}{2}\times0.4\times300 + \frac{5\times1\,000}{300} + 1\,000\times2.5\times0.9 = 2\,327\,(\text{元})$$

所以应该接受每次订购300瓶的价格折扣。

（2）若不考虑价格折扣，则

$$\text{最佳订货批量 } Q^* = \sqrt{\frac{2\times5\times100}{0.4}} = 50\,(\text{瓶})$$

$$\text{总费用 } f_i(Q^*) = \sqrt{2\times100\times5\times0.4} + 100\times2.5 = 270\,(\text{元})$$

若取$Q=100$瓶，则

$$f_i(Q) = \frac{1}{2}\times0.4\times100 + \frac{5\times100}{100} + 100\times2.5\times0.95 = 262.5\,(\text{元})$$

因此，医院应采取每次订购100瓶的库存策略。

§9.3 随机性库存模型

随机性库存模型的特点是：需求随机但其概率分布已知。许多实际问题都有历史资料，可以从中找出需求变化的统计规律，并确定其概率分布。然后以盈利的期望值的大小作为衡量标准，求出使盈利期望值最大的库存策略作为最优库存策略。随机性库存模型分为单时期随机性库存模型和多时期随机性库存模型。

9.3.1 单时期随机性库存模型

单时期随机性库存模型将一个库存周期作为时间的最小单位，一次性订货。若销售完毕，并不补充进货；若销不完，货物对下一期无用。在多时期随机性库存模型中，每个周期末的库存货物对下一期仍然可用。由于需求是不确定的，这就形成了两难境地：若订货过多卖不出去，就得降价处理而造成损失；若订货过少，则因供不应求而失去了潜在的销售机会。该问题的库存策略就是要确定一个适当的订货量。

1. 需求是随机离散的单时期随机性库存模型

典型的单时期随机需求问题就是报童问题。有一报童每天售报的数量是一个离散的随机变量，设销售量 r 的概率分布 $P(r)$ 已知，每份报纸的成本为 μ 元，售价为 v 元（$v>\mu$）。如果报纸当天卖不出去，第二天就要降价处理，处理价格为 w 元（$w<\mu$），报童每天最好准备多少份报纸？

该问题的求解就是确定报童每天的订货批量 Q 为多少时，盈利的期望值最大或者损失的期望值能够最小。因此选择盈利的期望值为目标函数，求解的目的是确定最佳订货批量 Q^* 。

若订货批量 Q 大于等于实际需求量 r（$Q\geqslant r$），盈利的期望值为：

$$\sum_{r=0}^{Q}[(v-\mu)r-(\mu-w)(Q-r)]P(r)$$

即对所有 $r\leqslant Q$ 的可能取值，计算每种结果的盈利，然后按照出现这种可能的概率 $P(r)$ 计算其期望值。$(v-\mu)r$ 是每天卖出 r 份报纸的盈利，$(\mu-w)(Q-r)$ 是剩余 $(Q-r)$ 份报纸降价处理造成的损失。

订货批量小于需求量（$Q<r$）时，盈利的期望值为：

$$\sum_{r=Q+1}^{\infty}(v-\mu)QP(r)$$

即对所有 $r>Q$ 的可能取值，计算报纸全部卖出得到的盈利，并按照概率 $P(r)$ 计算其期望值。

因此对任意 Q，总的盈利期望值为：

$$C(Q)=\sum_{r=0}^{Q}[(v-\mu)r-(\mu-w)(Q-r)]P(r)+\sum_{r=Q+1}^{\infty}(v-\mu)QP(r) \tag{9-28}$$

最佳订货批量应满足以下条件，使得“多一份就太多，而少一份就太少”。

$$C(Q^*)\geqslant C(Q^*+1) \tag{9-29}$$

$$C(Q^*)\geqslant C(Q^*-1) \tag{9-30}$$

根据式（9-29），得

$$\begin{aligned}&\sum_{r=0}^{Q}[(v-\mu)r-(\mu-w)(Q-r)]P(r)+\sum_{r=Q+1}^{\infty}(v-\mu)QP(r)\\ \geqslant&\sum_{r=0}^{Q+1}[(v-\mu)r-(\mu-w)(Q+1-r)]P(r)+\sum_{r=Q+2}^{\infty}(v-\mu)(Q+1)P(r)\end{aligned}$$

化简后得

$$\sum_{r=0}^{Q} P(r) \geqslant \frac{v-\mu}{v-w} \tag{9-31}$$

同理由式（9－30）可得

$$\sum_{r=0}^{Q-1} P(r) \leqslant \frac{v-\mu}{v-w} \tag{9-32}$$

综合以上结果，最佳订货批量 Q^* 应满足：

$$\sum_{r=0}^{Q-1} P(r) \leqslant \frac{v-\mu}{v-w} \leqslant \sum_{r=0}^{Q} P(r) \tag{9-33}$$

上述推导若以损失的期望值为目标函数，同样可以得到每天的最佳订货批量 Q^* 。报童问题具有广泛的实际背景，若把生产需要的某种零件或顾客需要的某种商品看成报童所卖的报纸，则问题的实质是一样的。

例 9.6 某商店销售一种日用品，已知日用品的进货单价为 50 元，销售单价为 70 元；若发生滞销，每件日用品将亏损 10 元。根据以往的经验，甲商品销售量 r 服从参数 $\lambda=6$ 的泊松分布，$P(r)=\dfrac{e^{-\lambda}\lambda^r}{r!}(r=0, 1, \cdots)$ 。该商店的最佳订货批量为多少件?

解： 已知 $u=50$（元/件），$v=70$（元/件），$u-w=10$，$w=40$（元/件）。

$$\frac{v-u}{v-w}=\frac{70-50}{70-40}=0.667$$

$$F(6)=\sum_{x=0}^{6}\frac{e^{-6}6^x}{x!}=0.606$$

$$F(7)=\sum_{x=0}^{7}\frac{e^{-6}6^x}{x!}=0.744$$

由于 $F(6)<0.667<F(7)$，故最佳订货批量 $Q^*=7$ 件。

2. 需求是随机连续的单时期随机性库存模型

设有某种单时期需求的物资，需求量 r 为连续型随机变量，已知其概率密度为 $\varphi(r)$ 。每件物品的成本为 μ 元，售价为 v 元（$v>\mu$）。若销售不完，下一期就要降价处理，处理价格为 w 元（$w<\mu$）。求最佳订货批量 Q^* 。

将离散模型中的求和方式改为积分形式，得结果如下：

$$\begin{aligned} C(Q) &= \int_0^Q [(v-\mu)r-(\mu-w)(Q-r)]P(r)\mathrm{d}r+\int_{Q+1}^{\infty}(v-\mu)QP(r)\mathrm{d}r \\ &= (v-\mu)Q+(v-w)\int_0^Q r\varphi(r)\mathrm{d}r-(v-w)\int_0^Q Q\varphi(r)\mathrm{d}r \end{aligned}$$

由于 $C(Q)$ 的表达式中含有参变量积分，可用如下公式求导①：

$$\frac{\mathrm{d}}{\mathrm{d}u}\int_{a(u)}^{b(u)} f(x,u)\mathrm{d}x=\int_{a(u)}^{b(u)}\frac{\partial f(x, u)}{\partial u}\mathrm{d}x+f(b(u), u)\, b'(u)-f(a(u), u)\, a'(u)$$

$$\begin{aligned} \frac{\mathrm{d}C(Q)}{\mathrm{d}Q} &= (v-\mu)+(v-w)Q\varphi(Q)-(v-w)\left[\int_0^Q \varphi(r)\mathrm{d}r+Q\varphi(Q)\right] \\ &= (v-\mu)+(v-w)\int_0^Q \varphi(r)\mathrm{d}r \end{aligned}$$

① 叶其孝，沈永欢、实用数学手册.2版.北京：科学出版社，2005：246.

$$\frac{d^2C(Q)}{dQ^2} = -(v-w)\varphi(Q) < 0$$

令 $\frac{dC(Q)}{dQ} = 0$，解得

$$\int_0^Q \varphi(r)dr = \frac{v-\mu}{v-w} \tag{9-34}$$

据此可求出使盈利期望值最大的最佳订货批量 Q^* 。

例 9.7　某书亭销售某种杂志，每册进价 0.8 元，售价 1 元。如果过期，处理价格为每册 0.5 元。根据多年的统计结果，需求服从均匀分布，最大需求量 $b = 1\ 000$（册），最小需求量 $a = 500$（册）。应订货多少才能保证期望利润最大？

解：均匀分布的密度函数为：

$$\varphi(r) = \begin{cases} \frac{1}{b-a}, & r \in [a, b] \\ 0, & \text{其他} \end{cases}$$

由式（9-34），得

$$\frac{v-\mu}{v-w} = \frac{1.00-0.80}{1.00-0.50} = 0.4$$

令 $\int_0^Q \varphi(r)dr = \int_a^Q \frac{1}{b-a}dr = 0.4$，得

$$\frac{Q-a}{b-a} = \frac{Q-500}{1\ 000-500} = 0.4 \Rightarrow Q^* = 700\text{（册）}$$

故应订货 700 册，才能保证期望利润最大。

9.3.2　多时期随机库存模型

与单时期随机库存模型不同的是：在多时期随机库存模型中，每个周期的期末库存到下一周期仍然可用，并不进行低价处理。在实际应用中，库存管理往往是随时间动态循环的，因而多时期库存模型的应用会更加广泛，其分析也更为复杂。有效的库存策略需要根据不同物资的需求特点和经济原则来制定。最为常见的多时期库存策略是 (s, S) 策略。模型的目标函数是最小化总费用的期望值。

1. 需求是随机离散的多时期 (s, S) 模型

此模型的特点是周期性订货。假设在某个周期开始时的初始库存量为 I，订货量 Q 使库存水平达到 $S=I+Q$。若供不应求，需要承受缺货损失；若供过于求，则多余部分入库供下一周期使用，需要支付库存费。因此，本周期的总费用包括订货费、库存费和缺货损失费。

设货物单价为 K，单位库存费为 C_1 ，单位缺货损失费为 C_2 ，每次订货费为 C_3 。假定从订货到入库的滞后时间为零，需求量 r 是随机变量，且其概率分布为 $P(r_i)(r_i < r_{i+1}, i = 1, 2, \cdots, m)$ ，则

总费用
- 订货费 C_3+KQ
- 库存费 当 $r<S$ 时，有 $S-r$ 部分入库，应付库存费；当 $r\geqslant S$ 时，无须入库。因此库存费的期望值为：$\sum\limits_{r<S}(S-r)C_1P(r)$
- 缺货损失费 当 $r>S$ 时，有 $(r-S)$ 部分需付缺货损失费，其期望值为：$\sum\limits_{r>S}(r-S)C_2P(r)$

总费用的期望值为：

$$C(S)=C_3+K(S-I)+\sum_{r<S}(S-r)C_1P(r)+\sum_{r>S}(r-S)C_2P(r) \tag{9-35}$$

能使 $C(S)$ 达到极小值的 S 就是最优库存水平。

由于 r 的取值为 r_1，r_2，…，r_m 中的一个，从不产生剩余库存的角度出发，可以认为 S 的取值范围也在 r_1，r_2，…，r_m 中，即库存水平 S 正好等于某个需求量。设 $S_i=r_i$，$\Delta S_i=S_{i+1}-S_i=\Delta r_i$，$\Delta r_i=r_{i+1}-r_i\neq 0\ (i=1, 2, \cdots, m-1)$。

为求出使 $C(S_i)$ 最小的 S，S_i 应满足下列不等式：

(1) 当 $S_{i+1}\geqslant S_i$ 时，$C(S_{i+1})\geqslant C(S_i)$；

(2) 当 $S_i\leqslant S_{i-1}$ 时，$C(S_i)\leqslant C(S_{i-1})$。

其中：

$$C(S_{i+1})=C_3+K(S_{i+1}-I)+\sum_{r\leqslant S_{i+1}}C_1(S_{i+1}-r)P(r)+\sum_{r>S_{i+1}}C_2(r-S_{i+1})P(r)$$

$$C(S_i)=C_3+K(S_i-I)+\sum_{r\leqslant S_i}C_1(S_i-r)P(r)+\sum_{r>S_i}C_2(r-S_i)P(r)$$

$$C(S_{i-1})=C_3+K(S_{i-1}-I)+\sum_{r\leqslant S_{i-1}}C_1(S_{i-1}-r)P(r)+\sum_{r>S_{i-1}}C_2(r-S_{i-1})P(r)$$

令 $\Delta C(S_i)=C(S_{i+1})-C(S_i)$，$\Delta C(S_{i-1})=C(S_i)-C(S_{i-1})$

由 (1) 可推得：

$$\Delta C(S_i)=K\Delta S_i+(C_1+C_2)\Delta S_i\sum_{r\leqslant S_i}P(r)-C_2\Delta S_i\geqslant 0$$

因 $\Delta S_i\neq 0$，得

$$K+(C_1+C_2)\sum_{r\leqslant S_i}P(r)-C_2\geqslant 0$$

即 $\sum\limits_{r\leqslant S_i}P(r)\geqslant\dfrac{C_2-K}{C_1+C_2}$。

由 (2) 推得：

$$\sum_{r\leqslant S_i}P(r)\leqslant\frac{C_2-K}{C_1+C_2}$$

令临界值 $N=\dfrac{C_2-K}{C_1+C_2}$，则

$$\sum_{r\leqslant S_{i-1}}P(r)\leqslant N\leqslant\sum_{r\leqslant S_i}P(r) \tag{9-36}$$

取满足式 (9-36) 的 S_i 为 S，从而得到订货量 $Q=S-I$。

下面讨论确定保险库存量 s 的方法。

若本周期的初始库存量 $I > s$，则无须订货，即可节省订货费 C_3。当 $s = S$ 时，订货时的总费用与不订货时的总费用之差是订货费 $C_3 > 0$。当 $s < S$ 时，虽然缺货损失费会增加，但可以节省订货费和库存费，因此不订货时的总费用仍有可能小于订货时的总费用。即

$$Ks + \sum_{r \leqslant s} C_1(s-r)P(r) + \sum_{r>s} C_2(r-s)P(r)$$
$$\leqslant C_3 + KS + \sum_{r \leqslant S} C_1(S-r)P(r) + \sum_{r>S} C_2(r-S)P(r) \tag{9-37}$$

故只要找到某个 $s \leqslant S$ 使得式（9－37）成立，s 就是要确定的保险库存量。因为当 s 由 S 开始逐渐减小时，不订货时的总费用会逐渐下降，直到某个 $s \leqslant S$ 时又会逐渐增加。也就是说，开始时订货费和库存费的节省会超过缺货损失费的增加，但到某个 $s \leqslant S$ 以后，缺货损失费的增加又会超过节省的订货费和库存费。

例 9.8 某企业每月对某种材料需求量的概率如表 9.1 所示。每次订货费为 500 元，每吨材料每月的保管费为 50 元，缺货损失费为 1 500 元，每吨材料的购置费为 1 000 元，该企业欲采用（s，S）库存策略来控制库存量，试求 S 和 s 的值。

表 9.1 例 9.8 数据表

需求量 r_i	50	60	70	80	90	100	110	120
概率 $P(r=r_i)$	0.05	0.10	0.15	0.25	0.20	0.10	0.10	0.05

解： 已知 $C_1 = 50$，$C_2 = 1\,500$，$C_3 = 500$，$K = 1\,000$，则

$$\text{临界值 } N = \frac{C_2 - K}{C_1 + C_2} = \frac{1\,500 - 1\,000}{50 + 1\,500} = 0.323$$

$$\sum_{i=1}^{3} P(r_i) = 0.05 + 0.10 + 0.15 = 0.30$$

$$\sum_{i=1}^{4} P(r_i) = 0.05 + 0.10 + 0.15 + 0.25 = 0.55$$

因 $0.30 < N < 0.55 \Rightarrow S = 80$（吨）。所以当 $S = 80$ 时，订货时的总费用为：

$$\begin{aligned} C(S) &= 500 + 1\,000 \times 80 + 50 \times [(80-70) \times 0.15 + (80-60) \times 0.1 + (80-50) \\ &\quad \times 0.05] + 1500 \times [(90-80) \times 0.2 + (100-80) \times 0.1 + (110-80) \times 0.1 \\ &\quad + (120-80) \times 0.05] \\ &= 94\,250 \end{aligned}$$

分别取 $s = 50$，60，70，计算不需订货时的总费用：

$$\begin{aligned} C(s=50) &= 1\,000 \times 50 + 1\,500 \times [(60-50) \times 0.1 + (70-50) \times 0.15 + (80-50) \\ &\quad \times 0.25 + (90-50) \times 0.20 + (100-50) \times 0.1 + (110-50) \times 0.1 \\ &\quad + (120-50) \times 0.05] \\ &= 101\,000 \end{aligned}$$

同理得：

$$C(s=60) = 96\,775, \quad C(s=70) = 94\,100$$

所以：$C(s=70) < C(S=80) < C(s=60) < C(s=50)$

显然，只有 $s = 70$ 时，不订货时的总费用会小于订货时的总费用，此时订货费和库存费的节省超过了缺货损失费的增加。否则，当 $s = 50$，60 时，缺货损失费的增加会明

显超过订货费和库存费的节省。因此，该企业的库存策略为：若期初库存量 $I \leqslant 70$ 时补充库存达到 80，否则不补充。

2. 需求是随机连续的多时期 (s, S) 模型

假设需求量 r 是连续型的随机变量，其概率密度为 $\varphi(x)$ ，其他假设与随机离散的多时期（s，S）模型相同。问题仍然是确定 S 和 s 的值使总费用的期望值最小。

总费用：
- 订货费　$C_3 + KQ$
- 库存费　当 $r < S$ 时，有 $(S-r)$ 部分入库，应付库存费；当 $r \geqslant S$ 时，无须入库存。因此库存费的期望值为：$\int_0^S [(S-r)C_1]\varphi(r)\mathrm{d}r$
- 缺货损失费　当 $r > S$ 时，有 $(r-S)$ 部分需付缺货损失费，其期望值为：$\int_S^{\infty} [(r-S)C_2]\varphi(r)\mathrm{d}r$

总费用的期望值为：

$$C(S) = C_3 + K(S-I) + \int_0^S [(S-r)C_1]\varphi(r)\mathrm{d}r + \int_S^{\infty} [(r-S)C_2]\varphi(r)\mathrm{d}r$$

利用含参变量积分的求导公式，得

$$\begin{aligned}\frac{\mathrm{d}C(S)}{\mathrm{d}S} &= K + C_1\int_0^S \varphi(r)\mathrm{d}r - C_2\left[\int_0^{\infty} \varphi(r)\mathrm{d}r - \int_0^S \varphi(r)\mathrm{d}r\right] \\ &= K + (C_1 + C_2)\int_0^S \varphi(r)\mathrm{d}r - C_2\end{aligned}$$

令 $\dfrac{\mathrm{d}C(S)}{\mathrm{d}S} = 0$，得

$$\int_0^S \varphi(r)\mathrm{d}r = \frac{C_2 - K}{C_1 + C_2} \tag{9-38}$$

定义临界值 $N = \dfrac{C_2 - K}{C_1 + C_2}$ ，由式（9-38）可以确定 S ，故最佳订货批量 $Q^* = S - I$。

确定保险库存量 $s(s \leqslant S)$ 的方法是求解下列不等式：

$$\begin{aligned}&Ks + \int_0^s [(s-r)C_1]\varphi(r)\mathrm{d}r + \int_s^{\infty} [(r-s)C_2]\varphi(r)\mathrm{d}r \\ &\leqslant C_3 + KS + \int_0^S [(S-r)C_1]\varphi(r)\mathrm{d}r + \int_S^{\infty} [(r-S)C_2]\varphi(r)\mathrm{d}r\end{aligned} \tag{9-39}$$

例 9.9 某商场经销一种电子产品，根据统计分析，该产品的销售量服从在区间 [75，100] 内的均匀分布。每台电子产品的进货价为 4 000 元，单位库存费为 60 元。若缺货，商场将以每台 4 300 元的价格从其他商场进货后再卖给顾客，以维护自己的信誉。每次订货费为5 000元。设期初库存为 0，试确定最佳订货批量、s 及 S 的值。

解： 已知 $K = 4\,000$, $C_1 = 60$, $C_2 = 4\,300$, $C_3 = 5\,000$, $I = 0$ 。

区间 [75，100] 内的均匀分布为：

$$\varphi(r) = \begin{cases} \dfrac{1}{25}, & 75 \leqslant r \leqslant 100 \\ 0, & 其他 \end{cases} \quad (因\int_0^{\infty} \varphi(r)\mathrm{d}r = 1)$$

临界值 $N=\dfrac{C_2-K}{C_1+C_2}=\dfrac{4\ 300-4\ 000}{60+4\ 300}=0.069$

由 $\int_0^S\varphi(r)\mathrm{d}r=\int_{75}^S\dfrac{1}{25}\mathrm{d}r=\dfrac{1}{25}(S-75)$，得 $\dfrac{1}{25}(S-75)=0.069$。

解得 $S\approx 77$，最佳订货批量 $Q^*=S-I=77-0=77$（台）。

由式（9-39）知：

$$4\ 000s+60\int_{75}^{s}\frac{(s-r)}{25}\mathrm{d}r+4\ 300\int_{s}^{100}\frac{(r-s)}{25}\mathrm{d}r$$
$$\leqslant 5\ 000+4\ 000\times 77+60\int_{75}^{77}\frac{(77-r)}{25}\mathrm{d}r+4\ 300\int_{77}^{100}\frac{(r-77)}{25}\mathrm{d}r$$

经积分得方程：

$$87.2s^2-13\ 380s+508\ 258=0$$

解得一元二次方程的两个根：$s_1=69.147\approx 70$ 台，$s_2=84.292>77$（无意义，舍去）。

故该商场的库存策略是：最佳订货批量为 77 台，最大库存量为 77 台，保险库存量为 70 台。

本章小结

本章基于库存系统的基本概念，主要讨论了两种类型的库存模型：确定性库存模型和随机性库存模型。确定性库存模型中仅介绍了经典的经济订货批量模型，这是本章的核心内容。随机性库存模型有单时期随机性库存模型和多时期随机性库存模型，报童问题在经济管理领域具有一定的代表性，多时期随机性库存模型仅介绍了（s，S）库存策略。库存论的研究成果很多，本章仅介绍了其中传统或经典的部分内容。希望读者能够领会库存问题的关键往往是对库存流程和各种费用的分析和估算，其目的是使库存系统的平均总费用达到最小。

本章的理论框架如下：

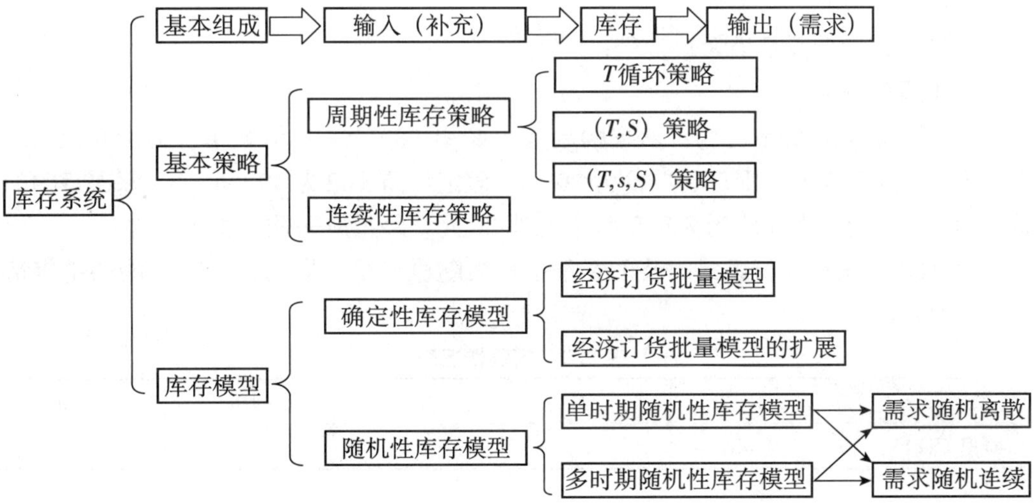

习题 9

一、计算题

1. 某产品中有一外购件，年需求量为 10 000 件，单价为 100 元，由于该件可在市场采购，故订货提前期为零且不允许缺货。已知每组织一次采购需 2 000 元，每件每年的库存费为该件单价的 20%。试求经济订货批量及每年最低的总费用。

2. 某建筑公司每天需要某种标号的水泥 100 吨，该公司每次向水泥厂订购，须支付订购费 100 元，每吨水泥在该公司仓库内存放一天需支付 0.08 元的保管费，若不允许缺货且一订货就可以提货。

（1）画出该公司的库存状态变化图。

（2）每次订购间隔多长时间，每次订购多少吨水泥费用最省，最低费用为多少？

（3）从订购之日到水泥入库需 7 天时间，当库存为多少时应订货？

3. 某公司有扩充业务的计划，每年需要招聘和培训新的工作人员 60 名。培训采用办培训班的方法，开班一次需要费用 1 000 元（不论学员多少）。每位应聘人员一年的薪金约 540 元，所以公司不愿意在不需要时招聘并培训这些人员，在需要他们时却又不能延误。这要求事先进行成批培训，在培训期间，虽未正式使用，但仍需支付全薪。每次培训几名工作人员才经济？隔多长时间办一期培训班？全年费用为多少？

4. 电视机厂每月需要 10 000 只显像管，每月的生产能力为 30 000 只，生产每批显像管的固定费用为 5 000 元，每月每只显像管的库存费为 1 元。每批生产多少才能使费用最低？最低费用是多少？

5. 某商店经销收录机，每月可销售 100 台，但若积压一台每月要损失 10 元，缺货一台要损失 40 元，每次订购费为 200 元。最多可允许缺货多少台？

6. 对某产品的需求量为每年 350 件（一年以 300 个工作日计），已知每次订货费为 50 元，该产品的库存费为每年每件 13.75 元，缺货时的损失为 25 元，订货提前期为 5 天。该产品由于结构特殊，需用专门车辆运送，在向订货单位发货期间每天发货量为 10 件。试问：

（1）经济订货批量及最大缺货量；

（2）年最低费用。

7. 某厂采购元件的情况为：若采购数量为 0～1 999 个，则订购单价为 100 元；若采购数量为 2 000 个以上，则订购单价为 80 元。假定年需要量为 10 000 个，每次订购的固定费用为 2 000 元，库存费用为每年每个元件 20 元。每批应采购多少个元件？

8. 某服装店某种流行款式时装的春季销量为随机变量。据估计，其可能的销售情况如表 9.2 所示。

表 9.2　销售情况表

销售量 r	15	16	17	18	19
概率 $P(r)$	0.05	0.1	0.5	0.3	0.05

该款式时装进价每套 180 元，售价每套 200 元。隔季会过时，本季末抛售价为每套 120 元。设本季内仅能进货一次，该店本季内进货多少为宜？

9. 对某产品的需求量服从正态分布，已知 $\mu=150$，$\sigma=25$。每个产品的进价为 8 元，售价为 15 元，如销售不完按每个 5 元退回原单位。该产品的订货量应为多少能使预期利润最大？

10. 某厂生产需要某种部件，该部件外购价为每个 850 元，订货费为每次 2 825 元，若自己生产，则每个成本为 1 250 元，单位库存费为 45 元。该部件的需求量如表 9.3 所示。

表 9.3　需求量表

需求量 r	80	90	100	110	120
概率 $P(r)$	0.1	0.2	0.3	0.3	0.1

在选择外购策略时，若订购数小于实际需求量，工厂将自己生产差额部分。假定期初存货为零，求工厂的订购策略。

11. 已知某产品的单位成本 K 为 5 元，单位库存费为 1 元，缺货费为 5 元，订购费为 5 元，需求量 x 的概率密度函数为：

$$f(x)=\begin{cases}0.25, & \leqslant x\leqslant 10\\ 0, & 其他\end{cases}$$

设期初库存为 0，试确定库存策略 (s, S)。

二、思考讨论题

1. 举出生产和生活中库存问题的实际例子，说明库存问题对改进企业经营管理的意义。

2. 建立库存系统的基本要求是什么？优化的目标函数是什么？

3. 经济订货批量模型的主要假设有哪些？

4. 对比确定性库存模型，说明前三个模型是最后一个模型的特例。

5. 单时期随机性库存模型与多时期随机性库存模型的区别是什么？

第 10 章

马尔科夫决策过程

| 本章要点 |

1. 马尔科夫决策过程的概念
2. 马尔科夫性
3. 典型马尔科夫决策过程的建模与求解

新产品进货问题

某手机厂商近日发布了一款新产品，零售商需要决定该款产品的进货数量。三个月为一个销售季度，该款产品每个季度的销售量为随机变量，记作 X 。已知该款产品不同销售量的概率分布如下：销售量 $x_1=10$，$x_2=20$，$x_3=30$，$x_4=40$ ，对应概率 $p(x_1)=0.2$，$p(x_2)=0.4$，$p(x_3)=0.3$，$p(x_4)=0.1$ 。每个季度都需要决定进货的数量。假设 U 表示春季进货的数量，可能的取值为 10、20、30、40。假设该零售商的库存和进货之间存在以下关系：如果在当前季度销售量为 $X=x$ 且本季度进货量为 $U=u$ ，那么下一季度的销售量为 X' 的概率是 $P(X'=x' \mid X=x, U=u)$ ，假设对于任意的 x 都有相同的转移概率，转移概率如表 10.1 所示。

表 10.1　新产品的销售量转移概率

$P(X'=x' \mid X=x, U=u)$	$x'=10$	$x'=20$	$x'=30$	$x'=40$
$u=10$	0.6	0.3	0.1	0
$u=20$	0.2	0.5	0.2	0.1
$u=30$	0.1	0.2	0.6	0.1
$u=40$	0	0.1	0.3	0.6

每个季度结束后零售商需要支付储存费用 c 元，储存费用与当前库存量有关，即 $c=$

40×库存量。每件产品的销售利润为 300 元。问每季度开始时该款产品的进货量是多少，可使得在第二年产品更新换代之前零售商销售该款产品的预期总利润最大?

在动态规划决策问题中，存在多个决策阶段，前面的决策会对后面的决策产生影响。虽然每个阶段可以采取多种决策，但是每种决策产生的影响是确定的，即会转移到确定的状态。在实际决策环境中，该状态转移往往是不确定的。

生活中存在许多的多阶段随机决策问题，比如企业的项目投资问题、设备维修问题、企业招聘问题等。现实中存在的不确定因素会使得做出某个决策的后果有随机的多种可能，这样的序贯决策问题通常使用马尔科夫决策过程（Markov decision process，MDP）来求解。

在系统状态具有马尔科夫性质的环境中，马尔科夫决策过程用于模拟智能体可实现的随机性策略与回报。所谓马尔科夫性，是可选的行动集合及系统的状态的改变仅与当前的状态和所要采取的决策（行动）相关，而与以前的状态和决策无关。

马尔科夫决策过程的起源可以追溯到 20 世纪 50 年代。1953 年，有学者在一次讨论班上做了关于随机对策的报告，所讨论的问题可视为一种特殊的马尔科夫决策模型。贝尔曼最早讨论了一般的序贯决策问题。霍华德（Howard）首先使用了马尔科夫决策过程这个名字，系统讨论了它的理论框架并给出了有效的算法。这个名字来源于俄国数学家马尔科夫，以纪念其为马尔科夫链所做的贡献。最早的成功案例是一家名为西尔斯的公司，用马尔科夫决策过程来确定每个季度是否给顾客邮寄产品目录来获得更高的收益。经过几十年的发展，马尔科夫决策过程已经得到了广泛的应用，尤其是近年来在强化学习领域的成功使得其研究热度直线上升。

本章重点介绍马尔科夫决策过程的相关概念及基础模型，通过简单应用来帮助学生掌握典型马尔科夫决策模型的主要建模思想和求解思路。

§10.1　基本概念

一个多阶段决策过程可以用图 10.1 来表示。

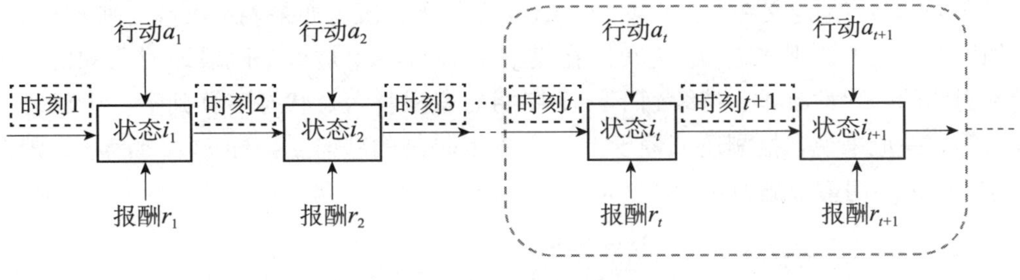

图 10.1　多阶段决策过程图示

在时刻 t，系统的决策者观察到当前系统所处的状态，并根据这个状态在可选的行为集合中选取一个决策行为（或称为一个行动）。采取该行动后，会产生一个报酬或者费用，并且会使得状态在一定概率规律下在时刻 $t+1$ 转移到新的状态。在新的状态下，决策者依然要进行决策并重复该决策过程。在每个时刻状态不同，可选的行为集合可能不同，状态的转移遵循的概率规律也可能不同。

显然，由于转移概率的存在，这是一个不确定的序列决策过程。系统中每一个可能的状态在决策过程中都有可能出现，因此，针对每个可能的不同的状态，决策者要选取与状态对应的行动子集。将不同时刻针对每个可能状态选择行动的原则称为决策规则或者策略(policy)。一个策略实际上就是一个决策规则的序列。每个策略都会产生一个报酬序列。序列决策问题需要在第一个决策时刻前即选择策略，使得报酬序列的某个函数值达到最大。该函数值通常被称为准则，常用的准则有期望报酬准则（或最优准则）和平均报酬准则。

上述问题中，每个周期可以在可选集合内选择一定的动作，选择某个动作后系统的状态会按概率转移到一个新的状态，并且对应不同的收益。

10.1.1 马尔科夫决策过程

（1）决策时刻与周期。

选取行动的时间点被称为决策时刻，用 T 表示所有决策时刻的点集。T 可以是有限的集合，也可以是无限的。T 为离散时，决策都是在决策时刻做出的。T 为连续时，可以连续进行决策，可以在某些随机点（某些事件发生时）做决策，问题更为复杂。

对于离散时间问题，相邻两个决策时刻被称为决策周期或者阶段。可以把有限阶段的决策时刻集合记为 $T=\{0,1,\cdots,N\}$，无限阶段的决策时刻集记为 $T=\{0,1,\cdots\}$。

（2）状态与行动集。

在每个决策时刻，对系统的描述就是状态。将系统所有的可能状态记为 S，也称为状态空间。决策者观察到的状态 $i\in S$，在状态 i 下可选择的行动集为 $A(i)$。假定 S 和 $A(i)$ 都不依赖于时刻 T。状态空间 S 和行动集 $A(i)$ 也可以是有限的集合，也可以是无限集合。在本书中，主要考虑离散的情况（有限或者无限）。

（3）转移概率和报酬。

任意一个决策时刻，在状态 i 采取行动 $a\in A(i)$ 之后会有如下结果：

1）获得报酬 $r(i,a)$；

2）下一个决策时刻所有的状态由概率分布 $p(\cdot\mid i,a)$ 决定。

报酬 $r(i,a)$ 是定义在 $i\in S$ 和 $a\in A(i)$ 上的函数值。如果表示收益，则 $r(i,a)$ 为正，如果表示成本，则 $r(i,a)$ 为负。在模型中，$r(i,a)$ 是每个阶段即时获知的，可以包括本周期的一次性收入、持续到下一个周期的累积收入及状态转移到下一个状态的随机收入等。一般来说，报酬还依赖于下一个决策时刻的状态 j，即 $r(i,a,j)$，则在状态 i 时行动 a 的期望报酬为：

$$r(i,a)=\sum_{j\in S}p(j\mid i,a)r(i,a,j)$$

上式中函数 $p(j\mid i,a)$ 表示下一个决策时刻转移到状态 j 的概率，称为转移概率函数。显然 $\sum_{j\in S}p(j\mid i,a)=1$。

（4）收益。

决策问题要实现一定的目标，记为 V 。常用的目标是最大化各个决策周期的期望收益的最大值或平均值，也称为最优准则或平均准则。相关内容将在后续章节进行详细的描述。

（5）马尔科夫决策过程的概念。

从上述概念可以得到五元组：

$$\{T, S, A(i), p(\cdot \mid i, a), r(i, a)\}$$

称为一个马尔科夫决策过程。值得注意的是，有的定义中还包括决策准则，本书中将 $\{T, S, A(i), p(\cdot \mid i, a), r(i, a)\}$ 五元组记为一个马尔科夫决策过程(见图 10.2)。

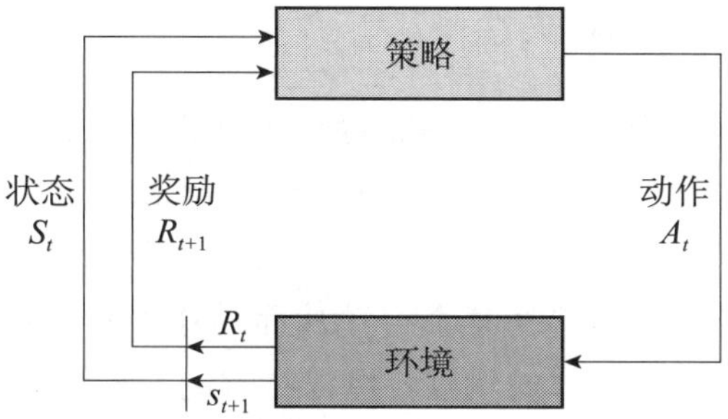

图 10.2　马尔科夫决策过程示意图

下面以机器维修问题为例，介绍上述概念。

例 10.1（机器维修问题）　某工厂有一台机器，机器每天可能处于两个状态：正常运行（$i=1$）和出现故障（$i=2$）。如果机器能够正常运作，则正常生产（记为 a_1），可以获得 10 万元收益，同时到下一个周期初，机器仍正常运行的概率为 0.9，发生故障的概率为 0.1；如果机器出现故障，可以选择快速修理（记为 a_2）和常规修理（记为 a_3）。由于机器的复杂性，快速修理的费用为 5 万元，当日修理成功的概率为 0.6；常规修理的费用为 2 万元，当日修理成功的概率为 0.4。假设每天为一个周期，用 $p(j \mid i, a)$ 表示 t 周期观察到系统状态是 i，选用行动 a，于 $t+1$ 周期转移到状态 j 的概率。用 $r(i, a)$ 表示在周期 t 观察到状态为 i 并选用行动 a 所获得的报酬。考虑共 N 个周期的决策，数据如表 10.2 所示。状态转移过程如图 10.3 所示。

表 10.2　机器维修问题的转移概率及报酬

状态（i）	可用行动（a）	转移概率 $p(j \mid i, a)$		报酬/（元） $r(i, a)$
		$j=1$	$j=2$	
1	a_1	0.9	0.1	10
2	a_2	0.6	0.4	−5
	a_3	0.4	0.6	−2

例 10.1 展示了一个马尔科夫决策过程 $\{T, S, A(i), p(\cdot \mid i, a), r(i, a)\}$，其中 $T=\{0, 1, \cdots, N\}$，$S=\{1, 2\}$，$A(1)=\{a_1\}$，$A(2)=\{a_2, a_3\}$，$p(\cdot \mid 1, a_1)=\{0.9, 0.1\}$，$p(\cdot \mid 2, a_2)=\{0.6, 0.4\}$，$p(\cdot \mid 2, a_3)=\{0.4, 0.6\}$，$r(i, a)=\{10, -5,$

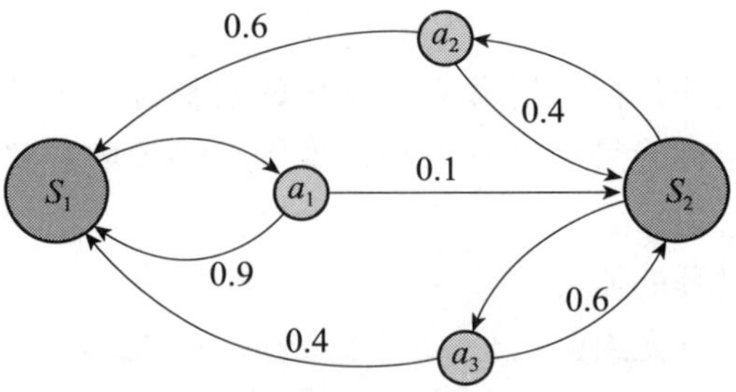

图 10.3　机器维修问题的状态转移过程

—2}。关于总收益将在后续章节详细介绍。

10.1.2　马尔科夫策略与马尔科夫性

将需要解决的问题刻画为一个马尔科夫过程仅是第一步，更为重要的是给出策略并进行求解，这也是决策的意义。下面将进一步介绍模型求解相关的概念。

（1）历史。

每个周期都根据现有的状态选择某个行动从而转移到新的状态，多个周期的决策会产生一条由相继的状态和行动组成的轨迹，可以将时刻 t 之前的轨迹记为：

$$h_t=(i_0, a_0, i_1, a_1, \cdots, i_{t-1}, a_{t-1}, i_t, at),\ t\geqslant 0$$

称该轨迹为时刻 0 到时刻 t 的一个历史，其中 $i_k\in S$，$a_k\in A(i_k)$（$k=0, 1, \cdots, t-1$）表示时刻 k 时系统所处的状态和决策者所采取的行动，i_t 表示系统的当前状态。

（2）决策规则与策略。

决策者需要给出一个决策规则来指导系统在不同状态下应该选取的行动。决策规则类型比较多样，可以选取确定的行动，可以依据一定概率随机选择行动，甚至可以根据历史的决策过程随机地选择行动。

如果状态空间上的函数 f 满足：对每个 $i\in S$，有 $f(i)\in A(i)$，即 $f:S\rightarrow A(i)$，则称 f 为确定性规则或马尔科夫决策函数，所有马尔科夫决策函数的集合为 F。如果状态空间上的概率分布函数族 π_t 满足：对每个 t 时刻的 $i\in S$，$\pi_t(\cdot\mid i)\in Dis(A(i))$ 是 $A(i)$ 的一个概率分布，并满足 $\pi_t(a\mid i)\geqslant 0$ 和 $\sum\limits_{a\in A(i)}\pi_t(a\mid i)=1$，那么 π_t 被称为一个马尔科夫决策规则，其中 $t\in\{0, 1, \cdots\}$。可见，确定性规则（马尔科夫决策函数）是马尔科夫决策规则的特殊情形。

一个决策函数序列 $\pi=(f_0, f_1, \cdots, f_t, \cdots)$，其中 f_t 为一个马尔科夫决策函数，$t\in\{0, 1, \cdots\}$，则称该序列为确定性马尔科夫策略，简称为马尔科夫策略。马尔科夫策略中 f_t 仅依赖于时刻 t 系统的状态，而与时刻 t 之前的历史无关。将所有马尔科夫策略的集合定义为马尔科夫策略类，记为 π_d^m。一个马尔科夫决策规则序列 $\pi=(\pi_0, \pi_1, \cdots, \pi_t, \cdots)$ 称为随机马尔科夫策略，其中 π_t 仅依赖于时刻 t 系统的状态，而与时刻 t 之前的历史无关。将所有随机马尔科夫策略的集合定义为随机马尔科夫策略类，记为 π_m。

（3）马尔科夫性。

马尔科夫决策函数或者马尔科夫决策规则只依赖于系统在 t 时刻的状态，而与 t 时刻之前的历史无关，即满足无后效性，也可称为马尔科夫性。

如果不满足马尔科夫性，可以定义更一般的策略，即策略与系统的历史 h_t 有关，所有一般策略的集合称为策略空间，记为 Π 。

上述策略在每个时刻的决策函数或者决策规则会改变，较为复杂，因此，决策者更希望找到一些简单的决策策略。比如，对于一个马尔科夫策略 $\pi=(f_0, f_1, \cdots, f_t, \cdots)$，其中 $f_t \equiv f_0$，则称它为平稳策略，记作 f_0^∞ 。全体平稳策略的集合记作 Π_s^d ；对于一个随机马尔科夫策略，其中 $\pi_t \equiv \pi_0$，则称它为随机平稳策略，记作 π_0^∞，全体随机平稳策略的集合记作 Π_s 。策略集合空间见图 10.4。

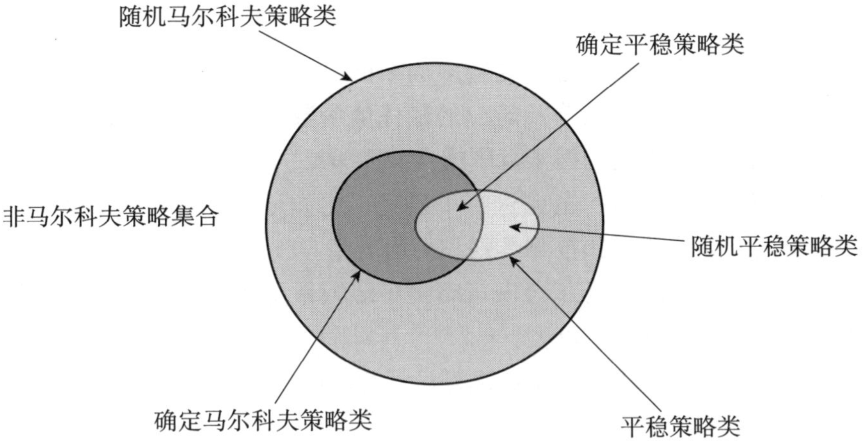

图 10.4　策略集合空间

下面继续结合例 10.1 给出上述几个概念的具体形式：

从时刻 0 到时刻 t 的一个历史：

$$h_t := (1, a_1, 1, a_1, 2, a_2, \cdots, 2, a_3, 1)$$

马尔科夫决策函数 $f \in F = \{f_A, f_B\}$ ：

f_A：对每个 $i \in S$ 有 $f(i=1)=a_1$，$f(i=2)=a_2$

f_B：对每个 $i \in S$ 有 $f(i=1)=a_1$，$f(i=2)=a_3$

确定性马尔科夫策略 π ：

$$\pi=(f_0, f_1, \cdots, f_t)$$

$f_t \in F$ 为一个马尔科夫决策函数，$t \in \{0, 1, \cdots\}$。

平稳策略 f_0^∞ ：

$$f_0^\infty=(f_0, f_1, \cdots, f_t)=(f_0, f_0, \cdots, f_0)$$

马尔科夫决策规则 $\pi_t(t \in \{0,1, \cdots\})$：

π_t ：对每个 t 时刻的 $i \in S$，有

$$\pi_t(a_1 \mid i=1)=1, \pi_t(a_2 \mid i=2) \geqslant 0, \pi_t(a_3 \mid i=2) \geqslant 0, \sum_{a \in A(i=2)} \pi_t(a \mid i=2)=1$$

随机马尔科夫策略 π ：

$$\pi=(\pi_0, \pi_1, \cdots, \pi_t)$$

π_t 为一个马尔科夫决策规则，$t \in \{0, 1, \cdots\}$ 。

随机平稳策略 π_0^∞ ：

$$\pi_0^\infty=(\pi_0, \pi_1, \cdots, \pi_t)=(\pi_0, \pi_0, \cdots \pi_0)$$

（4）最优策略。

给定初始状态 i ，使用策略 $\pi \in \Pi$ ，令 $V(\pi, i)$ 表示其效用函数，定义最优值函数为：

$$V^*(i) = \sup_{\pi \in \Pi} V(\pi, i), \quad i \in S_0$$

$V^*(i)$ 表示从初始状态 i 出发在阶段 0 至阶段 N 中所获得的最大期望总报酬，该函数关于所有初始状态的向量形式 V^* 称为最优向量。如果

$$V(\pi^*, i) = V^*(i), \quad \forall i \in S_0$$

则称策略 π^* 是最优策略。

面对刻画为马尔科夫决策问题的复杂多周期的决策问题，决策者通常希望判定最优策略是否存在，以及找到最优策略及对应的最优值函数或最优向量。前面介绍了很多种类的策略，如果能够缩小策略的搜索范围或者减少策略的种类，将对求解有很大的帮助。已有很多学者对缩小策略的可行范围进行了研究，比如可以证明对于某些效用函数，如期望总报酬和准则、期望总折扣报酬准则和平均准则等（定义见后文），在最一般的策略中寻找最优策略等价于在随机马尔科夫策略类中寻找最优策略。这些结论可以有效缩小最优策略的寻找范围，降低求解难度。

后续将针对不同类型的决策模型，进行设计与求解。

§ 10.2　有限阶段模型

有限阶段的马尔科夫决策模型的决策阶段是有限的，即决策时刻集合可以表示为 $T = \{0, 1, \cdots, N\}$ 。

例 10.2（设备更新问题）　某航空公司对发动机采用动态管理策略，发动机按照损耗程度可以分为 n 个状态：$S = \{1, 2, \cdots, n\}$ ，数字更大代表发动机的状态更差，0 表示发动机为新的，n 表示发动机必须更换。每个周期检查到发动机处于状态 i ，可以选择继续运行（O）和更换（R）两种动作。每次选择继续运作后，发动机进入一个新的状态 $j(j \geqslant i)$ ；选择更换后发动机的状态变为 0。在状态 i 采用策略 a 后转移到状态 j 的概率为 $p(j \mid i, a)$ ，对应的收益记为 $r(i, a, j)$ 。假设每个月都要进行决策且考虑一年的决策问题，即 $T = \{0, 1, \cdots, 11\}$ 。则该问题对应的马尔科夫决策过程可表示为 $\{T, S, A(i), p(\cdot \mid i, a), r(i, a)\}$ 。

如果确定收益为 V ，则 $\{T, S, A(i), p(\cdot \mid i, a), r(i, a), V\}$ 表示设备更新问题。一般来说，V 为各阶段期望收益之和，称为期望总报酬。

10.2.1　模型建立

1. 最优准则

记系统在 t 时的状态为 X_t，则 $\{X_0, X_1, \cdots, X_N\}$ 是一个随机序列。最优准则是指使

收益 V 在决策周期内的各个阶段期望收益之和最大。

对于 $N \geqslant 0$，将从阶段 0 到阶段 N 的期望收益之和定义为在策略 π 下从初始状态 i 出发从阶段 0 至阶段 N 的期望总报酬，记为 $V_0(i, \pi)$，即

$$V_0(i, \pi) = \sum_{t=0}^{N-1} E_{\pi, i}[r_t(X_t, f_t)] + E_{\pi, i}[r_N(X_N)]$$

其中 $r_N(X_N)$ 表示过程终止报酬，很多情形下 $r_N(X_N) = 0$。

定义最优值函数为：

$$V_0^*(i) = \sup_{\pi \in \Pi} V_0(\pi, i), \quad i \in S_0$$

$V_0{}^*(i)$ 表示从初始状态 i 出发在阶段 0 至阶段 N 中所获得的最大期望总报酬。如果

$$V_0(i, \pi^*) = V_0{}^*(i), \quad \forall i \in S_0$$

则称策略 π^* 是最优策略。决策者希望对于每个给定的初始状态，都能选取最好的决策。实际问题中，仅需要知道一个或者几个特定的初始状态如何选择最优策略就可以了。

2. 最优方程

由 $V_0(\pi, i)$ 的定义可知，有限阶段模型可以基于动态规划的期望报酬值向后递推求解，下面将介绍相关理论和求解方法。

令 $\pi = (\pi_0, \pi_1, \cdots, \pi_{N-1})$ 为策略空间 Π 中的一个策略，$V_t(i, \pi)$ 为时刻 t 到时刻 N 的期望收益总和，令 $T_t(i, \pi_t(i))$ 表示 π 策略在时刻 t 采取行动 $\pi_t(i)$ 之后，系统转移的新状态，S_t 为系统在 t 时刻可能的状态集合。

引理 10.1　对任意策略 π，状态 i，及整数 $n \geqslant 0$，有

$$\begin{aligned} V_t(\pi, i) &= r_t(i, \pi_t(i)) + E(V_{t+1}\{\pi, T_t[i, \pi_t(i)]\}) \\ &= r_t[i, \pi_t(i)] + \sum_{j \in S_{t+1}} p(j \mid i, \pi_t) V_{t+1}(\pi, j), \quad i \in S_t, \quad t \geqslant 0 \end{aligned}$$

$$V_N(\pi, i) = 0, \quad i \in S_N$$

可以证明，如果存在最优策略，则该策略可以为马尔科夫策略。因此，可以确定以下最优方程和最优策略，它是确定性动态规划中的最优方程和最优化原理的推广。

定理 10.1

（1）最优值函数满足以下最优方程。

$$V_t(i) = \sup_{a \in A_t(i)} \left\{ r_t(i, a) + \sum_{j \in S_{t+1}} p(j \mid i, a) V_{t+1}(j) \right\}, \quad i \in S_t; t = 0, 1, \cdots, N-1$$

$$V_N(\pi, i) = 0$$

（2）设对 $t = 0, 1, \cdots, N$，取到最优方程中相应的上确界，则策略 $\pi^* = \pi_1^*, \pi_2^*, \cdots, \pi_N^*$ 是最优策略，$V_t(\pi^*, i) = V_t(i)$，$i \in S_t$；$t = 0, \cdots, N$。

最优方程在马尔科夫决策过程的研究中非常重要，原因有以下几点：

（1）对于每个决策时刻 t，最优方程的解就是从时刻 t 到结束阶段的最优报酬值。

（2）提供了确定策略是否最优的方法，即如果一个策略可以使得从任意时刻 t 到决策结束的期望总报酬满足定理 10.1 的（1）中的方程组，则该策略是最优的。

（3）是计算最优报酬和最优策略的最基本工具。

（4）可以用于确定最优报酬和最优策略的结构性质。

（5）最优策略是马尔科夫策略，但是非平稳的。

10.2.2 应用举例

例10.2续 对于前面所给出的设备更新问题，马尔科夫决策过程表示如下：

$$\{S, (A(i), i \in S), p(j \mid i, a), r(i, a), V\}$$

其中，S、$A(i)$、$r(i, a)$同前，而状态转移概率为$p_{ij}(O) = p_{ij}$，$p_{ij}(R) = p_{0j}$（因为在状态i处更换，则设备立即更新为新设备，运行一个周期后状态为j的概率是p_{0j}）。

假定设备在运行时的状态转移概率矩阵$P = (p_{ij})$如下：

$$P = \begin{pmatrix} 0.8 & 0.1 & 0.05 & 0.05 & 0 \\ 0 & 0.7 & 0.2 & 0.1 & 0 \\ 0 & 0 & 0.6 & 0.3 & 0.1 \\ 0 & 0 & 0 & 0.5 & 0.5 \\ 0 & 0 & 0 & 0 & 1 \end{pmatrix}$$

P是个上三角矩阵（即对角线元素以下均为0），表示设备不可能越用越好，设备只会更加老化。新设备的价格$w = 5$。r_i和c_i表示在状态i下继续使用的收益和成本；定义w_i为在状态i时的设备残值。表10.3给出了设备更新问题中的参数。

表10.3 设备更新问题中的参数

i	0	1	2	3	4
$r_i - c_i$	3.5	3.2	2.7	2.1	1.3
$u_i = r_0 - c_0 - w + w_i$	2.5	2	1.5	0.9	−0.5

解： 为了求解方便，假设$T = \{0, 1, 2, 3, 4\}$。该问题将通过最优方程迭代来计算期望报酬的和。根据定理10.1可知，时刻t的最优方程为：

$$\begin{aligned} V_t(i) &= \max\left\{r_t(i, a_1) + \sum_j p(j \mid i, a_1) V_{t+1}(j), r_t(i, a_2) + \sum_j p(j \mid i, a_2) V_{t+1}(j)\right\} \\ &= \max\left\{r_i - c_i + \sum_j p_{ij} V_{t+1}(j), u_i + \sum_j p_{0j} V_{t+1}(j)\right\}, \quad i < 4; t \leqslant 4 \end{aligned}$$

$$V_t(4) = r_t(4, a_2) + \sum_j p_{4j}(R) V_{t+1}(j) = u_4 + \sum_j p_{0j} V_{t+1}(j), \quad t \leqslant 4$$

$$V_5(i) = 0$$

现在来计算最优值函数和最优决策函数。注意到在以上的最优方程中，有一共同项，记为：

$$\delta_{t+1} = \sum_j p_{0j} V_{t+1}(j) = 0.8 V_{t+1}(0) + 0.1 V_{t+1}(1) + 0.05 V_{t+1}(2) + 0.05 V_{t+1}(3)$$

第一步：$t = 4$，$\delta_5 = 0$。

$$V_4(0) = \max\{r_0 - c_0 + \delta_5, u_0 + \delta_5\} = \max\{3.5, 2.5\} = 3.5$$

$$f_4(0) = a_1$$

$$\begin{aligned} V_4(1) &= \max\{r_1 - c_1 + 0.7 V_5(1) + 0.2 V_5(2) + 0.1 V_5(3), u_1 + \delta_5\} \\ &= \max\{3.2, 2\} = 3.2 \end{aligned}$$

$$f_4(1) = a_1$$

$$V_4(2) = \max\{r_2 - c_2 + 0.6V_5(2) + 0.3V_5(3) + 0.1V_5(4),\ u_2 + \delta_5\}$$
$$= \max\{2.7,\ 1.5\} = 2.7$$

$$f_4(2) = a_1$$

$$V_4(3) = \max\{r_3 - c_3 + 0.5V_5(3) + 0.5V_5(4),\ u_3 + \delta_5\} = \max\{2.1,\ 0.9\} = 2.1$$

$$f_4(3) = a_1$$

$$V_4(4) = u_4 + \delta_5 = -0.5$$

$$f_4(4) = a_2$$

第二步：$t = 3$。

由以上计算得到的 $V_4(i)$($i = 0, 1, 2, 3$)，有

$$\delta_4 = 0.8V_4(0) + 0.1V_4(1) + 0.05V_4(2) + 0.05V_4(3) = 3.36$$

$$V_3(0) = \max\{r_0 - c_0 + \delta_4,\ u_0 + \delta_4\} = \{6.86, 5.86\} = 6.86$$

$$f_3(0) = a_1$$

$$V_3(1) = \max\{r_1 - c_1 + 0.7V_4(1) + 0.2V_4(2) + 0.1V_4(3),\ u_1 + \delta_4\}$$
$$= \{6.19, 5.36\} = 6.19$$

$$f_3(1) = a_1$$

$$V_3(2) = \max\{r_2 - c_2 + 0.6V_4(2) + 0.3V_4(3) + 0.1V_4(4),\ u_2 + \delta_4\}$$
$$= \{4.9, 4.86\} = 4.9$$

$$f_3(2) = a_1$$

$$V_3(3) = \max\{r_3 - c_3 + 0.5V_4(3) + 0.5V_4(4),\ u_3 + \delta_4\} = \{2.9, 4.26\} = 4.26$$

$$f_3(3) = a_2$$

$$V_3(4) = u_4 + \delta_4 = 2.86$$

$$f_3(4) = a_2$$

将以上计算结果列于表 10.4 中的第 3 行。

第三步：$t = 2, 1, 0$。

此时的结果可类似计算得到，见表 10.4 中的第 4 行至第 6 行。

表 10.4　设备更新问题的最优值函数与最优策略

i	0	1	2	3	4	i	0	1	2	3	4
V_4	3.5	3.2	2.7	2.1	−0.5	f_4	O	O	O	O	R
V_3	6.86	6.19	4.9	4.26	2.86	f_3	O	O	O	R	R
V_2	10.07	8.94	8.07	7.47	6.07	f_2	O	O	R	R	R
V_1	13.22	11.82	11.22	10.62	9.22	f_1	O	O	R	R	R
V_0	16.35	14.85	14.35	13.75	12.35	f_0	O	R	R	R	R

由表 10.4 可以看出，最优策略仅与系统当前的状态有关且是确定性的，因此为马尔科夫策略。由于不同时段的决策函数不同，所以是非平稳的马尔科夫策略。

例 10.3（产品定价问题） 设某人有一套九成新的热销电子产品需要放在二手平台出售，价格如下：

$$a_1 = 6\,500,\ a_2 = 6\,200,\ a_3 = 5\,900,\ a_4 = 5\,600,\ a_5 = 5\,300$$

相应的售出概率为：

$$\lambda_1 = 0.4,\ \lambda_2 = 0.5,\ \lambda_3 = 0.7,\ \lambda_4 = 0.8,\ \lambda_5 = 0.9$$

因为急需在两天内出售，于是需要在第一、二天早上确认该商品当天的价格是多少，以使得到的期望收益（不考虑成本）最大。

解： 第一步：马尔科夫决策过程描述总结如下：

决策时期：$T = \{1, 2\}$；

状态集合：$S = \{0, 1\}$，状态 0 表示已出售，状态 1 表示未出售；

动作集合：$A = \{a_1, a_2, a_3, a_4, a_5\}$；

转移概率：$p(0 \mid 1, a_k) = \lambda_k$，$p(0 \mid 0, a_k) = 1$，$p(1 \mid 1, a_k) = 1 - \lambda_k$；

报酬值：$r(1, a_k) = \lambda_k a_k$，$r(0, a_k) = 0$。

第二步：最优方程。

令 $V_t(s)$ 表示当前状态为 s，且还剩下 t 天可以出售产品时所能获得的最大期望利润，$V_t(0) = 0$。对产品未出售状态下的 $V_t(1)$ 有最优方程：

$$V_2(1) = \max_{k=1,2,\cdots,5}\{\lambda_k a_k + (1-\lambda_k)V_1(1)\}$$

$$V_1(1) = \max_{k=1,2,\cdots,5}\{\lambda_k a_k\}$$

第三步：最优策略。

由最优方程得：

$$V_1(1) = \max_{k=1,2,\cdots,5}\{\lambda_k a_k\} = \max\{2\,600, 3\,100, 4\,130, 4\,480, 4\,770\} = 4\,770$$

$$f_1(1) = a_5 = 5\,300$$

$$\begin{aligned} V_2(1) &= \max_{k=1,2,\cdots,5}\{\lambda_k a_k + (1-\lambda_k)V_1(1)\} \\ &= \max\{2\,600 + 0.6 \times 4\,770,\ 3\,100 + 0.5 \times 4\,770,\ 4\,130 + 0.3 \times 4\,770, \\ &\quad 4\,480 + 0.2 \times 4\,770,\ 4\,770 + 0.1 \times 4\,770\} \\ &= \max\{5\,462,\ 5\,485,\ 5\,561,\ 5\,434,\ 5\,247\} \\ &= 5\,561 \end{aligned}$$

$$f_2(1) = a_3 = 5\,900$$

状态为 0 时，选择任意动作都不影响结果，所以 $f_1(0) = f_2(0) = a$，$\forall a \in A(0)$。

因此，最优策略是第一天出价 $a_5 = 5\,300$，而在第二天出价 $a_3 = 5\,900$。在此策略下，期望收益能达到最大，为 5 561 元。见表 10.5。

表 10.5 产品定价问题的最优值函数与最优策略

i	0	1	i	0	1
V_2	0	5 485	f_2	a	a_2
V_1	0	4 770	f_1	a	a_5

§ 10.3　无限阶段模型

10.3.1　模型建立

在现实决策场景中，常常需要考虑阶段数无穷的情形，那么马尔科夫决策过程描述如下：$\{T, S, A(i), p(\cdot \mid i, a), r(i, a)\}$，其中 $T=\{1, 2, \cdots\}$，$r(i, a)$为有界报酬函数。当阶段数无穷时，采用策略 $\pi=(\pi_0, \pi_1, \cdots)$，如果简单考虑无穷多个阶段的报酬之和 $\sum_{t=0}^{\infty} r_t(X_t, \pi_t)$ 或者期望报酬之和 $\sum_{t=0}^{\infty} E_{\pi, i} r_t(X_t, \pi_t)$ 作为目标函数，会产生级数的收敛性问题。比如对 $r_t(i, a)=1$ 这样简单的情形，这两个级数都是发散的。另外，考虑到同样金额的钱在不同时期其价值不同，比如，今年的一元钱，与明年的一元钱的价值不同。为此，引入折扣因子的概念。设每个阶段的利率为 $\rho>0$，其含义是阶段 n 时的一元钱等值于阶段 $(n+1)$ 时的 $(1+\rho)$ 元钱。反之，阶段 $(n+1)$ 时的一元钱，等值于阶段 n 时的 $\frac{1}{1+\rho}$ 元钱，β 为折扣因子（discount factor）：

$$\beta=\frac{1}{1+\rho}$$

它的取值在（0，1）中。易见，时刻 t 时的一元钱等值于阶段 0 时的 β^t 元钱。因此，t 时刻的期望报酬 $E_{\pi, i} r_t(X_t, f_t)$ 等值于 0 时的 $\beta E_{\pi, i} r_t(X_t, f_t)$。因此，对于策略 $\pi \in \Pi$ 和固定折扣因子 β，定义无限阶段期望折扣总报酬为：

$$V_\beta(i, \pi) \equiv E_{\pi, i}\left[\sum_{t=0}^{\infty} \beta^t r_t(X_t, f_t)\right]=\sum_{t=0}^{\infty} E_{\pi, i}\left[\beta^t r_t(X_t, f_t)\right], \quad i \in S$$

表示在策略 π 下从初始状态 i 出发无限多个阶段的期望折扣总报酬。因为报酬函数一致有界，即存在常数 $M>0$ 使得 $|r(i, a)| \leqslant M, i, a$，所以可以将上式中的数学期望与求和号交换次序。此时可得：

$$|V_\beta(i, \pi)| \leqslant \sum_{t=0}^{\infty} \beta^t M=(1-\beta)^{-1} M, \quad i \in S; \pi \in \Pi$$

定义最优值函数为初始阶段状态为 i 时所能得到的最大的期望折扣总报酬，即

$$V_\beta(i) \equiv \sup_{\pi \in \Pi} V_\beta(i, \pi), \quad i \in S$$

如果 $V_\beta(i, \pi^*)=V_\beta(i), (i \in S)$，称策略 $\pi^* \in \Pi$ 为（折扣）最优策略。对于所有状态的 $V_\beta(i)$ 构成的向量表示为 V_β^*。因为最优策略的求解难度往往较大，所以引入 $\in$-最优策略的概念。对常数 $\in \geqslant 0$ 和任意 $i \in S$，如果 $V_\beta(i, \pi^*) \geqslant V_\beta(i)-\in$，称策略$\pi^*$是$\in$-最优策略，即在策略 π^* 下对于任意的初始状态 i，期望折扣总报酬 $V_\beta(\pi^*, i)$ 与最优值函数 $V_\beta(i)$ 之间的差距不超过 $\in$。如果 $\in=0$，即为最优策略。

最优策略对应的是一个寻找最优向量的问题，对于一般的向量优化问题，往往不存在最优值函数。在无限阶段的马尔科夫决策问题中，即使在一般条件下，最优策略和最优值函数都存在。

10.3.2 最优方程与最优策略

在随机马尔科夫策略 π 下，可以证明对 $\pi=(\pi_0, \pi_1, \pi_2, \cdots)\in \Pi$，有

$$V_\beta(\pi, i)=\sum_{a\in A(i)}\pi_0(a\mid i)\Big[r(i, a)+\beta\sum_{j\in S}p(j\mid i, \pi_0)V_\beta(\pi', i)\Big], i\in S$$

其中，$\pi_0(a\mid i)$ 代表策略 π_0 在状态 i 选择行动 a 的概率且 $\sum\limits_{a\in A(i)}\pi_0(a\mid i)=1$，策略 $\pi'=(\pi_1, \pi_2, \cdots)\in\Pi$，它表示在阶段 1 使用 π_1，在阶段 2 使用 π_2……如果使用向量表示 $V_\beta(\pi)=(V_\beta(1, \pi), \cdots, V_\beta(|S|, \pi))^\top$，$r(\pi_0)=(r(1, \pi_0,), \cdots, r(|S|, \pi_0))^\top$，则

$$V_\beta(\pi)=r(\pi_0)+\beta P(\pi_0)V_\beta(\pi')$$

其中，$r(i, \pi_0)=\sum\limits_{a\in A(i)}\pi_0(a\mid i)r(i, a)$，$P(\pi_0)$ 矩阵的元素为 $p(j\mid i, \pi_0)$，$p(j\mid i, \pi_0)=\sum\limits_{a\in A(i)}\pi_0(a\mid i)p(j\mid i, a)$。实际上是将从阶段 0 开始至无穷的总报酬分成两部分：第一部分是阶段 0 的报酬 $r(i, \pi_0)$；第二部分则是从阶段 1 开始至无穷的总报酬。第二部分的报酬依赖于阶段 1 时的状态，转移到状态 j 的概率为 $p_{ij}(\pi_0)$，得到的期望总报酬为 $V_\beta(\pi', i)$。

如果是平稳策略，$f_0^\infty=(f_0, f_0, \cdots)\in\Pi_s^d$，则

$$V_\beta(i, f_0^\infty)=r(i, f_0)+\beta\sum_{j\in S}p(j\mid i, f_0)V_\beta(i, f_0^\infty),\quad i\in S$$

$$V_\beta(f_0^\infty)=r(f_0)+\beta P(f_0)V_\beta(f_0^\infty)$$

从上式可知，$V_\beta(f_0^\infty)$ 是方程 $v=r(f_0)+\beta P(f_0)v$ 的一个解，并且当 $\beta\in[0, 1)$ 时是唯一的解。

已有文献证明，如果状态空间 S 是离散的，$A(i)$ 对于每个状态均是有限的，那么肯定存在最优的平稳策略。因此，不同于有限阶段的马尔科夫决策问题，后文对无限阶段的马尔科夫决策问题只考虑操作更简单的平稳策略。

定理 10.2 在报酬函数一致有界的条件下，最优值函数 $V_\beta(i)$ 是以下最优方程的唯一有界解：

$$V_\beta(i)=\sup_{a\in A(i)}\{r(i, a)+\beta\sum_{j\in S}p(j\mid i, a)V_\beta(j)\},\quad i\in S$$

根据该定理，对于一个无限阶段的马尔科夫决策问题，建立最优方程，并求解方程，即可获得最优值函数，从而确定最优策略。

例 10.1 续 考虑例 10.1 中的维修问题，依然使用表 10.2 的转移概率和报酬，假设机器可以无限期使用下去，请寻找该马尔科夫决策过程的折扣目标函数下的最优准则。

解： 由于状态和行动集有限，可知最优确定性平稳策略存在。在该问题中仅有两个平稳策略，记为 $f_1^\infty=\begin{pmatrix}a_1\\a_2\end{pmatrix}$ 和 $f_2^\infty=\begin{pmatrix}a_1\\a_3\end{pmatrix}$。下面写出最优方程：

$$V_\beta(1)=10+0.9\beta V_\beta(1)+0.1\beta V_\beta(2)$$

$$V_\beta(2)=\max\{-5+0.6\beta V_\beta(1)+0.4\beta V_\beta(2), -2+0.4\beta V_\beta(1)+0.6\beta V_\beta(2)\}$$

根据 $V_\beta(2)$ 的取值可以形成两个方程组：

$$\begin{cases} V_\beta(1) = 10 + 0.9\beta V_\beta(1) + 0.1\beta V_\beta(2) \\ V_\beta(2) = -5 + 0.6\beta V_\beta(1) + 0.4\beta V_\beta(2) \end{cases}$$

和

$$\begin{cases} V_\beta(1) = 10 + 0.9\beta V_\beta(1) + 0.1\beta V_\beta(2) \\ V_\beta(2) = -2 + 0.4\beta V_\beta(1) + 0.6\beta V_\beta(2) \end{cases}$$

给定 $\beta = 0.6$，由第一个方程组可得 $V_\beta = \begin{pmatrix} 22.26 \\ 3.96 \end{pmatrix}$；由第二个方程组可得 $V_\beta = \begin{pmatrix} 22.43 \\ 5.29 \end{pmatrix}$，通过 $V_\beta(2)$ 的最优方程检验，当 $V_\beta = \begin{pmatrix} 22.26 \\ 3.96 \end{pmatrix}$ 时，$-5 + 0.6\beta V_\beta(1) + 0.4\beta V_\beta(2) < -2 + 0.4\beta V_\beta(1) + 0.6\beta V_\beta(2)$，矛盾；当 $V_\beta = \begin{pmatrix} 22.43 \\ 5.29 \end{pmatrix}$，可得 $-5 + 0.6\beta V_\beta(1) + 0.4\beta V_\beta(2) < -2 + 0.4\beta V_\beta(1) + 0.6\beta V_\beta(2)$，成立。故 $\beta = 0.6$，最优值为 $V_\beta = \begin{pmatrix} 22.43 \\ 5.29 \end{pmatrix}$，最优策略为 $f_2^\infty = \begin{pmatrix} a_1 \\ a_3 \end{pmatrix}$。

例 10.2 续　假定某工厂需使用一套特定设备进行生产加工，定义状态为该设备当年的老化程度，假定状态集 $S = \{0, 1, 2, 3\}$，0 表示新设备，3 表示下阶段必须更换新设备，状态为 1 或 2 时可选动作包括下阶段继续使用（a_1）或下阶段更新设备（a_2）两种。当在状态 i 下选用动作 a 时，运行下个阶段的状态是随机变量，状态转移概率为 p_{ij}。假设工厂需无限期使用该设备，请寻找该马尔科夫决策过程的折扣目标函数下的最优准则。转移概率及报酬见表 10.6。

表 10.6　设备更新问题的转移概率及报酬

状态 (i)	可用行动 (a)	转移概率 $p(j \mid i, a)$				报酬/(元) $r(i, a)$
		$j=0$	$j=1$	$j=2$	$j=3$	
0	a_1	0.8	0.1	0.05	0.05	3.5
1	a_1	0	0.7	0.2	0.1	3.2
	a_2	1	0	0	0	2
2	a_1	0	0	0.6	0.4	2.7
	a_2	1	0	0	0	1.5
3	a_2	1	0	0	0	−0.5

解：由于状态和行动集有限，可知最优确定性平稳策略存在。在该问题中有四个平稳策略，记为 $f_1^\infty = \begin{pmatrix} a_1 \\ a_1 \\ a_1 \\ a_2 \end{pmatrix}$，$f_2^\infty = \begin{pmatrix} a_1 \\ a_1 \\ a_2 \\ a_2 \end{pmatrix}$，$f_3^\infty = \begin{pmatrix} a_1 \\ a_2 \\ a_1 \\ a_2 \end{pmatrix}$，$f_4^\infty = \begin{pmatrix} a_1 \\ a_2 \\ a_2 \\ a_2 \end{pmatrix}$。下面写出最优

方程：

$$V_\beta(1)=3.5+0.8\beta V_\beta(1)+0.1\beta V_\beta(2)+0.05\beta V_\beta(3)+0.05\beta V_\beta(4)$$
$$V_\beta(2)=\max\{3.2+0.7\beta V_\beta(2)+0.2\beta V_\beta(3)+0.1\beta V_\beta(4),\ 2+\beta V_\beta(1)\}$$
$$V_\beta(3)=\max\{2.7+0.6\beta V_\beta(3)+0.4\beta V_\beta(4),\ 1.5+\beta V_\beta(1)\}$$
$$V_\beta(4)=-0.5+\beta V_\beta(1)$$

根据 $V_\beta(2)$ 和 $V_\beta(3)$ 的取值可以形成四个方程组：

$$\begin{cases}V_\beta(1)=3.5+0.8\beta V_\beta(1)+0.1\beta V_\beta(2)+0.05\beta V_\beta(3)+0.05\beta V_\beta(4)\\ V_\beta(2)=3.2+0.7\beta V_\beta(2)+0.2\beta V_\beta(3)+0.1\beta V_\beta(4)\\ V_\beta(3)=2.7+0.6\beta V_\beta(3)+0.4\beta V_\beta(4)\\ V_\beta(4)=-0.5+\beta V_\beta(1)\end{cases}$$
$$\begin{cases}V_\beta(1)=3.5+0.8\beta V_\beta(1)+0.1\beta V_\beta(2)+0.05\beta V_\beta(3)+0.05\beta V_\beta(4)\\ V_\beta(2)=3.2+0.7\beta V_\beta(2)+0.2\beta V_\beta(3)+0.1\beta V_\beta(4)\\ V_\beta(3)=1.5+\beta V_\beta(1)\\ V_\beta(4)=-0.5+\beta V_\beta(1)\end{cases}$$
$$\begin{cases}V_\beta(1)=3.5+0.8\beta V_\beta(1)+0.1\beta V_\beta(2)+0.05\beta V_\beta(3)+0.05\beta V_\beta(4)\\ V_\beta(2)=2+\beta V_\beta(1)\\ V_\beta(3)=2.7+0.6\beta V_\beta(3)+0.4\beta V_\beta(4)\\ V_\beta(4)=-0.5+\beta V_\beta(1)\end{cases}$$
$$\begin{cases}V_\beta(1)=3.5+0.8\beta V_\beta(1)+0.1\beta V_\beta(2)+0.05\beta V_\beta(3)+0.05\beta V_\beta(4)\\ V_\beta(2)=2+\beta V_\beta(1)\\ V_\beta(3)=1.5+\beta V_\beta(1)\\ V_\beta(4)=-0.5+\beta V_\beta(1)\end{cases}$$

给定 $\beta=0.6$，由第一个方程组可得 $V_\beta=\begin{pmatrix}8.15\\7.18\\5.87\\4.39\end{pmatrix}$；由第二个方程组可得 $V_\beta=\begin{pmatrix}8.20\\7.30\\6.42\\4.42\end{pmatrix}$；由第三个方程组可得 $V_\beta=\begin{pmatrix}8.11\\6.87\\5.86\\4.37\end{pmatrix}$；由第四个方程组可得 $V_\beta=\begin{pmatrix}8.15\\6.89\\6.39\\4.39\end{pmatrix}$。通过 $V_\beta(2)$ 和 $V_\beta(3)$ 的最优方程检验，当 $V_\beta=\begin{pmatrix}8.2\\7.3\\6.42\\4.42\end{pmatrix}$ 时，$3.2+0.7\beta V_\beta(2)+0.2\beta V_\beta(3)+0.1\beta V_\beta(4)>2+\beta V_\beta(1)$，且 $2.7+0.6\beta V_\beta(3)+0.4\beta V_\beta(4)<1.5+\beta V_\beta(1)$，成立；当 V_β 取其他值时，均会产生矛盾。故 $\beta=0.6$，最优值 $V_\beta=\begin{pmatrix}8.20\\7.30\\6.42\\4.42\end{pmatrix}$，最优策略 $f_2^\infty=\begin{pmatrix}a_1\\a_1\\a_2\\a_2\end{pmatrix}$。

例 10.3 续　继续考虑例 10.3 中的产品定价问题，假设可将产品无限期放在二手平台上出售，请寻找该马尔科夫决策过程的折扣目标函数下的最优准则，以使其得到的期望收益（不考虑成本）最大。

解： 由于状态和行动集有限，可知最优确定性平稳策略存在。由于在状态为 0 时，不论选取何种动作，能获得的最大期望利润都是 0，因此在该问题中无须考虑状态为 0 时的策略选择；当状态 0 选择策略为 a 时（a 为任意价格），针对状态 1，有 5 个平稳策略，记为 $f_1^{\infty}=\begin{pmatrix}a\\a_1\end{pmatrix}$，$f_2^{\infty}=\begin{pmatrix}a\\a_2\end{pmatrix}$，$f_3^{\infty}=\begin{pmatrix}a\\a_3\end{pmatrix}$，$f_4^{\infty}=\begin{pmatrix}a\\a_4\end{pmatrix}$ 和 $f_5^{\infty}=\begin{pmatrix}a\\a_5\end{pmatrix}$。给定 $\beta=0.8$，下面写出最优方程：

$$V_\beta(0)=0$$

$$V_\beta(1)=\max\begin{cases}2\,600+0.48V_\beta(1),\ 3\,100+0.4V_\beta(1),\ 4\,130+0.24V_\beta(1)\\4\,480+0.16V_\beta(1),\ 4\,770+0.08V_\beta(1)\end{cases}$$

根据 $V_\beta(1)$ 的取值可以形成五个方程组：

$$\begin{cases}V_\beta(0)=0\\V_\beta(1)=2\,600+0.48V_\beta(1)\end{cases}$$

$$\begin{cases}V_\beta(0)=0\\V_\beta(1)=3\,100+0.4V_\beta(1)\end{cases}$$

$$\begin{cases}V_\beta(0)=0\\V_\beta(1)=4\,130+0.24V_\beta(1)\end{cases}$$

$$\begin{cases}V_\beta(0)=0\\V_\beta(1)=4\,480+0.16V_\beta(1)\end{cases}$$

$$\begin{cases}V_\beta(0)=0\\V_\beta(1)=4\,770+0.08V_\beta(1)\end{cases}$$

由第一个方程组可得 $V_\beta=\begin{pmatrix}0\\5\,000\end{pmatrix}$；由第二个方程组可得 $V_\beta=\begin{pmatrix}0\\5\,167\end{pmatrix}$；由第三个方程组可得 $V_\beta=\begin{pmatrix}0\\5\,434\end{pmatrix}$；由第四个方程组可得 $V_\beta=\begin{pmatrix}0\\5\,333\end{pmatrix}$；由第五个方程组可得 $V_\beta=\begin{pmatrix}0\\5\,185\end{pmatrix}$。

通过 $V_\beta(1)$ 的最优方程检验，当 $V_\beta=\begin{pmatrix}0\\5\,434\end{pmatrix}$ 时，可得

$$\max\begin{Bmatrix}2\,600+0.48V_\beta(1),\ 3\,100+0.4V_\beta(1),\ 4\,130+0.24V_\beta(1),\\4\,480+0.16V_\beta(1),\ 4\,770+0.08V_\beta(1)\end{Bmatrix}=4\,130+0.24V_\beta(1),$$

成立。故 $\beta=0.8$，最优值为 $V_\beta=\begin{pmatrix}0\\5\,434\end{pmatrix}$，最优策略为 $f_5^{\infty}=\begin{pmatrix}a\\a_3\end{pmatrix}$。

实际建模中，对于一般的状态空间和行动空间，不能保证可以取到上确界，即最优策略，往往需要考虑 $\in$ - 最优策略。

10.3.3 策略迭代法

本小节介绍策略迭代法，该方法是求解折扣马尔科夫决策问题的一个有效方法，特别是状态空间和行动空间有限的马尔科夫决策问题。

对于平稳策略 $f^{\infty} \in \Pi_s^d$，由于 $V_\beta(f^{\infty}) = r(f) + \beta P(f) V_\beta(f^{\infty}) \Leftrightarrow [I - \beta P(f)] V_\beta(f^{\infty}) = r(f)$，可得最优值为：

$$V_\beta(f^{\infty}) = (I - \beta P(f))^{-1} r(f)$$

基于此可以设计如下策略迭代算法：

步骤1：$t=0$，令 $f_0^{\infty} \in F$。

步骤2：解方程 $v = [I - \beta P(f_t)]^{-1} r(f_t)$ 得到 $V_\beta(f_t^{\infty})$。

步骤3：选取改进策略 f_{t+1}^{∞} 为 $V_\beta(f_t^{\infty})$ 的改进策略，即满足 $f_{t+1}^{\infty} \in \underset{f\in F}{\operatorname{argmax}}\{r(f) + \beta P(f) V_\beta(f_t^{\infty})\}$。

步骤4：如果 $f_{t+1}^{\infty} = f_t^{\infty}$，$f_t^{\infty}$ 为最优策略，$V_\beta(f_t^{\infty})$ 为最优值函数，停止。否则，令 $t = t+1$，转入步骤2。

已经证明，如果状态空间 S 是有限的，且 $A(i)$ 对于每个状态均是有限的，那么上述迭代算法在有限次迭代后必然终止于最优方程的解和最优确定性平稳策略。由此可见，策略迭代法是从任意一个策略逐步迭代，产生新的策略，直到策略不能改进，即得到最优策略以及最优值函数。

例10.1续 考虑例10.1中的维修问题，依然使用表10.2的转移概率和报酬，假设机器可以无限期使用下去，请使用策略迭代法寻找该马尔科夫决策过程的折扣目标函数下的最优准则。

解：同前面分析，该问题有两个平稳策略 $f_1^{\infty} = \begin{pmatrix} a_1 \\ a_2 \end{pmatrix}$ 和 $f_2^{\infty} = \begin{pmatrix} a_1 \\ a_3 \end{pmatrix}$，给定 $\beta = 0.6$。

步骤1：取 $f_1^{\infty} = \begin{pmatrix} a_1 \\ a_2 \end{pmatrix}$ 作为初始策略，求解线性方程组：

$$\begin{cases} v(1) = 10 + 0.9\beta v(1) + 0.1\beta v(2) \\ v(2) = -5 + 0.6\beta v(1) + 0.4\beta v(2) \end{cases}$$

解得 $v(1) = V_{0.6}(1, f_1^{\infty}) = 22.26$，$v(2) = V_{0.6}(2, f_1^{\infty}) = 3.96$。

步骤2：策略改进，对于状态1，只有一种可能行动 a_1，无须改进。对于状态2，$\max\limits_{a\in\{a_2, a_3\}}\{r(2, a) + 0.6\sum\limits_{j\in S} p(j \mid 2, a) V_{0.6}(j, f_1^{\infty})\} = \max\{3.96, 4.77\} = 4.77$。说明在状态2，行动 a_3 达到上式左端的最大值，故改进的策略在状态2应该采用行动 a_3，这样得到了改进的策略为 $f_2^{\infty} = \begin{pmatrix} a_1 \\ a_3 \end{pmatrix}$。

步骤3：对 $f_2^{\infty} = \begin{pmatrix} a_1 \\ a_3 \end{pmatrix}$，重复步骤1，解得方程 $v(1) = V_{0.6}(1, f_2^{\infty}) = 22.43$，$v(2) =$

$V_{0.6}(2, f_2^{\infty}) = 5.29$ 。重复步骤 2，对于状态 2，$\max\limits_{a \in \{a_2, a_3\}} \{r(2, a) + 0.6 \sum\limits_{j \in S} p(j \mid 2, a)$ $V_{0.6}(j, f_2^{\infty})\} = \max\{4.34, 5.29\} = 5.29$ ，所以改进的策略在状态 2 还是采用行动 a_3 ，得到 $f_3^{\infty} = \begin{pmatrix} a_1 \\ a_3 \end{pmatrix}$ 。

可以发现在策略改进时满足停止规则 $f_3^{\infty} = f_2^{\infty}$ ，于是最优策略即为 $f_2^{\infty} = \begin{pmatrix} a_1 \\ a_3 \end{pmatrix}$ ，最优值函数为向量（22.43，5.29）。求解过程见表 10.7。

表 10.7 策略迭代法求解例 10.1 的过程

迭代次数	状态	策略	平稳最优值	备选策略	策略改进	新策略
1	1	a_1	22.26	a_1	22.26	a_1
	2	a_2	3.96	a_2	3.96	a_3
				a_3	4.77	
2	1	a_1	22.43	a_1	22.43	a_1
				a_2	4.34	a_3
	2	a_3	5.29	a_3	5.29	

例 10.2 续 考虑例 10.2 中的设备更新问题，使用表 10.6 的转移概率和报酬，假设工厂需无限期使用该设备，请使用策略迭代法寻找该马尔科夫决策过程的折扣目标函数下的最优准则。

解：同前面分析，该问题有四个平稳策略 $f_1^{\infty} = \begin{pmatrix} a_1 \\ a_1 \\ a_1 \\ a_2 \end{pmatrix}$，$f_2^{\infty} = \begin{pmatrix} a_1 \\ a_1 \\ a_2 \\ a_2 \end{pmatrix}$，$f_3^{\infty} = \begin{pmatrix} a_1 \\ a_2 \\ a_1 \\ a_2 \end{pmatrix}$，

$f_4^{\infty} = \begin{pmatrix} a_1 \\ a_2 \\ a_2 \\ a_2 \end{pmatrix}$，给定 $\beta = 0.6$ 。

步骤 1：取 $f_1^{\infty} = \begin{pmatrix} a_1 \\ a_1 \\ a_1 \\ a_2 \end{pmatrix}$ 作为初始策略，求解线性方程组：

$$\begin{cases} v(0) = 3.5 + 0.8\beta v(0) + 0.1\beta v(1) + 0.05\beta v(2) + 0.05\beta v(3) \\ v(1) = 3.2 + 0.7\beta v(1) + 0.2\beta v(2) + 0.1\beta v(3) \\ v(2) = 2.7 + 0.6\beta v(2) + 0.4\beta v(3) \\ v(3) = -0.5 + \beta v(0) \end{cases}$$

解得 $v(0) = V_{0.6}(0, f_1^{\infty}) = 8.15$，$v(1) = V_{0.6}(1, f_1^{\infty}) = 7.18$，$v(2) = V_{0.6}(2, f_1^{\infty}) = 5.87$，$v(3) = V_{0.6}(3, f_1^{\infty}) = 4.39$ 。

步骤 2：策略改进，对于状态 0，只有一种可能行动 a_1，无须改进。对于状态 1，$\max\limits_{a\in\{a_1, a_2\}}\{r(1, a)+0.6\sum\limits_{j\in S}p(j \mid 1, a)V_{0.6}(j, f_1^{\infty})\}=\max\{7.18, 6.89\}=7.18$。说明在状态 1，行动 a_1 达到上式左端的最大值，故改进的策略在状态 1 应该继续采用行动 a_1。对于状态 2，$\max\limits_{a\in\{a_1, a_2\}}\{r(2, a)+0.6\sum\limits_{j\in S}p(j \mid 2, a)V_{0.6}(j, f_1^{\infty})\}=\max\{5.87, 6.39\}=6.39$。说明在状态 2，行动 a_2 达到上式左端的最大值，故改进的策略在状态 2 应该采用行动 a_2。对于状态 3，只有一种可能行动 a_2，无须改进。这样得到了改进的策略为 $f_2^{\infty}=\begin{pmatrix}a_1\\a_1\\a_2\\a_2\end{pmatrix}$。

步骤 3：对 $f_2^{\infty}=\begin{pmatrix}a_1\\a_1\\a_2\\a_2\end{pmatrix}$，重复步骤 1，解得方程 $v(0)=V_{0.6}(0, f_2^{\infty})=8.2$，$v(1)=V_{0.6}(1, f_2^{\infty})=7.3$，$v(2)=V_{0.6}(2, f_2^{\infty})=6.42$，$v(3)=V_{0.6}(3, f_2^{\infty})=4.42$。重复步骤 2，对于状态 1，$\max\limits_{a\in\{a_1, a_2\}}\left\{r(1, a)+0.6\sum\limits_{j\in S}p(j \mid 1, a)V_{0.6}(j, f_2^{\infty})\right\}=\max\{7.30, 6.92\}=7.30$，所以改进的策略在状态 1 还是采用行动 a_1。对于状态 2，$\max\limits_{a\in\{a_1, a_2\}}\left\{r(2, a)+0.6\sum\limits_{j\in S}p(j \mid 2, a)V_{0.6}(j, f_2^{\infty})\right\}=\max\{6.07, 6.42\}=6.42$。说明在状态 2，行动 a_2 达到上式左端的最大值，故改进的策略在状态 2 应该采用行动 a_2。得到 $f_3^{\infty}=\begin{pmatrix}a_1\\a_1\\a_2\\a_2\end{pmatrix}$。

可以发现在策略改进时满足停止规则 $f_3^{\infty}=f_2^{\infty}$，于是最优策略为 $f_2^{\infty}=\begin{pmatrix}a_1\\a_1\\a_2\\a_2\end{pmatrix}$，最优值函数为向量（8.2，7.3，6.42，4.42）。

表 10.8　策略迭代法求解例 10.2 的过程

迭代次数	状态	策略	平稳最优值	备选策略	策略改进	新策略
1	0	a_1	8.15	a_1	8.15	a_1
	1	a_1	7.18	a_1	7.18	a_1
				a_2	6.89	
	2	a_1	5.87	a_1	5.87	a_2
				a_2	6.39	
	3	a_2	4.39	a_2	4.39	a_2

续表

迭代次数	状态	策略	平稳最优值	备选策略	策略改进	新策略
2	0	a_1	8.20	a_1	8.20	a_1
	1	a_1	7.30	a_1	7.30	a_1
				a_2	6.92	
	2	a_2	6.42	a_1	6.07	a_2
				a_2	6.42	
	3	a_2	4.42	a_2	4.42	a_2

例 10.3 续　继续考虑例 10.3 马尔科夫决策过程中的产品定价问题，假设其可将产品无限期放在二手平台上出售，请使用策略迭代法寻找该马尔科夫决策过程的折扣目标函数下的最优准则。

解：同前面分析，该问题有 5 个平稳策略 $f_1^\infty=\begin{pmatrix}a\\a_1\end{pmatrix}$，$f_2^\infty=\begin{pmatrix}a\\a_2\end{pmatrix}$，$f_3^\infty=\begin{pmatrix}a\\a_3\end{pmatrix}$，$f_4^\infty=\begin{pmatrix}a\\a_4\end{pmatrix}$ 和 $f_5^\infty=\begin{pmatrix}a\\a_5\end{pmatrix}$，给定 $\beta=0.8$ 。

步骤 1：取 $f_1^\infty=\begin{pmatrix}a\\a_1\end{pmatrix}$ 作为初始策略，求解线性方程组：

$$\begin{cases}v(0)=0\\v(1)=2\ 600+0.48v(1)\end{cases}$$

解得 $v(0)=V_{0.8}(0,f_1^\infty)=0$，$v(1)=V_{0.8}(1,f_1^\infty)=5\ 000$ 。

步骤 2：策略改进，对于状态 0，行动 a 取任意值不影响，无须改进。对于状态 1，$\max\limits_{a\in\{a_1,a_2,a_3,a_4,a_5\}}\{r(1,a)+0.8\sum\limits_{j\in S}p(j\mid 1,a)V_{0.8}(j,f_1^\infty)\}=\max\{5\ 000,5\ 100,5\ 330,5\ 280,5\ 170\}=5\ 330$ 。上式说明在状态 1，行动 a_3 达到上式左端的最大值，故改进的策略在状态 1 应该采用行动 a_3 ，这样得到了改进的策略为 $f_2^\infty=\begin{pmatrix}a\\a_3\end{pmatrix}$ 。

步骤 3：对 $f_2^\infty=\begin{pmatrix}a\\a_3\end{pmatrix}$ ，重复步骤 1，解得方程 $v(0)=0$，$v(1)=V_{0.8}(1,f_2^\infty)=5\ 434$ 。

重复步骤 2，对于状态 1，$\max\limits_{a\in\{a_1,a_2,a_3,a_4,a_5\}}\{r(1,a)+0.8\sum\limits_{j\in S}p(j\mid 1,a)V_{0.8}(j,f_2^\infty)\}=\max\{5\ 208,5\ 274,5\ 434,5\ 349,5\ 205\}=5\ 434$ ，所以改进的策略在状态 1 还是采用行动 a_3 ，得到 $f_3^\infty=\begin{pmatrix}a\\a_3\end{pmatrix}$ 。

可以发现在策略改进时满足停止规则 $f_3^\infty=f_2^\infty$ ，于是最优策略为 $f_2^\infty=\begin{pmatrix}a\\a_3\end{pmatrix}$ ，最优值函数为向量（0，5 434）。求解过程见表 10.9。

表 10.9　策略迭代法求解例 10.3 的过程

迭代次数	状态	策略	平稳最优值	备选策略	策略改进	新策略
1	1	a_1	5 000	a_1	5 000	a_3
				a_2	5 100	
				a_3	5 330	
				a_4	5 280	
				a_5	5 170	
2	1	a_3	5 434	a_1	5 208	a_3
				a_2	5 274	
				a_3	5 434	
				a_4	5 349	
				a_5	5 205	

10.3.4　逐次逼近法

除了策略迭代法，逐次逼近法也是求解折扣马尔科夫决策过程问题的一种极为简便易行的方法，甚至是使用最为广泛的方法。因为该方法逐步改进值函数，所以也称为值迭代方法、动态规划方法等。

基于定理 10.2 的下列最优方程可以设计 $\in$ -最优平稳策略 及其逐次逼近算法。

$$V_\beta(i) = \sup_{a\in A(i)}\{r(i, a)+\beta\sum_{j\in S}p(j \mid i, a)V_\beta(j)\}, \quad i\in S$$

逐次逼近法（报酬函数有界 M）。

步骤 1：取定精度 $\in >0$，任取一个有界向量 V，记 $V_0=V$, $n=0$。

步骤 2：对于每个 $i\in S$，通过下式计算得到 $v^{n+1}(i)$，

$$v^{n+1}(i) = \max_{a\in A(i)}\{r(i, a)+\beta\sum_{j\in S}p(j \mid i, a)v^n(j)\}, \quad i\in S$$

步骤 3：如果 $\|v^{n+1}-v^n\|<\dfrac{\in(1-\beta)}{2\beta}$，进入步骤 4；否则 $n\leftarrow n+1$，转入步骤 2。

步骤 4：对于每个 $i\in S$，计算 $f_\beta(i)\in \arg\max\limits_{a\in A(i)}\{r(i, a)+\beta P(f)v^{n+1}(j)\}$。

可证明，上述算法可在有限步达到步骤 3 的停止条件，得到的确定性平稳策略为 $\in$-最优策略。

例 10.1 续　考虑例 10.1 中的维修问题，依然使用表 10.2 的转移概率和报酬，假设机器可以无限期使用下去，请使用逐次逼近法寻找该马尔科夫决策过程的折扣目标函数下的 $\in$ -最优策略和对应的值函数。

解：同前面分析，该问题有两个平稳策略，$f_1^\infty=\begin{pmatrix}a_1\\a_2\end{pmatrix}$ 和 $f_2^\infty=\begin{pmatrix}a_1\\a_3\end{pmatrix}$，给定 $\beta=0.6$。

步骤 1：取定精度 $\in=0.1$，任取一有界向量 $V=(0, 0)$，记 $V_0=V$, $n=0$。

步骤 2：计算得到 $v^1(i)$，$i\in S$。

$$v^1(1)=r(1, a_1)+0.6\times(0.9\times v(1)+0.1\times v(2)\}=10$$

$$
\begin{aligned}
v^1(2) &= \max\{r(2,\ a_2)+0.6\times(0.6\times v(1)+0.4\times v(2),\ r(2,\ a_3) \\
&\quad +0.6\times(0.4\times v(1)+0.6\times v(2)\} \\
&= \max\{-5,\ -2\} \\
&= -2
\end{aligned}
$$

步骤 3：因为 $\|v^1-v^0\|>\frac{\in(1-\beta)}{2\beta}$，$n\leftarrow n+1$，转入步骤 2，计算得到 $v^2(i)$，$i\in S$。

$$
\begin{aligned}
v^2(1) &= r(1,\ a_1)+0.6\times(0.9\times v^1(1)+0.1\times v^1(2)\}=15.28 \\
v^2(2) &= \max\{r(2,\ a_2)+0.6\times(0.6\times v^1(1)+0.4\times v^1(2),\ r(2,\ a_3) \\
&\quad +0.6\times(0.4\times v^1(1)+0.6\times v^1(2)\} \\
&= \max\{-1.88,\ -0.32\} \\
&= -0.32
\end{aligned}
$$

因为 $\|v^2-v^1\|>\frac{\in(1-\beta)}{2\beta}$，$n\leftarrow n+1$，转入步骤 2。

$$
\begin{aligned}
&v^3=(18.23,\ 1.552),\ v^4=(19.94,\ 2.93),\ v^5=(20.94,\ 3.84) \\
&v^6=(21.54,\ 4.41),\ v^7=(21.90,\ 4.76),\ v^8=(22.11,\ 4.97) \\
&v^9=(22.24,\ 5.10),\ v^{10}=(22.32,\ 5.17),\ v^{11}=(22.36,\ 5.22) \\
&v^{12}=(22.39,\ 5.24),\ v^{13}=(22.40,\ 5.26)
\end{aligned}
$$

因为 $\|v^{13}-v^{12}\|<\frac{\in(1-\beta)}{2\beta}$，转入步骤 4。

步骤 4：对于每个 $i\in S$，计算 $f_\beta(i)\in\underset{a\in A(i)}{\arg}\max\{r(i,\ a)+\beta P(f)v^{n+1}(j)\}$

$$
\begin{aligned}
&f_{0.6}(1)\in\underset{a\in A(1)}{\arg}\max\{r(1,\ a)+\beta P(f)v^{n+1}(j)\}=a_1 \\
&f_{0.6}(2)\in\underset{a\in A(2)}{\arg}\max\{-5+0.6\times(0.6\times 22.41+0.4\times 5.26),\ -2 \\
&\qquad\qquad +0.6\times(0.4\times 22.41+0.6\times 5.26)\} \\
&\quad=\max\{4.33,\ 5.27\} \\
&\quad=a_3
\end{aligned}
$$

综上，得到确定性平稳策略 $f^\infty=\begin{pmatrix}a_1\\a_3\end{pmatrix}$ 为 $\in$ - 最优策略。求解过程见表 10.10。

表 10.10 逐次逼近法求解例 10.1 的过程

迭代次数	$v(1)$	$v(2)$			$\|v^t-v^{t-1}\|$
0	0	0			0.00
1	10.00	−2.00	−5.00	−2.00	10.20
2	15.28	−0.32	−1.88	−0.32	5.54
3	18.23	1.55	0.42	1.55	3.50
4	19.94	2.93	1.94	2.93	2.20
5	20.94	3.84	2.88	3.84	1.35

续表

迭代次数	$v(1)$	$v(2)$			$\lVert v^t - v^{t-1} \rVert$
6	21.54	4.41	3.46	4.41	0.82
7	21.90	4.76	3.81	4.76	0.50
8	22.11	4.97	4.02	4.97	0.30
9	22.24	5.09	4.15	5.09	0.18
10	22.31	5.17	4.23	5.17	0.11
11	22.36	5.22	4.27	5.22	0.06
12	22.39	5.24	4.30	5.24	0.04
13	22.40	5.26	4.32	5.26	0.02
$\in$-最优平稳策略	a_1	a_3			

例 10.2 续　考虑例 10.2 中的设备更新问题，依然使用表 10.6 的转移概率和报酬，假设工厂需无限期使用该设备，请使用逐次逼近法寻找该马尔科夫决策过程的折扣目标函数下的 $\in$ - 最优策略和对应的值函数。

解：同前面分析，该问题有四个平稳策略 $f_1^\infty = \begin{pmatrix} a_1 \\ a_1 \\ a_1 \\ a_2 \end{pmatrix}$，$f_2^\infty = \begin{pmatrix} a_1 \\ a_1 \\ a_2 \\ a_2 \end{pmatrix}$，$f_3^\infty = \begin{pmatrix} a_1 \\ a_2 \\ a_1 \\ a_2 \end{pmatrix}$，$f_4^\infty = \begin{pmatrix} a_1 \\ a_2 \\ a_2 \\ a_2 \end{pmatrix}$，给定 $\beta = 0.6$ 。

步骤 1：取定精度 $\in = 0.1$ ，任取一有界向量 $V = (10, 10, 20, 15)$ ，记 $V_0 = V, n = 0$ 。

步骤 2：计算得到 $v^1(i)$ ，$i \in S$ 。

$$\begin{aligned} v^1(0) &= 3.5 + 0.6 \times (0.8 \times v(0) + 0.1 \times v(1) + 0.05 \times v(2) + 0.05 \times v(3)) \\ &= 9.95 \\ v^1(1) &= \max\{3.2 + 0.6 \times (0.7 \times v(1) + 0.2 \times v(2) + 0.1 \times v(3), 2 + 0.6 \\ &\quad \times (1 \times v(0)\} \\ &= \max\{10.7, 8\} \\ &= 10.7 \\ v^1(2) &= \max\{2.7 + 0.6 \times (0.6 \times v(2) + 0.4 \times v(3), 1.5 + 0.6 \times (1 \times v(0)\} \\ &= \max\{13.5, 7.5\} \\ &= 13.5 \\ v^1(3) &= -0.5 + 0.6 \times (1 \times v(0)\} \\ &= 5.5 \end{aligned}$$

步骤 3：因为 $\|v^1 - v^0\| > \frac{\in(1-\beta)}{2\beta}$，$n \leftarrow n+1$，转入步骤 2。直到 $v^{11} = (8.21, 7.32, 6.44, 4.44)$，$\|v^{11} - v^{10}\| < \frac{\in(1-\beta)}{2\beta}$，转入步骤 4。

步骤 4：对于每个 $i \in S$，计算 $f_\beta(i) \in \underset{a\in A(i)}{\arg}\max\{r(i, a) + \beta P(f)v^{n+1}(j)\}$，得

$$f_{0.6}(0) \in \underset{a\in A(0)}{\arg}\max\{r(0, a) + \beta P(f)v^{n+1}(j)\} = a_1$$

同样，得到 $f_{0.6}(1) = a_1$，$f_{0.6}(2) = a_2$，$f_{0.6}(3) = a_2$。

综上，得到确定性平稳策略 $f^\infty = \begin{pmatrix} a_1 \\ a_1 \\ a_2 \\ a_2 \end{pmatrix}$ 为 $\in$ - 最优策略。求解过程见表 10.11。

表 10.11　逐次逼近法求解例 10.2 续的过程

迭代次数	v (0)	v (1)			v (2)			v (3)	$\|v^i - v^{i-1}\|$
0	10	10			20			15	
1	9.95	10.70	10.70	8.00	13.50	13.50	7.50	5.50	11.53
2	9.49	9.64	9.64	7.97	8.88	8.88	7.47	5.47	4.76
3	9.06	8.64	8.64	7.69	7.21	7.21	7.19	5.19	2.01
4	8.74	8.01	8.01	7.44	6.94	6.54	6.94	4.94	0.81
5	8.53	7.69	7.69	7.24	6.74	6.38	6.74	4.74	0.47
6	8.40	7.52	7.52	7.12	6.62	6.27	6.62	4.62	0.28
7	8.32	7.43	7.43	7.04	6.54	6.19	6.54	4.54	0.17
8	8.27	7.38	7.38	6.99	6.49	6.14	6.49	4.49	0.10
9	8.24	7.35	7.35	6.96	6.46	6.12	6.46	4.46	0.06
10	8.23	7.33	7.33	6.95	6.45	6.10	6.45	4.45	0.04
11	8.21	7.32	7.32	6.94	6.44	6.09	6.44	4.44	0.02
$\in$-最优平稳策略	a_1	a_1			a_2			a_2	

例 10.3 续　继续考虑例 10.3 中的产品定价问题，假设其可将产品无限期放在平台上出售，请使用逐次逼近法寻找该马尔科夫决策过程的折扣目标函数下的 $\in$ - 最优策略和对应的值函数。

解：同前面分析，该问题有 5 个平稳策略 $f_1^\infty = \begin{pmatrix} a \\ a_1 \end{pmatrix}$，$f_2^\infty = \begin{pmatrix} a \\ a_2 \end{pmatrix}$，$f_3^\infty = \begin{pmatrix} a \\ a_3 \end{pmatrix}$，$f_4^\infty = \begin{pmatrix} a \\ a_4 \end{pmatrix}$ 和 $f_5^\infty = \begin{pmatrix} a \\ a_5 \end{pmatrix}$，给定 $\beta = 0.8$。

步骤 1：取定精度 $\in = 0.1$，任取一有界向量 $V = (0, 0)$，记 $V_0 = V$，$n = 0$。

步骤 2：计算得到 $v^1(i)$，$i \in S$。

$$v^1(0) = 0$$

$$v^1(1) = \max\begin{Bmatrix} r(1, a_1) + 0.48v(1),\ r(1, a_2) + 0.4v(1),\ r(1, a_3) + 0.24v(1), \\ r(1, a_4) + 0.16v(1),\ r(1, a_5) + 0.08v(1) \end{Bmatrix}$$

$= \max\{2\ 600,\ 3\ 100,\ 4\ 130,\ 4\ 480,\ 4\ 770\}$

$= 4\ 770$

步骤3：因为 $\|v^1 - v^0\| > \frac{\in(1-\beta)}{2\beta}$，$n \leftarrow n+1$，转入步骤2。计算得到 $v^2(i)$，$i \in S$。

$$v^2(0) = 0$$

$$v^2(1) = \max\left\{\begin{aligned}&r(1,\ a_1)+0.48\,v^1(1),\ r(1,\ a_2)+0.4\,v^1(1),\ r(1,\ a_3)+0.24\,v^1(1),\\ &r(1,\ a_4)+0.16\,v^1(1),\ r(1,\ a_5)+0.08\,v^1(1)\end{aligned}\right\}$$

$$= \max\{4\ 889.6,\ 5\ 008,\ 5\ 274.8,\ 5\ 243.2,\ 5\ 151.6\}$$

$$= 5\ 274.8$$

因为 $\|v^2 - v^1\| > \frac{\in(1-\beta)}{2\beta}$，$n \leftarrow n+1$，转入步骤2。

$v^3 = (0,\ 5396)$，$v^4 = (0,\ 5425)$，$v^5 = (0,\ 5432)$，$v^6 = (0,\ 5433.7)$

$v^7 = (0,\ 5434.08)$，$v^8 = (0,\ 5434.18)$，$v^9 = (0,\ 5434.20)$

因为，$\|v^9 - v^8\| < \frac{\in(1-\beta)}{2\beta}$，转入步骤4。

步骤4：对于每个 $i \in S$，计算 $f_\beta(i) \underset{a\in A(i)}{\in} \text{argmax}\{r(i,\ a)+\beta P(f)v^{n+1}(j)\}$

$$f_{0.8}(0) = a$$

$$f_{0.8}(1) \in \underset{a\in A(1)}{\arg\max}\left\{\begin{aligned}&2\ 600+0.48\times 5\ 434.20,\ 3\ 100+0.4\times 5\ 434.20,\ 4\ 130+0.24\times\\ &5\ 434.20,\ 4\ 480+0.16\times 5\ 434.20,\ 4\ 770+0.08\times 5\ 434.20\end{aligned}\right\}$$

$$= a_3$$

于是，得到确定性平稳策略 $f^\infty = \begin{pmatrix} a \\ a_3 \end{pmatrix}$ 为 $\in$-最优策略。求解过程见表10.12。

表10.12　逐次逼近法求解例10.3续的过程

迭代次数	v(1)						$\|v^t - v^{t-1}\|$
0	0						
1	4 770.0	2 600.0	3 100.0	4 130.0	4 480.0	4 770.0	4 770.0
2	5 274.8	4 889.6	5 008.0	5 274.8	5 243.2	5 151.6	504.8
3	5 396.0	5 131.9	5 209.9	5 396.0	5 324.0	5 192.0	121.2
4	5 425.0	5 190.1	5 258.4	5 425.0	5 343.4	5 201.7	29.1
5	5 432.0	5 204.0	5 270.0	5 432.0	5 348.0	5 204.0	7.0
6	5 433.68	5 207.4	5 272.8	5 433.7	5 349.1	5 204.6	1.7
7	5 434.08	5 208.2	5 273.5	5 434.1	5 349.4	5 204.7	0.4
8	5 434.18	5 208.4	5 273.6	5 434.2	5 349.5	5 204.7	0.1
9	5 434.20	5 208.41	5 273.67	5 434.20	5 349.47	5 204.73	0.02
$\in$-最优平稳策略	a_3						

注意，当 β 接近1时该方法的收敛速度会受到很大的影响，后续研究提出多种改进方法，如高斯-赛德尔迭代方法、雅克比方法等来加速收敛过程，本书不再详细介绍。另

外，还可以使用线性规划的方法来求解最优策略和最优值函数。

本章小结

本章主要介绍了解决随机动态决策问题的理论和方法。首先介绍了马尔科夫决策过程的基本概念，包括状态、行动集、转移概率和报酬等。强调了马尔科夫决策过程的关键特征，即满足马尔科夫性，决策只依赖于当前状态而与过去无关。对于有限阶段模型，探讨了有限阶段马尔科夫决策过程中关于最优方程和最优策略的理论，并说明了最优方程在研究中的重要性。对于无限阶段模型，引入折扣因子的概念，研究如何获得最大的期望折扣总报酬。还介绍了两种常用的求解折扣马尔科夫决策过程的算法：策略迭代法和逐次逼近法。这两种方法分别通过策略迭代和值迭代，逐渐求解出最优策略。

通过本章的学习，读者对马尔科夫决策过程的理论基础、建模方法以及求解算法有了一定了解。这些知识不仅对理论研究有着重要的意义，更为实际决策问题提供了有力的工具和方法。

本章的理论框架如下：

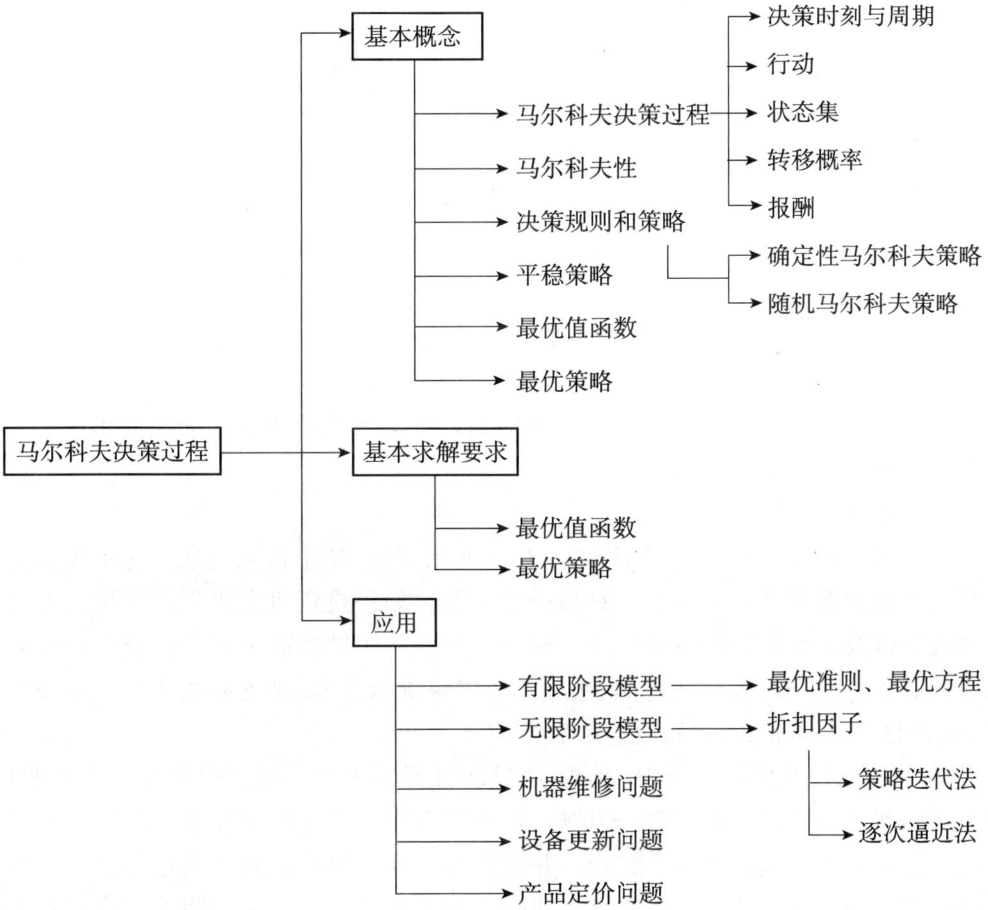

习题 10

一、选择题

1. 对于一个在一维直线上开赛车的游戏，将 S 定义为当前赛车______时，将 A 定义为加速、减速，将 R 定义为到达终点，这会构成一个马尔科夫决策过程。

A. 位置　　B. 速度

C. 到终点的距离　　D. 方向

2. 马尔科夫决策过程通常不包含要素______。

A. 转移概率　　B. 折扣因子

C. 报酬或费用　　D. 决策周期

3. 考虑无限阶段模型，状态空间 $S=\{1, 2, 3\}$，行动集 $A(1)=\{1\}$，$A(2)=\{1, 2\}$，$A(3)=\{1, 2, 3\}$，问题中有______平稳策略。

A. 2 个　　B. 4 个

C. 6 个　　D. 8 个

4. 马尔科夫决策过程中，折扣因子的作用是______。

A. 改变决策者的策略　　B. 调整奖励的分布

C. 考虑未来奖励的权重　　D. 控制状态的转移概率

二、判断题

1. 马尔科夫决策过程，"马尔科夫"意味着行动结果只取决于当前状态。（　）

2. 如果 π 是给定的随机马尔科夫策略，那么策略 π 在每个状态下的动作都是确定的。（　）

3. 如果状态空间 S 是离散的，$A(i)$ 对于每个状态均是有限的，那么肯定存在最优平稳策略。（　）

4. 对于每个决策时刻 t，最优方程的解就是从开始阶段到时刻 t 的最优报酬值。（　）

5. 对于无限阶段的折扣马尔科夫决策问题，定义最优值函数为初始阶段状态为 i 时所能得到的最大的期望总报酬。（　）

三、计算题

1. 序贯投资问题。设投资者有资金 100 000 元，有 N 个投资周期。每个投资周期中出现投资机会的概率是 $p=0.6$，它与历史无关。如果投资机会出现，则投资者必须决定是否投资以及在剩余资金中拿出多少资金来投资。如果投资 y 元，投资者将在周期末时获得收益 $R(y)$。试写出此投资问题的马尔科夫决策模型及最优方程。若 $R(y)=1.25y$，求解 $N=2$ 时的最优投资策略。

2. 在一档流行的综艺节目中，玩家通过回答问题闯关可以获得奖金。在该节目中，玩家需要回答 4 个问题。每答对一道题，都可以赢得一定数额的奖金。但是，如果答错一道题，将失去先前赢得的所有奖金，并且游戏结束。而在答对了几道题之后，参与者可以选择不回答，游戏结束，并获得先前赢得的所有奖金。这些问题能正确回答的概率以及相应的奖金数，如表 10.13 所示。设参与者的目标是获得的奖金数额最大，此时他的最优策略是什么？

表 10.13 综艺节目闯关规则

问题	答对问题的概率	奖金/(元)
1	0.7	100
2	0.6	200
3	0.4	400
4	0.3	600

3. 设某网球运动员有两种发球类型：发硬球（H）和发软球（S）。若发硬球，则球落在界内的概率为 0.6，此时得分（即对手接不了球，或者回差球）的概率为 0.7；若发软球，则球落在界内的概率为 0.8，此时得分的概率为 0.4。该网球运动员的目标是使发球得分的概率达到最大，试问其最优的发球策略是什么。（考虑只有两次发球的情形。）

4. 考虑某专卖店的库存问题。在每天开始时，观察库存量并决定订购量。订购量为 j 时的订购费用 $C(j)$ 如下：

$$C(j)=\begin{cases}100+60j, & j>0\\ 0, & j=0\end{cases}$$

假设订购的物品立即送达，当订购的物品送达后当天的需求发生，需求为 j 的概率是 $P_j(j\geqslant 0)$。如果需求超过了当天的库存量，则发生缺货，每天每缺一件货需要支付 20 元的惩罚费，而没有满足的需求等到下一天订购的货物送达后再满足；否则，有多余的物品需要储存，假定每天每件货物的储存费为 10 元。问题是要确定每天的订购量，以使总的期望折扣费用达到最小，假定折扣因子为 $\beta=0.8$，专卖店经理认为该专卖店将会长期运行下去。试建立此问题的马尔科夫决策过程模型，并写出最优方程。

5. $S=\{0,1\}$，$A=\{a_1,a_2\}$，$r(0,a_1)=1$，$r(0,a_2)=0$，$r(1,a_1)=2$，$r(1,a_2)=1.5$，$p(0\mid 0,a_1)=p(1\mid 0,a_2)=\dfrac{1}{2}$，$p(0\mid 1,a_1)=\dfrac{1}{3}$，$p(1\mid 1,a_1)=\dfrac{2}{3}$，$p(0\mid 0,a_2)=\dfrac{3}{4}$，$p(1\mid 0,a_2)=\dfrac{1}{4}$，$p(0\mid 1,a_2)=\dfrac{2}{3}$，$p(1\mid 1,a_2)=\dfrac{1}{3}$，$N=3$。

假设终止报酬是 0，给出马尔科夫决策过程的具体细节，并求出 $V_N^*(i)(i=0,1)$ 以及相应的最优策略（求最大）。

6. 某人准备卖掉他的汽车，每天开始时他会收到一个报价。假设每个报价都是独立的，报价可能如下：$a_1=180\ 000$，$a_2=175\ 000$，$a_3=170\ 000$，$a_4=165\ 000$，$a_5=160\ 000$，相应报价概率为：$\lambda_1=0.3$，$\lambda_2=0.4$，$\lambda_3=0.6$，$\lambda_4=0.7$，$\lambda_5=0.8$。任何一个当时没被接受的报价并没有失效，在之后的任何一天的开始都可以接受。同时，只要车子没被卖掉，他每天需要花 1 000 元对汽车进行维护。假设这辆车必须在 5 天内卖掉，目标是最大化汽车卖的价格与维修费用的差价。试刻画这个问题最优策略的结构。

7. 某人可以玩 4 次老虎机游戏，假设有两台老虎机 A 和 B。每次选择玩一次 A 还是玩一次 B。如果玩一次 A，那么以概率 0.6 获得 1 元，而以概率 0.4 获得 0 元；如果玩一次 B，那么以概率 p 获得 1 元而以概率 $(1-p)$ 获得 0 元。该人不知道 p 的确定值，但是

知道 p 的先验分布 $F(p)$，$\frac{\mathrm{d}F(p)}{\mathrm{d}p}=1$ 。问题是找到最优策略最大化期望收益。

8. 考虑一个阶段数为6的库存控制问题，$t=0,1,\cdots,5$ 。零售商销售某种产品，该产品在每个阶段的需求量是独立同分布的随机变量 D ，服从 $[0,20]$ 上的均匀分布。在每个阶段初零售商可以考虑订货，订货量为 x 时的成本是 $100I(x)+80x$ ，其中：

$$I(x)=\begin{cases}1, & x>0\\0, & x\leqslant 0\end{cases}$$

在阶段末没卖掉的单位产品库存成本是10元，没有被满足的单位产品会有15元的惩罚费用，没有被满足的需求以后可以满足，在阶段6没有卖出的产品或者没有被满足的产品需求残值是0。试将此问题归结为一个有限阶段的马尔科夫决策过程，目标是最小化所有阶段的成本。

9. 状态空间 $S=\{1,2\}$ ，在状态1和2的可用行动集 $A(1)=A(2)=\{1,2\}$ ，折扣因子 $\beta=0.9$ 。相应的转移概率及报酬见表10.14。使用策略迭代法求最优策略与最优值函数（保留两位小数）。

表10.14　问题9的转移概率及报酬

状态（i）	可用行动（a）	转移概率 $p(j\mid i,a)$		报酬/（元）$r(i,a)$
		$j=1$	$j=2$	
1	1	0.8	0.2	4
	2	0.5	0.5	6
2	1	0.6	0.4	−5
	2	0.3	0.7	−3

10. 利用逐次逼近法寻求问题9的 $\in$ -最优平稳策略，$\in$ 取值0.1。

11. 设 $S=\{1,2\}$ ，$A(1)=\{1,2,3,4\}$ ，$A(2)=\{1,2\}$ 。在状态1，采取行动 $a(1\leqslant a\leqslant 4)$ ，系统在下阶段停留在状态1的概率是 $\frac{a-1}{3}$ ，且在 $a\neq 4$ 时获得报酬 $(4-a)$，$a=4$ 时获得报酬3。在状态2，采取行动 $a(a=1,2)$ ，系统在下阶段停留在状态2的概率是 $\frac{a}{2}$ ，且采取行动1时获得报酬−2，采取行动2时获得报酬1。折扣因子 $\beta=0.5$ 。在保留两位小数的条件下，使用策略迭代法求最优策略与最优值函数。

12. 利用逐次逼近法寻求问题11的 $\in$ -最优平稳策略，$\in$ 取值0.1。

13. 对问题8考虑无限阶段的库存控制问题，将原问题归结为一个无限阶段的折扣马尔科夫决策过程，目标是最小化整体折扣成本，并给出其中的一个最优策略。

14. 某手机生产商可能处于状态1或2中，在状态1时产品销量很高，而状态2时销量很低。当处于状态1时他可以选择针对产品发布广告，此时单阶段报酬是4，转移概率是 $p_{11}=0.7$ ，$p_{12}=0.3$ ；当处于状态1时他也可以选择不发布广告，此时单阶段报酬是7，转移概率是 $p_{11}=p_{12}=0.5$ 。当处于状态2时他可以进行研发来改进产品，此时单阶段报酬是−5，转移概率是 $p_{21}=0.8$ ，$p_{22}=0.2$ ；当处于状态2时他也可以不进行研发，此时单阶段报酬是−3，转移概率是 $p_{21}=0.4$ ，$p_{22}=0.6$ 。考虑无限阶段平均报酬问题，

折扣因子 $\beta = 0.6$，采用策略迭代法计算最优策略。

15. 利用逐次逼近法寻求问题 14 的 $\in$ -最优平稳策略，$\in$ 取值 0.1。

16. 某公司需要长期购进原材料用于生产产品。目前它有一个固定的供货商，按照该供货商的供货价格计算，每年生产加工并销售产品之后公司可以获得利润 50 万元。现在公司找到了一个新的供货商，价格有着明显的优势，用同样的计算方式计算，一年的利润可以增加到 70 万元。但是决策者估计新供货商每年有 0.1 的概率无法及时供货。而这一延误会导致整个公司倒闭，因为原来的供货商在这一年里不会再为公司提供原材料。用状态 1 表示公司正常运作，用状态 2 表示公司倒闭。在状态 1 时可用的行动有两个，1 表示与新供应商签订一年的供货合同，2 表示与原供货商签订一年的供货合同。具体的转移概率及报酬见表 10.15。

表 10.15　问题 16 的转移概率及报酬

状态 (i)	可用行动 (a)	转移概率 $p(j \mid i, a)$		报酬/（元）$r(i, a)$
		$j=1$	$j=2$	
1	1	0.9	0.1	70
	2	1	0	50
2	1	0	1	0

当折扣因子 $\beta = 0.8$ 时，使用策略迭代法求最优策略与最优值函数。

17. 利用逐次逼近法寻求问题 16 的 $\in$ -最优平稳策略，$\in$ 取值 0.1。

第 11 章

随机规划

| 本章要点 |

1. 随机规划的定义
2. 两种随机规划模型
3. 简单随机规划的求解方法

生产计划制订

一个工厂生产 2 种产品 A 和 B，生产单位 A 产品需要 a_{11} 人工工时和设备 1 的 4 工时，生产单位 B 产品需要 a_{12} 人工工时和设备 2 的 4 工时。由于人为因素导致的误差，a_{11} 和 a_{12} 分别服从（0.5，1.5）和（2.5，3.5）的均匀分布。该厂总共可提供人工工时、设备 1 工时和设备 2 工时分别为 8、16 和 12 小时。单位 A 产品和 B 产品的净利润分别为 2 元和 3 元，工厂与下游分销商签订供货合同，如果发生缺货，每单位产品的缺货成本为 0.5 元，如果产量多，每单位产品的库存成本为 0.3 元，该工厂应该如何制订生产计划才能使得净利润最大？

---

§11.1　相关概念

随机规划是一种常用的用来处理不确定参数问题的优化方法。在章首生产计划制订问题中，不确定参数可能是耗费的人工工时，也可能是波动的销售价格。下面用简单的例子来介绍随机规划的相关概念。

11.1.1　概率空间和随机变量

随机规划问题的某些参数是不确定的，被表示为随机变量。不确定性用随机实验表示，结果用 ω 表示，所有结果的集合为 Ω，即 $\omega \in \Omega$。Ω 的子集称为事件，用 A 表示随机事件的集合。例如，如果 Ω 包含产品涨价、保持不变和降价三种可能结果，则 $A=$ { 产品不涨价，产品不降价，…}。

$A \in \boldsymbol{\mathcal{A}}$ 关联一个值 $P(A)$，称为概率，使得 $0 \leqslant P(A) \leqslant 1$，$P(\varphi)=0$，$P(\Omega)=1$。三元组 (Ω, A, P) 称为概率空间。可以定义与概率空间相关联的随机变量，即受 A 中随机事件影响的所有变量。

在随机规划中，对随机变量的描述可能与 Ω 密切相关：在某些情况下，Ω 中的元素 ω 可以用于描述现实场景的几种状态，所有随机事件可由这些有限多的场景构成。在现实中，构建 Ω 和 A 是极其困难和毫无意义的，知道随机变量就足够了。对于一个给定的随机变量 ξ，定义其累积分布函数 $F_{\xi}(x)=P(\xi \leqslant x)$，或者更准确地说，$F_{\xi}(x)=P(\omega \mid \xi \leqslant x)$。对于随机变量一般考虑两种形式，即离散随机变量和连续随机变量。对于离散形式，假设随机变量 ξ 可能的取值为 ξ_k（$k=1,2,\cdots,K$），其概率为 $f(\xi_k)=P(\xi=\xi_k)$，$\sum\limits_{k \in K} f(\xi_k)=1$，均值为 $\mu=\sum\limits_{k \in K} \xi_k f(\xi_k)$。对于连续形式，其概率为 $P(a \leqslant \xi \leqslant b)=\int_a^b f(\xi)\mathrm{d}\xi=\int_a^b \mathrm{d}F(\xi)$，$\int_{-\infty}^{\infty} \mathrm{d}F(\xi)=1$，均值为 $\mu=\int_{-\infty}^{\infty} \xi \mathrm{d}F(\xi)$。

给定概率分布类型后，将其支撑集表示为 Ξ，即包含 ξ 所有可能取值的最小集合，即 $P(\xi \in \Xi)=1$。

11.1.2　随机规划

考虑如下的线性规划：

$$\min z = c^{\mathrm{T}} x$$

$$\text{s. t.} \begin{cases} Ax = b \\ x \geqslant 0 \end{cases}$$

定义 $\xi=(c, A)$ 为随机变量，ξ 服从某个确定且唯一的概率分布，当随机事件 $\omega \in \Omega$ 发生后，随机变量的取值 $\xi(\omega)$ 可以获知。如果要求在每个 $\xi(\omega)$ 下规划的约束条件都成立，且使得目标函数的期望最小或最大，则称为期望成本模型或期望收益模型；如果要求规划的约束条件在一定的概率或可靠性水平上成立，则称为机会约束模型。后文将分别介绍这两种模型。

例 11.1（生产计划问题）　一个工厂生产 2 种产品 A 和 B，生产单位 A 产品需要 1 人工工时和设备 1 的 4 工时，生产单位 B 产品需要 2 人工工时和设备 2 的 4 工时。该厂可提供的人工工时、设备 1 工时和设备 2 的工时分别为 8、16 和 12 小时。生产单位 A 产品和单位 B 产品的净利润分别为 2 元和 3 元（B 产品）。假设该工厂生产的产品供不应求，该工厂应该如何生产使得净利润最大？

解： 令 x_1 为 A 产品的产量，x_2 为 B 产品的产量，可建立如下最大化线性规划模型：

$$\max Z = 2x_1 + 3x_2$$

$$\text{s. t.}\begin{cases}x_1+2x_2\leqslant 8\\4x_1\leqslant 16\\4x_2\leqslant 12\\x_1,\ x_2\geqslant 0\end{cases}$$

上述规划中的各个参数均为确定的，因此该规划问题为确定性数学规划。实际中，因为环境中存在各种不确定因素，参数的准确值可能难以确定，比如人为因素会导致人工工时不确定，价格会随季节波动等。因此，将上述规划的相关参数用字母表示，得到如下规划：

$$\max E_\xi[c_1(\omega)x_1(\omega)+c_2(\omega)x_2(\omega)]$$

$$\text{s. t.}\begin{cases}a_{11}(\omega)x_1(\omega)+a_{12}(\omega)x_2(\omega)\leqslant b_1\\a_{21}(\omega)x_1(\omega)\leqslant b_2\\a_{32}(\omega)x_2(\omega)\leqslant b_3\\x_1(\omega),\ x_2(\omega)\geqslant 0\end{cases}$$

上述规划中随机参数为 $\xi=(c_1,c_2,a_{11},a_{12},a_{21},a_{32})$，$x_1(\omega)$ 和 $x_2(\omega)$ 为对应的决策变量，该模型为期望收益模型。

§11.2 期望成本模型

期望成本模型常见的为两阶段随机规划模型和多阶段随机规划模型，多阶段随机规划模型的求解是两阶段随机规划模型的拓展，因此本书主要介绍两阶段随机规划模型。

11.2.1 模型建立

考虑一般的线性两阶段随机规划模型：

$$\min_{x\in R^n}\{c^\top x+E_\xi[Q(x,\xi)]\}$$

$$\text{s. t.}\begin{cases}Ax=b\\x\geqslant 0\end{cases}\tag{11-1}$$

其中，$Q(x,\xi)$ 是第二阶段优化问题的目标函数值。

$$Q(x,\xi)=\min_{y\in R^m}q(\omega)^\top y(\omega)$$

$$\text{s. t.}\begin{cases}T(\omega)x+W(\omega)y(\omega)=h(\omega)\\y(\omega)\geqslant 0\end{cases}\tag{11-2}$$

$\xi=(q,h,T,W)$ 是第二阶段问题的参数。

随机事件 $\omega\in\Omega$ 发生后，第二阶段问题的参数 $(q(\omega),h(\omega),T(\omega),W(\omega))$ 随之确定，因此 q、h、T、W 为随机参数，且 $\xi(\omega)=(q(\omega),h(\omega),T(\omega),W(\omega))$。令 Ξ 代表 ξ 的支撑集，即使得 $P(\xi\in\Xi)=1$ 成立的最小集合。$y(\omega)$ 是第二阶段问题的决策变量，在不同事件 ω 发生的情况下，决策 $y(\omega)$ 通常是不同的，且要求 $y(\omega)$ 满足式（11-2）中的

所有约束，除非事件 ω 发生的概率为 0。对于给定的 x，事件 ω 发生后，有

$$Q(x, \xi(\omega)) = \min_{y}\{q(\omega)^{\top} y(\omega) \mid W(\omega) y = h(\omega) - T(\omega) x, \ y(\omega) \geqslant 0\}$$

第二阶段问题的目标函数的期望为：

$$\varphi(x) = E_{\xi}[Q(x, \xi(\omega))]$$

后文中，在不引起歧义的情况下，将 $\xi(\omega)$ 简写为 ξ。上述规划中，存在随机事件 ω，事件发生前需要做出第一阶段决策 x，随机事件发生后需要做出第二阶段决策 y 对事前决策的后果进行补偿。因此，我们借用法律中的追索权来定义第二阶段问题的目标函数，称其为期望追索成本。下面介绍两种特殊的期望成本模型，即离散分布的期望追索成本模型和固定追索成本模型。

11.2.2　离散分布的期望追索模型成本模型

现在考虑期望值函数

$$\varphi(x) = E[Q(x, \xi)] \tag{11-3}$$

对关于随机向量 ξ 的概率分布求期望，假设 ξ 的分布具有有限的支撑集，即 ξ 具有有限数量的实现（称为场景）$\xi_k = (q_k, h_k, T_k, W_k)$，具有各自的（正）概率 $p_k(k = 1, 2, \cdots, K)$，即 $\Xi = \{\xi_1, \xi_2 \cdots, \xi_k\}$，则可得

$$E[Q(x, \xi)] = \sum_{k=1}^{K} p_k Q(x, \xi_k) \tag{11-4}$$

对于给定的 x，期望 $E[Q(x, \xi)]$ 等于线性规划问题的最优值

$$\min_{y_1, \cdots, y_K} \sum_{k=1}^{K} p_k q_k^{\top} y_k$$

$$\text{s.t.} \begin{cases} T_k x + W_k y_k = h_k \\ y_k \geqslant 0, \quad k = 1, 2, \cdots, K \end{cases} \tag{11-5}$$

如果对于至少一个 $k \in \{1, 2, \cdots, K\}$，$\{T_k x + W_k y_k = h_k, \ y_k \geqslant 0\}$ 没有解，即相应的第二阶段问题不可行，则问题（11－5）不可行，因此其最优值为 ∞。从这个角度来看，如 $Q(x, \xi_k)$ 中至少一个值为 ∞，则式（11－4）右侧的和等于 ∞。

整个两阶段问题等价于以下线性规划问题：

$$\min_{x, y_1, \cdots, y_K} \left\{c^{\top} x + \sum_{k=1}^{K} p_k q_k^{\top} y_k\right\}$$

$$\text{s.t.} \begin{cases} T_k x + W_k y_k = h_k \\ Ax = b \\ x, \ y_k \geqslant 0, \quad k = 1, 2, \cdots, K \end{cases}$$

例 11.2（新产品投产）　考虑例 11.1 中的生产计划问题，先后生产产品 A 和产品 B。由于产品 B 是新产品，其价格和生产工艺不稳定，可能存在三种情况：乐观情况下价格、人工工时、机器 2 工时为（4，1.5，3），正常情况下为（3，2，4），悲观情况下为（2，3，5）。三种情况发生的概率均为 1/3，那么应该如何决定产品 A 的产量 x 和产品 B 的产量 y 使得企业的期望收益最大？

解：定义随机变量为 $\xi = (c, a_1, a_2)$，则有 $\xi_1 = (4, 1.5, 3)$，$\xi_2 = (3, 2, 4)$，$\xi_3 =$

(2，3，5)，且 $P(\xi_1)=P(\xi_2)=P(\xi_3)=1/3$，则两阶段的投产问题如下：

$$\max\{2x+1/3(4y^1+3y^2+2y^3)\}$$

$$\text{s.t.}\begin{cases}x+1.5y^1\leqslant 8\\ x+2y^2\leqslant 8\\ x+3y^3\leqslant 8\\ 4x\leqslant 16\\ 3y^1\leqslant 12\\ 4y^2\leqslant 12\\ 5y^3\leqslant 12\\ x,\ y^1,\ y^2,\ y^3\geqslant 0\end{cases}$$

上述问题为线性规划问题，可以使用单纯形法求解，易得结果为 $(x,\ y^1,\ y^2,\ y^3)^\top=(4,\ 0,\ 2,\ 0)^\top$。

显然，当上述问题的情形数和变量较少时，使用一般的线性规划方法即可求解。如果情形数增加，变量数目增加，求解的时间会显著增加。因此，可以分析问题的结构，提出更有效的求解方法。最常用的方法是建立第二阶段追索成本函数的外部线性化并将其加入第一阶段问题求解，这种增加割平面（约束）的方法在随机规划中被称为 L-shaped 算法。如果第二阶段决策变量相关的参数为常数，即 W 为常数，有限的离散分布形式下两阶段随机规划对应一个大规模线性规划问题，可以定义为如下广义形式（extension form）：

$$\min_{x,\ y_1,\ \cdots,\ y_K}\left\{c^\top x+\sum_{k=1}^{K}p_k q_k^\top y_k\right\}$$

$$\text{s.t.}\begin{cases}T_k x+W y_k=h_k, & k=1,2,\cdots,K\\ Ax=b\\ x,\ y_k\geqslant 0, & k=1,2,\cdots,K\end{cases}$$

该形式的约束条件的系数矩阵可以用图 11.1 的块角结构表示。

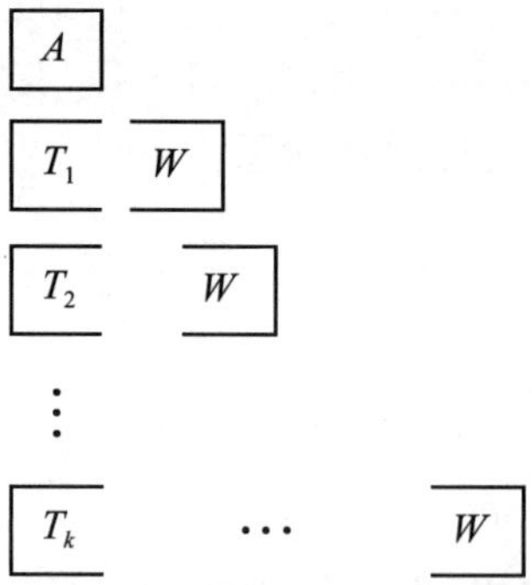

图 11.1　两阶段广义形式约束条件的块角结构

L-shaped 算法的步骤如下：

步骤 0：令 $r=s=\eta=0$。

步骤 1：$\eta=\eta+1$。解下面的线性规划：

$$\min Z=c^\top x+\theta$$

$$\text{s. t.}\begin{cases}Ax = b\\ D_l x \geqslant d_l,\ l = 1,2,\cdots,r\\ E_l x + \theta \geqslant e_l,\ l = 1,2,\cdots,s\\ x \geqslant 0,\ \theta \in R\end{cases} \tag{11-6}$$

若 (x^η, θ^η) 是该规划的最优解，如果约束中没有 θ 变量，则 $\theta^\eta = -\infty$ 。

步骤 2：添加可行性约束。对于 $k = 1, 2, \cdots, K$ ，求解下列线性规划使得约束条件的松弛量最小。

$$LP_k: \min w' = e^\top v^+ + e^\top v^-$$
$$\text{s. t. } Wy + Iv^+ - Iv^- = h_k - T_k x^\eta$$
$$y \geqslant 0,\ v^+ \geqslant 0,\ v^- \geqslant 0$$

其中，$e^\top = (1,1,\cdots,1)$。依次求解上述规划 LP_k ，直到找到 $w' > 0$ ，此时令 σ^η 是上述规划的单纯形乘子，定义 $D_{r+1} = (\sigma^\eta)^\top T_k$ 和 $d_{r+1} = (\sigma^\eta)^\top h_k$ 产生问题（11－6）中关于 D_l 和 d_l 的约束（可行性约束），即 $D_{r+1}x \geqslant d_{r+1}$ 。令 $r = r + 1$ ，将该约束加入问题（11－6），返回步骤 1。如果对所有的 k ，$w' = 0$ ，转入步骤 3。

步骤 3：添加最优性约束。对于 $k = 1, 2, \cdots, K$，有

$$\min w = q_k^\top y$$
$$\text{s. t.}\begin{cases}Wy = h_k - T_k x^\eta\\ y \geqslant 0\end{cases}$$

令 π_k^η 为上述线性规划单纯形法的单纯形乘子，定义 $E_{s+1} = \sum_{k=1}^{K} p_k(\pi_k^\eta)^\top T_k$ ，$e_{s+1} = \sum_{k=1}^{K} p_k(\pi_k^\eta)^\top h_k$ ，产生问题（11－6）中关于 E_{s+1} 和 e_{s+1} 的约束条件（最优性约束），$w^\eta = e_{s+1} - E_{s+1}x^\eta$ 。如果 $\theta^\eta \geqslant w^\eta$ ，x^η 为最优解，算法终止；否则，$s = s + 1$ ，返回步骤 1。

该方法通过使用 $\varphi(x)$ 的外部线性化来求解问题（11－1）的近似值。依次添加两种类型的约束：（1）可行性割，确定 $\{x \mid \varphi(x) < \infty\}$ 的割平面（约束条件）；（2）最优性割（约束条件），它们是 $\varphi(x)$ 在其有限可行域上的线性近似。可以证明，当 ξ 是有限随机变量时，如果存在最优解或证明问题 $\min\{c^\top x + Q(x)\}$ 的不可行性时，L-shaped 算法有限步收敛于最优解。

例 11.3　考虑以下两阶段随机规划问题：

$$\min_{x,\, y_1,\, \cdots,\, y_K} \left\{c^\top x + \sum_{k=1}^{K} p_k q_k^\top y_k\right\}$$
$$\text{s. t.}\begin{cases}T_k x + W y_k = h_k, & k = 1,2,\cdots,K\\ Ax = b\\ \underline{x} \leqslant x \leqslant \overline{x},\ y_k \geqslant 0, & k = 1,2,\cdots,K\end{cases}$$

第一阶段决策变量为一维向量，其系数 $c = 0$ ，不存在仅包含 x 的约束条件，$\underline{x} = -20$ ，$\overline{x} = 20$ 。令第二阶段决策变量为向量 $y = (y_1, y_2, y_3, y_4, y_5, y_6)^\top$ ，且

$$W = \begin{pmatrix}1 & -1 & -1 & -1 & 0 & 0\\ 0 & 1 & 0 & 0 & 1 & 0\\ 0 & 0 & 1 & 0 & 0 & 1\end{pmatrix}$$

随机事件 ξ 有两种可能的情况，即 $K=2$，且实现概率分别为 1/2。其中 $\xi_1=(q_1, h_1, T_1)^\top$，$q_1=(1,0,0,0,0,0)^\top$，$h_1=(-1,2,7)^\top$，$T_1=(1,0,0)^\top$；$\xi_2=(q_2, h_2, T_2)^\top$，$q_2=(3/2,0,2/7,1,0,0)^\top$，$h_2=(0,2,7)^\top$，$T_2=(1,0,0)^\top$。

使用 L-shaped 算法求解该问题。

解：

（1）第一次迭代。

1）令 $r=s=0$，$\eta=1$ 求解以下线性规划问题：

$$\min\{0x+\theta\}$$

$$\text{s. t.}\begin{cases}-20\leqslant x\leqslant 20\\ \theta\in R\end{cases}$$

x 可任意取值，令 $x^1=-2$，$\theta^1=-\infty$。

2）添加可行性约束。对于 $k=1$，求解下列线性规划：

$$\min w'=v_1^++v_2^++v_3^++v_1^-+v_2^-+v_3^-$$

$$\text{s. t.}\begin{cases}y_1-y_2-y_3-y_4+v_1^+-v_1^-=1\\ y_2+y_5+v_2^+-v_2^-=2\\ y_3+y_6+v_3^+-v_3^-=7\\ y\geqslant 0,\ v^+,\ v^-\geqslant 0\end{cases}$$

解得 $w'=0$。

对于 $k=2$，求解下列线性规划：

$$\min w'=v_1^++v_2^++v_3^++v_1^-+v_2^-+v_3^-$$

$$\text{s. t.}\begin{cases}y_1-y_2-y_3-y_4+v_1^+-v_1^-=2\\ y_2+y_5+v_2^+-v_2^-=2\\ y_3+y_6+v_3^+-v_3^-=7\\ y\geqslant 0,\ v^+,\ v^-\geqslant 0\end{cases}$$

解得 $w'=0$。

3）添加最优性约束。对于 $k=1$，求解下列线性规划：

$$\min w=y_1$$

$$\text{s. t.}\begin{cases}y_1-y_2-y_3-y_4=1\\ y_2+y_5=2\\ y_3+y_6=7\\ y\geqslant 0\end{cases}$$

解得 $y=(1,0,0,0,2,7)^\top$，基变量 $y_B=(y_1,y_5,y_6)^\top$，基矩阵 $A^B=\begin{pmatrix}1&0&0\\0&1&0\\0&0&1\end{pmatrix}$，基矩阵的逆矩阵 $(A^B)^{-1}=\begin{pmatrix}1&0&0\\0&1&0\\0&0&1\end{pmatrix}$，单纯形乘子向量 $\pi_1^1=c_B(A^B)^{-1}=(1,0,0)^\top$。

对于 $k=2$，求解下列线性规划：

$$\min w=\frac{3}{2}y_1+\frac{2}{7}y_3+y_4$$

$$\text{s.t.}\begin{cases} y_1 - y_2 - y_3 - y_4 = 2 \\ y_2 + y_5 = 2 \\ y_3 + y_6 = 7 \\ y \geqslant 0 \end{cases}$$

解得 $y = (2,0,0,0,2,7)^{\top}$，基变量 $y_B = (y_1, y_5, y_6)^{\top}$，基矩阵 $A^B = \begin{pmatrix}1&0&0\\0&1&0\\0&0&1\end{pmatrix}$，基矩阵的逆矩阵 $(A^B)^{-1} = \begin{pmatrix}1&0&0\\0&1&0\\0&0&1\end{pmatrix}$，单纯形乘子向量 $\pi_2^1 = c_B(A^B)^{-1} = (\frac{3}{2},0,0)^{\top}$。

$$E_1 = \sum_{k=1}^{K} p_k(\pi_k^1)^{\top} T_k = 1.25$$

$$e_1 = \sum_{k=1}^{K} p_k(\pi_k^1)^{\top} h_k = -0.5$$

增加约束 $\theta \geqslant -0.5 - 1.25x$。

(2) 第二次迭代。

$\eta = 2$，求解以下线性规划问题：

$$\min 0x + \theta$$

$$\text{s.t.}\begin{cases} -20 \leqslant x \leqslant 20 \\ \theta \geqslant -0.5 - 1.25x \\ \theta \in R \end{cases}$$

解得 $x^2 = 20$，$\theta^2 = -25.5$。

重复第一次迭代过程，增加约束 $\theta \geqslant -3.5 + 0.5x$。

(3) 重复以上求解过程，直到满足算法终止条件。

11.2.3　固定追索成本模型

类似于离散分布的情形，两阶段随机规划问题的难点在于如何高效计算第二阶段期望成本。本小节重点研究固定追索成本的两阶段随机规划模型。在第二阶段问题（11-2）中，如果矩阵 W 是固定的（不是随机的），则两阶段问题（11-1）被认为具有固定的追索成本，W 被称为追索矩阵。显然，图 11.1 中显示的块角结构中 W 为固定常数，则该规划也为固定追索成本模型。

$$\min_{y \in R^m} q(\omega)^{\top} y(\omega)$$

$$\text{s.t.}\begin{cases} T(\omega)x + Wy(\omega) = h(\omega) \\ y(\omega) \geqslant 0 \end{cases} \tag{11-7}$$

在问题（11-1）中，已有确定性约束 $K_1 = \{x \mid Ax = b, x \geqslant 0\}$。考虑到如果 $Q(x) = \infty$，则最小化问题无解，所以定义集合 $K_2 = \{x \mid Q(x) < \infty\}$ 为第二阶段的可行性约束。基于 K_1 和 K_2，问题（11-1）等价为：

$$\min z(x) = c^{\top} x + \varphi(x)$$

s. t. $x \in K_1 \cap K_2$

两阶段问题中分步决策，可能导致第二阶段没有可行解。为了便于检查第二阶段问题的可行性，定义 $K_2^P = \{x \mid \forall \xi \in \Xi, y \geqslant 0 \text{存在} Wy = h - Tx\} = \bigcap_{\xi \in \Xi} K_2(\xi)$，其中 $K_2(\xi) = \{x \mid Q(x, \xi) < +\infty\}$。如果 $K_1 \subset K_2$，则称问题为相对完全可追索的。如果对于任意 $t \in R^m$，存在 $y \geqslant 0$ 使得 $Wy = t$ 成立，则称该问题为完全可追索的。如果 $W = [I, -I]$，y 相应地划分为 (y^+, y^-)，$q = (q^+, q^-)$，则称该问题为简单追索的。后续将说明库存问题就是一个简单追索的问题。

例 11.4 考虑这样一个第二阶段问题：

$$\min z(x) = 2y_1 + y_2$$

$$\text{s. t.} \begin{cases} y_1 + 2y_2 \geqslant \xi_1 - x_1 \\ y_1 + y_2 \geqslant \xi_2 - x_1 - x_2 \\ 0 \leqslant y_1 \leqslant 1, 0 \leqslant y_2 \leqslant 1 \end{cases}$$

（1）对于所有的 ξ，$K_2(\xi)$ 是什么？

（2）令 ξ_1 和 ξ_2 是两个独立的连续随机变量，假设它们服从 $[2, 4]$ 的均匀分布，K_2^P 是什么？K_2 是什么？

解：

（1）已知 $0 \leqslant y_1 \leqslant 1$，$0 \leqslant y_2 \leqslant 1$，可得 $0 \leqslant y_1 + 2y_2 \leqslant 3$，$0 \leqslant y_1 + y_2 \leqslant 2$。要使 $y_1 + 2y_2 \geqslant \xi_1 - x_1$ 和 $y_1 + y_2 \geqslant \xi_2 - x_1 - x_2$ 都能够成立，必须满足：

$$\begin{cases} \xi_1 - x_1 \leqslant 3 \\ \xi_2 - x_1 - x_2 \leqslant 2 \end{cases}$$

可得

$$\begin{cases} x_1 \geqslant \xi_1 - 3 \\ x_1 + x_2 \geqslant \xi_2 - 2 \end{cases}$$

所以，$K_2(\xi) = \{(x_1, x_2) \mid x_1 \geqslant \xi_1 - 3, x_1 + x_2 \geqslant \xi_2 - 2\}$。

（2）已知 $\xi_1 \sim U[2, 4]$，$\xi_2 \sim U[2, 4]$，对于任意的 ξ_1、ξ_2，要使约束能够成立，则必须满足：

$$\begin{cases} 4 - x_1 \leqslant 3 \\ 4 - x_1 - x_2 \leqslant 2 \end{cases}$$

可得

$$\begin{cases} x_1 \geqslant 1 \\ x_1 + x_2 \geqslant 2 \end{cases}$$

所以，$K_2(\xi) = \{(x_1, x_2) \mid x_1 \geqslant 1, x_1 + x_2 \geqslant 2\}$，从而得到 $K_2^P = \bigcap_{\xi \in \Xi} K_2(\xi) = \{(x_1, x_2) \mid x_1 \geqslant 1, x_1 + x_2 \geqslant 2\}$。

如果该问题对应的一阶段问题约束条件为 $K_1 = \{(x_1, x_2) \mid x_1 \geqslant 1.5, x_1 + x_2 \geqslant 3\}$，则 $K_1 \subset K_2$，该第二阶段问题为相对完全可追索的。这说明在满足第一阶段约束的情形下产生的决策，总能保证第二阶段有可行解。

例 11.5（报童问题） 每张报纸的成本为 c 元，售价为 p 元。如果报纸当天卖不出去，第二天就要降价处理，处理价格为 r 元，报纸的需求量是随机变量 ξ，报童每天最多

购买 u 份报纸，报童预定多少份报纸才能使得自己的期望收益最大？

解： 令报童每天订购的报纸数量为 x，y 为售出的报纸数量，w 为剩余的报纸数量，则建立如下模型：

$$\min z(x)=cx+\varphi(x)$$
$$\text{s.t. } 0\leqslant x\leqslant u$$

其中：

$$\varphi(x)=E_{\xi}\varphi(x,\xi)$$

且

$$\varphi(x,\xi)=\min\{-py(\xi)-rw(\xi)\}$$
$$\text{s.t.}\begin{cases}y(\xi)\leqslant \xi\\ y(\xi)+w(\xi)\leqslant x\\ y(\xi),\ w(\xi)\geqslant 0\end{cases}$$

显然，$y(\xi)=\min\{\xi,x\}$，$w(\xi)=\max\{0,x-\xi\}$ 为 $\varphi(x,\xi)$ 的最优解，并且 $\varphi(x)=E_{\xi}(-p\min\{\xi,x\}-r\max\{0,x-\xi\})$。因为 $z(x)$ 的约束条件仅与报纸数量的上限 u 有关，对目标函数求导可得 $z'(x)=c+\varphi'(x)$，可直接得到如下结论：

$$\begin{cases}x=0, & c+\varphi'(x)>0\\ x=u, & c+\varphi'(x)<0\\ x=ar\,g_x\{c+\varphi'(x)\}=0, & \text{其他}\end{cases}$$

其中：

$$\varphi(x)=\int_{-\infty}^{x}(-p\xi-r(x-\xi))\mathrm{d}F(\xi)+\int_{x}^{\infty}(-px)\mathrm{d}F(\xi)$$
$$=-(p-r)\int_{-\infty}^{x}\xi\mathrm{d}F(\xi)-rxF(x)-px(1-F(x))$$

由 中值定理可得 $\int_{-\infty}^{x}\xi\mathrm{d}F(\xi)=xF(x)-\int_{-\infty}^{x}F(\xi)\mathrm{d}\xi$ 可知：

$$\varphi(x)=-px+(p-r)\int_{-\infty}^{x}\mathrm{d}F(\xi)$$
$$\varphi'(x)=-p+(p-r)F(x)$$

因此，可得

$$x^*=\begin{cases}0, & F(0)>\dfrac{p-c}{p-r}\\ u, & F(u)<\dfrac{p-c}{p-r}\\ F^{-1}\left(\dfrac{p-c}{p-r}\right), & \text{其他}\end{cases}$$

令 $c=0.8$ 元，售价为 $q=1$ 元，处理价 $r=0.5$ 元，需求量服从 $\xi\in[500,1\,000]$ 的均匀分布，报纸的最大可订份数为 800。则 $\dfrac{q-c}{q-r}=0.4$，累计概率分布函数为 $F(x)=\begin{cases}\dfrac{x-500}{500}, & x\in[500,1\,000]\\ 0, & \text{其他}\end{cases}$，得 $F(800)=0.3<\dfrac{q-c}{q-r}$，则最优的订报数量为 800 份

使得报童的期望收益最大。

如果将该问题描述为一般的库存问题，第二阶段仅考虑库存成本和缺货损失，则问题可以定义为：

$$\varphi(x,\ \xi)=\min\{sy^{+}(\xi)+h\,y^{-}(\xi)\}$$

$$\text{s. t.}\begin{cases}y^{+}(\xi)-y^{-}(\xi)=\xi-x\\ y^{+}(\xi),\ y^{-}(\xi)\geqslant 0\end{cases}$$

其中，h 为单位库存成本，s 为单位缺货损失，y^- 为剩余的报纸数量，y^+ 为短缺的报纸数量，如果 $\xi-x\geqslant 0$，则 $y^+(\xi)=\xi-x$，否则 $y^-(\xi)=x-\xi$。在构建的库存问题中，$W=[1,\ -1]$，y 相应地可划分为（y^+，y^-），因此经典的库存问题具有简单追索权。

例 11.6（设施选址问题） 假设某物流公司要在某地新建几个物流中心来满足不同区域客户的物流配送要求，问应该如何决策使得收益最大。假设 m 个区域的客户需要服务，每个区域的客户年需求量为 $d_i(i=1,2,\ \cdots,\ m)$，共有 n 个备选的仓库可建设物流中心，每个备选点的固定建设成本为 $c_j(j=1,2,\ \cdots,\ n)$，$v_j(j=1,2,\ \cdots,\ n)$ 为单位可变成本，区域 i 和备选点 j 之间的单位运输成本为 t_{ij}，r_i 为物流中心从区域 i 获得的单位收益。假设 d_i 为不确定的变量，如果配送量超过需求量则产生单位惩罚成本（如库存成本等）q_i^-，如果缺货则产生缺货成本（如补送成本等）q_i^+，应该如何进行物流中心选址并确定物流中心对不同区域的配送量才能使得总收益最大？

解： 令 $q_{ij}=r_i-v_j-t_{ij}$ 为备选点 j 从区域 i 获得的单位利润，x_j 表示是否选择在备选点 j 建立物流中心，y_{ij} 为从备选点 j 送到区域 i 的产品量，令需求 $d_i(\xi)$ 代表随机的需求量，考虑固定成本、运输成本、期望惩罚成本及期望收益，以最大化期望总收益为目标，建立的两阶段随机规划模型：

$$\begin{aligned}\max z(x,\ y)=&-\sum_{j=1}^{n}c_jx_j+\sum_{i=1}^{m}\sum_{j=1}^{n}(-v_j-t_{ij})y_{ij}+E_\xi[-\sum_{i=1}^{m}q_i^+\,w_i^+(\xi)\\&-\sum_{i=1}^{m}q_i^-\,w_i^-(\xi)]+E_\xi[\sum_{i=1}^{m}r_id_i(\xi)]\end{aligned}$$

$$\text{s. t.}\begin{cases}y_{ij}\leqslant Mx_j,\quad i=1,2,\ \cdots,\ m;\ j=1,2,\ \cdots,\ n\\ w_i^+(\xi)-w_i^-(\xi)=d_i(\xi)-\sum\limits_{j=1}^{n}y_{ij},\quad i=1,2,\ \cdots,\ m\\ x_j\in\{0,\ 1\},\quad j=1,2,\ \cdots,\ n\\ y_{ij}\geqslant 0,\quad i=1,2,\ \cdots,\ m;\ j=1,2,\ \cdots,\ n\\ w_i^-(\xi),\ w_i^+(\xi)\geqslant 0,\quad i=1,2,\ \cdots,\ m\end{cases}$$

该规划中第一阶段决策为 x_j 和 y_{ij}，第二阶段决策为 w_i^- 和 w_i^+，为了便于分析，将第二阶段问题单独表述如下：

$$\max_{w_i^+,\ w_i^-}\varphi(x,\ y)=E_\xi[\sum_{i=1}^{m}(-q_i^+\,w_i^+(\xi)-q_i^-\,w_i^-(\xi))]+E_\xi[\sum_{i=1}^{m}r_id_i(\xi)]$$

$$\text{s. t.}\begin{cases}w_i^+(\xi)-w_i^-(\xi)=d_i(\xi)-\sum\limits_{j=1}^{n}y_{ij},\ i=1,2,\ \cdots,\ m\\ w_i^-(\xi),\ w_i^+(\xi)\geqslant 0,\quad i=1,2,\ \cdots,\ m\end{cases}$$

约束条件中 W 矩阵为单位矩阵 $[I^{m\times m}, -I^{m\times m}]$，如果 $d_i(\xi)-\sum_{j=1}^{n}y_{ij}\geqslant 0$，$w_i^+(\xi)=d_i(\xi)-\sum_{j=1}^{n}y_{ij}$；否则，$w_i^-(\xi)=-(d_i(\xi)-\sum_{j=1}^{n}y_{ij})$。根据简单追索权的定义，该问题的二阶段问题具有简单追索权。假设各个区域的需求量对应的随机变量相互独立，考虑每个需求点的收益，可得

$$\begin{aligned}\varphi_i(x,\theta)&=E_\xi[(-q_i^+w^+(\xi)-q_i^-w^-(\xi))]+E_\xi[r_id_i(\xi)]\\&=\theta_i-\mu_i+(q_i^++q_i^-)(1-F(\theta_i))\theta_i+\int_{\theta_i}^{\infty}d_i(\xi)f(d_i(\xi))\mathrm{d}(d_i(\xi))+r_i\mu_i\end{aligned}$$

其中，$\theta_i=\sum_{j=1}^{n}y_{ij}$，$\mu_i$ 为需求 i 的均值，F 为 $d_i(\xi)$ 的累积分布函数，f 为 $d_i(\xi)$ 的概率密度函数。因此，原问题可表示为如下确定性等价形式进行求解。

$$\max_{x,y} z(x,y,\theta)=-\sum_{j=1}^{n}c_jx_j+\sum_{i=1}^{m}\sum_{j=1}^{n}(-v_j-t_{ij})y_{ij}+\sum_{i=1}^{m}\varphi_i(x,\theta)$$

$$\text{s. t.}\begin{cases}y_{ij}\leqslant \mathrm{M}x_j, & i=1,2,\cdots,m;\ j=1,2,\cdots,n\\ \theta_i=\sum_{j=1}^{n}y_{ij}, & i=1,2,\cdots,m\\ x_j\in\{0,1\}, & j=1,2,\cdots,n\\ y_{ij}\geqslant 0, & i=1,2,\cdots,m;\ j=1,2,\cdots,n\end{cases}$$

为了便于计算，将上述问题中的参数替换为具体数值。比如：备选点个数 $n=2$，区域个数 $m=3$，固定建设成本 $c=(400, 800)^\top$，可变的运营成本 $v=(1, 2)^\top$，仓库从各区域获得的单位收益 $r=(0.5, 0.8, 0.7)^\top$，运输成本 $t=\begin{pmatrix}1&3&2\\3&1&1\end{pmatrix}^\top$，区域的需求分别服从 $[500, 700]$、$[200, 300]$、$[400, 800]$ 的均匀分布，单位缺货成本和超量的单位库存成本分别为 $q^+=(0.5, 0.7, 1)$、$q^-=(0.1, 0.2, 0.5)$，则上述求解过程可以简化为：

$$\begin{aligned}\varphi_1(x,\theta)&=\theta_1-\mu_1+(q_1^++q_1^-)(1-F(\theta_1))\theta_1+\int_{\theta_1}^{\infty}d_1(\xi)f(\xi)\mathrm{d}\xi+r_1\mu_1\\&=\begin{cases}\theta_1-600+0.6\theta_1+600+300, & \theta_1\leqslant 500\\ \theta_1-600+0.6\left(1-\dfrac{\theta_1-500}{200}\right)\theta_1+\dfrac{\theta_1+700}{2}+300, & 500<\theta_1<700\\ \theta_1-600+300, & \theta_1\geqslant 700\end{cases}\end{aligned}$$

$$\varphi_2(x,\theta)=\begin{cases}\theta_2-250+0.9\theta_2+250+200, & \theta_2\leqslant 200\\ \theta_2-250+0.9\left(1-\dfrac{\theta_2-200}{100}\right)\theta_2+\dfrac{\theta_2+300}{2}+200, & 200<\theta_2<300\\ \theta_2-250+200, & \theta_2\geqslant 300\end{cases}$$

$$\varphi_3(x,\theta)=\begin{cases}\theta_3-600+1.5\theta_3+600+420, & \theta_3\leqslant 400\\ \theta_3-600+1.5\left(1-\dfrac{\theta_3-400}{400}\right)\theta_3+\dfrac{\theta_3+800}{2}+420, & 400<\theta_3<800\\ \theta_3-600+420, & \theta_3\geqslant 800\end{cases}$$

$$\max_{x,\,y} z(x,\ y,\ \theta) = -400x_1 - 800x_2 - 2y_{11} - 5y_{12} - 4y_{21} - 3y_{22} - 3y_{31} - 3y_{32} + \varphi_1(x,\ \theta) + \varphi_2(x,\ \theta) + \varphi_3(x,\ \theta)$$

$$\text{s.t.}\begin{cases} y_{ij} \leqslant Mx_j, \quad i = 1,\ 2,\ 3,\ j = 1,\ 2 \\ \theta_i = \sum_{j=1}^{n} y_{ij}, \quad i = 1,\ 2,\ 3 \\ x_j \in \{0,\ 1\}, \quad j = 1,\ 2 \\ y_{ij} \geqslant 0,\ i = 1,\ 2,\ 3,\ j = 1,\ 2 \end{cases}$$

解得 $x = (1,\ 0)^{\top}$，$y = \begin{pmatrix} 500 & 0 \\ 50 & 0 \\ 400 & 0 \end{pmatrix}$。

由上述例子可知，具有简单追索权的两阶段优化模型第二阶段问题具有简单的可分离形式，为求解带来了便利。

§11.3 机会约束模型

11.3.1 模型建立

11.2 节中介绍的模型要求对于每种随机情形，约束条件均要成立，这在现实中往往过于保守。如果不要求约束条件在所有情形下都成立，而是要求在一定的概率或可靠性水平上成立，这样的约束条件称为概率约束或机会约束，形式如下：

$$P\{A^i(\omega)x \geqslant h^i(\omega)\} \geqslant \alpha^i \tag{11-8}$$

其中，$0 < \alpha^i < 1(\ i = 1,2,\cdots,\ I)$。$i$ 是需要联合成立的约束的索引，因此机会约束可能是单行约束（$I = 1$），也可能是多行约束（$I > 1$）。下面以简单的单行约束为例，进行建模。

例 11.7（原油冶炼计划） 某原油厂生产两种产品天然气 G 和燃料用油 O，需要提前制定订一周的生产计划，以便分别为天然气公司和火力发电厂提供 G 和 O。假定使用原料 A 和 B 可以产出 G 和 O 的产量见表 11.1。天然气的需求量 $d_1 = 180 + \xi_1$，燃料用油的需求量为 $d_2 = 162 + \xi_2$。其中 ξ_1 和 ξ_2 为服从正态分布 $N(0,\ 16)$ 和 $N(0,\ 9)$ 的随机变量。原料 A 的单位价格为 2 单位，原料 B 的单位价格为 3 单位，且这两种原料的总消耗量不超过 100 单位。如果设定天然气 G 的满足率为 α_1 和燃料用油 O 的满足率为 α_2，应该如何制订天然气 G 和燃料用油 O 的生产计划，才能使得原油厂的总成本最低？

表 11.1 产量参数表

原料	产品	
	G	O
A	$a_{11} = 2 + \eta_1$	$a_{12} = 6$
B	$a_{21} = 3$	$a_{22} = 3.4 + \eta_2$

其中，η_1 服从均匀分布 $U[-0.8, 0.8]$，η_2 服从指数分布 exp(0.4)。

解： 假设原料 A 和 B 的消耗量分别为 x_1 和 x_2。如果产品 G 和 O 的所有需求必须得到满足，则有 $a_{11}x_1+a_{21}x_2 \geqslant d_1$ 和 $a_{12}x_1+a_{22}x_2 \geqslant d_2$；如果只需要保证产品 G 和 O 的需求得到满足的概率分别大于等于 α_1 和 α_2，则可以表示为如下机会约束：

$$P(a_{11}x_1+a_{21}x_2 \geqslant d_1) \geqslant \alpha_1$$

$$P(a_{12}x_1+a_{22}x_2 \geqslant d_2) \geqslant \alpha_2$$

写出机会约束随机规划如下：

$$\min\{2x_1+3x_2\}$$

$$\text{s. t.}\begin{cases} x_1+x_2 \leqslant 100 \\ P((2+\eta_1)x_1+3x_2 \geqslant 180+\xi_1) \geqslant \alpha_1 \\ P(6x_1+(3.4+\eta_2)x_2 \geqslant 162+\xi_2) \geqslant \alpha_2 \\ x_1, x_2 \geqslant 0 \end{cases}$$

例 11.8（资源分配问题）　某资源供给系统有 3 个资源供给点（A，B，C）和 4 个客户（a，b，c，d），资源供给点和客户之间的供给关系如表 11.2 所示，若供给点能为客户提供资源，则值为 1，否则为 0。本例中，供给点 A 可为客户 a、b 和 c 提供资源，供给点 B 可为客户 b 和 c 提供资源，供给点 C 可为客户 c 和 d 提供资源。供给点能提供的资源量是有限的。假设 3 个供给点能提供的最大资源量分别为 ξ_1、ξ_2 和 ξ_3，它们分别服从正态分布 $N(1.56, 0.56^2)$，$N(1.36, 0.45^2)$ 和 $N(0.95, 0.38^2)$。三个供给点为客户提供资源的单位成本分别为 1，1.2 和 1.4。四个客户的需求分别是 0.9、0.8、1.1 和 0.9。假设 3 个供给点为客户提供的资源总量不超过其最大供给量的概率分别不小于 α_1、α_2 和 α_3。问什么样的资源分配方案能使得总供给成本最低？

表 11.2　资源供给点与客户之间的供给关系

资源供给点	a	b	c	d
A	1	1	1	0
B	0	1	1	0
C	0	0	1	1

解： 假设供给点 A 为客户 a、b 和 c 提供的资源量分别为 x_{11}、x_{12} 和 x_{13}，供给点 B 为客户 b 和 c 提供的资源量分别为 x_{22} 和 x_{23}，供给点 C 为客户 c 和 d 提供的资源量分别为 x_{33} 和 x_{34}。可得如下机会约束：

$$P(x_{11}+x_{12}+x_{13} \leqslant \xi_1) \geqslant \alpha_1$$

$$P(x_{22}+x_{23} \leqslant \xi_2) \geqslant \alpha_2$$

$$P(x_{33}+x_{34} \leqslant \xi_3) \geqslant \alpha_3$$

写出机会约束随机规划如下：

$$\min\{(x_{11}+x_{12}+x_{13})+1.2(x_{22}+x_{23})+1.4(x_{33}+x_{34})\}$$

$$
\text{s.t.}\begin{cases}
x_{11} \geqslant 0.9 \\
x_{12}+x_{22} \geqslant 0.8 \\
x_{13}+x_{23}+x_{33} \geqslant 1.1 \\
x_{34} \geqslant 0.9 \\
P(x_{11}+x_{12}+x_{13} \leqslant \xi_1) \geqslant \alpha_1 \\
P(x_{22}+x_{23} \leqslant \xi_2) \geqslant \alpha_2 \\
P(x_{33}+x_{34} \leqslant \xi_3) \geqslant \alpha_3 \\
x_{11}, x_{12}, x_{13}, x_{22}, x_{23}, x_{33}, x_{34} \geqslant 0
\end{cases}
$$

11.3.2 确定性等价形式

本小节的核心是寻找机会约束（11-8）的确定性等价形式，用于替换机会约束表达式。如果这些约束的确定性等价形式具有所需的凸性，则这些函数可以添加到一般的追索权问题中，将问题转化为之前讨论的追索权问题。更一般的情形，可以采用近似的方法来替代机会约束，本书不再详述。

类似于期望成本模型，概率约束问题的主要目标是寻找确定性等价形式及其性质。为了与§11.2保持一致，令

$$K_1^i(\alpha^i)=\{x \mid P\{A^i(\omega)x \geqslant h^i(\omega)\} \geqslant \alpha^i\},\quad 0<\alpha^i \leqslant 1,\ K_1=\bigcap_i K_1^i(1)$$

下面我们考虑两种单行约束的特殊情形：

情形1：A 为固定参数，h 为随机参数。

假设 $P(A^i x \geqslant h_i(\omega))=F^i(A^i x)$，其中 F^i 为 h_i 的分布函数。因此，$K_1^i(\alpha^i)=\{x \mid F^i(A^i x) \geqslant \alpha^i\}$，立即得到确定性等价形式。

例11.7续 如果不考虑 η_1 和 η_2 的随机性，则与 x 相关的系数为确定常数，仅有需求为随机变量，则该问题的规划形式为：

$$\min\{2x_1+3x_2\}$$

$$
\text{s.t.}\begin{cases}
x_1+x_2 \leqslant 100 \\
P(2x_1+3x_2 \geqslant 180+\xi_1) \geqslant \alpha_1 \\
P(6x_1+3.4x_2 \geqslant 162+\xi_2) \geqslant \alpha_2 \\
x_1, x_2 \geqslant 0
\end{cases}
$$

令 $h_1=180+\xi_1$，$h_2=162+\xi_2$，由于 ξ_1 和 ξ_2 分别服从正态分布 $N(0, 16)$ 和 $N(0, 9)$，h_1 和 h_2 分别服从正态分布 $N(180, 16)$ 和 $N(162, 9)$。

如果令 $\alpha_1=0.7$ 和 $\alpha_2=0.8$，可得 $P(0.7)=182.097\,6$，$P(0.8)=164.524\,9$。

$$\min\{2x_1+3x_2\}$$

$$
\text{s.t.}\begin{cases}
x_1+x_2 \leqslant 100 \\
2x_1+3x_2 \geqslant P(0.7) \\
6x_1+3.4x_2 \geqslant P(0.8) \\
x_1, x_2 \geqslant 0
\end{cases}
$$

求解该线性规划可得，$x_1=91.048\,8$，$x_2=0$。

例11.9 考虑以下单行机会约束随机规划问题，其中 ξ 为随机变量，服从参数为 $\lambda=1$

的指数分布，它的确定性等价形式是什么?

$$\min\{2x_1+3x_2\}$$

$$\text{s.t.}\begin{cases}x_1+x_2\leqslant 100\\P(2x_1+3x_2\geqslant\xi)\geqslant 0.9\\x_1,\ x_2\geqslant 0\end{cases}$$

解: 令 F 为 ξ 的分布函数，即 $F(\xi)=\begin{cases}1-\mathrm{e}^{-\xi}, & \xi\geqslant 0\\0, & \xi<0\end{cases}$。

$P(2x_1+3x_2\geqslant\xi)\geqslant\alpha$ 的确定性等价形式为 $F(2x_1+3x_2)\geqslant 0.9$ 。

因为 $x_1,\ x_2\geqslant 0$ ，所以 $2x_1+3x_2\geqslant 0$ ，可得 $F(2x_1+3x_2)=1-\mathrm{e}^{-(2x_1+3x_2)}\geqslant 0.9$ ，该问题的确定性等价形式为:

$$\min\{2x_1+3x_2\}$$

$$\text{s.t.}\begin{cases}x_1+x_2\leqslant 100\\1-\mathrm{e}^{-(2x_1+3x_2)}\geqslant 0.9\\x_1,\ x_2\geqslant 0\end{cases}$$

求解该非线性规划可得，$x_1=0.482\,5$，$x_2=0.445\,9$ 。

情形 2：A 为正态分布随机参数，$h=0$ 。

$P\{a(w)x\geqslant 0\}\geqslant\alpha$，$a(w)$ 为服从正态分布的 n 维随机向量，表示为 $a=(a_1,a_2,\cdots,a_n)$ ，如果其对应的均值为 $\overline{a}=(\overline{a}_1,\overline{a}_2,\cdots,\overline{a}_n)$ ，协方差矩阵为 C ，则 $K_1(\alpha)=\{x\mid\overline{a}\cdot x-\Phi^{-1}(\alpha)\sqrt{x^{\top}Cx}\geqslant 0\}$ ，其中 Φ 是标准正态分布函数。可以将该机会约束转化为确定性约束，并可用确定性规划的方法求解。

例 11.7 续　某原油厂生产两种产品 G 和 O，需要提前制订一周的生产计划，以便分别为天然气公司和火力发电厂提供天然气 G 和燃料用油 O。假定原料 A 和 B 可以产出 G 和 O 的产量见表 11.3。天然气的需求量 $d_1=180+\xi_1$，其中 ξ_1 为服从正态分布 $N(0,16)$ 的随机变量，燃料用油的需求量为 $d_2=162$ 。原料 A 的单位价格为 2 单位，原料 B 的价格为 3 单位，且这两种原料的总消耗量不超过 100 单位。如果设定天然气 G 的需求被满足的概率不低于 $\alpha=0.8$ ，且燃料用油 O 的需求必须全部满足，应该如何确定天然气 G 和燃料用油 O 的生产计划，才能使得原油厂的总成本最低?

表 11.3　产量参数表

原料	产品	
	G	O
A	$a_{11}=2+\eta_1$	$a_{12}=6$
B	$a_{21}=3+\eta_2$	$a_{22}=3.4$

其中，η_1 和 η_2 为随机变量，分别服从正态分布 $N(0,0.2)$ 和 $N(0,0.3)$ ，η_1，η_2 和 ξ_1 的协方差为 0。

解: 令 x_1 和 x_2 分别为原料 A 和原料 B 的消耗量，可建立如下模型

$$\min\{2x_1+3x_2\}$$

$$\text{s.t.}\begin{cases} x_1 + x_2 \leqslant 100 \\ P((2+\eta_1)x_1 + (3+\eta_2)x_2 - (180+\xi_1)x_3 \geqslant 0) \geqslant \alpha_1 \\ 6x_1 + 3.4x_2 \geqslant 162 \\ x_3 = 1 \\ x_1,\ x_2 \geqslant 0 \end{cases}$$

转化为确定约束可得

$$\min\{2x_1 + 3x_2\}$$

$$\text{s.t.}\begin{cases} x_1 + x_2 \leqslant 100 \\ 2x_1 + 3x_2 - 180x_3 - \Phi^{-1}(0.8)\sqrt{(0.2x_1^2 + 0.3x_2^2 + 16x_3^2)} \geqslant 0 \\ 6x_1 + 3.4x_2 \geqslant 162 \\ x_3 = 1 \\ x_1,\ x_2 \geqslant 0 \end{cases}$$

求解该确定性问题，可得最优解为 $x_1 = 40.9172$，$x_2 = 40.9155$。

本章小结

本章基于随机规划的基本概念，主要讨论了两种随机规划模型：期望成本模型和机会约束模型。对于期望成本模型，介绍了其中比较特殊的两类模型：离散分布的期望追索成本模型和固定追索成本模型。对于情形数和变量较少的离散分布的期望追索成本模型，可以转化为对应的确定性模型，进而进行求解；对于情形数和变量较多的问题，可以采用本章介绍的L-shaped算法进行求解。固定追索成本的两阶段随机规划模型中，简单追索问题具有简单的可分离形式，有利于求解问题。对于机会约束模型，主要介绍了对于两种特殊的单行约束的情形，如何转化为确定性形式，进而进行求解。

随机规划的研究成果很多，本章仅介绍了其中的经典内容，希望读者能够借此获得对随机规划的基本认识。

本章的理论框架如下：

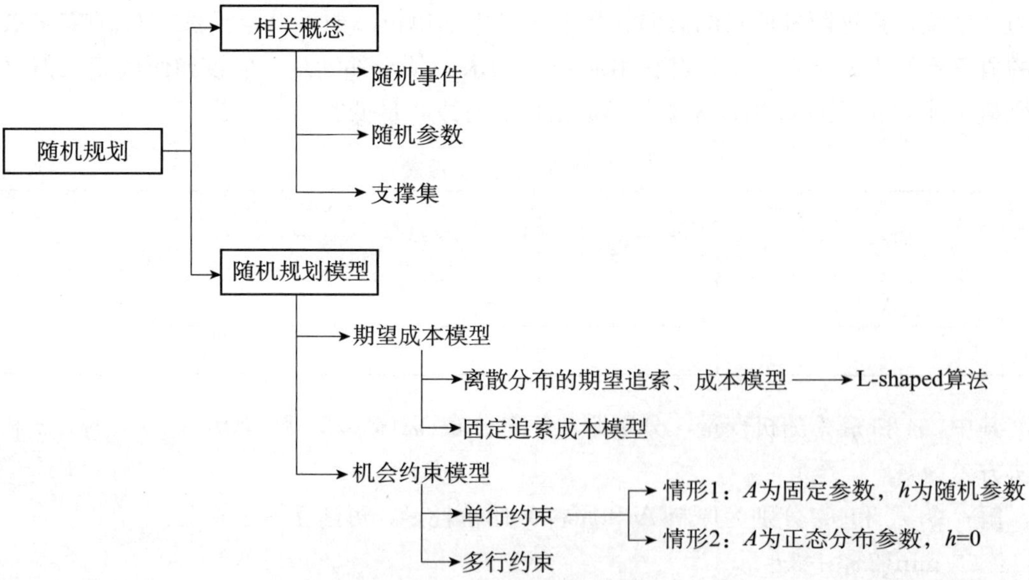

习题 11

一、选择题

1. 随机规划中的随机变量可以划分为______两类。

A. 离散随机变量和连续随机变量　　B. 简单随机变量和复杂随机变量

C. 高斯随机变量和泊松随机变量　　D. 独立随机变量和相关随机变量

2. 具有简单可分离形式的问题是______。

A. 简单追索问题　　B. 相对完全可追索问题

C. 固定追索问题　　D. 完全可追索问题

3. 随机规划是一类处理具有不确定参数的优化技术，其中不确定参数的特点是______。

A. 取值范围和服从的分布都已知　　B. 取值范围未知，服从的分布已知

C. 取值范围已知，服从的分布未知　　D. 取值范围和服从的分布都未知

二、判断题

1. 固定追索成本模型是指追索矩阵固定的随机规划模型。　（　）

2. 相对完全可追索问题和完全可追索问题均考虑了不确定性因素。　（　）

3. L-shaped 算法只添加最优性割。　（　）

4. 机会约束随机规划是一种考虑不确定性的决策模型。　（　）

三、解答题

1. 有甲、乙、丙、丁四种食物，它们的维生素 A 的含量分别为 1 000、1 500、1 750 和 3 250 毫克，维生素 B 的含量分别为 0.5、0.67、0.32 和 0.77 毫克，维生素 C 的含量有两种可能的情况，分别为 17.6、7.8、0.2 和 34 毫克及 17.2、8.8、1.7 和 26 毫克。四种食物的市场价格比较稳定，分别为 0.8、0.5、0.9 和 1.5 元每毫克。按照每人每天所需营养标准，三种营养物质每天的最低需求分别为：4 000、1 和 30 毫克。应如何采购才能在满足营养需求的情况下使成本最低？写出该问题的随机规划形式。

2. 试求解下列两阶段随机规划问题：

$$\min_{x,\, y_1,\, \cdots,\, y_K} \left\{ c^\top x + \sum_{k=1}^{K} p_k q_k^\top y_k \right\}$$

$$\text{s.t.} \begin{cases} T_k x + W y_k = h_k, & k = 1,2,\cdots,K \\ 0 \leqslant x \leqslant \bar{x},\ y_k \geqslant 0, & k = 1,2,\cdots,K \end{cases}$$

其中，$x = (x_1,\ x_2)^\top$，$\bar{x} = (10,\ 10)^\top$，$c = (0,\ 0)^\top$，$y = (y_1,\ y_2,\ y_3,\ y_4)^\top$，$W = \begin{pmatrix} 1 & -1 & 0 & 0 \\ 0 & 1 & 1 & 0 \\ 0 & 0 & 0 & 1 \end{pmatrix}$。

随机事件 ξ 有两种可能的情况，即 $K = 2$，且实现概率分别为 1/2。其中 $\xi_1 = (q_1,\ h_1,\ T_1)^\top$，$q_1 = (1,\ 0,\ 0,\ 0)^\top$，$h_1 = (3,\ 2,\ 7)^\top$，$T_1 = \begin{pmatrix} 1 & 0 \\ 0 & 1 \\ 0 & 0 \end{pmatrix}$；$\xi_2 = (q_2,\ h_2,\ T_2)^\top$，

$q_2=(3/2, 0, 2/7, 1)^\top$，$h_2=(0, 2, 7)^\top$，$T_2=\begin{pmatrix}1 & 0\\0 & 1\\0 & 0\end{pmatrix}$。

3. 考虑这样一个两阶段问题：

$$\min z(x)=2y_1+y_2$$

$$\text{s. t.}\begin{cases}y_1-y_2\leqslant 2-\xi x_1\\y_2\leqslant x_2\\y_1, y_2\geqslant 0\end{cases}$$

如果 ξ 服从参数为 λ 的泊松分布 $\lambda>0$，$K_2(\xi)$ 和 K_2 分别是什么？

4. 考虑这样一个两阶段问题：

$$\min \xi y_1+y_2$$

$$\text{s. t.}\begin{cases}y_1+y_2\geqslant 1-x_1\\y_1\geqslant 1-x_1-x_2\\y_1, y_2\geqslant 0\end{cases}$$

假设 $x_1\geqslant 0$，$x_2\leqslant 1$，求 $Q(x, \xi)$ 并说明 $Q(x, \xi)$ 对于 ξ 是凸的。

5. 考虑这样一个两阶段问题：

$$\min z(x)=2y_1+y_2$$

$$\text{s. t.}\begin{cases}y_1+y_2\geqslant 1-x_1\\y_1\geqslant \xi-x_1-x_2\\y_1, y_2\geqslant 0\end{cases}$$

说明如果 ξ 的期望值是有限的，则该问题是完全追索的。

6. 一个商店每周需要采购 n 种商品，每种商品的采购价格为 c_i（$i=1, \cdots, n$），每种商品每周的需求量 ξ_i 不确定，服从 $[l_i, u_i]$ 的均匀分布。当采购量不能满足需求时，每种商品的单位销售损失为 s_i，当采购量大于需求时，每种商品产生的单位库存成本为 h_i：

（1）写出该问题的两阶段随机规划模型；

（2）该问题属于哪一类问题；

（3）试写出该问题的确定性等价形式。

7. 需要用 A、B、C、D 四种原材料制作动物饲料。四种原材料中每千克的蛋白质含量分别为 2.3、5.6、11.3 和 1.1 克，要求饲料中的蛋白质含量不低于 5 克。四种原材料中每千克的脂肪含量分别为 ξ_1、ξ_2、ξ_3 和 ξ_4 克，假设它们服从正态分布 $N(12.0, 0.282\,9^2)$，$N(11.9, 0.193\,6^2)$，$N(41.8, 20.25^2)$ 和 $N(52.1, 0.624\,1^2)$，要求饲料中的脂肪含量至少为 21 的概率为 α_1。四种原材料中每千克的膳食纤维含量分别为 η_1、η_2、η_3 和 η_4 克，假设它们服从均匀分布 $U(2.78, 3.66)$，$U(13.82, 17.66)$，$U(3.76, 6.24)$ 和 $U(22.81, 26.74)$，要求饲料中的缮食纤维含量至少为 16 克的概率为 α_2。四种原材料的单位价格分别为 23、26、39 和 42 元，如何确定饲料中四种原材料的比例才能在满足要求的情况下使成本尽可能低？写出该问题的机会约束随机规划。

8. 某昼夜服务的公交线路每天各时段所需司机如表 11.3 所示，设司机分别在各时间段开始时上班，并连续工作 8 小时，问该公交线路应怎样安排司机，既能满足工作需要，又使配备司机的人数最少。该问题的决策变量按照连续变量处理。

（1）假设 $\eta_1 \sim N(60, 9)$ 和 $\eta_2 \sim N(70, 16)$，要使班次 1 和班次 2 满足工作需要的概率分别至少为 $\alpha_1 = 0.8$ 和 $\alpha_2 = 0.9$，请写出机会约束随机规划，并写出它所对应的确定性等价形式；

（2）假设 $\eta_1 \sim \exp(\lambda_1)$ 和 $\eta_2 \sim \exp(\lambda_2)$，要使班次 1 和班次 2 要满足工作需要的概率分别至少为 α_1 和 α_2，请写出机会约束随机规划，并写出它所对应的确定性等价形式。

表 11.4　每天各时段所需司机数

班次	时间	所需人数
1	6:00—10:00	η_1
2	10:00—14:00	η_2
3	14:00—18:00	60
4	18:00—22:00	50
5	22:00—2:00	50
6	2:00—6:00	20

第12章

运筹学实践指导

实践性是运筹学鲜明的学科特点，本章是为了帮助读者学习应用运筹学思想与方法、加强解决实际问题的能力而编写的。大多数案例及素材来自社会实践和科研课题，数据则作了适当处理或简化。习作部分选自在校学生的小组课程设计。分析讨论这些案例，相信读者会领略到运筹学的特点、优化模型的灵魂和优化方法的精髓，进一步可尝试利用本章提供的素材进行初步的实践。由于问题的规模、数据量相对于教材中的例题大得多，因此建议读者使用相应的软件进行计算，比如：Python、Excel、QSB+等。

§12.1 如何选题

选题的标准是：

（1）问题来源于实际，源于对管理实际的细心观察和合理抽象；

（2）明确具体，可操作且易实施；

（3）有一定的理论价值或实际应用价值。

观察现实是提出问题的前提和基础。选题之所以困难，在于缺乏对管理实际的细心观察。我们经常忙于手头的日常事务，而对身边的实际现象熟视无睹。问题明确具体，意味着研究问题可以清楚界定，甚至可以用数学语言比较准确地表达出来。可操作且易实施，表明研究设计和研究的技术路线是可行的。例如，数据是可获得的，变量是可度量的，方法是有效的、容易实施的，所得结果是有可信度的，等等。有价值表明研究是有必要的，研究结果将会有新的发现和新的贡献，对解决实际问题具有一定的指导和借鉴作用。

对于在校大学生的课程设计，不能要求过高，重要的是理论联系实际，使其在实践过程中体会运筹学的思想和理念，加深对运筹学优化方法的认识和理解。同学们可以从自己熟悉的环境，从自己的学习和生活中，或者从自己亲友的工作单位中发现问题，收集数据。下面的选题建议和背景素材作为抛砖引玉的工作，希望能对大家有所启发。

12.1.1　常见选题及评述

1. 营养套餐问题

营养套餐问题是在满足饮食营养要求的条件下，使同学们每天的餐费最省的问题。该问题来自学生就餐的实际背景，选题也具有一定的实际价值。从饮食营养的角度来讲，健康饮食的各项营养指标数据可以从网上获得，建立线性规划模型也没有太大的难度。问题在于中国菜具有复杂的营养成分，比如我们很难得知“干煸豆角”或“宫保鸡丁”的精细营养成分，而且每个人的饮食偏好不同，正所谓“南甜北咸，东辣西酸”。因此，仅仅是从营养角度而言的，营养套餐不能解决“有营养但没胃口”的问题。如果有些同学对营养套餐问题感兴趣，建议去研究成分相对简单的西餐。

2. 个人投资或储蓄方案设计

投资理财问题具有重要的现实意义，也是同学们在大学生活中经常遇到的问题。如果仅仅是几种理财方案的比较，问题则比较简单。如果是大学四年的理财规划，则有可能是一个动态规划问题。每个阶段都有收入来源（父母的资助、奖学金等），也有支出项目，结余的资金可以进行投资或储蓄，如何设计一个四年总收益最大的理财方案是一个有意思的问题。

3. 学习时间的合理安排

学习时间的合理安排问题无疑是个有研究价值的实际问题，问题的关键在于何谓“合理”，“合理”的程度怎么度量。换句话讲，研究该问题主要是目标的绩效测度比较困难。另外，不同的人具有不同的学习习惯，可能不同的时间段是自己的高效工作时段，因而研究制订的方案可能没有广泛的适用性。对于这类问题只能提出合理安排时间的基本原则和充分利用时间的技巧，不可能要大家千篇一律采用同一安排方案。

4. 图书馆阅览室自习座位的合理摆放

在已知阅览室的结构和面积，也知道桌、椅尺寸的情况下，可以寻求最佳的摆放方案以使自习座位数能够最多。这个问题很实际，数据也容易获取。这样的问题很小，但比较具体，也有价值。如果阅览室的面积很大，期末复习时对自习座位的需求又很多，那么最优摆放方案就有价值了。若将这一问题进行拓展，可以研究一下房间装修的最优设计问题，也可以替商场、店铺设计最优的布置方案。

5. 学生选课问题

学生在大学期间需要修满一定的学分，如何选课既能满足学校的各项规定（约束条件），又能使自己所上课的门数最少？同学们的兴趣爱好可能有所不同，上一届同学听课后的经验体会也会对同学们的决策有所影响。这是一个很实际也有实用价值的问题，不妨设计一个最优选课的小程序，其中线性规划建模是解决该问题的核心。

6. 电梯调度问题

电梯调度问题是运筹学中的经典问题之一。学校主楼有两部电梯，一般在上下班时比较繁忙。假如我们能够仔细调查一下，得到每天上班或来主楼办事的人员所上楼层的统计信息，那么就可以据此来设计最优的电梯调度方案。该问题很实际、很有价值，研究数据也比较容易获取。优化模型可以考虑电梯运行的路程最短，或者乘电梯的人最方便、最节省时间。

7. 排课问题

排课问题也是经典的运筹学问题，甚至已经有了相应的排课软件，但排课问题的变形花样繁多，仍然有很大的研究空间。例如，各院系对每位教师的排课问题（指派问题）、每位教师每年上课的教学时数是有要求的，不同的教师擅长教授的课程不同（过去三年的上课记录），有些课只有某位老师可以上，有些课几位老师都可以上，那么怎样根据某年的教学任务来安排各位教师的工作呢？这个问题很实际，也有价值。只要同学们认真地调研，数据是可以获得的。教务处的排课问题，是课程与教室的指派问题，学院教室的安排同样也是。

8. 公交公司车辆更新问题

如果能够获得公交车（出租车等）各年的收益和损耗、新车价格以及保险费等相关数据，就可以研究一个典型的设备更新问题。问题很实际，也有价值。

9. 公交公司车辆调度问题

这是典型的车辆调度问题，已有很多文献研究过。问题的难点在于数据如何获取。这一问题很实际，也有应用价值。该问题的变化形式较多，要视具体情景而定，仍有很大的研究空间。

10. 医院护士的排班问题

医院护士值班分早班、晚班和夜班，如何在满足各种约束条件下合理地安排护士值班，这是医院住院部经常遇到的实际问题。同学们若有比较便利的条件，可以请教护士长，调查排班情况并帮助其制订排班计划。

11. 旅游景点的黄金路线设计（一日游或三日游）

旅游路线和旅游计划的制定对游客非常有用，这类问题也是学生经常研究的问题。旅游景点的人气指数可以从网上搜索得到，旅游景点及旅游路线可以参考导游图或地图。优化目标往往是旅游路程最短，但约束条件包括游客的满意度约束（最值得看的景点）、时间约束（如一日游）和路径约束（如有些道路不通，有些道路拥堵等）。

12. 排队问题

无论是在超市，还是在银行营业部，排队付款或办理业务都是司空见惯的事情。超市的付款台很多，有些工作，有些暂停服务，如何根据超市付款的排队情况安排工作的服务台数是一个很实际的排队问题。银行营业部都有自动取号机，按照先到先服务的规则来安排服务顺序。但当排队人数较多时，银行会启动备用的服务台，也有专门的服务人员对客户进行引导，将可以在自动取款或存款机器上完成的业务进行分流。如何评价银行采取的这些应对措施呢？排队系统的数量指标会发生哪些变化？这些都是很有趣的排队问题。同学们还可以发挥小组讨论的优势，观察其他排队现象，如出租车在加气站的排队现象，高速公路上堵车后的排队现象，计算机任务处理器（单核处理器与双核处理器）面对的排队现象，等等。

13. 输油管道、天然气管道和城市地下管网的铺设问题

与父母、亲友讨论你的运筹学实践选题也许会有意外收获。他们可以提供自己的工作背景素材，告诉你在实际工作中经常遇到的问题，这些可能是很好的运筹学实践选题。输油管道的铺设问题就是在油田工作的亲友可能正在面对的工程问题，类似地，天然气管道、城市地下管网的铺设等都可能是很好的选题。

14. 地震逃生方案设计

根据学生宿舍及周围建筑物的具体情况，设计一个地震逃生方案，让大家在最短的时间里安全地撤离到空旷地带，这是一个很不错的实际问题。大家可以根据自己的具体情况，充分发挥聪明才智，设计出切实可行的逃生方案。

15. 校园保安巡逻的调度问题

这也是一个经典的运筹学问题。在 *Interfaces* 期刊上，洛杉矶巡警的巡逻安排就是一个经典的运筹学应用问题。

16. 生产-库存方案或车间生产调度方案

选择自己亲属所在的企业，在实际调研的基础上，制订符合实际的生产-库存方案或车间生产调度方案。借助亲属的有利资源，收集研究数据，并将研究结果和建议反馈给他们。这是培养和锻炼学生研究思维和管理思维的途径之一。

17. 选址问题

选址问题也是经典的运筹学问题，如加气站、急救中心、血站、医院、学校、发电厂、炼油厂、仓库、分销中心等的地址选择。如能获取相关的研究数据，选址问题就是一个好的选题。

18. 设计辅助学习工具

针对课程学习中的重点和难点，设计相应的辅助学习工具，如线性规则灵敏度分析活动尺、电子模板法求解网络模型、排队论公式汇总和记忆表格等。

19. 教学网络平台建设

选择运筹学教学网络平台的一个模块进行系统分析、设计与开发，要体现网络教学、辅助运筹学学习的特点。

12.1.2 关于选题的建议

运筹学实践的目的是培养学生运用运筹学来解决实际问题的能力，包括观察管理现象的能力、提出问题的能力和研究解决问题的能力。很多好的研究问题往往就在我们身边，但我们常常熟视无睹。每个人的生活经历和接触范围是有限的，只有发挥团队的作用，群策群力，才能找到较好的研究问题。因此建议：

（1）运用头脑风暴法集思广议，随时将有创意的想法记下来。

（2）用心像图法将每种创意的要点画成图，分析这些要点之间的联系。

（3）开始不要施加任何约束，也不要评判创意的优劣，只要完整地提出来就可以。

（4）将“天马行空”的创造性思维与严格缜密的逻辑思维结合起来，在交流和讨论中让好点子自然而然地浮现出来。

（5）与亲朋好友进行交流，听听他们在工作中遇到的问题，尝试用运筹学知识提供帮助。

（6）上网查找适合自己研究的运筹学问题，尤其是运筹学会网站上公开讨论的问题。可以通过电子邮件与相关学者联系，争取共享对方的研究数据。

（7）与指导教师“海阔天空”地讨论，通过思想火花的碰撞，提出好的创意，发现好的点子。

（8）按照选题的标准（问题具体明确；研究有价值且有意义；技术路线可操作、易实施），逐个评价每个创意，并进行排序，最后确定研究问题和实践题目。

§12.2 案例分析

案例1 福州市某乡作物种植计划的制订

福州市某乡共有耕地2 000亩，其中沙质土地400亩，黏质土地600亩，中性土地1 000亩，主要种植3类作物：第1类是以水稻为主的粮食类作物；第2类是蔬菜类；第3类是经济作物，以本地特产茉莉花为代表。乡政府希望能制订一个使全乡总收益最大的作物种植计划，据此指导各作业小组和农户安排具体生产计划。

研究面临的困难是缺乏历史统计资料及定量数据，只能靠实地调研及与有经验的老农交谈而获得。因此建立的模型及计算结果只能作为乡政府做决策的参考，但整个思路和运作过程无疑为科学决策起到了良好的示范作用。

为了简化问题，只考虑水稻、茉莉花作为粮食作物和经济作物的代表，蔬菜则以当地出产的主要品种为基础测算出每亩的收益及成本的平均值。

每亩土地的费用，主要统计和测算外购化肥、劳力工时、灌溉用水及用电等可以计算的部分，每亩的收益也是根据可能收集到的数据如粮食市场收购所、收购茉莉花以及在农贸市场上出售蔬菜所得销售收入的平均值（近似值）得到的。通过以上调研和数据处理得到表12.1。

表12.1 种植各类作物所需费用及收益表

作物种类	费用（元/亩）			收益（元/亩）
	沙质土地	黏质土地	中性土地	
水稻	200	160	150	300
蔬菜	300	290	280	500
茉莉花	260	260	240	450

考虑将不同土质土地上种植的各类作物的面积设置为决策变量，用表 12.2 表示。

表 12.2　决策变量设置表

土地类别 / 种植亩数 / 作物种类	沙质土地	黏质土地	中性土地
水稻	x_1	x_2	x_3
蔬菜	x_4	x_5	x_6
茉莉花	x_7	x_8	x_9

为防止作物的单一种植倾向，在保证全乡留有足够口粮的基础上，各种作物种植应协调发展。根据前些年的种植情况及取得的效益，乡政府认为水稻、蔬菜、茉莉花 3 种作物的播种面积比例大致以 2：1：1 为宜。按全乡 2 000 亩种植面积计算，可设定三种作物种植面积的最高限额分别为 1000、500、500 亩。目标函数 Z 为总收益，要求极大化，这样可得如下线性规划：

$$
\begin{aligned}
\max Z = &(300-200)x_1+(300-160)x_2+(300-150)x_3+(500-300)x_4\\
&+(500-290)x_5+(500-280)x_6+(450-260)x_7+(450-260)x_8\\
&+(450-240)x_9
\end{aligned}
$$

$$
\text{s. t.}\begin{cases}
x_1+x_2+x_3\leqslant 1\,000\text{（水稻播种面积最高限额）}\\
x_4+x_5+x_6\leqslant 500\text{（蔬菜播种面积最高限额）}\\
x_7+x_8+x_9\leqslant 500\text{（茉莉花播种面积最高限额）}\\
x_1+x_4+x_7\leqslant 400\text{（沙质土地总量限制）}\\
x_2+x_5+x_8\leqslant 600\text{（黏质土地总量限制）}\\
x_3+x_6+x_9\leqslant 1\,000\text{（中性土地总量限制）}\\
x_i\geqslant 0,\quad i=1,2,\cdots,9
\end{cases}
$$

用 QSB＋软件求解该线性规划模型，计算结果见表 12.3。

表 12.3　单纯形法计算结果

Summarized Results for AL2			page: 1		
Variables No. Names	Solution	Opportunity Cost	Variables No. Names	Solution	Opportunity Cost
1 x_1	0.000 0	30.000 0	9 x_1	500.000 0	0.000 0
2 x_2	600.000 0	0.000 0	10 S_1	0.000 0	130.000 0
3 x_3	400.000 0	0.000 0	11 S_2	0.000 0	200.000 0
4 x_4	400.000 0	0.000 0	12 S_3	0.000 0	190.000 0
5 x_5	0.000 0	0.000 0	13 S_4	0.000 0	0.000 0
6 x_6	100.000 0	0.000 0	14 S_5	0.000 0	10.000 0
7 x_7	0.000 0	0.000 0	15 S_6	0.000 0	20.000 0
8 x_8	0.000 0	10.000 0			
Maxmum Value of the OBJ＝351 000			Iters. ＝5		

计算结果表明：最优解 $X^* = (0, 600, 400, 400, 0, 100, 0, 0, 500)^\top$，即在黏质土地和一般土地上分别种植水稻 600 亩和 400 亩，在沙质土地和中性土地上分别种植蔬菜 400 亩和 100 亩，而茉莉花共种植 500 亩，全部种在中性土地上。这样安排种植计划全乡可获得种植纯收益 35.1 万元，这是当前条件下的最优种植方案。

（1）表 12.3 中显示，6 个约束条件的松弛变量取值全为 0，说明现有的 2 000 亩土地全部安排完毕无剩余，所有的约束条件实际上全部使等式成立。另外，各个松弛变量对应的机会成本却有很大差异，最高的是 S_2 对应的机会成本为 200，其次是 S_3 对应的机会成本为 190。这就意味着，若蔬菜和茉莉花总的播种面积达不到最高限额 500 亩，则每剩余 1 亩将使总收益分别下降 200 元和 190 元。S_4 的机会成本为 0，说明沙质土地若有闲置，不会影响总收益。因此安排作物播种面积时，应尽量使三种作物播种面积达到最高限额，特别是蔬菜和茉莉花，这样才有望使总收益尽可能大，目前的最优种植计划已满足了该要求。另外，应注意尽量先安排中性土和黏质土土地，因为沙质土地是否闲置对总收益影响不大。

（2）考察作物种植计划的线性规划模型，可以看出其形式与运输问题完全类似，因此用运输问题模型求解也可以。将“产地”对应为作物种类，“销地”对应为不同类型土质的土地，“调运量”对应为在各种土质土地上计划种植各类作物的亩数，“运输量”对应为纯收益。根据已知数据，设置决策变量如表 12.4 所示。根据不同种类土地种植各类作物得到的单位面积纯收益，列出对应于运输问题“运价表”的收益表，见表 12.5。

表 12.4　按运输问题求解决策变量设置表

土地类别 / 种植亩数 / 作物种类	沙质土地	黏质土地	中性土地	各种作物种植面积最高限额
水稻	x_{11}	x_{12}	x_{13}	1 000
蔬菜	x_{21}	x_{22}	x_{23}	500
茉莉花	x_{31}	x_{32}	x_{33}	500
各类土地总面积	400	600	1 000	

表 12.5　单位土地面积收益表

土地类别 / 单位收益（元/亩） / 作物种类	沙质土地	黏质土地	中性土地
水稻	x_{11} 300－200	x_{12} 300－160	x_{13} 300－150
蔬菜	x_{21} 500－300	x_{22} 500－290	x_{23} 500－280
茉莉花	x_{31} 450－260	x_{32} 450－260	x_{33} 450－240

如果要求将所有土地都安排种植计划，则问题可归结为要求目标函数（总收益）极大化的“产销平衡”的运输问题。使用运输问题计算机软件，经一步迭代得到计算结果见表 12.6。

表 12.6 运输问题计算结果

Summary of Results for AL2－2							
From	To	Shipment	Unit Prf.	From	To	Shipment	Unit Prf.
S_1	D_1	0.0	100.0	S_2	D_3	100.0	220.0
S_1	D_2	600.0	140.0	S_3	D_1	0.0	190.0
S_1	D_3	400.0	150.0	S_3	D_2	0.0	190.0
S_2	D_1	400.0	200.0	S_3	D_3	500.0	210.0
S_2	D_2	0.0	210.0				
Maximum Value of OBJ＝351 000 Iterations＝1							

其中，S_1、S_2、S_3为“产地”，对应作物种类；D_1、D_2、D_3为“销地”，对应土地类别；shipment 为“调运量”，对应决策变量即种植亩数。由计算结果可得最优种植计划是：$x_{12}=600$，$x_{13}=400$，$x_{21}=400$，$x_{23}=100$，$x_{33}=500$。其经济含义是：在黏质土地和中性土地上各种 600 亩和 400 亩水稻，合计 1000 亩；在沙质土地和中性土地上各种蔬菜 400 亩和 100 亩，合计 500 亩；在中性土地上种植茉莉花 500 亩。如此可获最大纯收益 35.1 万元。

与建立线性规划模型相比，计算结果完全相同，但模型与计算过程更加简洁。因此通常也称该问题为作物布局问题。

案例 2 南方某白泥矿合理配车问题的研究

南方某白泥矿是一个南北狭长的露天矿，划分为北区、南区 2 个开采区，主要开采制作盆、碗用的白泥。白泥场附近设有 5 个排土场，由于矿山运输设备效率不高，运输问题成为影响生产的主要矛盾。白泥场希望通过改善管理、挖掘运输潜力来提高经济效益。白泥场共有 4 种型号的运输车辆 34 台，当前的平均单位运费为 0.649 0 元/吨，运输车辆的数量及使用费见表 12.7，核定的标准定额见表 12.8。

表 12.7 运输车辆的数量及使用费

汽车型号	在册台数	可用台数	使用费（元/台班）
太脱拉	5	3	210
贝拉斯	4	2	540
T-20	8	5	340
北京- 370	30	24	240
合计	47	34	

表 12.8　运输标准定额表

作业类型 / 标准定额（吨/台班） / 汽车型号	南区运矿	北区运矿	南区运岩	北区运岩
太脱拉	504	378	480	516
贝拉斯	650	600	630	756
T-20	510	374	546	490
北京-370	459	323	448	420

由于不同型号的汽车在各类采区运输不同类型的采剥物时效率和成本均不相同，于是可以考虑按不同型号的汽车分配运输任务。现有 4 种型号的汽车进行 4 类不同的作业，可以归结为指派问题，使运输作业的总成本最小。根据表 12.7 和表 12.8 的数据，用各种型号汽车的使用费与核定的不同作业标准定额相除即可得到单位运输成本，见表 12.9。

表 12.9　单位运输成本表

作业类型 / 标准定额（吨/台班） / 汽车型号	南区运矿	北区运矿	南区运岩	北区运岩
太脱拉	0.416 7	0.555 6	0.437 5	0.407 0
贝拉斯	0.830 8	0.900 0	0.857 1	0.714 3
T-20	0.666 7	0.909 1	0.622 7	0.693 9
北京-370	0.522 8	0.743 0	0.535 7	0.571 4

设 x_{ij} 表示指派第 i 类汽车完成第 j 类作业的情况。当指派第 i 类汽车去完成第 j 类作业时，$x_{ij}=1$，否则 $x_{ij}=0$。当每种类型的汽车只完成一种类型的作业时，约束条件可表示为：

$$x_{11}+x_{12}+x_{13}+x_{14}=1$$
$$x_{21}+x_{22}+x_{23}+x_{24}=1$$
$$x_{31}+x_{32}+x_{33}+x_{34}=1$$
$$x_{41}+x_{42}+x_{43}+x_{44}=1$$

每类作业必须有 1 种型号的汽车来完成，约束条件可表示为：

$$x_{11}+x_{21}+x_{31}+x_{41}=1$$
$$x_{12}+x_{22}+x_{32}+x_{42}=1$$
$$x_{13}+x_{23}+x_{33}+x_{43}=1$$
$$x_{14}+x_{24}+x_{34}+x_{44}=1$$

目标要求是使单位总运费最小，即

$$\begin{aligned}\min Z=&0.416\,7x_{11}+0.555\,6x_{12}+0.437\,5x_{13}+0.407\,0x_{14}\\&+0.830\,8x_{21}+0.900\,0x_{22}+0.857\,1x_{23}+0.714\,3x_{24}\end{aligned}$$

$$+0.6667x_{31}+0.9091x_{32}+0.6227x_{33}+0.6939x_{34}$$
$$+0.5228x_{41}+0.7430x_{42}+0.5357x_{43}+0.5714x_{44}$$

表 12.9 就相当于指派问题中的效益矩阵。计算结果见表 12.10。

表 12.10　指派问题的计算结果

Summary of Assignments for AL－3					
Object	Task	Cost/Prof.	Object	Task	Cost/Prof.
01	T2	0.555 6	03	T3	0.622 7
02	T4	0.714 3	04	T1	0.522 8
Minimum Value of OBJ＝2.415 4　Total Iterations＝1					

最优解为 $x_{12}=1$，$x_{24}=1$，$x_{33}=1$，$x_{41}=1$。最优方案是：分配太脱拉车去北区运矿，贝拉斯车去北区运岩，T-20 车去南区运岩，北京- 370 车去南区运矿。这种分派方式将使运输单位总费用最小，为 2.415 4 元（4 种车各运 1 吨），平均单位运费 2.414 5/4＝0.603 8 元/吨，比原来的 0.649 0 降低了 7%左右。

由于现有各种运输车辆数量并不平衡，各采区矿、岩采剥量也不相同，因此平均使用所有型号的汽车实际上并非最佳选择。倘若考虑生产任务完成情况及汽车的更新问题还可进一步研究使总运费最省的配车计划。

设生产任务和配车数量设置见表 12.11 和表 12.12。

表 12.11　生产任务情况

作业 / 任务量（吨/班） / 采区	采矿	采岩
南区	700	3 150
北区	350	1 050

表 12.12　配车数量设置表

作业类型 / 配车数（台） / 汽车型号	南区运矿	北区运矿	南区运岩	北区运岩
太脱拉	x_1	x_2	x_3	x_4
贝拉斯	x_5	x_6	x_7	x_8
T-20	x_9	x_{10}	x_{11}	x_{12}
北京- 370	x_{13}	x_{14}	x_{15}	x_{16}

如果目标函数 Z 取每班的总运费，则可建立一个线性规划模型：

$$\min Z = 210(x_1+x_2+x_3+x_4)+540(x_5+x_6+x_7+x_8)$$
$$+340(x_9+x_{10}+x_{11}+x_{12})+240(x_{13}+x_{14}+x_{15}+x_{16})$$

$$
\text{s. t.}\begin{cases}
x_1+x_2+x_3+x_4\leqslant 3\\
x_5+x_6+x_7+x_8\leqslant 2\\
x_9+x_{10}+x_{11}+x_{12}\leqslant 5\\
x_{13}+x_{14}+x_{15}+x_{16}\leqslant 24\\
504x_1+650x_5+510x_9+459x_{13}\geqslant 700\\
378x_2+600x_6+374x_{10}+323x_{14}\geqslant 350\\
480x_3+630x_7+546x_{11}+448x_{15}\geqslant 3150\\
516x_4+756x_8+490x_{12}+420x_{16}\geqslant 1050\\
x_i\geqslant 0,\quad i=1,2,\cdots,16
\end{cases}
$$

模型的前 4 个约束，表示配车总台数不能超过可用台数；后 4 个约束保证各采区采矿、剥岩任务数能够完成，并全部运出。求解结果见表 12.13。

表 12.13 线性规划的计算结果

Variables No. Names	Solution	Opportunity Cost	Variables No. Names	Solution	Opportunity Cost
Summarized Results for AL3－2					
1 x_1	0.039 2	0.000 0	15 x_{15}	7.031 3	0.000 0
2 x_2	0.925 9	0.000 0	16 x_{16}	0.000 0	25.499 3
3 x_3	0.000 0	6.386 6	17 S_1	0.000 0	53.529 4
4 x_4	2.034 9	0.000 0	18 S_2	2.000 0	0.000 0
5 x_5	0.000 0	200.130 7	19 S_3	5.000 0	0.000 0
6 x_6	0.000 0	121.699 4	20 S_4	15.486 7	0.000 0
7 x_7	0.000 0	202.500 0	21 S_5	0.000 0	0.522 9
8 x_8	0.000 0	153.898 8	22 A_5	0.000 0	－0.522 9
9 x_9	0.000 0	73.333 3	23 S_6	0.000 0	0.697 2
10 x_{10}	0.000 0	79.259 2	24 A_6	0.000 0	－0.697 2
11 x_{11}	0.000 0	47.500 0	25 S_7	0.000 0	0.535 7
12 x_{12}	0.000 0	89.749 2	26 A_7	0.000 0	－0.535 7
13 x_{13}	1.482 0	0.000 0	27 S_8	0.000 0	0.510 7
14 x_{14}	0.000 0	14.814 8	28 A_8	0.000 0	－0.510 7
Minimum Value of OBJ＝2 673.185　Iters. ＝14					

采用舍入化整的办法求得近似最优解为：$x_2=1$，$x_4=2$，$x_{13}=2$，$x_{15}=7$。其经济含义是：分配 1 台太脱拉车去北区运矿，2 台太脱拉车去北区运岩，2 台北京- 370 车去南区运矿，7 台北京- 370 车去南区运岩。每班的总运费为 2 673.2 元，平均单位运费 0.509 元/吨，比目前的单位运费 0.619 元/吨降低 17.8%。

可见，矿山现有的运输能力不仅能保证完成采剥量运输任务，而且有余力，因此运输问题并非矿山目前影响生产的主要矛盾，关键在于合理调度。而且运输能力尚可保证生产进一步提高的运输需要。

贝拉斯、T-20 型车尽管运输定额高，但运费也高。目前为了充分利用运输设备，可按指派模型中的最优分配方案进行作业，但从长远来看，这两种车型应在不断更新过程中逐步淘汰。由于运输汽车必须是整数，故该问题应作为整数线性规划来讨论。舍入化整的办法只能求得近似解，但即使如此，也取得了很好的效果。

案例 3　某开发区养老保险定量分析模型

随着我国养老保险制度的改革，职工退休后的养老保险基金构成，由过去单纯由国家财政负担逐步过渡到基本养老保险金、企业补充性养老保险金和个人储蓄性养老保险金三部分构成。其中，基本养老保险金是职工退休后最基本的生活条件保障，其缴纳带有一定的强制性，这就需要科学地确定基本养老保险金按工资总额提取的比例。研究时，不仅要考虑满足当前的支付需要，更要立足当前长远打算。综合分析影响基本养老保险变化的各种因素，预测出若干年后这部分养老保险金的支付额，从动态的角度确定各年应提取的比例。本着以支定筹、略有节余的原则，在保证每年支付需要的基础上留有一定的储备基金。

基本养老保险金的提取比例一般是一年或若干年调整一次。从数学模型的角度看，两者并无实质性区别，这里定义一年为一个阶段。考虑到养老保险制度是一个长期制度，具体年限并不确定，因而阶段数可以根据实际问题的研究目标制定。例如，要确定 10 年内各年的提取比例，则阶段数就为 10。不失一般性，设整个决策过程分为 n 个阶段。

将状态变量 x_k 设为阶段 k 开始时的储备基金。假设初始储备基金 x_1 已知，计划期结束时储备基金为 A，即 $x_{n+1}=A$。状态可能集为：

$$0 \leqslant x_k \leqslant \{M,\ d_k+d_{k+1}+\cdots+d_n+A\},\quad k=1,\ 2,\ \cdots,\ n$$

其中，$d_k+d_{k+1}+\cdots+d_n+A$ 是从阶段 k 到阶段 n 基本养老保险金的支付总额与阶段 $n+1$ 时的储备基金之和，M 是最大储备金额。

将决策变量 u_k 设为阶段 k 基本养老保险金按工资总额提取的比例。按照国际标准，提取比例达到 20%时即为社会预警线，29%即达到社会承受的极限，因此我们设定 R 为提取的最大比例，若 s_k 为阶段 k 的工资总额，则有：

$$d_k-x_k \leqslant s_k u_k \leqslant \min\{s_k R,\ d_k+d_{k+1}+\cdots+d_n+A-x_k\}$$

其中，$s_k R$ 就是基本养老保险金所能提取的最大金额。

已知阶段 k 开始时的储备基金是 x_k，阶段 k 的基本养老保险金收入额为 $s_k u_k$，支付额是 d_k。假定储备基金的年增值率为 i_k，考虑资金的时间价值，则阶段 $k+1$ 的初始储备基金为：

$$x_{k+1}=(1+i_k)x_k+s_k u_k-d_k$$

这就是状态转移方程。可以看出，$k+1$ 阶段的储备基金 x_{k+1} 完全由 k 阶段的储备基金 x_k 和基本养老保险金的提取比例 u_k 决定，与前面的状态和决策无关（满足无后效性）。

由于资金的投资领域不同而造成的资金年增长额的差额称为资金的机会损失额，这一差额占资金的百分比称为资金的机会损失率。在阶段 k 的基本养老保险金收支过程中，阶段效应定义为基本养老保险金的管理费用与储备基金的机会损失额之和。前者是按照收取保险金的一定比例支付的，设单位资金的管理费用为 L ，则阶段 k 的管理费用为：Ls_ku_k ；设储备基金的机会损失率为 j_k ，则阶段 k 时储备基金的机会损失额为：

$$j_kx_{k+1}=j_k[(1+i_k)x_k+s_ku_k-d_k]$$

阶段效应的表达式为：

$$r_k(x_k,u_k)=Ls_ku_k+j_k[(1+i_k)x_k+s_ku_k-d_k]$$

目标函数为各阶段效应之和，即

$$R=\sum_{k=1}^{n}\{Ls_ku_k+j_k[(1+i_k)x_k+s_ku_k-d_k]\}$$

在此基础上，即可写出动态规划基本方程：

$$\begin{cases}f_k(x_k)=\min\limits_{u_k}\{Ls_ku_k+j_k[(1+i_k)x_k+s_ku_k-d_k]+f_{k+1}(x_{k+1})\}\\f_{n+1}(x_{n+1})=0\end{cases}$$

根据这一模型得到的阶段 k 的提取比例 u_k 对于全过程而言是最优的。

值得注意的是 s_k 、d_k 、j_k 都是利用预测技术得出的今后若干年的预测值，它们本身的准确程度会受到就业率、工资增长率，人口死亡率、退休率、生活费用指数、各种投资利率等的影响，必须进行理论分析以提高预测的准确程度。

该开发区职工以中青年为主，职工平均年龄为 30 岁。因此，开发区在 25 年后，养老保险金的支付将达到一个高峰。因而计算过程中可选择整个计划期为 25 年，共分为 5 个阶段，每个阶段代表 5 年。

根据开发区职工各年龄段人数分布（见表 12.14），期望寿命按 70 岁计算，推算出今后 25 年中各阶段的退休人数。结合开发区未来 25 年的发展规模及经济增长速度，预测出各阶段新增职工人数和新增职工退休人数，在此基础上计算出开发区 25 年中各阶段退休职工人数，见表 12.15。

表 12.14　开发区职工按年龄段人数分布

年龄	20～24	25～29	30～34	35～39	40～44
人数	6 137	11 552	13 357	3 249	1 805

表 12.15　开发区 25 年中各阶段退休职工人数

阶段	1	2	3	4	5
人数	0	0	3 427	10 830	39 202

各阶段每个职工平均养老保险金支付额的计算以年平均工资 4 800 元为基数，分 90%、80%、70%三个档次计算。各期职工年平均工资分别按年平均工资增长率 5%、10%来计算。

开发区内大多数企业属于电子及化工行业，两类企业的平均投资利润率为 14%，按银行三年整存整取利率 10.8%计算，年机会损失率为 3.2%，基金管理费按缴纳量的 5%提取。支付额占工资 90%，年平均工资增长率 5%的计算结果，见表 12.16。

表 12.16 支付额占工资 90%，年平均工资增长率 5%的计算结果

阶段	1	2	3	4	5
提取比例（%）	0.0025	0	0.917	0.15	0.15
最小费用（元）	307 632	278 624	20 076 992	57 332 536	37 920 152
期初储备量（元）	0	1 000 000	1 670 000	61 617 084	188 480 528

动态规划模型从开发区整体出发，通过退休人员养老保险金的支付额来确定应从在职职工中按工资总额提出养老保险金的比例，并在保证各阶段最大提取比例限制条件的基础上，使得整个计划期内总的费用或损失最小。实际应用中，还可结合其他模型的计算进行对比和调整。

案例 4　利用最短路算法确定自动充气站位置

电缆的气压维护是保障通信完好畅通的重要手段，某城市经调查分析，并结合电缆分布情况确定安装 14 个传感器，建立相应的 14 个遥测点。在选定的测试图上有 3 处可供建立自动充气站，如图 12.1 所示。

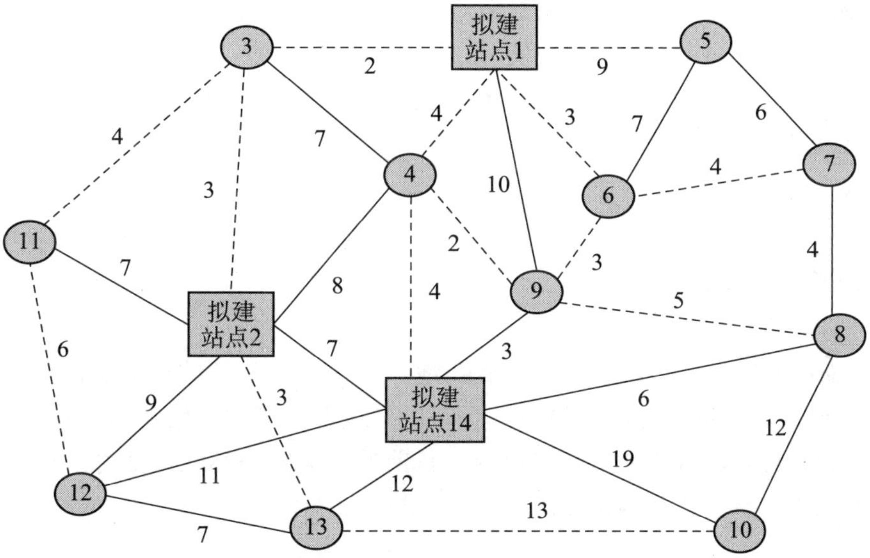

图 12.1 电缆分布网络图

在详细分析了技术上的要求之后，最终将问题抽象成如何确定自动充气站位置，使以充气站为起点，所需建设的遥测点总线路最短的问题。已知建立遥测点每 100 米的造价是 1 200 元，因此也是一个使总造价最小的问题。

图 12.1 所示的网络共有 14 个节点，各节点间的距离以百米为单位，以拟建站点 1 为出发点，用狄克斯特拉算法求该点到各点的最短路。若在第一个节点 v_1 处安装自动充气站，可得从 v_1 到各节点的最短路线和最短路长，如图 12.2 所示（相应线路在图 12.1 中用虚线标识）。

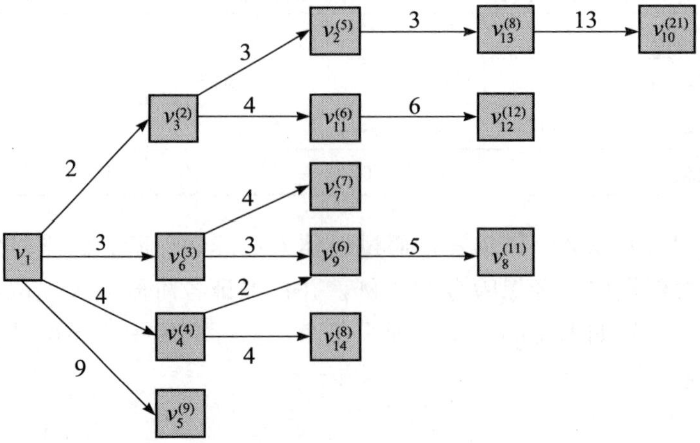

图 12.2　从 v_1（拟建站点 1）到各点的最短路线和最短路长

在图 12.2 中，箭线旁边的数字为相应节点间的距离，节点右上方括号内的数字为节点 v_1 到该点的最短路长（如 $v_3^{(2)}$ 表示 v_1 到节点 3 的最短路长是 2）。将所需修建的遥测点线路长度相加，总长为 6 300 米，按每百米造价 1 200 元计算，总造价为 75 600 元。

若以拟建站点 2 或 14 为出发点，进行类似的计算，结果分别为：需修建线路总长 7 700 米、最少造价 92 400 元或需修建线路总长 7 400 米、最少造价 88 800 元。经比较，采用了在节点 1 修建自动充气站的方案。

原计划要进行一周的调查、定线工作，现经计算并结合现场情况略加修正，仅用 1 天半的时间就确定了方案，比原计划至少节省了 16 800 元，而且缩短了工期，自动充气站提前投入运行。

案例 5　网络最大流问题

v_1、v_2、v_3为某工厂下属 3 个分厂所在地。已知 3 个分厂的产品生产能力各为 40、20、10 个单位，产品每天均需运往车站仓库 v_t。现有的运输网络如图 12.3 所示，箭头边上的数字为相应运输线路的日运输能力。目前的运输网络不能保证每天将所有的产品及时运送到仓库，试分析原因何在。

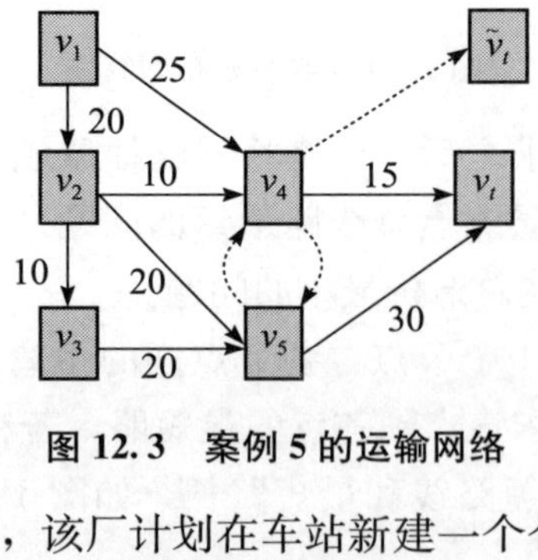

图 12.3　案例 5 的运输网络

为了改善目前的运输状况，该厂计划在车站新建一个仓库 $\tilde{v}_t$，并考虑开通 $v_4 \to \tilde{v}_t$, $v_4 \to v_5$ 或 $v_5 \to v_4$ 的单方向行驶运输道路（如图 12.3 中虚线所示）。对于新开通的运输通道，如何确定设计运输能力，才能保证每天将所有的产品及时运送到车站仓库？单行道方向如何确定？

该问题可归结为调度不合理或者现有运输网络的运输能力不足问题。前者是管理问题，后者是硬件设施问题。事实上，可以把问题抽象成一个网络最大流问题，相应线路上的运输能力相当于容量。对当前的容量网络，可以用网络最大流算法求出最大流流量。如果最大流流量大于等于 3 个分厂每天总的生产能力，则当前的问题就是调度不合理的管理问题。否则，问题就出在硬件设施上，应当考虑改善运输网络，扩大网络的容量。

3 个分厂都可以看作源点，是一个多起点的最大流问题，增加一个虚设源点，将问题变成一个单起点最大流问题，将 3 个分厂的生产能力分别作为相应线路的容量，构成图 12.4 所示的网络。为了计算方便，将节点 v_s，v_1，…，v_5，v_t依次编号为 1，2，…，6，7，然后用最大流标号法求解，最终结果见表 12.17。

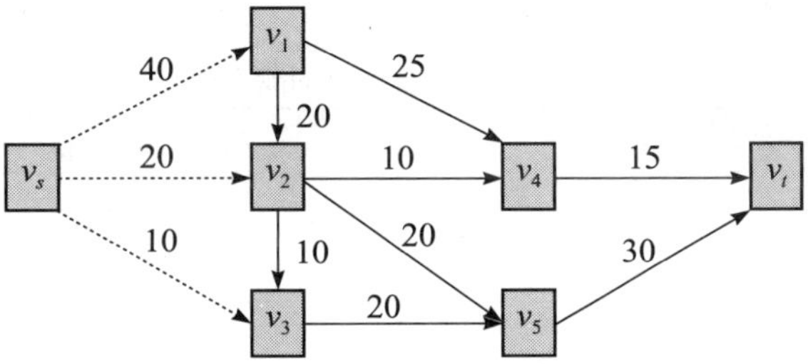

图 12.4　转化后的单起点容量网络

表 12.17　案例 5 最大流问题最终结果

弧	净流量
1—2（B1）	35
1—3（B2）	10
2—3（B4）	20
2—5（B6）	15
3—4（B5）	10
3—6（B8）	20
4—6（B9）	10
5—7（B10）	15
6—7（B11）	30
最大流＝45	总 CPU 时间＝4.007 813s

表 12.17 显示了该容量网络的最大流，其最大流量为 45 个单位。3 个分厂的生产能力合计为 70（40＋20＋10）个单位，所以该网络不能保证每天将所有产品及时运到车站仓库。要解决现存的问题，必须从硬件设施上扩大运输网络的容量。

利用标号过程可以找到最小割为 $(S, \widetilde{S}) = \{(v_5, v_7), (v_6, v_7)\}$，最小割容量等于最大流流量 45。因此，该最小割是当前影响运输量的瓶颈，要扩大运输网络的容量，首先应考虑最小割所包含的两条线路的扩容问题。

按计划，若在车站新建一个仓库 $\tilde{v}_t$ ，并考虑开通 $v_4 \rightarrow \tilde{v}_t$ ，$v_4 \rightarrow v_5$ 或 $v_5 \rightarrow v_4$ 的单向行驶运输道路，则该网络变成具有 3 个源点、2 个汇点的容量网络。增加一个虚设源点和一个虚设汇点，并将节点重新编号，得到如图 12.5 所示的容量网络。

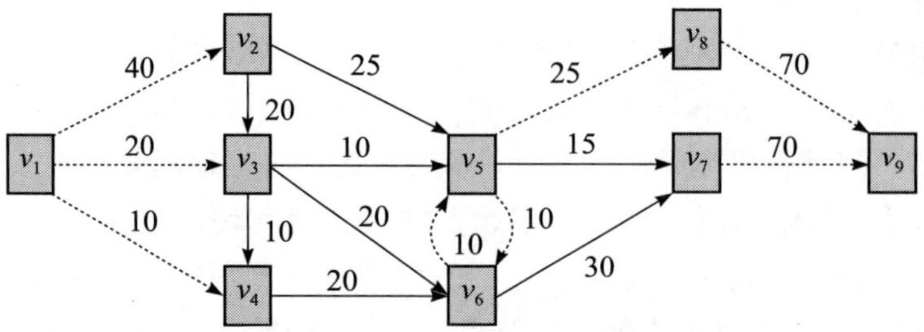

图 12.5　增加虚设源点、虚设汇点后的容量网络

用最大流标号法求解，最终结果见表 12.18。

表 12.18　案例 5 最大流问题最终结果

弧	净流量
1—2（B1）	40
1—3（B2）	20
1—4（B3）	10
2—3（B4）	20
2—5（B6）	20
3—4（B5）	10
3—5（B7）	10
3—6（B8）	20
4—6（B9）	20
5—8（B12）	30
5—7（B13）	25
6—5（B10）	10
6—7（B14）	30
7—9（B16）	45
8—9（B15）	25
最大流＝70	总 CPU 时间＝11.039 06s

根据计算结果，去除虚设源点和虚设汇点，画出最大流图，如图 12.6 所示。

若新增 v_4 到新建仓库 $\tilde{v}_t$ 的道路设计容量不低于 25 个单位，同时开通从 v_5 到 v_4 的单向车道，设计容量不低于 10 个单位，则可满足运输要求。届时网络流量的分配方案如下：一分厂 40 个单位产品中的 20 个单位直接运送到 v_4，20 个单位运送到二分厂；二分厂自身生产的 20 个单位加上一分厂调运的 20 个单位共 40 个单位产品，将其中一半运往 v_5，其余产品给 v_4 和三分厂各调运 10 个单位；其他线路上的调运量见图 12.6 括号中第二个数字，括号中第一个数字为相应线路（弧）的容量。总调运量达到 70 个单位（最大

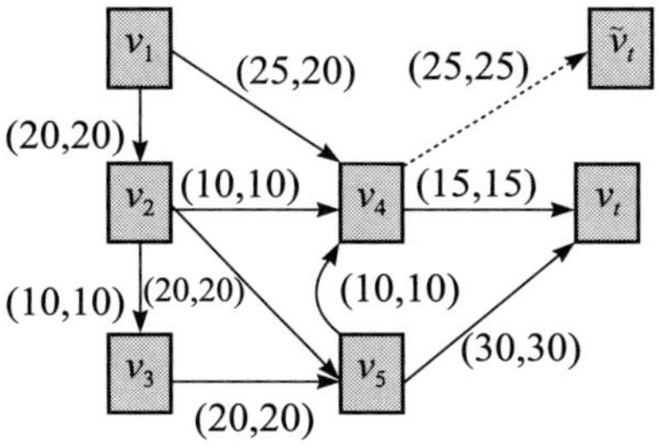

图 12.6 最大流图

流流量），可以保证所有产品每天及时运送到车站仓库。

从图 12.6 还可以看到，除 v_1 到 v_4 这条线路不饱和（尚有 5 个单位的余量）外，其余所有线路均已饱和，即已较为充分地利用了现有的运输设施，新增路线也是恰能满足要求。倘若从发展的角度考虑，在设计时应根据产能的未来发展留有扩展余地，同时考虑成本的要求。另外，当增加虚设源点、虚设汇点和新增线路时，对新增线路容量的设置给予不同的值，结果会有相应的变化，这些问题留给有兴趣的读者继续讨论。

案例 6 排队模型在医院科室编制方面的应用

某医院妇产科颇负盛名，慕名而来的患者及孕妇络绎不绝，每天平均接纳病人 200 多名，高峰时可达 280 余人。因此，“三长一短”的现象非常突出，即候诊时间长、交款取药时间长、辅助检查时间长、看病时间短。候诊时间过长，病人很有意见，医院压力也很大。在调查中，具体观察了病人在候诊室的等待时间和医生的服务时间，记录了病人到达的时间间隔，病人到达频数表如表 12.19 所示。

表 12.19 病人到达频数表

一分钟内到达的病人数(x)	0	1	2	3	4	5	6	合计
频数(f_i)	111	168	78	31	6	3	2	399

由此计算出每分钟的病人平均到达率：

$$\lambda=\sum_{i=0}^{6}X_i f_i/\sum_{i=0}^{6}f_i\approx 1.173\text{（人）}$$

假设病人到达服从参数 $\lambda=1.173$ 的泊松分布，经皮尔逊- χ^2 检验，可以接受该假设。类似可得，检查看病时间服从阶数（k）为 8，参数 $\mu=0.149\ 97$ 的爱尔朗分布。

该医院妇产科共有 4 个诊室，8 位门诊大夫，每天可看病人 280 人。由此确定排队模型为 $M/E_8/C/N$，其中 $C=8$，$N=280$。一位门诊医生相当于一个服务台，各服务台相互独立。设平均服务率 $\mu=\mu_1=\mu_2=\cdots=\mu_8$。整个妇产科的平均服务率为 $C\mu$，系统的服务强度：

$$\rho=\frac{\lambda}{c\mu}=\frac{1.173}{8\times 0.149\ 97}=0.978$$

对 $M/E_k/C/N$ 模型，其排队系统特征量的计算公式为：

平均排队长 $L_q = L_q(M/M/C/N) \times (1+1/k)$

其中，k 为爱尔朗分布的阶数，而 $M/M/C/N$ 系统各指标的计算公式为：

$$\text{状态概率}\begin{cases} p_0 = \left[\sum_{n=0}^{c}\left(\frac{1}{n!}\right)\left(\frac{\lambda}{\mu}\right)^n + \left(\frac{1}{c!}\right)\left(\frac{\lambda}{\mu}\right)^n \sum_{n=c}^{N}\left(\frac{\lambda}{\mu c}\right)^{n-c}\right]^{-1} \\ p_n = \frac{1}{n!}\left(\frac{\lambda}{\mu}\right)^n p_0, \quad n \leqslant c \\ p_n = \frac{1}{c!c^{n-c}}\left(\frac{\lambda}{\mu}\right)^n p_0, \quad c+1 \leqslant n \leqslant N \end{cases}$$

病人在系统内的平均人数（队长）$L = L_q + c + \sum_{n=0}^{c-1}(c-n)p_n$

有效到达率 $\lambda_{eff} = \mu[c - \sum_{n=0}^{c-1}(c-n)p_n]$

平均等待时间 $W_q = L_q/\lambda_{eff}$

平均逗留时间 $W = L/\lambda_{eff}$

上机计算结果如下：

病人到达不须等待就接受服务的概率：

$$P(n \leqslant 7) = \sum_{i=0}^{7} p_i = 0.08$$

病人到达必须等待的概率：

$$P(n \geqslant 8) = 1 - P(n \leqslant 7) = 0.92$$

系统内平均等待的病人数（病人排队长）：

$$L_q = L_q(M/M/C/N) \times (1+1/k) = 40.17 \times 1.125 = 45.19\,(\text{人})$$

系统内的病人平均数（队长）：

$$L = L_q + c + \sum_{n=0}^{c-1}(c-n)p_n = 45.19 + 8 + 0.198 = 53.41\,(\text{人})$$

有效到达率：

$$\lambda_{eff} = \mu[c - \sum_{n=0}^{c-1}(c-n)p_n] = 1.17$$

平均等待时间：

$$W_q = 38.6\,(\text{分钟})$$

平均逗留时间：

$$W = 45.64\,(\text{分钟})$$

由此算得，医生空闲的概率为：$1-\rho = 0.022$，全天空闲时间为 10.56 分钟，这样短的时间进行脑力、体力调节以保证诊治质量显然是不够的。分析计算结果可知，病人平均排队时间和平均逗留时间分别为看病时间的 6 倍和 8 倍。

病人排队长、等待时间多必然给医生造成一定的心理压力，为了尽快看完病人，医生可能缩短必要的检查诊断时间，可能影响服务质量。此例中，医生为每个病人看病的平均时间是 6.668 分钟，国家卫生和计划生育委员会目前的服务状况是无法令人完全满意的。

为了提高服务水平，尝试进行管理上的调整。假如病人输入状态保持不变，服务时间也维持现状，但增加 1 名医生（服务台），重新计算系统运行指标可得：

$$P(n<9)=0.45,\quad P(n\geqslant 9)=0.55,\quad L_q=4.48,\quad L=14.8,$$

$$\lambda_{eff}=1.151,\quad W_q=3.892,\quad W=12.86,\quad \rho=0.869$$

结果表明：医生的服务强度降低了，病人的排队时间和队长状况得到了一定改善，但由于服务时间没有得到提高，仍然会影响服务质量。

如果保证每位门诊医生在全天工作中有 60 分钟的轮换休息，那么服务强度可降至 $\rho=0.875$。若固定服务强度，用增加服务台的方法保证必要的服务时间，则计算得表 12.20。

表 12.20　控制服务强度 ρ=0.875 时相关指标值

服务台数 C	服务时间 $1/\mu$	空闲概率 P	平均队长 L_q（人）	系统人数 L（人）	有效到达率 λ_{eff}	等待时间 W_q（分）	逗留时间 W（分）
9	6.713 6	0.489	4.85	15.1	1.153	4.207	13.1
10	7.46	0.453	4.7	16.10	1.152	4.08	13.988
11	8.205	0.473	4.57	17.115	1.153	3.96	14.84
12	8.95	0.368	4.44	17.71	1.203	3.69	14.72
13	9.70	0.507	4.32	19.15	1.151	3.754	16.64
14	10.4	0.523	4.21	20.18	1.155	3.64	17.47
15	11.2	0.533	4.10	21.21	1.152	3.56	18.4

结果表明，如果将服务时间逐渐增加到 10 分钟左右，服务台个数（即配备的门诊医生）增加到 12～15 人为宜，8 人的编制显然偏少。

从分析计算过程中还能发现些什么有用信息？进一步讨论并提出改进建议。

§12.3　实践背景素材

本节为希望将运筹学理论与方法运用于实际，但一时又收集不到合适资料的读者提供一些实践背景素材，读者可以立即着手进行实践演练，为进一步深入实际解决具体问题打好基础。

素材 1　固光牌马赛克的生产优化

玻璃马赛克是一种用于建筑物室内外表面装饰的材料，也可以用于镶嵌和铺贴大型壁画。它以石英砂为主要原料，并引入多种化合物作为助溶剂、着色剂，经熔融后机压成型。

固光牌马赛克由中科院成都光电技术研究所研制、某地区拖拉机配件厂玻璃马赛克分厂生产。经试生产、小批量接单生产之后已进入稳定生产阶段。每年的第 4 季度是建筑施工的淡季和该厂生产的旺季，与下一年的第1季度正好相反。该厂希望有一个好的开端，科学地制订计划和组织生产，进一步推动管理的科学化和现代化。

该厂现有职工95名，其中生产工人84名。主要设备是2台熔烧炉和2台压机，每台熔烧炉有8口最大容量为100千克的锅，需要2人看管一口锅。24小时连续生产，节假日不停炉、不停机。原料入锅到成品出机平均需要10小时，成品率（成品重量/原料重量）约为60%。另外，总厂为该厂配备有1辆载重4吨解放牌卡车用于原材料运输。

目前根据颜色不同产品可分为7类，所用原料21种，有关配方和价格见表12.21。

表12.21 产品配方及有关价格（%）

产品 原料	WH-2	SB	GR	MY-1	BR	GY-1	OR	原料价格 （元/千克）
A	47.10	44.40	47.00	47.10	44.40	46.43	47.70	5.71
B	19.20	21.70	20.30	19.70	19.20	18.40	19.90	0.15
C	9.40	5.54	4.50	1.70	5.60	7.70	2.40	0.215
D	5.50	18.70	20.70	1.90	19.70	18.00	1.90	0.80
E	4.00	7.00	6.56	6.10	6.28	7.40	5.78	0.165
F		0.22	0.60	8.22		1.90	13.90	4.50
G							0.30	136.80
H	11.90							1.45
I	0.70							0.45
J				5.80			6.00	1.50
K				2.50			1.84	52.49
L				0.28			0.28	1.20
M					1.10			3.25
N					3.30			1.45
O					0.39			1.80
P			0.10					11.40
Q						0.17		35.84
R	2.90			6.70				3.03
S			0.24					0.20
T		2.44						2.48
U					0.03			3.75
产品价格 （元/平方米）	7.50	8.95	8.30	31.80	9.80	7.90	26.70	
产品耗料 （元/平方米）	3.91	2.92	2.72	24.38	3.29	3.72	25.02	据每平方米产品合6.375千克折算

以上 21 种原料中只有 A、B、D、I 当地可以提供，其余 17 种原料均需从外地购入，原料 C 每月只能供应 1 车（4 000 千克）。在过去的 3 个月中，6 月份订货量较大，具体数据见表 12.22。

表 12.22 6 月份产品定货量

产品品种	WH-2	SB	GR	MY-1	BR	GY-1	OR
订货量（平方米）	1 500	<50	800	500	100	200	<100

随着生产的稳定发展和产品宣传的进行，预计第 4 季度的产量和来年第 1 季度的订货量将有较大幅度增长；另外，用户比较喜爱浅色产品，当地民众对 WH、GR 两种颜色有特殊偏好。壁画作为本厂的再加工产品，对各种颜色的马赛克均有一定量的需求。原料 G 是由临近某省一城市供应，需要量少，因而供应数量不确定，在安排生产计划时，可暂不考虑。

现有的 84 名生产工人三班倒，每班平均 28 人，实际上每班最多只有 14 口锅投入生产，最大产出量为 14×100×60%千克。每月按 30 天计算，可利用总工时是 24×30 小时。

根据订货情况和市场调查预测 WH-2 和 GR 两类产品的产量至少应占总产量的 60%～70%，SB 类产品的产量最好不要超过总产量的 5%，三类浅色产品中，应以 WH-2 为主，其产量最好不低于其余两类（GR、MY-1）产量之和。

根据以上资料，请对该厂的产品结构和生产计划进行优化分析，并提出相应的建议。

素材 2 提高钢板的利用率

某运输公司汽车修配厂是一家承担汽车修理业务的专业厂家，规模大、修理业务量大，原料特别是钢板耗用量极大，仅冲压保持架一种零件，每年就要耗用优质钢板近 3 000 吨，材料利用率却很低，据历年统计资料，钢板平均利用率仅为 24%左右，有些规格钢板的利用率还不到 10%，而裁减余下的钢板往往被当作废料低价处理，不仅造成巨大浪费，对企业本身也形成很大负担，因此很有必要研究最大限度地提高材料利用率，特别是合理利用优质钢板问题。

钢板下料之前，首先要进行排料，即在一定规格的钢板上安排一种规格的零件毛坯，一般采用直排、对排、交叉排、双排、斜排 5 种方式，无论采用哪一种排料方式，均有数量不等的余料。直排和斜排是最常用的两种方式，其中直排对下料操作最为方便，而斜排的材料利用率较高，但下料、落料都不方便，废品率相对也高。为了提高材料的利用率，应采用综合排料的方式，即在 1 块钢板上试验排放 2 种或 2 种以上规格的零件毛坯，同时适当考虑工艺操作的可能性。经业务领导、工程师和操作工人共同讨论，确定了以下几条原则：

（1）对要求钢板厚度相同的零件才考虑综合下料；

（2）对基本无余料或余料极少的零件不考虑综合下料；

（3）计划期内所需数量很少的零件不考虑综合下料；

（4）钢板厚度达到或超过 4mm 或钢板长度大于或等于 2 500mm 时，考虑到劳动强度过大，暂不考虑综合下料；

（5）为了方便操作，目前 1 块钢板最多只排 2 种规格的零件。

根据以上原则进行筛选，首先对 8244K 和 2320K 两种规格在 2 000mm×1 000mm×2mm 的钢板上设计排料方案。

若采用直排方式，可以沿 2 000mm 的方向在钢板上剪料 5 条（剪料宽度为 $b=335$mm）即得 8244K 规格坯料，每条坯料又可冲压得 3 件毛坯，总共可得 15 件毛坯，如图 12.7 所示；若采用两种规格搭配排料的方式，可以在钢板上沿 2 000mm 的方向以剪料宽度 $b=335$mm 剪 5 条，同时以宽度 $b=236$mm 剪 1 条（2320K 规格坯料，而 1 条 2320K 规格坯料可冲压得 4 件毛坯，这样共可得 8244K 规格毛坯 15 件（3×15），2320K 规格毛坯 4 件（4×1），如图 12.8 所示）。

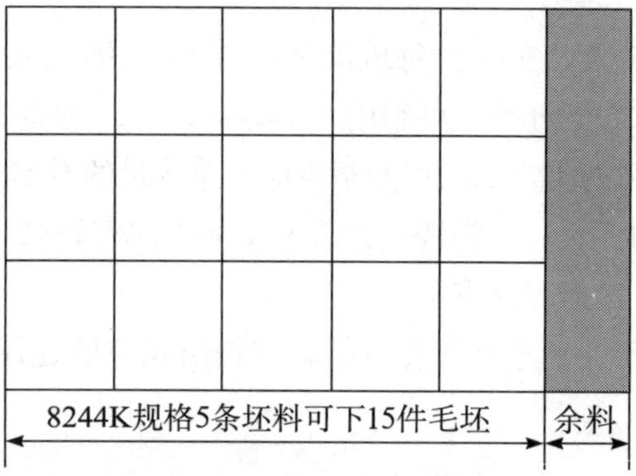

图 12.7　单一下料示意图

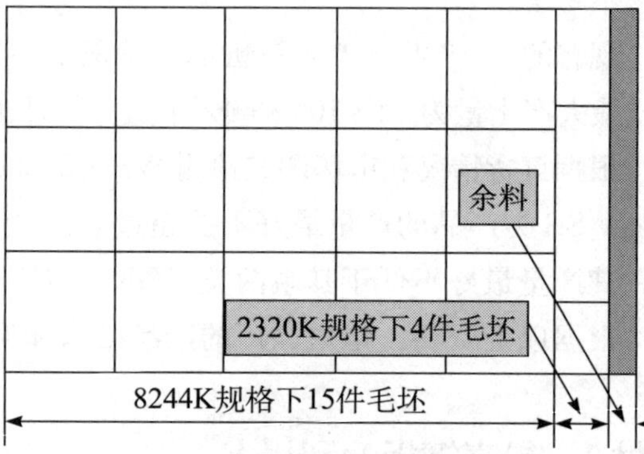

图 12.8　综合下料示意图

考虑直排方式且 2 种规格搭配排料，列出可能的排料方式；然后根据月生产计划的要求，8244K 规格毛坯至少需要 300 件，2320K 规格毛坯至少需要 2 700 件，研究如何下料，使在完成计划要求的前提下，所耗用的钢板数最少或余料料头最少。

素材 3　某公司的最优产销计划

某公司有甲乙两个工厂，生产 A、B 两种产品，两种产品销往南方市场和北方市场，有关的资料如表 12.23、表 12.24 所示。

表 12.23　市场情况

参数		南方市场		北方市场	
		产品 A	产品 B	产品 A	产品 B
最大销量（件）		900	12 000	7 500	6 000
单价（元/件）		12	17	13	18
销售费用（元/件）		4	5	3	4
运输费用（元/件）	工厂甲	1	1	2	2
	工厂乙	2	2	1	2

表 12.24　生产情况

参数		工厂甲		工厂乙	
		产品 A	产品 B	产品 A	产品 B
生产成本（元/件）		5	6	4	5
加工工时（小时/件）	制造装配	1.5 3	2 2	1 2.5	2 1.5
工时定额（小时）	制造	12 000	16 000	8 000	22 000
	装配	30 000		40 000	

公司不仅想要制订一个利润最大的生产和销售计划，而且想要知道：

（1）如果要增加利润，首先应该扩大销售量还是增加工时定额?

（2）如果要扩大销售量，应该首选南方市场还是北方市场?

（3）扩大产品销量应该首选产品 A 还是产品 B?

（4）如果要增加工时定额，应该首先增加哪个工厂哪个车间的工时定额?

（提示：设置关于产品 A 的甲厂生产南方市场销售、北方市场销售的数量，乙厂生产南方市场销售、北方市场销售的数量；关于产品 B 的甲厂生产南方市场销售、北方市场销售的数量，乙厂生产北方市场销售的数量共 8 个决策变量建立利润最大化的线性规划模型，求解该线性规划，并求出对偶问题的最优解即影子价格。）

素材 4　某航空公司的运输问题

某航空公司是国家骨干航空公司，拥有大中型民用客机 30 多架，客座能力达 5 000 余个，货运舱位 100 余吨，担负着国内数十条空中航线及几条国际航线的飞行运输任务。可以这样认为：航空公司的产品就是航班运输，产品种类可以根据不同航线或机型划分，产量就是运送的旅客数或货物重量，质量则是安全、正点和优质服务。目前公司有 6 种机型，按此可划分为 6 个飞行部门，其中 A 部门拥有 A 型民航客机 10 架，所承担的航线均为独家经营，暂无竞争对手。旅客需求量、航线票价、单架飞机容量、日运输能力、飞行的固定成本、单位旅客飞行成本、每个客座的闲置损失（单位储备成本）等数据均可通过统计计算或预测得知。

航班由去程和回程组成，欲使总费用损失最低，只需考察单程运输即可，这里只考虑旅客运输，至于货物运输可作类似的讨论。

航线需求量预测是根据过去的统计资料结合计划期可能的变化得出的，一般采用各航线综合除以 2，即单程平均需求总量较为准确。一周内需求量的分布特点是：周一至周四较小，周五至周日较大，特别是周日经常供不应求。飞行储备容量等于飞机全部客座数量，飞行能力则主要取决于飞机的维护程度，若一架飞机维护得好，一天之内能够往返 2 次以上，则飞行能力可达到储备容量的 2 倍以上。每天不论运送多少客人，都要发生固定成本（飞行准备费）。在需求不足的情况下过剩运力体现在生产储备量上，客座闲置造成损失，但不存在产品储存费用；前一日的期末储备量就是后一日的期初储备量，可用来在后一日加班飞行。已知的的数据信息见表 12.25。

表 12.25　某航空公司数据信息表

	周一	周二	周三	周四	周五	周六	周日
单程平均需求量（人）	2 000	1 500	1 000	1 800	2 500	3 000	3 500
每架飞机容量（人）		200	飞行储备容量（人）		2 000	日飞行能力（人）	3 000
周初有运力储备量 2 500 人，周末旺销无储备							
固定成本（元）		50 000	单位生产成本（元/人）		5	票价（元/人）	1 000

试为 A 部门安排每周的运输计划，使总运输费用最低。同时展开进一步讨论，比如需求量增加或票价变动对飞行成本有无影响？购买一架新飞机投入运营使储备容量增加对飞行计划有无影响？通过增加飞行员人数和加强飞机维护提高日飞行能力对飞行计划有无影响？如何调整计划以改变每周前松后紧的状况？等等。

素材 5　电网的输送能力

某电力公司有 3 个发电站 A、B、C，承担 5 个城市的供电任务，其输电网络如图 12.9 所示。城市 5 由于经济发展要求供电 65MW，3 个发电站在满足城市 1、2、3、4 用电需要量后分别剩余 15MW、10MW 和 40MW，其总和恰好等于 65MW，剩余输电能力标在图中相应节点 A、B、C 上，箭线边上的数字为相应线路的最大输电容量。试研究输电网络的输电能力是否恰好能满足城市 5 的用电需要？如果能满足，通过建模计算说明，如不能满足，则通过建模计算说明需要增建哪些输电线路。

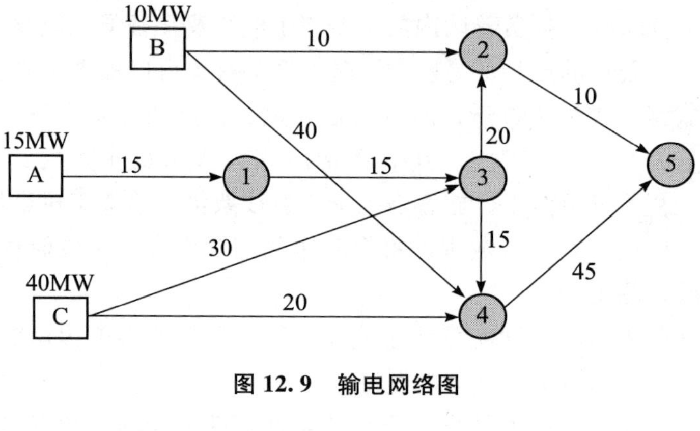

图 12.9　输电网络图

素材 6　银行储蓄所的排队问题

银行储蓄所实行单人临柜制度是提高存取速度和工作效率、争取储户、提高竞争能力的有效途径。现行的储蓄所只设一个服务台，业务流程一般由 4 个工序组成：接单—做账—复核—退单，因此至少要配备 3 名工作人员。相对于这样的服务方式而出现的单人临柜则是将以上 4 道工序全部由 1 名工作人员在监控系统下完成，这种新的服务方式不仅仅是工作形式的改变，而且从服务工具（电算化）、服务场地（单人工作间）、人员素质、工作效率等几方面重塑银行形象，使银行从整体上跃上一个新台阶。

某专业支行现在就面临着这样一个问题：在考虑现有场地条件、日平均业务量、可提供的工作人员数量、单位投资对提高工作效率的边际贡献等前提下，究竟设置多少个单人临柜服务台最好？

已知的资料信息如下：现有场地最多可设置 6 个单人临柜；支行可提供的工作人员最多 6 名；每天的期望业务量为 600 万元，根据测算，每人每天可完成工作量 200 万元。

根据总行的规定，单笔存取款业务办理时间限制为 3 分钟，顾客到达的情况具体选取了顾客到达比较集中有代表性的时间段作了 15 天的调查统计，频数见表 12.26。

表 12.26　顾客到达频数表

到达顾客数	21	24	33	38	42	45	48	49	52	53	61	合计
出现天数	1	1	2	1	2	2	1	1	2	1	1	15（天）

根据储蓄所工作的特点结合顾客等待服务的期望值给出了排队系统指标的标准参考值为：系统空闲的概率 $P_0 = 0.4$；队长 $L_s = 2$；顾客逗留时间 $W_s = 3$。

每增加一个单人临柜工作间需追加投资 10 万元（其中工作间改造、监控系统主机配置 7 万元，人员培训 3 万元）。

请根据上述资料，通过建模计算，对单人临柜的设置数给出建议。

（提示：建立排队模型，提出可能设置的服务台数，对特征值指标进行比较；可以考虑设计一个综合指标，结合投资额进行评价判断。）

本章小结

案例分析的讨论过程告诉我们，运筹学应用于实践的过程是一个综合能力的训练过程，除了运筹学本身的知识还需要一定的统计学、计算机应用等技能准备，而数据收集及数据处理、实地调研是必不可少的环节。

首先要了解问题的背景，包括概况、问题的提出、相应的工作流程或生产工艺过程、决策的要求。然后收集数据资料，并进行资料整理和数据处理，必要时还要进行现场统计、测算以获取必不可少的重要数据。根据掌握的信息和决策要求，界定问题并判断是否可以选择适当的运筹学模型来处理，有时也可能同时运用几个模型或结合其他的数学模型共同考虑才能解决问题。需要特别强调的是：求解计算之后的结果分析是非常重要的环节，包括对结果的解释、灵敏度分析、判断与实际情况的吻合程度、是否可操作等过程，这往往决定了是否能实际应用或修改模型作进一步研究，必须高度重视。

读者可以留心观察周围的环境和事物，提炼出运筹学问题，也可以根据自己的经验和设想修改或增删案例及背景素材中的情景、条件、要求和数据，进行对比建模求解和比较分析，一定会引出许多有趣和值得讨论研究的新问题。

学生习作

参考文献

［1］安德森，斯威尼，威廉斯，等．数据、模型与决策：管理科学篇：第 13 版．北京：机械工业出版社，2012.

［2］F. S. 希利尔，M. S. 希利尔，利伯曼．数据、模型与决策：运用电子表格建模与案例研究．北京：中国财政经济出版社，2001.

［3］F. S. 希利尔，M. S. 希利尔，利伯曼．数据、模型与决策：运用电子表格建模与案例研究：第 2 版．北京：中国财政经济出版社，2004.

［4］胡运权．运筹学教程．2 版．北京：清华大学出版社，2003.

［5］胡运权．运筹学习题集．3 版．北京：清华大学出版社，2002.

［6］李宗元．运筹学 ABC：成就、信念与能力．北京：经济管理出版社，2000.

［7］刘克，曹平．马尔可夫决策过程理论与应用．北京：科学出版社，2015

［8］孙小玲，李端．整数规划．北京：科学出版社，2010.

［9］王宜举，修乃华. 非线性规划理论与算法. 西安：陕西科学技术出版社，2004.

［10］徐渝，贾涛．运筹学．3 版．北京：清华大学出版社，2005.

［11］徐渝，李鹏翔，郑斐峰．运筹学．北京：中国人民大学出版社，2013.

［12］徐渝，胡奇英．运筹学．西安：陕西人民出版社，2001.

［13］薛毅．最优化原理与方法. 北京：北京工业大学出版社，2001.

［14］杨民助．运筹学．西安：西安交通大学出版社，2000.

［15］叶其孝，沈永欢．实用数学手册．2 版．北京：科学出版社，2006.

［16］袁亚湘，孙文瑜. 最优化理论与方法. 北京：科学出版社，1997.

［17］Arrow K J，Harris T，Marschak J. Optimal Inventory Policy. Econometrica，1951，19（3）：250－272.

［18］Bazaraa M，Sherali H，Shetty C. Nonlinear Programming：Theory and Algorithms. Third Edition. John Wiley & Sons，2006.

［19］Beale E M L. On Minimizing a Convex Function Subject to Linear Inequalities. Journal of the Royal Statistical Society，1955，17：173－184.

［20］Benders J F. Partitioning Procedures for Solving Mixed-variables Programming Problems. Numerische Mathematik，1962，4：238－252.

［21］Birge J R，Louveaux F. Introduction to Stochastic Programming. New York：Springer，2011.

［22］Boyd S，Vandenberghe L. Convex Optimization. Cambridge：Cambridge University Press，2004.

［23］Charnes A，Cooper W W. Chance-Constrained Programming. Management Science，1959，6：73－79.

[24] Chung K L. Markov Chains with Stationary Transition Probabilities. New York：Springer-Verlag，1960.

[25] Dantzig G B，Wolfe P. Decomposition Principle for Linear Programs. Operations Research，1960，8：101 - 111.

[26] Dantzig G B. Linear Programming and Extensions. Princeton. NJ：Princeton University Press，1963.

[27] Dantzig G B. Linear Programming Under Uncertainty. Management Science，2004，50 (12)：1764 - 1769.

[28] Erlang A K. The Theory of Probabilities and Telephone Conversations. Nyt Tidsskrift for Matematik B，1909，20：33 - 39.

[29] Filar J，Vrieze K. Competitive Markov Decision Processes. New York：Springer-Verlag，1996.

[30] Harris F W. How Many Parts to Make at Once. Operations Research，1990，38 (6)：947 - 950.

[31] Hartings N A J. Optimization of Discounted Markov Decision Problems. Journal of the Operations Research Quart，1969，20：499 - 500.

[32] Hartings N A J. Some Notes on Dynamic Programming and Replacement. Journal of the Operations Research Quart，1968，19：453 - 464.

[33] Howard R A. Dynamic Programming and Markov Processes. New York：Wiley，1960.

[34] Kall P，Wallace S W. Stochastic Programming. New York：Wiley，1994.

[35] Kemeny J G，Snell J L. Finite Markov Chains. London：D. Van Nostrand-Co. Ltd.，1960.

[36] Little J D C. A Proof for the Queuing Formula：L=λW. Operations Research，1961，9：383 - 387.

[37] Prekopa A. Contributions to the Theory of Stochastic Programs. Mathematical Programming，1973，4：202 - 221.

[38] Puterman M L. Markov Decision Processes. New York：John Wiley & Sons，1994.

[39] Ross S M. Applied Probability Models with Optimization Applications. San Francisco：Holden Day Press，1970.

[40] Tijms H C. Stochastic Modelling and Analysis：A Computational Approach. New York：Wiley，1986.

[41] Walkup D，Wets R. Stochastic Programs with Recourse II：On the Continuity of the Objective. SIAM Journal on Applied Mathematics，1969，17：98 - 103.

[42] Walkup D，Wets R. Stochastic Programs with Recourse. SIAM Journal on Applied Mathematics，1967，15：1299 - 1314.

图书在版编目（CIP）数据

运筹学 / 杨瑞娜等编著．--2 版．--北京：中国人民大学出版社，2025.4．--（高等学校经济管理类核心课程教材）．-- ISBN 978-7-300-33513-1

Ⅰ．O22

中国国家版本馆 CIP 数据核字第 20248Y9Z03 号

高等学校经济管理类核心课程教材

运筹学（第 2 版）

杨瑞娜　张惠丽　徐　渝　李鹏翔　编著

Yunchouxue

出版发行	中国人民大学出版社		
社　　址	北京中关村大街 31 号	**邮政编码**	100080
电　　话	010－62511242（总编室）		010－62511770（质管部）
	010－82501766（邮购部）		010－62514148（门市部）
	010－62511173（发行公司）		010－62515275（盗版举报）
网　　址	http://www.crup.com.cn		
经　　销	新华书店		
印　　刷	北京昌联印刷有限公司	**版　　次**	2013 年 9 月第 1 版
规　　格	787 mm×1092 mm　1/16		2025 年 4 月第 2 版
印　　张	23.75 插页 1	**印　　次**	2025 年 4 月第 1 次印刷
字　　数	542 000	**定　　价**	58.00 元

中国人民大学出版社　管理分社

教师教学服务说明

中国人民大学出版社管理分社以出版工商管理和公共管理类精品图书为宗旨。为更好地服务一线教师，我们着力建设了一批数字化、立体化的网络教学资源。教师可以通过以下方式获得免费下载教学资源的权限：

★ 在中国人民大学出版社网站 www.crup.com.cn 进行注册，注册后进入“会员中心”，在左侧点击“我的教师认证”，填写相关信息，提交后等待审核。我们将在一个工作日内为您开通相关资源的下载权限。

★ 如您急需教学资源或需要其他帮助，请加入教师 QQ 群或在工作时间与我们联络。

中国人民大学出版社　管理分社

教师 QQ 群： 648333426（工商管理）　114970332（财会）　648117133（公共管理）
教师群仅限教师加入，入群请备注（学校＋姓名）

联系电话： 010-62515735，62515987，62515782，82501048，62514760

电子邮箱： glcbfs@crup.com.cn

通讯地址： 北京市海淀区中关村大街甲 59 号文化大厦 1501 室（100872）

管理书社　　人大社财会　　公共管理与政治学悦读坊